全国高等职业教育创新融合教材

供中药学类专业用

药用植物学

主　编　龙敏南　张建海

副主编　郭　娜　刘计权　项东宇

编　者　(以姓氏笔画排序)

龙敏南（福建生物工程职业技术学院）

刘计权（山西中医药大学）

邱　麒（福建卫生职业技术学院）

张建海（重庆三峡医药高等专科学校）

陈永滨（福建生物工程职业技术学院）

项东宇（山东中医药高等专科学校）

贾　晗（重庆三峡医药高等专科学校）

郭　娜（福建生物工程职业技术学院）

蒙华琳（广西科技大学）

鲍红娟（厦门医学院）

人民卫生出版社

图书在版编目（CIP）数据

药用植物学/龙敏南,张建海主编. —北京：人民卫生出版社，2020

ISBN 978-7-117-29355-6

Ⅰ.①药… Ⅱ.①龙…②张… Ⅲ.①药用植物学-高等职业教育-教材 Ⅳ.①Q949.95

中国版本图书馆 CIP 数据核字（2020）第 080932 号

人卫智网	www.ipmph.com	医学教育、学术、考试、健康，购书智慧智能综合服务平台
人卫官网	www.pmph.com	人卫官方资讯发布平台

药用植物学

主　　编：龙敏南　张建海

出版发行：人民卫生出版社（中继线 010-59780011）

地　　址：北京市朝阳区潘家园南里 19 号

邮　　编：100021

E - mail：pmph @ pmph.com

购书热线：010-59787592　010-59787584　010-65264830

印　　刷：三河市潮河印业有限公司

经　　销：新华书店

开　　本：889×1194　1/16　印张：18

字　　数：533 千字

版　　次：2020 年 9 月第 1 版　2020 年 9 月第 1 版第 1 次印刷

标准书号：ISBN 978-7-117-29355-6

定　　价：78.00 元

打击盗版举报电话：010-59787491　E-mail：WQ @ pmph.com

质量问题联系电话：010-59787234　E-mail：zhiliang @ pmph.com

出 版 说 明

为深入贯彻党的十八大关于"加快现代职业教育体系建设"的战略部署,进一步落实《国务院关于加快发展现代职业教育的决定》《教育部关于深化职业教育教学改革全面提高人才培养质量的若干意见》精神,顺应以学生职业技能培养和以就业为导向的课程建设与改革的需要,建立与高职人才培养目标相适应的教材体系,人民卫生出版社在充分调研和广泛征求意见的基础上,组织高等医药职业教育领域长期工作在教学一线和行业一线的优秀教师和专家共同编写了本套全国高等职业教育创新融合教材。

本套教材主要供高职药学类、中药学类专业使用。供高职药学类专业使用的教材共22种,是在2012年出版的高职高专药学类专业创新教材的基础上修订而成的,并根据当前教学需要,增加了《药店经营实务》《药学专业职业技能训练指导》。供高职中药学类专业使用的教材共12种,是本次以高职中药学类专业人才发展规划为基础、以"宽基础,活模块"的编写模式为导向编写的新版教材。部分教材可根据相关学校的课程设置需要,供药学类、中药学类专业共用。

本套教材具有如下特点:

1. **理论密切联系实践,助力学生步入职场** 本套教材按照建立具有中国特色职业教育体系的总体要求,遵循教材建设关于"三基、五性、三特定"的基本原则,充分考虑专业教学需求,从理论知识的深度和广度、技能培养的要求和实践上体现高等职业教育的特点,做到理论知识深入浅出,难度适宜,同时强调理论与实践的结合,使学生将获取的知识与未来的岗位要求相结合。

2. **培养创新创业能力,满足社会用人需求** 培养学生的创新精神和创业能力是培养高质量应用型人才、落实素质教育的重要体现。本套教材适时适度地引导学生把握在该阶段下应知应会的知识点以及掌握相应的实践技能,并在理论教学、实验实训等环节中以案例的形式融入创新思维方法、创业实践能力等新内容、新思路,以培养复合型与实用型的创新创业型人才,满足社会用人需求。

3. **优化教材编写形式,提升学生学习兴趣** 本套教材秉承人卫版职业教育教材栏目式编写模式,在教材主体内容之外,进一步系统优化形式与内容,设计了"学习导航""知识拓展""考点提示""案例分析""你问我答""岗位对接""学习小结""自我测评"等栏目,激发学生的学习兴趣,拓展视野,引导学生独立思考,理清理论知识与实际工作之间的关系,提高解决问题的能力。

4. **融合纸质数字资源,推进教材数字化升级** 为了适应新的教学模式的需要,本套教材同步建设以纸质教材内容为核心的多样化的数字教学资源,从广度、深度上拓展了纸质教材的内容。本套教材通过在纸质教材中增加二维码的方式"无缝隙"地链接视频、动画、图片、PPT、音频、文档等富媒体资源,丰富纸质教材的表现形式,为教学提供更多的信息知识支撑。

本套教材出版后,各位教师、学生在使用过程中,如发现问题请反馈给我们(renweiyaoxue2019@163.com),以便及时更正和修订完善。

人民卫生出版社
2020 年 1 月

全国高等职业教育创新融合教材目录

序号	教材名称	主编	适用专业
1	无机化学及化学分析(第2版)	郭幼红、周建庆	药学类、中药学类
2	人体解剖生理学(第2版)	吴碧莲、陈地龙	药学类、中药学类
3	实用中医药学(第2版)	苏友新、杨 洸	药学类
4	医药数理统计(第2版)	叶 海、孙 静	药学类、中药学类
5	有机化学(第2版)	宋海南、罗婉妹	药学类、中药学类
6	生物化学(第2版)	魏碧娜、陈 华	药学类
7	微生物学与免疫学(第2版)	郑韵芳、祝继英	药学类
8	临床医学概要(第2版)	陈瑄瑄、周建林	药学类
9	仪器分析技术(第2版)	叶桦珍、陈素娥	药学类
10	药物检测技术(第2版)	林 锐、陈 咏	药学类
11	天然药物学基础与应用(第2版)	朱扶蓉、彭学著	药学类
12	天然药物化学技术(第2版)	刘颖新、罗 兰	药学类
13	药物化学(第2版)	袁秀平、刘清新	药学类
14	药理学(第2版)	倪 峰、杨丽珠	药学类
15	药物制剂技术(第2版)	王明军、陈筱瑜	药学类
16	药事管理与法规(第2版)	刘叶飞、冯志华	药学类、中药学类
17	医药市场营销(第2版)	林莉莉	药学类、中药学类
18	临床药物治疗学概论(第2版)	黄幼霞、刘 玮	药学类
19	医院药学概要(第2版)	潘雪丰、杨冬梅	药学类
20	实用药学服务知识与技能(第2版)	陈俊荣、陈淑瑜	药学类、中药学类

续表

序号	教材名称	主编	适用专业
21	药店经营实务	张琳琳、陆桂喜	药学类、中药学类
22	药学专业职业技能训练指导	廖伟坚、朱扶蓉	药学类
23	中医学概要	郭宝云、骆继军	中药学类
24	中药学	陈信云、龙凤来	中药学类
25	中药鉴定学	张贵君、陈育青	中药学类
26	中药炮制技术	陈美燕、谢仲德	中药学类
27	方剂学	尤淑贤、杨春梅	中药学类
28	中药药理学	任守忠、冯彬彬	中药学类
29	中药制剂技术	李　恒、易东阳	中药学类
30	中药化学技术	郭素华、方应权	中药学类
31	药用植物学	龙敏南、张建海	中药学类
32	中药调剂技术	冯敬骞、于永军	中药学类
33	实用中药药膳技术	方文清、黄秋云	中药学类
34	中药学专业职业技能训练指导	王小平	中药学类

全国高等职业教育创新融合教材
编写委员会名单

中药学类专业

主 任 委 员　龙敏南

副主任委员　陈地龙　郑翠红　苏成安　刘　红　房立平　吴昌标

委　　　员　（按姓氏笔画排序）

马小允　王小平　王文宝　方文清　冯敬骞　朱扶蓉　任守忠
李廷利　杨丽珠　杨春梅　肖　健　张贵君　张钦德　陈天顺
陈信云　陈俊荣　陈美燕　易东阳　姚水洪　骆继军　郭幼红
郭宝云　郭素华　黄秋云

秘　　　书　李　恒　潘志斌

药学类专业

主 任 委 员　苏友新

副主任委员　龙敏南　苏成安　刘　红　王润霞　陈地龙　郑翠红

委　　　员　（按姓氏笔画排序）

于　浩　王明军　叶　海　叶桦珍　刘叶飞　刘颖新　李　恒
杨丽珠　杨　洸　肖　健　吴碧莲　宋海南　张琳琳　陈天顺
陈俊荣　陈素娥　陈瑄瑄　陈筱瑜　林　锐　林莉莉　周建庆
周建林　郑韵芳　祝继英　袁秀平　倪　峰　郭幼红　黄幼霞
曹文元　廖伟坚　潘志斌　魏碧娜

秘　　　书　朱扶蓉　潘雪丰

获取图书配套数字资源步骤说明

本套教材以融合教材形式出版,即为融合纸书内容与数字服务的教材。每本教材均配有特色的数字内容,读者阅读纸书的同时可以通过扫描书中二维码阅读线上数字内容。

1 扫描教材封底圆形图标中的二维码,打开激活平台。

2 注册或使用已有人卫账号登录,输入刮开的激活码。

3 下载"人卫图书增值"APP,也可登录 zengzhi.ipmph.com 浏览。

4 使用 APP"扫码"功能,扫描教材中二维码可快速查看数字内容。

前　言

本教材编写坚持"三基五性""理实一体"的编写原则，以高职学生人才发展规划为基础，继承挖掘传统内容，突出药用植物学特色；汲取最新前沿成果，实现教材的创新与发展；因地制宜，因材施教，保持原则性与灵活性相结合，力求打造适应发展需求、产教有效融合的特色教材。

全书共分为十章。第一章介绍药用植物资源，第二至九章分别介绍药用植物的外部形态、内部构造和植物分类，第十章介绍药用植物的栽培技术。每章设置了学习导航、学习小结和自我测评等栏目，有助于加深学生对理论知识的理解，降低学习难度，体现高职高专课堂教学与职业资格考试接轨。

参加本教材编写和审稿工作的有：福建生物工程职业技术学院龙敏南（第一章）、福建卫生职业技术学院邱麒（第二章的第一、二、三节）、厦门医学院鲍红娟（第二章的第四、五、六节）、山西中医药大学刘计权（第三章的第一、二节，第十章的第一节）、福建生物工程职业技术学院郭娜（第三章的第三、四、五节，第九章第二节的单子叶植物门）、广西科技大学蒙华琳（第四、五、六章）、重庆三峡医药高等专科学校贾晗（第七、八章）、山东中医药高等专科学校项东宇（第九章的第一节和第二节的离瓣花亚纲）、重庆三峡医药高等专科学校张建海（第九章第二节的合瓣花亚纲）、福建生物工程职业技术学院陈永滨（第十章的第二、三、四节）。实训分属于各有关学习项目。

本教材在编写过程中得到了各编者及所在单位的大力支持，同时本教材还参考了国内相关书籍资料，在此一并表示诚挚的谢意。

本书参考了许多最新资料，虽然字斟句酌、反复审核，但由于水平有限、时间仓促，不足之处在所难免，恳请同行专家、广大师生批评指正，以便总结经验，修订完善。

编　者

2020 年 5 月

目　　录

第 一 章

药用植物资源

📖 **学习导航**

《吕氏春秋·义赏》曰:"竭泽而渔,岂不获得,而明年无鱼;焚薮而田,岂不获得,而明年无兽。"中国是世界上最早使用植物药防病治病的民族之一,拥有丰富的药用植物资源以及资源利用的方式方法,但随着人口的增加和资源的无序开发,有些物种已经灭绝或濒危,如不及时加以保护,终有一天也会"明年无药"。本章主要介绍中国乃至全球药用植物资源的基本情况,以便我们对资源进行科学调查和充分合理的保护、利用。

在历史的长河里,由于地域、人文背景各异,世界不同地区的人们在与大自然的相处中,逐渐积累了丰富而又具有特色的药用植物资源。目前,全世界大约有 42.2 万种显花植物,其中有 2.5 万~3 万种为药用植物。

第一节　药用植物资源概况

药用植物既是植物,又有别于一般的野生植物;它是一类含有生物活性成分,可用来防治疾病和用于医疗保健的植物。药用植物学是一门运用植物学的基础知识和基本方法来研究药用植物的学科,包括资源的合理开发利用、药用植物的形态组织和分类鉴定等内容。

人类在漫长的生产、生活实践中不断发现和总结利用植物防病治病的知识,并逐渐形成体系,著成多部本草学著作:公元 1~2 世纪的《神农本草经》记载了药物 365 种,其中药用植物达 237 种,是我国现存最早的本草著作;梁代陶弘景的《本草经集注》收载了药物 730 种,多数为植物药;唐代李勣、苏敬等集体编写的《新修本草》,即《唐本草》,收载了药物 844 种,是我国的第一部国家药典;宋代唐慎微的《经史证类备急本草》,简称《证类本草》,共收载药物 1 746 种;明代李时珍的《本草纲目》,共收载药物 1 892 种,其中收载低等、高等植物 1 100 余种;清代赵学敏的《本草纲目拾遗》,共收载药物 921 种,其中记载了 716 种《本草纲目》中未有的种类;清代吴其濬的《植物名实图考》和《植物名实图考长编》共收载植物 2 552 种,书中插图精美、记录确实,为以后有关药用植物的研究和鉴定提供了重要的资料。

考点提示

　　我国现存最早的本草著作是《神农本草经》。我国第一部国家药典是《新修本草》。明代李时珍所著的《本草纲目》共收载药物 1 892 种。《本草纲目拾遗》新增的药味数是 716 种。

　　药用植物资源是植物资源的重要组成部分,是一类特殊的经济植物资源,是自然资源中对人类有直接或间接医疗和保健作用的植物总称。广义的药用植物资源不仅包括了野生药用植物资源,还包括了人工栽培和利用生物技术繁殖的个体及产生生物活性的物质。

　　药用植物资源种类繁多,在自然界中占有一定的位置,并受到自然规律的支配,因此,我们只有在认识这些客观规律的基础上,才能对资源进行合理的开发利用。药用植物资源具有以下几个特点。

　　(1) 地域性:我国从北到南横跨寒带、温带、亚热带、热带等多个气候带,从东到西根据距海远近,可分为湿润、半湿润、干旱等地区,相应分布的药用植物也存在很大的差异,体现了纬向地带性、经向地带性分布规律。此外,不同海拔分布的药用植物也有很大区别,体现了垂直分布规律。

　　(2) 分散性:从整体来看,药用植物资源的分布具有地域性;从局部来看,药用植物资源的分布又具有分散性。在自然界中,它们往往与其他物种共同形成群落,很少形成单一的优势群落。

　　(3) 有限性和可解体性:药用植物资源是有限的,同时具有可解体性,人类如果只是盲目开发,不加以及时保护,终有一天资源会随着一个个物种的解体而导致整个资源的解体、灭绝。

　　(4) 可再生性:药用植物资源具有自然更新和人为扩繁能力,但这种可再生性是具有一定前提条件的,一旦该资源的利用量超过了其可再生能力,就会造成该资源的减少或枯竭。

　　(5) 多用性:药用植物资源是一类特殊的经济植物资源,既可直接入药,又可从中提取制药的原料,还可以将其应用到保健养生、食品、农林、园艺园林等方面。

　　(6) 国际性:有些药用植物往往可以分布在同一个气候带的各个国家,然而由于人文背景不同,同一种药用植物在不同的国家可能有不同的利用方式方法,体现了药用植物资源无国界却具有国际性的特点。

一、药用植物资源种类

　　袁昌齐、冯煦主编的《欧美植物药》中收载的欧美常用药用植物有 410 种,据统计,其中为中国原产或中国有分布的有 62 种,中国已引种归化的有 76 种,合计 138 种,占总数的 33.6%。可见国内外药用植物资源种类的开发利用具有一定的共同点。此外,像国外常用的三色堇 *Viola tricolor* L.、金盏花 *Calendula officinalis* L.、葛缕子 *Carum carvi* L. 等,国内分布虽然普遍,但却极少药用。还有一些药用植物,虽然国外也有应用,但其入药部位、治疗病种与我国不同,比如蒲公英 *Taraxacum mongolicum* Hand. -Mazz.、牛蒡 *Arctium lappa* L. 等。蒲公英在中国通常全草入药,用于清热解毒、消肿散结,而欧美国家通常以叶入药,用于降血压、治疗胆结石等;牛蒡国内外均以果实入药,但在中国通常用于疏风散热、解毒利咽,而欧美主要用于肾结石、清除体内废物等。因此,我们既要立足国内,又要面向国外,加强国际之间的理论、品种、应用等方面的交流,只有这样,我们才能更加充分地了解全球的药用植物资源种类,从而更好地去挖掘、开发本国产品服务。

(一) 国外药用植物资源种类

　　1. 亚洲药用植物种类　该区是世界上对药用植物开发利用最有经验、最广泛的地区,主要分为以中国、日本、朝鲜、韩国、新加坡、越南、菲律宾等国为代表的东亚及部分东南亚地区和以印度、巴基斯坦、尼泊尔等国为代表的南亚两个地区。在东亚及部分东南亚地区,约有药用植物 10 000 种,代表种类有:五味子 *Schisandra chinensis*(Turcz.)Baill.、人参 *Panax ginseng* C. A. Mey.、党参 *Codonopsis pilosula*(Franch.)Nannf.、甘草 *Glycyrrhiza uralensis* Fisch.、当归 *Angelica sinensis*(Oliv.)Diels、药用大黄 *Rheum officinale* Baill.、浙贝母 *Fritillaria thunbergii* Miq.、何首乌 *Fallopia multiflora*(Thunb.)Harald.、肉桂 *Cinnamomum cassia* Presl、枸杞 *Lycium chinense* Mill.、红花 *Carthamus tinctorius* L.、草麻黄 *Ephedra sinica* Stapf、黄连 *Coptis chinensis* Franch.、薯蓣 *Dioscorea opposita* Thunb.、菊花 *Dendranthema morifolium*(Ramat.)Tzvel.、芍药 *Paeonia lactiflora* Pall.、牡丹 *Paeonia suffruticosa* Andr.、蒙古黄芪 *Astragalus membranaceus*(Fisch.)Bunge var. *mongholicus*(Bunge)P. K. Hsiao、桑 *Morus alba* L. 等;在南亚地区,约有草药 2 500 种,代表种类有:蒜 *Allium sativum* L.、丁香 *Syzygium aromaticum*(L.)Merr. & L. M. Perry、姜黄 *Curcuma longa* L.、肉豆蔻 *Myristica fragrans* Houtt.、蓖麻 *Ricinus communis* L.、檀香 *Santalum album* L.、穿心莲 *Andrographis paniculata*(Burm. f.)Nees、姜 *Zingiber officinale* Rosc.、积雪草 *Centella asiatica*(L.)Urban、菖蒲 *Acorus calamus* L.、荜拔 *Piper longum* L. 等。

2. 阿拉伯-伊斯兰药用植物种类 该地区主要位于北非和中东地区,气候干燥,土壤贫瘠,约有药用植物 1 000 种,代表种类有:罂粟 *Papaver somniferum* L.、骆驼蓬 *Peganum harmala* L.、柠檬草 *Cymbopogon citratus*(DC.)Stapf、胡卢巴 *Trigonella foenum-graecum* L.、白柳 *Salix alba* L.、尖叶番泻 *Cassia acutifolia* Delile、巧茶 *Catha edulis* Forssk、散沫花 *Lawsonia inermis* L.、阿米芹 *Ammi visnaga*(L.)Lam. 等。

3. 西非-南非药用植物种类 该地区主要以刚果、南非、坦桑尼亚等国为代表,地处热带沙漠、草原、温带草原和热带雨林地区,气候多样,植物种类丰富,约有药用植物 1 000 种,代表种类有:没药 *Commiphora myrrha*(Nees)Engl.、丁香 *Syzygium aromaticum*(L.)Merr. & L. M. Perry、金合欢 *Acacia farnesiana*(Linn.)Willd.、木犀榄 *Olea europaea* L.、依兰 *Cananga odorata*(Lamk.)Hook. f. et Thoms.、蓖麻 *Ricinus communis* L.、香荚兰 *Vanilla fragrans*(Salisb.)Ames、白粉藤 *Cissus repens* Lamk.、库拉索芦荟 *Aloe vera* L. 等。

4. 拉丁美洲药用植物种类 该地区主要以巴西、墨西哥、智利、秘鲁等国为代表,地处热带地区,种族众多,自然条件优越,气候潮湿,约有药用植物 5 000 种。代表种类有:旱金莲 *Tropaeolum majus* L.、金鸡纳树 *Cinchona ledgeriana*(Howard)Moens ex Trim.、古柯 *Erythroxylum coca* Lam.、卡皮木 *Banisteriopsis caapi* Moton、竹芋 *Maranta arundinacea* L.、过江藤 *Phyla nodiflora*(L.)Greene、巴西可可 *Theobroma cacao* L.、巴西人参 *Pfaffia paniculata*(Mart.)Kunze.、凤梨 *Ananas comosus*(Linn.)Merr.、波尔多树 *Peumus boldo* Molina、皂树 *Quillaja saponaria* Molina 等。

5. 欧美及澳洲药用植物种类 该地区是目前世界上对植物药进行应用和研究最活跃的地区之一,其中美国主要是从寻找抗癌、抗艾滋病新药上进行开发利用,他们从 4 716 属 20 525 种植物中筛选出了 6 700 个粗制剂,这个数量是其他国家在抗肿瘤方面筛选植物数量的总和。北美约有药用植物 1 000 种,澳洲约有 1 500 种。代表种类有:颠茄 *Atropa belladonna* L.、三色堇 *Viola tricolor* L.、母菊 *Matricaria recutita* L.、药蜀葵 *Althaea officinalis* Linn.、黑莓 *Rubus fruticosus* L.、山金车 *Arnica montana* L.、水飞蓟 *Silybum marianum*(L.)Gaertn.、薰衣草 *Lavandula angustifolia* Mill.、西洋接骨木 *Sambucus nigra* L.、欧百里香 *Thymus serphyllum* L.、贯叶连翘 *Hypericum perforatum* L.、迷迭香 *Rosmarinus officinalis* Linn、缬草 *Valeriana officinalis* L.、月见草 *Oenothera biennis* L.、金盏花 *Calendula officinalis* L.、银杏 *Ginkgo biloba* L.、啤酒花 *Humulus lupulus* Linn.、旱芹 *Apium graveolens* L.、异株荨麻 *Urtica dioica* L.、乌墨 *Syzygium cumini*(L.)Skeels、蓍 *Achillea millefolium* L.、沉香 *Aquilaria sinensis*(Lour.)Spreng.、蓝桉 *Eucalyptus globulus* Labill.、笃斯越桔 *Vaccinium uliginosum* Linn. 等。

(二)中国药用植物资源种类

根据第三次全国中药资源普查结果,中国现有药用植物资源 383 科 2 309 属 11 146 种,占中药资源种类的 87%,占全世界(约 25 000 种)药用植物的 40% 以上。

药用低等植物资源有 91 科 188 属 459 种,其中药用菌类种数最多,以真菌为主,常用药用植物有

灵芝 *Ganoderma lucidum*(Leyss ex Fr.)Karst、冬虫夏草 *Cordyceps sinensis*(Berk.)Sacc. 等,药用藻类主要为海洋藻类,常用药用植物有海带 *Laminaria japonica* Aresch、昆布 *Ecklonia kurome* Okam. 等,药用地衣类常用药用植物有长松萝 *U. longissima* Ach. 等。

在药用高等植物资源中,药用蕨类植物资源有 49 科 117 属 455 种,其中真蕨亚门和石松亚门所占药用种数最多,可达 98%,主要有紫萁 *Osmunda japonica* Thunb.、金毛狗脊 *Cibotium barometz*(L.)J. Sm.、粗茎鳞毛蕨 *Dryopteris crassirhizoma* Nakai、槲蕨 *Drynaria roosii* Nakaike、海金沙 *Lygodium japonicum*(Thunb.)Sw.、庐山石韦 *Pyrrosia sheareri*(Baker)Ching、卷柏 *Selaginella tamariscina*(P. Beauv.)Spring、江南卷柏 *Selaginella moellendorffii* Hieron.、马尾杉 *Phlegmariurus phlegmaria*(L.)Holub、蛇足石杉 *Huperzia serrata*(Thunb. ex Murray)Trev.、石松 *Lycopodium japonicum* Thunb. ex Murray 等。

种子植物是我国药用植物资源的主体,占 90% 以上,其中裸子植物药用种数有 10 科 27 属 126 种,包括 13 个变种、4 个变型,最重要药用植物资源是松科,有 10 属 113 种 29 变种,占药用种数 40%,主要药用植物有:马尾松 *Pinus massoniana* Lamb.、云南松 *Pinus yunnanensis* Franch.、红松 *Pinus koraiensis* Sieb. et Zucc.、油松 *Pinus tabuliformis* Carr.、白皮松 *Pinus bungeana* Zucc. ex Endl.、金钱松 *Pseudolarix amabilis*(Nelson)Rehd.、冷杉 *Abies fabri*(Mast.)Craib、油杉 *Keteleeria fortunei*(Murr.)Carr.、落叶松 *Larix gmelinii*(Rupr.)Kuzen.、水松 *Glyptostrobus pensilis*(Staunt.)Koch 等。柏科有 8 属 29 种 7 变种,常用药材为侧柏 *Platycladus orientalis*(L.)Franco、圆柏 *Sabina chinensis*(L.)Ant. 等。红豆杉科常用药用植物有:榧树 *Torreya grandis* Fort. et Lindl.、东北红豆杉 *Taxus cuspidata* Sieb. et Zucc.、云南红豆杉 *Taxus yunnanensis* Cheng et L. K. Fu、南方红豆杉 *Taxus chinensis*(Pilger)Rehd. var. *mairei*(Lemee et Lévl.)Cheng et L. K. Fu 等,紫杉醇是从红豆杉中提取出来的可以治疗癌症的有效成分,目前需求量一直在逐年增加。杉科和罗汉松科作为药用的植物较少,麻黄科常用药用植物种类有:草麻黄 *Ephedra sinica* Stapf、中麻黄 *Ephedra intermedia* Schrenk ex Mey.、木贼麻黄 *Ephedra equisetina* Bge. 等。银杏科中仅银杏 *Ginkgo biloba* L. 1 种,大多为栽培品,野生种目前只存在于浙江天目山和云南东北部。

被子植物是植物界最进化、种类最多、分布最广的类群,药用种数有 213 科 1 957 属 10 027 种,药用植物较多的科有菊科、豆科、唇形科、毛茛科、蔷薇科、伞形科、玄参科、茜草科、蓼科、五加科、百合科、兰科等。

菊科为被子植物第一大科,有药用植物 778 种,常用药用植物为白术 *Atractylodes macrocephala* Koidz.、云木香 *Saussurea costus*(Falc.)Lipech.、苍术 *Atractylodes lancea*(Thunb.)DC.、苍耳 *Xanthium sibiricum* Patrin ex Widder、艾 *Artemisia argyi* Lévl. et Van.、鳢肠 *Eclipta prostrata*(L.)L.、千里光 *Senecio scandens* Buch. -Ham. ex D. Don、款冬花 *Tussilago farfara* L. 等。

豆科为种子植物第三大科,是我国 4 个含有 1 000 种植物以上的大科之一,有药用植物 490 种,主要种类有:甘草 *Glycyrrhiza uralensis* Fisch.、光果甘草 *Glycyrrhiza glabra* L.、胀果甘草 *Glycyrrhiza inflata* Batal.、膜荚黄芪 *Astragalus membranaceus*(Fisch.)Bunge、蒙古黄芪 *Astragalus membranaceus*(Fisch.)Bunge var. *mongholicus*(Bunge)P. K. Hsiao、密花豆 *Spatholobus suberectus* Dunn、苦参 *Sophora flavescens* Alt.、合欢 *Albizia julibrissin* Durazz.、扁茎黄芪 *Astragalus complanatus* Bunge、紫荆 *Cercis chinensis* Bunge、皂荚 *Gleditsia sinensis* Lam.、葛 *Pueraria lobata*(Willd.)Ohwi、槐 *Sophora japonica* Linn. 等。

唇形科为世界性分布的一个大科,有药用植物 436 种,主要种类有:黄芩 *Scutellaria baicalensis* Georgi、丹参 *Salvia miltiorrhiza* Bunge、紫苏 *Perilla frutescens*(L.)Britt.、藿香 *Agastache rugosa*(Fisch. et Mey.)O. Ktze.、益母草 *Leonurus artemisia*(Laur.)S. Y、夏枯草 *Prunella vulgaris* L.、荆芥 *Nepeta cataria* L.、薄荷 *Mentha haplocalyx* Briq.、活血丹 *Glechoma longituba*(Nakai)Kupr、海州香薷 *Elsholtzia splendens* Nakai 等。

毛茛科植物是比较原始的类群,其中乌头属是被子植物中最大的药用属。该科有药用植物 420 种,常用药用植物有:乌头 *Aconitum carmichaelii* Debx.、北乌头 *Aconitum kusnezoffii* Reichb.、威灵仙

Clematis chinensis Osbeck、黄连 *Coptis chinensis* Franch.、三角叶黄连 *Coptis deltoidea* C. Y. Cheng et Hsiao.、云南黄连 *Coptis teeta* Wall.、白头翁 *Pulsatilla chinensis*（Bunge）Regel 等。

蔷薇科为有花植物的大科,有约43%（360 种）为药用植物,常用种类有:地榆 *Sanguisorba officinalis* L.、杏 *Armeniaca vulgaris* Lam.、枇杷 *Eriobotrya japonica*（Thunb.）Lindl.、金樱子 *Rosa laevigata* Michx.、山楂 *Crataegus pinnatifida* Bge.、贴梗海棠 *Chaenomeles speciosa*（Sweet）Nakai 等。

伞形科中有约44%（239 种）为药用植物,常用种类有:当归 *Angelica sinensis*（Oliv.）Diels、羌活 *Notopterygium incisum* Ting ex H. T. Chang、白芷 *Angelica dahurica*（Fisch. ex Hoffm.）Benth. et Hook. f. ex Franch. et Sav.、川芎 *Ligusticum chuanxiong* Hort.、珊瑚菜 *Glehnia littoralis* Fr. Schmidt ex Miq.、天胡荽 *Hydrocotyle sibthorpioides* Lam.、积雪草 *Centella asiatica*（L.）Urban 等。

蓼科中有约53%（123 种）为药用植物,常用种类有:何首乌 *Fallopia multiflora*（Thunb.）Harald.、火炭母 *Polygonum chinense* L.、杠板归 *Polygonum perfoliatum* L.、荭蓼 *Polygonum orientale* L.、虎杖 *Reynoutria japonica* Houtt.、萹蓄 *Polygonum aviculare* L.、掌叶大黄 *Rheum palmatum* L.、药用大黄 *Rheum officinale* Baill. 等,在藏药中大黄应用颇为讲究,种类也较多。

五加科中有约65%（112 种）为药用植物,常用种类有:五加 *Acanthopanax gracilistylus* W. W. Smith、刺五加 *Acanthopanax senticosus*（Rupr. Maxim.）Harms、人参 *Panax ginseng* C. A. Mey.、三七 *Panax pseudoginseng* Wall. var. *notoginseng*（Burkill）Hoo et Tseng、楤木 *Aralia chinensis* L.、通脱木 *Tetrapanax papyrifer*（Hook.）K. Koch 等。

百合科为单子叶植物药用种类最多的科,有药用植物 358 种,常用种类有:黄精 *Polygonatum sibiricum* Delar. ex Redoute、浙贝母 *Fritillaria thunbergii* Miq.、川贝母 *Fritillaria cirrhosa* D. Don、平贝母 *Fritillaria ussuriensis* Maxim.、伊贝母 *Fritillaria pallidiflora* Schrenk、暗紫贝母 *Fritillaria unibracteata* Hsiao et K. C. Hsia、天冬 *Asparagus cochinchinensis*（Lour.）Merr.、玉竹 *Polygonatum odoratum*（Mill.）Druce、麦冬 *Ophiopogon japonicus*（L. f.）Ker-Gawl.、华重楼 *Paris polyphylla* var. *chinensis*（Franch.）Hara、萱草 *Hemerocallis fulva*（L.）L.、土茯苓 *Smilax glabra* Roxb. 等。

兰科虽为被子植物第二大科,但药用种类不多,仅占该科植物的 28%,常用种类有:铁皮石斛 *Dendrobium officinale* Kimura et Migo、金钗石斛 *Dendrobium nobile* Lindl.、流苏石斛 *Dendrobium fimbriatum* Hook.、杜鹃兰 *Cremastra appendiculata*（D. Don）Makino、绶草 *Spiranthes sinensis*（Pers.）Ames、石仙桃 *Pholidota chinensis* Lindl.、天麻 *Gastrodia elata* Bl. 等。

二、药用植物资源分布

药用植物资源分布具有明显地域性,比如河南怀庆府的地黄、四川江油市的附子、浙江鄞县的浙贝母等,为了适应当地的自然环境,其内在的质量也在逐渐发生变化,从而形成“道地药材”。所谓的道地药材,即在特定产区内形成质量好、疗效好、产量大的药用种类。

就全球而言,由于地域的气候、地貌、土壤以及人类活动等的不同,各大洲呈现出了独特的药用植物资源分布（表 1-1）。

中国药用植物资源分布主要从行政区域、自然区域两个方面进行介绍。在行政区域分布方面,第三次全国中药资源普查的结果显示,药用植物资源在种类数量上由少到多分别是:华北区→东北区→西北区→华东区→中南区→西南区。其中东北区和华北区的资源种类约占全国总数的10%,所属省份一般有 1 000~1 500 种,华东区和西北区的种类约占全国总数的30%,所属省份一般有 1 500~2 000 种,西南区和中南区占全国总数达到了50%以上,所属省份资源种数一般具有 3 000~4 000 种。在自然区域分布方面,中国地处亚欧大陆的东部、中部和太平洋的西岸,位于中低纬度,属亚热带、温带,少部分为热带,地貌类型主要有山地、丘陵、平原、高原、盆地等。据调查,我国黄河以北地区的药用植物资源相对较少,长江以南地区的药用植物资源种类相对较多,北方地区的药用植物资源蕴藏量相对较大,而东南沿海地区的药用植物资源蕴藏量相对较少。因此,可将我国药用植物资源按自然区域划分

表 1-1　世界药用植物资源分布概况

大洲	地区	代表性国家	区域植被类型	代表性种类
亚洲	东亚及东南亚部分地区	中国、日本、朝鲜、韩国、越南、菲律宾、新加坡	寒温带、温带、亚热带植物	人参、五味子、党参、甘草、何首乌、黄连、山药、芍药、牡丹、桔梗、桑、麻黄、菊花、黄芪、贝母、厚朴等
	南亚	印度、巴基斯坦、尼泊尔	亚热带、热带植物	丁香、肉豆蔻、蓖麻、大蒜、姜黄、香茅、穿心莲、香桃木、圣罗勒、印车前、石榴等
	中东	伊朗、土耳其、沙特阿拉伯	荒漠草原、旱生植物	尖叶番泻、巧茶、阿拉伯金合欢、罂粟、散沫花、阿拉伯咖啡、钩果草等
非洲	东非、西非、南非	刚果、南非、坦桑尼亚	热带植物	金合欢、油橄榄、库拉索芦荟、钩果草、依兰、蓖麻、毒扁豆、金鸡纳树、马钱子、香荚兰等
拉丁美洲		巴西、墨西哥、智利、秘鲁	热带植物	龙血树、巴拉圭茶、卡皮木、旱金莲、波尔多树、皂树、巴西可可、鳄梨等
欧洲			温带、寒温带植物	黑莓、三色堇、水飞蓟、药蜀葵、锐齿山楂、迷迭香、金盏菊、百里香、薰衣草、蓍草、月见草、贯叶连翘等
大洋洲			温带、寒温带植物	沉香、蓝桉、东方狗牙花、积雪草、蒲桃、互生白千层、香荚兰、香荔枝等

为东部季风区域、西北干旱区域和青藏高寒区域三大区域。其中东部季风区域药用植物资源主要具有纬度地带性,主要包括东北寒温带、温带区,华北暖温带区,华中亚热带区,西南亚热带区,华南亚热带、热带区(表 1-2~表 1-6);西北干旱区域药用植物资源主要具有经度地带性,主要包括干草原、荒漠草原和荒漠(表 1-7);青藏高原区域药用植物资源主要具有垂直地带性,主要包括川西藏东分割高原,青东南、川西北高原,藏北高原,藏南谷地与喜马拉雅山(表 1-8)。

表 1-2　东北寒温带、温带区药用植物资源分布概况

主要分布地	代表性药用植物种
大兴安岭北部山地	赤芍、防风、龙胆、条叶龙胆、三花龙胆、远志、满山红、金莲花、兴安升麻、大三叶升麻、黄芩等。栽培药用植物:平贝母、党参、菘蓝、牛蒡、荆芥、红花、黄芪等
东北东部山地	红松、核桃楸、紫杉、光黄檗、北五味子、软枣蛇葡萄、人参、北细辛、长白瑞香、平贝母、党参、膜荚黄芪、山楂、桔梗、天麻、草乌、猪苓、败酱、威灵仙、东北天南星、玉竹、轮叶百合、白薇、穿龙薯蓣等。栽培药用植物:细辛、人参、丹参、平贝母、白芍、龙胆、天麻、薏苡、北沙参、黄芩、黄芪、红花、忍冬等
东北中部平原	柴胡、桔梗、防风、远志、麻黄、黄芩、白头翁、南沙参、白茅、龙胆、甘草、知母、桑、蒲公英、徐长卿、杏、地榆、仙鹤草、委陵菜、马勃、酸枣等

表 1-3　华北暖温带区药用植物资源分布概况

主要分布地	代表性药用植物种
辽东、山东低山丘陵	黄檗、一叶萩、东北天南星、半夏、丹参、菝葜、栝楼、海州骨碎补、穿龙薯蓣、软枣猕猴桃、狗枣猕猴桃、构树、二苞黄精、单叶蔓荆、中华补血草、旋覆花、北沙参、杠柳、柽柳等
华北平原和冀北山地	白头翁、茵陈、苦参、紫花地丁、酸枣、翻白草、郁李、半夏、远志、柴胡、白茅、小蓟、益母草、菟丝子、蒲公英、旋覆花、柽柳、鳢肠、马齿苋、草麻黄、木贼麻黄、黄芪、黄芩、防风等。栽培药用植物:菘蓝、大黄、菊花、北沙参、黄芩、栝楼、薏苡、枸杞、紫苏、玄参、白芷、山药、枸杞、地黄、紫菀、牛膝、菘蓝、紫苏、丹参等
黄土高原	大黄、甘草、党参、中麻黄、木贼麻黄、九节菖蒲、连翘、胡枝子、忍冬、黄精、玉竹、淫羊藿、黄芩、款冬花、白头翁、兴安升麻、北柴胡、酸枣、秦艽等

表 1-4 华中亚热带区药用植物资源分布概况

主要分布地	代表性药用植物种
长江中下游平原	益母草、乌药、地榆、淡竹叶、夏枯草、明党参、葛、白花前胡、虎杖、白花蛇舌草、玉竹、马兜铃、何首乌、栝楼、积雪草、射干、淫羊藿、丹参、樟、枸骨、枫香、合欢、枫香、金樱子、木芙蓉、山胡椒等。 栽培药用植物:厚朴、杜仲、山茱萸、银杏、红花、桔梗、半夏、泽泻、芡实、莲等
江南山地丘陵	麦冬、浙贝母、白术、玄参、白芍、菊花、延胡索、温郁金、菊花、茯苓、牡丹、泽泻、厚朴、黄栀子、密花豆、车前、吴茱萸、黄精、玉竹、射干、黄连、独活等
南岭山地	钩藤、走马胎、红大戟、三尖杉、巴戟天、金毛狗脊、盐肤木、山姜、重齿毛当归、檞蕨、广防己、毛冬青、金耳环、桃金娘、地蒌、杜茎山、南丹参、石仙桃、了哥王、鸭脚木、半枫荷等。 栽培药用植物:乌梅、厚朴、郁金、姜黄、栀子、莪术、泽泻、白术、穿心莲、黄檗、白芍等

表 1-5 西南亚热带区药用植物资源分布概况

主要分布地	代表性药用植物种
秦巴山地	当归、党参、黄芪、贝母、黄连、天麻、杜仲、白芍、牛膝、山茱萸、红毛五加、菊花、大黄、枸杞等。 栽培药用植物:天麻、当归、独活、杜仲、黄连、党参、大黄、厚朴、川贝母、山茱萸、连翘、栀子等
四川盆地	栝楼、天南星、盐肤木、钩藤、密花豆、荆芥、麦冬、紫菀、败酱、葛、谷精草、夏枯草、桑、紫苏等。 栽培药用植物:泽泻、川芎、麦冬、栀子、补骨脂、佛手、使君子、杜仲、厚朴、延胡索、荆芥、薏苡、红花、菊花、丹参、桔梗等
贵州高原	天麻、杜仲、山豆根、川牛膝、委陵菜、石菖蒲、石斛、厚朴、天麻、天南星、白茅、吴茱萸、黄檗、何首乌、天冬、桔梗、金果榄、龙胆、白薇、白蔹、毛慈姑、黄精、拳参、重楼等
云南高原	三七、灯盏花、云木香、云黄连、天麻、半夏、雪上一支蒿、川贝母、藜芦、草乌、密花豆、茜草、伸筋草、狗脊、川楝、南五味子、升麻、重楼等

表 1-6 华南亚热带、热带区药用植物资源分布概况

主要分布地	代表性药用植物种
粤桂、闽粤沿海及台湾省北部	高良姜、钩藤、千年健、百合、石斛、天南星、金银花、何首乌、杜仲、厚朴、女贞子、栀子、川楝、麦冬、山药、木蝴蝶等。 栽培药用植物:山药、地黄、葛、藿香、郁金、肉桂、莪术、玄参、泽泻、柑橘、益智、高良姜、槟榔、木蝴蝶等
海南岛、南海诸岛、台湾省南部	巴戟天、石斛、蔓荆子、白丁香、降香、龙血树、见血封喉、芦荟、青天葵、高良姜、海南萝芙木、海南粗榧等。 栽培药用植物:槟榔、益智、海南马钱子、安息香、壳砂仁、走马胎、丁公藤等
滇南山间谷地	砂仁、肉桂、木蝴蝶、儿茶、荜拔、龙血树、槟榔、芦荟、马钱子、益智、番泻叶、千年健、胖大海、诃子、降香、丁香、萝芙木、草果、安息香、胡椒等

表 1-7 西北干旱区域各地区药用植物资源分布概况

地区	主要分布地	代表性药用植物种
干草原	内蒙古高原中部、东北平原的西南部、锡林郭勒盟到鄂尔多斯高原和黄土高原北部	甘草、防风、柴胡、麻黄、黄芪、玉竹、黄芩、黄精、银柴胡、远志、赤芍、款冬花、郁李、辽藁本、北苍术、知母等
荒漠草原	内蒙古高原中北部、鄂尔多斯高原中西部、宁夏中部、甘肃东部、黄土高原北部和西部、新疆低山坡麓	伊贝母、赤芍、秦艽、牛蒡、甘草、阿魏、新疆紫草、锁阳、款冬花、菟丝子、柴胡、罗布麻、车前、蒲公英、新疆羌活等
荒漠	内蒙古西部、甘肃宁夏西北部、青海西部、新疆大部分区域	麻黄、甘草、宁夏枸杞、新疆软紫草、肉苁蓉、银柴胡、新疆党参、乌恰贝母、吐鲁番桑葚、胡桐泪、锁阳、沙枣、索索葡萄、阿图什无花果、乌什沙棘等

表1-8　青藏高寒区域各地区药用植物资源分布概况

地区	主要分布地	代表性药用植物种
川西藏东分割高原	青藏高原东南部	蒲公英、千里光、苍耳、益母草、羌活、匙叶甘松、宽叶羌活、金铁锁、麻花秦艽、红毛五加、暗紫贝母、红景天、长鞭红景天、大鳞红景天、水母雪莲花、塔黄、高山杜鹃、山岭麻黄、藕大夏等
青东南、川西北高原	青藏高原东部	冬虫夏草、黄芪、川贝母、秦艽、赤芍、大黄、龙胆、丹参、羌活、党参、唐古特山莨菪、唐古特瑞香等
藏北高原	青藏高原中部和西北部	火绒草、瑞香狼毒、鼠曲凤毛菊、高原毛茛、异叶青兰、二裂委陵菜、高原大戟、青海刺参、高山唐松草、外折糖芥、山岭麻黄、膜果麻黄等
藏南谷地与喜马拉雅山	青藏高原南部	枸杞、藏党参、波叶大黄、甘西鼠尾、秦艽、黄精、远志、长花滇紫草、雪莲花、甘松、冬虫夏草、多种天南星、胡黄连、乌奴龙胆等

第二节　药用植物资源调查与标本采集

一、资源调查

（一）调查方法

1. **线路调查**　在调查范围内选择不同方向的代表性线路,沿线调查药用植物的种类、生境、资源状况等,并采集标本。选择线路的基本原则是能够垂直穿插所有的植被类型和地形,若不能穿插则应该给予补查。

2. **样地调查**　在调查范围内根据不同的地段、不同的植物群落设置样地样方,并进行详细的调查。样地的选择可以通过典型抽样法、随机抽样法、系统抽样法等进行设置。样方的大小根据调查目的和对象而定,一般草本为$1\sim4m^2$,小灌木为$16\sim40m^2$,大灌木和小乔木为$100m^2$。在样方内需要测量统计和记录以下内容:药用植物株数、每株的湿重和干重、盖度(郁闭度)、多度、地形、海拔、坡度、坡向、土壤类型等。

（二）调查内容

1. **生态环境调查**　在对特定范围内的药用植物资源进行设置标准样方调查时,通常要先对其生态环境进行记载,内容主要有地理位置、地形、地势、气候、土壤、植被等。其中,对植物群落的调查主要包括植物群落的名称、多度、盖度、频度(植物在群落中分布的均匀度)等。

2. **种类及分布调查**　药用植物资源种类调查一般要先了解当地的植物区系资料,比如《中国植物志》、地方性植物志、药物志等。然后再进行原植物标本的采集和鉴定,对于不能确定的种类,最好请有关单位的专家协助鉴定。在完成野外资源调查后,就可以着手编写药用植物资源名录了,同时要统计出每种植物的分布情况,并记录到下一级行政区划。记载功效,只记载自己所调查到的,如为转抄应加以标注。药用植物资源名录,通常按植物分类系统来排列,每种植物都应包括植物名称、拉丁学名、俗名、生境、分布、花果期、功效等内容。

3. **蕴藏量调查**　蕴藏量是正确评价药用植物资源价值的重要因素,主要针对一些重要的、有开发潜力的或已濒危的资源种进行调查。蕴藏量是指某种药用植物在某一时期和地区内的自然蓄积量。其中可利用的那部分蕴藏量又称为经济量。

蕴藏量的调查方法主要有估量法和推测法。估量法就是邀请一些有经验的收购员、药农等进行座谈讨论,并结合历年资料、调查的印象等进行综合估算。这种方法虽不精确,但简单易行,可供参考。推测法就是根据植物群落的组成设置若干样地,并在这些样地内调查统计出药用植物的株数、入药部位鲜重等,从而求出其平均株数和重量,最后根据林相图、植被图等计算出该植物群落的面积,最终获得该地区的各种药用植物的蕴藏量。

二、标本采集制作

(一)标本采集

标本采集制作是药用植物资源调查的重要环节。在采集药用植物标本时,首先要注意标本的完整性和典型性。每种植物应尽量采集3~5份,每份应尽量采齐植物的各种器官和各发育阶段的大量样本,当然由于季节关系,我们常常不能一次性采到,这就需要及时补采。若为有毒植物应做好特殊包装和注明。同时,在野外采集工作时要注意保护珍稀濒危药用植物资源和自身的安全。其次,采集者应记录好植物的采集日期、采集地点、经纬度、生长习性、生境、多度、花果期、资源类型、入药部位、药用价值等内容。

野外采集用具包括枝剪、GPS定位仪、吸水纸、记录本、采集签、标本夹、瓦楞板等。此外,根据不同的采集目的,还需要准备麻绳、海拔表、测角器或测高表、卷尺和长绳、手持放大镜。

(二)标本压制及净化

标本采集后一定要及时压制,理想做法是在野外随即进行干燥,或将标本放在折叠纸中。如果野外时间紧张,也可以先把标本放入聚乙烯塑料袋中以加快采集,但间隔压制时间一定不能过长。压制时,标本之间需隔数层吸水纸,最上面一份标本,需盖上5~6层吸水纸后再放上另外一块标本夹,并用绳索捆紧。标本压制好的前几天,需每日换干纸2~3次,并随时再次整理、整形,随着标本含水量减少,可每日换纸1次即可,直到标本完全干燥为止。

标本压干后,通常采用升汞浸涂法、熏蒸法或低温冷冻法(于-30℃冷冻72小时或-18℃冷冻7天)对标本进行净化,前面两种方法由于对人体有剧毒,操作时必须戴上口罩、手套和防毒面具等进行隔离。

(三)标本装订

标本消毒后,就可以上台纸装贴了。通常将标本放在台纸的适当位置上,并注意留出左上角贴采集签、右下角贴鉴定签的位置。用线或纸条,也可以用白乳胶,将标本固定好。整个制作过程,力求标本美观、整洁。上好台纸的腊叶标本应放入标本柜中保存,为了减少标本的磨损,入柜的标本最好用牛皮纸做成的封套按属套好,在封套的右上角写上属名、科名,以便查阅。

第三节 药用植物资源的利用与保护

我国药用植物资源的开发利用历史悠久,但我国也是世界上生物多样性受到威胁和破坏最严重的国家之一,植物资源的开发利用就像一把双刃剑,既为我国中药产业开辟了广阔市场,也给宝贵的天然野生资源造成了一定的破坏。例如野生桔梗 *Platycodon grandiflorus*(Jacq.)A. DC.、黄精 *Polygonatum sibiricum* Delar. ex Redoute、何首乌 *Fallopia multiflora*(Thunb.)Harald.、冬虫夏草 *Cordyceps sinensis*(Berk.)Sacc.、肉苁蓉 *Cistanche deserticola* Ma、白及 *Bletilla striata*(Thunb. ex A. Murray)Rchb. f.、甘草 *Glycyrrhiza uralensis* Fisch. 等植物资源,人们为了追求利益的最大化,只管开发利用,不顾及保护,导致其资源濒临灭绝。因此,药用植物资源开发利用一定要注意合理有序,积极开展药用植物野生资源的保护和栽培驯化,以实现药用植物资源的可持续发展。

一、药用植物资源保护的法律基础及物种濒危分级

(一)药用植物资源保护的法律基础

1. 国际公约 有关药用植物资源保护的国际公约主要有《生物多样性公约》、《濒危野生动植物

种国际贸易公约》(Convention on international trade in endangered species of wild fauna and flora,CITES)、《保护野生动物中迁徙物种公约》等。其中,《生物多样性公约》主要是从生态系统、物种和遗传资源等3个层次对药用植物资源进行全面保护,它既包括了各缔约国具有按照环境政策开发资源的主权权利,也包括了一系列有关生物多样性保持和持续利用等应尽的义务。中国作为最早加入的国家之一,于1993年批准加入,并从公约正式生效实施以来,认真开展了一系列工作,初步建立了生物多样性保护法律体系,实施了一系列有关生物多样性保护的规划和计划,逐步完善了生物多样性保护的工作机制,出版了《中国植物志》《中国孢子植物志》等物种编目志书。CITES作为唯一对全球野生动植物贸易实施控制的国际公约,其主要宗旨就是通过各缔约国政府间采取有效措施,对濒危野生动植物种的贸易加以限制,从而确保野生动植物种的可持续利用不会受到国际贸易的影响。此外,该公约采用了物种分级与许可证的方式来加强贸易管制而非完全禁止。其管制物种主要可归为三项附录:附录Ⅰ(298种,包括3亚种),主要纳入了所有受到和可能受到贸易影响而有灭绝危险的物种;附录Ⅱ,主要纳入了所有虽未濒临灭绝,但如不加以管制,就有可能变成灭绝危险的物种,从而升级列入附录Ⅰ;附录Ⅲ,主要纳入了成员国认为在其所管辖范围内应进行管制,以防止或限制开发利用而需要其他缔约国合作控制贸易的物种,比如买麻藤(尼泊尔)。中国于1981年缔结了该公约,并陆续颁布或修订了《中华人民共和国野生植物保护条例》《森林法》,制定了《国家重点保护野生植物名录》(第一批)、《进出口野生动植物种商品目录》,发布了《关于严格保护珍贵稀有野生动物的通令》。

2. 中国颁布的有关法律法规   关于中国保护药用植物资源的法律法规主要有:

1980年确定了第一批《国家重点保护植物名录》,1982年汇编成册,并在此基础上编写了《中国植物红皮书》第一册。

1984年公布并于1987年修订了《中国珍稀濒危保护植物名录》(第一册),该名录收载植物354种,其中药用植物约168种。一级重点保护植物8种,分别为人参、银杉、水杉、秃杉、金花茶、珙桐、望天树、桫椤。二级保护植物143种,三级保护植物203种。

1985年实施的《中华人民共和国森林法》和2000年颁布的《中华人民共和国森林法实施条例》等,主要是为了保护、培育和合理利用森林资源,加快国土绿化,发挥森林蓄水保土、调节气候、改善环境和提供林产品的作用,适应社会主义建设和人民生活的需要。

1987年公布并实施的《野生药材资源保护管理条例》是我国第一部有关中药资源保护的专业性法规。该条例明确规定国家重点保护的野生药材物种分为3级:一级为濒临灭绝状态的稀有珍贵野生药材物种;二级为分布区域缩小、资源处于衰竭状态的重要野生药材物种;三级为资源严重减少的主要常用野生药材物种。同时,国家医药管理部门与国务院野生动物、植物管理部门及有关专家根据该条例以及《濒危野生动植物种国际贸易公约》的规定,共同制定了第一批《国家重点保护野生药材物种名录》,该名录共收载药用植物58种,其中列入二级保护植物有13种,包括甘草、胀果甘草、光果甘草、杜仲、厚朴、凹叶厚朴、黄连、三角叶黄连、云连、人参、黄皮树、黄檗、剑叶龙血树。列入三级保护植物有川贝母等45种。

1994年颁布并实施的《中华人民共和国自然保护区条例》主要是为了加强自然保护区的建设和管理,保护自然环境和自然资源。至今为止,我国已有数百个类型不同的自然保护区。

1996年发布并实施,并于2017年进行了第一次修订的《中华人民共和国野生植物保护条例》主要是为了加强保护、发展和合理利用野生植物资源,保护生物多样性,维护生态平衡,该条例明确指出了药用野生植物的保护也适用有关法律、行政法规。

1999年制定的《国家重点保护野生植物名录(第一批)》,共收载植物419种,其中药用植物多达101种,一级保护植物有52种,二级保护植物有203种。

（二）药用植物资源物种濒危分级

为了准确反映药用植物资源物种的受威胁程度，全球有许多受危物种等级的划分标准。我国《野生药材资源保护管理条例》将保护等级划分为1~3级：一级为濒临灭绝状态的稀有珍贵野生药材物种；二级为分布区域缩小、资源处于衰竭状态的重要野生药材物种；三级为资源严重减少的主要常用野生药材物种。《中国珍稀濒危保护植物名录》将其分为3个等级：一级为极为重要的科研、经济和文化价值的稀有濒危种类；二级为在科研或经济上有重要意义的稀有或濒危种类；三级为在科研或经济上有一定意义的渐危或稀有种类。《中国植物红皮书》参照世界自然保护联盟红皮书等级划分，分为"濒危""稀有"和"渐危"3个等级。

目前大多国家和地区采用的是世界自然保护联盟（International Union for Conservation of Nature，简称IUCN）划分的等级和标准：绝灭（EX）、濒危（E）、易危（V）、稀有种（R）、未定种（I）、资料不足（K）、受危种（T）、贸易致危（CT）。

二、药用植物资源保护与可持续发展策略

药用植物资源保护是指保护药用植物及与之相关的生态环境、生态系统，以挽救珍稀濒危物种，保证药用植物资源的可持续利用。因此，对药用植物资源进行保护，实质上是对一种特殊自然资源的保护。我们必须认识到资源开发利用的整体效应，强调人与自然的协调性，使之与可持续发展理论相结合，走可持续发展道路，才能共同享受资源开发、生态保护所带来的好处。

（一）开展资源普查，建立野生资源濒危预警机制和中药生产的信息咨询系统

资源调查是开发利用的基础。资源普查是一个长期而又艰巨的工作，需要国家、各级政府部门和全国医药工作者的共同长期努力，不断进行全面和局部、普查和细查等调查工作。我国分别于1958年、1966年和1983年开展了3次大规模的全国中药资源普查，基本掌握了我国药用动植物资源的种类、分布、重点药材品种蕴藏量等基础资料。时隔近30年，我国已于2011年启动全国第四次中药资源普查，此次普查借助了遥感技术（remote sensing，RS）、地理信息系统（geography information systems，GIS）和全球定位系统（global positioning systems，GPS），统称为"3S"技术，来建立全国药用植物资源信息数据库，以便能够及时、全面掌握我国当前野生资源的基本状况；并在此基础上，建立野生资源濒危预警机制、动态监测体系和数据库，从而有效控制野生药材采收的适当地区、适合数量，更新濒危物种级别，预先警示不可再生性采收、濒危状态和珍稀濒危药材的监控、保护以及种群恢复状态。

（二）寻找珍稀濒危中药材的替代品

中药材的替代品，又称代用品，是指在特定条件下，当正品严重缺失时，经过有关部门特许，可以更换其他药效非常相似或相同的品种代用之。根据植物的系统进化和化学分类学原理，植物的亲缘关系越近，其所含的化学成分就越相近，因此，我们可以利用植物的亲缘关系，寻找珍稀濒危中药材的替代品和新资源。例如，在我国20世纪50年代，植物学家一直在寻找降血压资源植物印度蛇根木 *Rauvolfia serpentina*（L.）Benth. ex Kurz. 的替代品，终于在广西、海南、云南等地找到了萝芙木 *Rauvolfia verticillata*（Lour.）Baill. 及其同属多种植物可以完全代用之，满足了市场的需求。又如寻找到了新疆阿魏、白木香、西藏胡黄连等药效相近的药用植物来代替相应进口品种。

此外，充分利用药材的不同入药部位也是寻找替代品的方法之一。传统认为人参的根茎（芦头）不作为补气药使用，根主体的利用价值高于须等部位。现代研究表明，地上部位、须及根茎的活性成分人参总皂苷含量高，同样也可以药用。目前，我国主要开展了钩藤、甘草、三七、人参、三尖杉等珍稀濒危植物的药用部位的开发研究。

（三）有选择地进行就地保护、迁地保护和离体保护

药用植物资源应该根据当地的实际情况，可以单独选择一种途径或选择多种途径共同进行保护。

就地保护(in situ conservation)是指药用植物资源在原来的生态环境下原地保存与繁殖,主要有建立和完善自然保护区和采用有效的生产保护性手段两种措施。1872年,美国建立了全球第一个自然保护区"黄石国家公园"。1956年,我国建立了第一个自然保护区"广东鼎湖山国家级自然保护区",主要保护南亚热带常绿阔叶林及珍稀动植物。至2008年底,我国已建立各类自然保护区2 538个,总面积占国土面积的15.13%;生产性保护手段主要有抚育更新和合理采收两个手段,比如采用封山育林进行野生抚育;采用挖大留小、边挖边育、挖密留疏,避开药用植物繁殖期;在活性成分积累最高的时候采收、避免超负荷采收等方法进行合理采收。

迁地保护(ex situ conservation)是指药用植物资源在原产地以外的地方,如植物园、种质圃等地保存和繁殖种质材料。目前,全球有植物园1 400多个,其中,英国皇家植物园栽培植物多达25 000余种。我国已建成植物园、树木园、引种圃等野生植物引种保存基地约250个,并成功引种了多种有重要价值的药用植物。比如,武汉植物研究所对长江三峡库区珍稀濒危植物物种的迁地保护,成功把将淹没的珍稀濒危植物引种到了宜昌市附近和本所内的种质资源圃,从而为研究药用植物的异地引种、保护三峡库区内的野生资源奠定了良好的基础。此外,迁地保护还包括了保存栽培植物种质资源种子库。事实证明,种质资源越丰富,遗传育种的预见性就越强,越有可能培育出优良品种。与就地保护、迁地活体保护相比,种子保护是最为经济而有效的形式,可以最大程度地保护物种的遗传多样性,为今后资源的开发利用做好基础的贮藏。若为贮藏正常型种子,可将种子置于低湿低温的环境下,长期库温度一般为-18℃,中期库为0~10℃,种子含水量控制在5%~8%。若为顽拗型种子,则需要用种质圃、液氮技术或组培技术进行保存。

离体保护是指充分借助现代生物技术保存药用植物体的某一部分,比如某一器官、组织、细胞或原生质体等,以长期保留药用植物的种质基因,保护药用植物资源。组织培养是进行快速无性繁殖的重要方法之一。据不完全统计,目前,全球通过组织培养获得成功的药用植物已有220种,我国约有200种,如党参、当归、菊花、山楂、延胡索、番红花、龙胆、紫背天葵、浙贝母、人参、枸杞等。此外,为了保存药用植物遗传物质携带体及其本身,保持优良性状,培育优良品种,应建立药用植物种质基因库。比如抗病、抗倒伏基因在药用植物上的应用,就是在大量优良基因的基础上,运用选育技术、基因工程等生物技术实现的。

(四) 加强人工栽培技术规范化

野生药用植物资源因其有限性和可解性,已经不能满足日益增长的人口需求,而有些中药材的栽培种植还处在种质不清、缺乏管理、质量标准不规范、分散种植等粗放经营状态,给中药材质量的稳定带来极大的隐患。因此,我们急需通过加强人工栽培技术规范化,以满足市场需求,缓解对野生资源过度开发的压力,建立示范基地以探索中药资源的可持续发展模式。目前,我国各省、自治区、直辖市成功引种试种和野转家种的药用植物,分别可达20~40种,其中四川、云南等省引种品种最多。例如素有"沙漠人参"之称的肉苁蓉,由于大量采挖导致资源濒临枯竭,已被国家列为二级保护植物,1998年我国开始对其进行人工栽培研究,制定了肉苁蓉人工种植标准规范操作规程(SOP),建立了优质、高产的人工种植基地,并已有3 000亩的种植规模。此外,我国已建立中药材生产基地600余个,药用植物种植面积约80万公顷(hm²),产量达40万吨(t)。

(五) 加强科普教育,加强宣传执法,提高全民保护意识

药用植物物种的保存、生物多样性的保护和生物资源的保护是一项复杂的系统工程,既需要全民参与,又需要法律法规体系的建立、组织机构的配套、经济基础的支撑。所以,我们要利用各种形式广泛宣传保护药用植物资源、维护生态系统多样性的积极作用,提高全民保护意识,建设社会主义生态文明。同时,需要进一步建立和完善有关中药资源保护法律法规以及组建相应的组织机构,确保做到有法必依、执法必严、违法必究。此外,国家还应设立专项资金,确保资源保护管理工作的正常进行。

● ● ● ● ● ● 学 习 小 结 ● ● ● ● ● ●

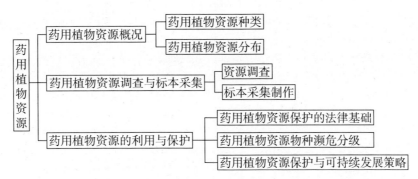

● ● ● ● ● ● 自 我 测 评 ● ● ● ● ● ●

一、单项选择题

1. 世界上最早的一部药典性质的官修本草是（   ）
   A.《神农本草经》   B.《新修本草》   C.《证类本草》
   D.《本草纲目》   E.《本草经集注》

2.《本草纲目》是明代李时珍所著，其载药数为（   ）
   A. 1 892   B. 730   C. 1 692   D. 365   E. 844

3. 全国第三次中药资源普查发现药用植物的种类有（   ）种
   A. 11 146   B. 12 807   C. 12 087   D. 11 164   E. 12 870

4. 主产区不是河南的药材是（   ）
   A. 牛膝   B. 山药   C. 甘草   D. 地黄   E. 菊花

二、简答题

1. 简要介绍我国和国外药用植物资源种类。
2. 我国菊科药用植物资源概况如何？
3. 我国药用植物区划主要分为几个区？
4. 简述我国和国际上有关药用植物资源保护的法规、条例。
5. 何为药用植物、药用植物资源和药用植物学？
6. 简述药用植物资源保护的策略。

第一章同步练习

第 二 章

植物器官与结构

📖 **学习导航**

植物体中具有一定的外部形态和内部结构、由多种组织构成、并执行一定的生理功能的组成部分称为器官。被子植物的器官一般可分为根、茎、叶、花、果实和种子6个部分,根据其生理功能可将器官分为两大类:一类称营养器官,包括根、茎和叶,共同起着吸收、制造和供给植物体所需营养物质的作用,使植物体得以生长、发育。另一类称繁殖器官,包括花、果实和种子,主要功能是繁殖后代,延续物种。

第一节　根

根是植物重要的营养器官,通常生长在土壤中,具有向地性、向湿性和背光性。根具有吸收、输导、固着、支持、贮藏和繁殖等作用。植物生活所需要的水分及无机盐,主要由根从土壤中吸收,并通过输导组织运送到地上部分。很多药用植物以根或根连带茎入药,如何首乌、甘草、丹参、黄芪、人参、三七、当归等。

一、根的形态和类型

（一）根的形态

根一般呈圆柱形,愈向下愈细,并可向周围分枝而形成复杂的根系。根无节与节间,一般不生芽、叶和花,这是根与茎的重要区别。

（二）根的类型

依据根的生长部位,可将根分为主根、侧根和纤维根。主根是指由胚根直接发育而形成的药用植物根,侧根是从主根侧面生出的支根,而纤维根则是在侧根上生出新的次一级侧根。侧根和纤维根又称次生根。

依据根的发生起源,可将根分为定根和不定根。主根、侧根和纤维根都是直接或间接由胚根发育形成的,有固定的生长部位,称为定根;有些根是从植物的茎、叶或其他部位生长出来的,没有固定的生长部位,称为不定根。

（三）根系的类型

一株植物所有地下根的总和称之为根系。根据形态的不同,可将根系分为直根系和须根系(图2-1)。

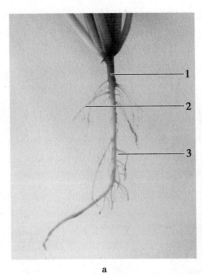

a　　　　　　　　　b

a. 直根系；b. 须根系。
1. 主根；2. 侧根；3. 纤维根。

图 2-1　根系的类型

1. 直根系　主根发达，粗而长，主根和侧根有明显区别的根系称为直根系。直根系一般入土较深，大多数双子叶植物和裸子植物具有直根系，如人参、甘草、桔梗、油松等。

2. 须根系　主根不发达或早期枯萎，由其茎基部的节上长出许多大小、长短相仿的不定根，没有主根与侧根的显著区别，簇生成胡须状，称为须根系。须根系入土较浅，大多数单子叶植物的根系是须根系，如莎草、麦冬等。

二、根的变态

有些植物的根在长期进化过程中，为适应生活环境的变化，其形态构造发生了可遗传的变异，称根的变态。常见的变态根有下列几种主要类型。

1. 贮藏根　根的一部分或全部因贮藏营养物质而呈肉质肥大状，称为贮藏根。贮藏根依据其来源及形态的不同，可分为肉质直根和块根（图 2-2）。

1　　　　2　　　　3　　　　4

1. 圆锥根（人参）；2. 圆球根（芜菁）；3. 纺锤根（麦冬）；4. 块根（何首乌）。

图 2-2　变态根的类型（一）

（1）肉质直根：主要由主根发育而成，一株植物上仅有一个肉质直根，其上部具有胚轴和节间很短的茎。肉质直根形状不一，有的呈圆锥状，如白芷、桔梗等；有的呈圆柱状，如甘草、黄芪等；有的呈圆球状，如芜菁。

（2）块根：由侧根或不定根膨大而形成，因此在一株植物上可形成多个块根，其组成不含胚轴和茎部分。块根在外形上通常呈纺锤形或块状。如麦冬、郁金、何首乌、百部等。

2. **支持根**　有些植物自茎基部产生一些不定根深入土中,以增强支撑茎的力量,这样的根称为支持根,如薏苡、甘蔗、玉米、高粱等。

3. **攀缘根**　攀缘植物在茎上生出不定根,使植物攀附于石壁、墙垣、树干或其他物体而使植物体向上生长,这种根称为攀缘根,如常春藤、薜荔、络石等。

4. **气生根**　从茎上长出的不定根,不伸入土壤里,而是生长在空气中,吸收并贮藏空气中的水分,这种根称为气生根。气生根具有在潮湿空气中吸收和贮藏水分的能力,如榕树、吊兰、石斛等。

5. **寄生根**　寄生植物产生的不定根插入寄主植物体内,吸取寄主植物体内的水分和营养物质,以维持自身的生活,这种根称为寄生根。如菟丝子、桑寄生、槲寄生等。

6. **水生根**　水生植物的根漂浮于水中呈须状,这种根称水生根,如睡莲、浮萍、菱等(图2-3)。

1. 支持根(甘蔗);2. 攀缘根(洛石);3. 气生根(榕树);4. 寄生根(菟丝子);5. 水生根(浮萍)。

图2-3　变态根的类型(二)

第二节　茎

茎是植物体地上部分的躯干。种子植物的茎起源于种子中幼胚的胚芽,除少数茎生于地下,一般茎是生长于地上的,是种子植物重要的营养器官。主茎顶端具顶芽,能使茎无限向上生长,同时节上产生腋芽,腋芽也称侧芽,腋芽萌发产生枝条,枝条上又可产生顶芽和腋芽,重复产生分枝,如此发展下去就形成了植物体的整个地上部分。茎具有输导、支持、贮藏和繁殖等生理功能。

有些中药材来源于植物的地上茎(或茎皮、茎髓),如沉香、苏木、鸡血藤、木通、杜仲、肉桂、黄柏、通草等;有些中药材来源于植物的地下茎,如山药、生姜、半夏、黄精、贝母、天麻等。

一、茎的形态

植物茎一般为圆柱形,但有的植物茎呈四棱形,如唇形科植物薄荷、益母草的茎;也有的呈三棱形,如莎草科植物香附、荆三棱的茎;还有的呈扁平形,如仙人掌的茎。茎的中心通常是实心的,但也有些植物的茎是空心的,如小茴香、芹菜、南瓜等。薏苡、竹、水稻、小麦等禾本科植物的茎,具有明显的节和节间,且节间是中空的,而节却是实心的,特称为秆。

植物茎的顶端有顶芽,叶腋(叶柄和茎之间的夹角处)有腋芽。茎上着生叶和腋芽的部位称节,节与节之间称节间。具节和节间是茎的主要形态特征,节上还生有叶、花、果实;而根无节和节间之分,且根上不生叶,这是根和茎在外形上的主要区别。

多年生木本植物的茎枝上还分布有叶痕、托叶痕、芽鳞痕、维管束痕和皮孔等形态特征。叶痕是叶脱落后留在茎上的瘢痕,根据各节上叶痕的数目和排列方式,可以判断叶在茎枝上的着生情况;托叶痕是托叶脱落后留下的瘢痕;芽鳞痕是包被芽的鳞片脱落后留下的瘢痕;维管束痕是叶痕中的点状小突起;皮孔是茎枝表面突起的小裂隙,常呈浅褐色,是植物体与外界进行气体交换的又一通道。不同植物中这些痕迹常有差异,故常作为鉴别药用植物的依据(图2-4)。

一般植物的茎节仅在叶着生的部位稍微膨大,有些植物的茎节特别明显,成膨大的环,如牛膝、石竹、高粱等;也有些植物茎节处比节间细,如藕。各种植物节间的长短也不一致,长的可达几十厘米,如竹、南瓜等;短的还不到1mm,叶由茎生出呈莲座状,如蒲公英、车前、紫花地丁等。

着生叶和芽的茎称为枝条,有些植物具有两种枝条,一种节间比较长,称长枝,另一种节间很短,称短枝。一般短枝着生在长枝上,能开花结果,所以又称果枝,如苹果、梨、银杏等。

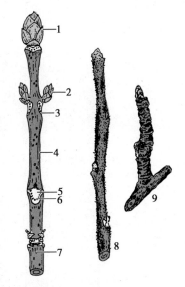

1. 顶芽;2. 腋芽;3. 叶痕;4. 节间;5. 节;6. 维管束痕;7. 皮孔;8. 长枝;9. 短枝。

图2-4　茎的外形

二、茎的类型

(一)按茎的质地分

1. 木质茎　质地坚硬,木质部发达的植物茎称木质茎。具木质茎的植物称木本植物。常分为乔木、灌木和木质藤本。

(1)乔木:高度在5m以上,具有明显的主干,下部分枝少称乔木,如厚朴、杜仲、合欢等。

(2)灌木:高度常在5m以下,无明显主干,在近基部处生出数个丛生的枝干称灌木,如紫荆、夹竹桃等。在灌木中高度在1m以下的,称小灌木,如六月雪。若介于木本和草本之间,仅茎基部木质化的称亚灌木或半灌木,如牡丹、草麻黄等。

(3)木质藤本:茎细长,木质坚硬,常缠绕或攀附他物向上生长,如葡萄、木通、鸡血藤等。

木本植物全为多年生植物。其叶在冬季或旱季脱落的,分别称落叶乔木、落叶灌木、落叶藤本;反之在冬季或旱季不落叶的分别称常绿乔木、常绿灌木、常绿藤本,常绿木本植物常在春季进行换叶。

2. 草质茎　质地柔软,木质部不发达的植物茎称草质茎。具草质茎的植物称草本植物。常分为一年生草本、二年生草本、多年生草本和草质藤本。

(1)一年生草本:植物从种子萌发到枯萎死亡是在一年内完成的称一年生草本,如红花、紫苏等。

(2)二年生草本:植物种子在第一年萌发,到第二年才枯萎死亡,生长发育过程在二年内完成的称二年生草本,如益母草、菘蓝等。

(3)多年生草本:植物生长发育过程超过2年的称多年生草本。其中地上部分每年都枯萎死亡,而地下部分仍保持生命力,能再长新苗的称宿根草本,如人参、黄连、七叶一枝花、天南星等;而植物地上部分多年不枯死保持常绿的称常绿草本,如麦冬、万年青等。

(4)草质藤本:植物茎细长,草质柔弱,常缠绕或攀附他物而生长称草质藤本。如党参、丝瓜、扁豆、牵牛等。

3. 肉质茎　茎质地柔软、多汁、肉质肥厚的称肉质茎,如仙人掌、芦荟、垂盆草等(图2-5)。

1. 乔木(合欢);2. 灌木(夹竹桃);3. 木质藤本(扁藤);4. 肉质茎(芦荟)。

图 2-5　茎的类型(一)

(二)按茎的生长习性分

1. 直立茎　不依附他物,直立生长于地面的茎,如厚朴、杜仲、水杉等。

2. 缠绕茎　细长,自身不能直立,常缠绕他物作螺旋状生长的茎,如五味子、忍冬等呈顺时针方向缠绕;牵牛、马兜铃等呈逆时针方向缠绕;何首乌、猕猴桃则无固定缠绕方向。

3. 攀缘茎　细长,自身不能直立,而依靠攀缘结构攀附他物生长的茎,如丝瓜、栝楼、葡萄的攀缘结构是茎卷须;豌豆的攀缘结构是叶卷须;爬山虎的攀缘结构是吸盘;茜草、葎草的攀缘结构是刺;络石、薜荔的攀缘结构是不定根。

4. 匍匐茎　细长柔弱,平铺于地面蔓延生长,节上生有不定根的茎,如连钱草、积雪草、草莓等。

5. 平卧茎　细长柔弱,平铺于地面蔓延生长,节上没有不定根的茎,如蒺藜、马齿苋、地锦等(图 2-6)。

三、茎的变态

茎的变态可分为地下茎变态和地上茎变态两大类。

(一)地下茎变态

地下茎和根类似,但仍具有茎的特征,其上有节和节间,退化的鳞叶及顶芽、侧芽等,可与根相区分。常见的类型有:

1. 根状茎　又称根茎,常横卧地下,节和节间明显,节上生有不定根和退化的鳞片叶,具顶芽和侧芽。根状茎的形态及节间的长短随植物而异,有的植物根状茎短而直立,如人参、桔梗、三七等;有的细

1. 缠绕茎(牵牛);2. 匍匐茎(积雪草);3. 攀缘茎(爬山虎);4. 平卧茎(马齿苋)。

图 2-6 茎的类型(二)

长,如芦苇、白茅、蕺菜等;有的短粗呈团块状,如白术、姜、川芎等;有的具明显的茎痕,如黄精。

2. 块茎 肉质肥大呈不规则块状,与块根相似。但有很短或不明显的节间,节上有芽,叶退化成鳞片状或早期枯萎脱落,如天麻、半夏、马铃薯等。

3. 球茎 肉质肥大呈球形或扁球形,具明显的节和缩短的节间,节上有较大的膜质鳞叶;顶芽发达,腋芽常生于茎的上半部;基部具有不定根,如慈姑、荸荠、芋头等。

4. 鳞茎 呈球形或扁球形,茎极度缩短成盘状称鳞茎盘,盘上生有肉质肥厚的鳞叶。鳞茎盘上节很密集,顶端有顶芽,鳞叶腋内有腋芽,基部生有不定根。有的鳞茎鳞叶阔,内层被外层完全覆盖,称有被鳞茎,如洋葱;有的鳞茎鳞叶狭,呈覆瓦状排列,内层不能被外层完全覆盖,称无被鳞茎,如百合、贝母等(图 2-7)。

（二）地上茎变态

1. 叶状茎 也称叶状枝,是由植物的茎或枝变为绿色扁平的叶状或针形叶状,具有叶的功能,易被误认为叶,如竹节蓼、仙人掌、天门冬等。

2. 刺状茎 植物的枝条变为刺状,常粗短坚硬不分枝,也称枝刺,如酸橙、山楂、木瓜等。但皂荚的刺常分枝。刺状茎生于叶腋,可与叶刺相区别。金樱子、月季、玫瑰茎上的刺是由表皮细胞突起形成,无固定的生长位置,并容易脱落,称为皮刺,有别于刺状茎。

3. 茎卷须 常见于具攀缘茎的植物,其枝条变成卷须,柔软卷曲,多生于叶腋,如栝楼、丝瓜等。但葡萄的茎卷须是由顶芽变成的,而后腋芽代替顶芽继续发育,使茎成为合轴式生长,茎卷须则被挤到叶柄对侧。

4. 钩状茎 由茎的侧枝变态而成,位于叶腋。呈钩状,坚硬,短而粗,不分枝,如钩藤。

1. 根状茎(姜)；2. 块茎(半夏)；3. 球茎(荸荠)；4. 鳞茎(洋葱)。

图2-7　地下茎的变态

5. 小块茎和小鳞茎　有些植物的腋芽常形成小块茎,形态与块茎相似,如山药、黄独的珠芽(习称零余子)；有的植物叶柄上的不定芽也形成小块茎,如半夏；有些植物在叶腋或花序处由腋芽或花芽形成小鳞茎,如卷丹腋芽形成小鳞茎,洋葱、大蒜花序中花芽形成小鳞茎。小块茎和小鳞茎均有繁殖作用。

6. 假鳞茎　附生的兰科植物茎,其基部肉质膨大,呈块状或球状的部分,称假鳞茎,如石豆兰、石仙桃、羊耳蒜等(图2-8)。

1. 叶状茎(仙人掌)；2. 刺状茎(金樱子)；3. 茎卷须(葡萄)；4. 小块茎(山药珠芽)；5. 钩状茎(钩藤)；6. 小鳞茎(大蒜花序)。

图2-8　地上茎的变态

第三节　叶

叶着生于茎节上,含叶绿素,是植物进行光合作用、制造有机养料的重要营养器官,具有向光性。叶还有气体交换和蒸腾作用。除此之外,有的植物叶具有贮藏作用,如百合、贝母的肉质鳞叶等;尚有少数植物叶具繁殖作用,如秋海棠叶、落地生根叶等。

药用的叶有枇杷叶、桑叶、艾叶等,也有的叶只以某一部位入药,如黄连的叶柄基部入药,称剪口连,全叶柄入药称千子连等。

一、叶的组成

叶由叶片、叶柄和托叶三部分组成。三者俱全的叶称完全叶,如桃、梨、桑的叶;缺少其中任何一部分者,则称为不完全叶,如女贞、柴胡的叶无托叶,莴苣、荠菜的叶无叶柄,台湾相思树的叶既无叶片,也无托叶,仅由叶柄扩展成叶片状。有些植物的托叶较早脱落,称托叶早落,留有托叶痕。有些单子叶植物的叶片扩展成叶鞘,并具有叶舌、叶耳等附属物,如禾本科植物的叶(图2-9)。

1. 叶片;2. 叶柄;3. 托叶。

图2-9　叶的组成

1. 叶片　叶的主要部分,一般为绿色的扁平体,分上表面(腹面)和下表面(背面)。叶片的形状、叶尖、叶基、叶缘等因植物种类的不同表现出极大的多样性。叶片中的维管束形成叶脉,在叶内起输导和支持作用。

2. 叶柄　叶柄是连接叶片与茎的部分,常呈圆柱形、半圆柱形或扁圆柱形,上表面(腹面)多凹陷形成沟槽。植物种类不同,叶柄的功能和形状也不同,有些水生植物的叶柄有膨胀的气囊,支持叶片浮于水面,如菱、水浮莲;有的叶柄基部有膨大的关节,称为叶枕,能调节叶片的位置,如含羞草;有的叶柄能围绕各种物体螺旋状地扭曲,有攀缘作用,如旱金莲;有的叶片退化,叶柄变态成叶片状,以代行叶片的功能,如台湾相思树(除幼苗时期外)。

有些植物的叶柄基部或全部扩大成鞘状,称叶鞘。叶鞘部分或全部包裹着茎秆,加强茎的支持作用,或保护茎的居间分生组织和腋芽,如前胡、当归、白芷等伞形科植物叶的叶鞘,是由叶柄基部扩大形成;淡竹叶、芦苇、小麦等禾本科植物的叶鞘,是由叶的基部相当于叶柄的部位扩大形成的。禾本科植物,除叶鞘外,在叶鞘与叶片相接处的腹面还有一膜质的突起物,称为叶舌。叶舌能使叶片向外伸展,可更多地接受阳光,同时可以防止水分和真菌、昆虫等进入叶鞘内。在叶舌的两旁,另有一对从叶片基部边缘伸出的耳状突出物,称为叶耳。叶耳、叶舌的有无、大小及形状,是识别禾本科植物的重要依据。如水稻有膜质的叶舌和叶耳,而稗草没有,由此可将二者区分。

某些植物的叶不具叶柄,叶片直接着生在茎上,称为无柄叶,如石竹叶。有些无柄叶的叶片基部包围在茎上,称抱茎叶,如苦荬菜叶。如果无柄叶的基部或对生无柄叶的基部彼此愈合并被茎所贯穿,称贯穿叶,如元宝草叶。

3. 托叶　叶柄基部的附属物,通常成对生于叶柄基部的两侧。托叶的形状多种多样。有的托叶与叶柄愈合成翅状,如玫瑰、蔷薇;有的托叶细小呈线状,如梨、桑;有的托叶呈卷须状,如菝葜;有的托叶呈刺状,如刺槐;有的托叶较大呈叶片状,如豌豆;有的托叶形状、大小与叶片几乎一样,只是托叶的腋内无腋芽,如茜草;有些植物的托叶边缘愈合成鞘状,包围着茎节的基部,称托叶鞘,如何首乌、辣蓼等(图2-10)。

1. 叶状托叶(豌豆);2. 托叶卷须(土茯苓);3. 托叶刺(刺槐);4. 托叶鞘(红蓼)。

图 2-10　托叶的类型

二、叶的形态

叶片形态多样,随植物种类不同而异,一般同一种植物叶的形态是比较稳定的,有时也有差异,在分类上常作为鉴别植物的依据。

1. **叶形**　叶片的形状是根据叶片的长度和宽度的比例,以及最宽部位的位置来确定。常见的叶片形状有针形、条形、披针形、椭圆形、卵形、心形、肾形、圆形、剑形、戟形等(图 2-11)。

以上为叶片的基本形状,在叙述叶形时也常用"长""广""倒"等字放在前面如长椭圆形、广卵形、倒心形等。除此之外,还有很多其他形状的叶片,如蓝桉树老枝上的叶为镰刀形,杠板归的叶为三角形,车前草的叶为匙形,银杏叶为扇形,葱叶为管形等。另有许多植物的叶是两种形状的综合,如卵状椭圆形、椭圆状披针形等(图 2-12)。

2. **叶缘**　即叶片的边缘。当叶片生长时,叶的边缘若生长速度均一,结果叶缘平整,为全缘叶;如果边缘的生长速度不均,有的部位较强烈,而另一些部位缓慢或很早就停止,使叶缘不平整,则呈现各种不同的形态。常见的叶缘有:全缘,如女贞、樟叶;波状,如茄、槲栎叶;锯齿状,如茶、月季叶等(图 2-13)。

3. **叶尖**　即叶片的顶端。常见的形状有:渐尖,如何首乌叶;圆形,如细辛叶;钝形,如厚朴叶;急尖,如金樱子叶;倒心形,如酢浆草叶;还有截形、微凹、微缺等(图 2-14)。

4. **叶基**　即叶片的基部。常见的形状有多种,其中圆形、钝形、急尖、渐尖等与叶尖相似,所不同的是出现在叶片基部。此外还有:心形,如紫荆叶;楔形,如一叶荻、悬铃木叶;渐狭,如车前、一枝黄花叶等(图 2-15)。

5. **叶脉**　叶脉为贯穿于叶肉内的维管束,是叶内的输导和支持结构。叶脉维管组织通过叶柄与茎内的维管组织相连接。叶片上最粗大的叶脉称主脉,主脉的分枝称侧脉,其余较细小的称细脉。叶脉在叶片上呈各种有规律性的分布,其分布形式称脉序。脉序主要有以下三种类型。

(1) **网状脉序**:叶片上有一条或几条明显的主脉,侧脉和细脉分枝形成网状。网状脉序是双子叶

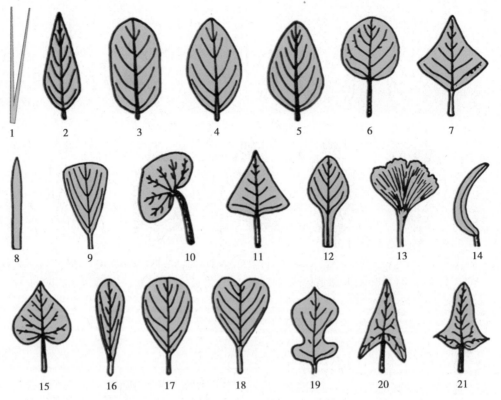

1. 针形；2. 披针形；3. 矩圆形；4. 椭圆形；5. 卵形；6. 圆形；7. 菱形；8. 线形；9. 楔形；10. 肾形；
11. 三角形；12. 匙形；13. 扇形；14. 镰形；15. 心形；16. 倒披针形；17. 倒卵形；18. 倒心形；
19. 提琴形；20. 箭形；21. 戟形。

图 2-11　叶片的形状（一）

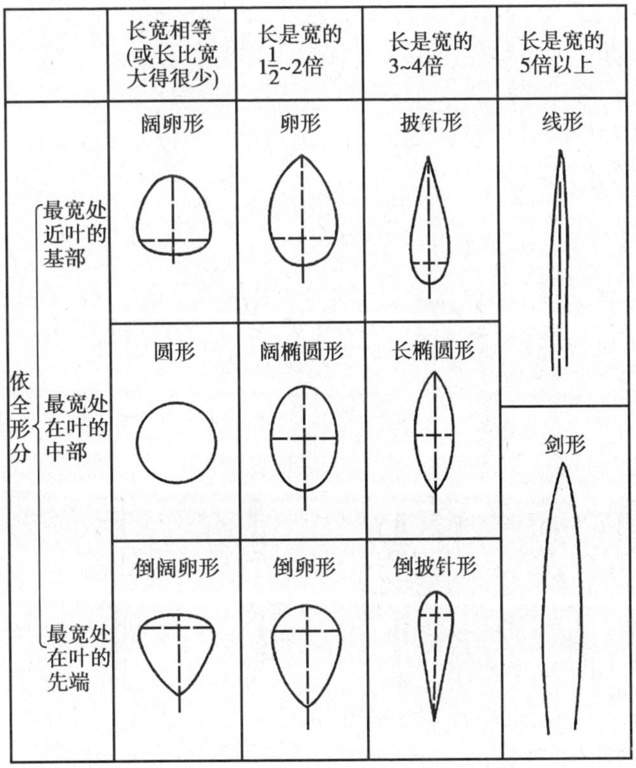

	长宽相等（或长比宽大得很少）	长是宽的 $1\frac{1}{2}$~2倍	长是宽的 3~4倍	长是宽的 5倍以上
最宽处近叶的基部	阔卵形	卵形	披针形	线形
最宽处在叶的中部	圆形	阔椭圆形	长椭圆形	剑形
最宽处在叶的先端	倒阔卵形	倒卵形	倒披针形	

依全形分

图 2-12　叶片的形状（二）

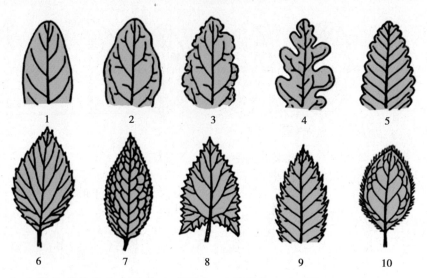

1. 全缘；2. 浅波状；3. 皱波状；4. 深波状；5. 钝齿状；6. 锯齿状；7. 细锯齿；8. 牙齿状；9. 重锯齿状；10. 睫毛状。

图 2-13　叶缘的形态

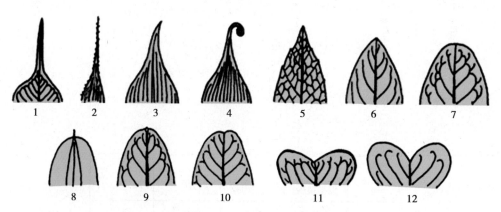

1. 尾状；2. 芒尖；3. 聚凸；4. 卷须状；5. 渐尖；6. 锐尖；7. 钝尖；8. 凸尖；9. 微凹；10. 尖凹；11. 凹缺；12. 心形。

图 2-14　叶尖的形态

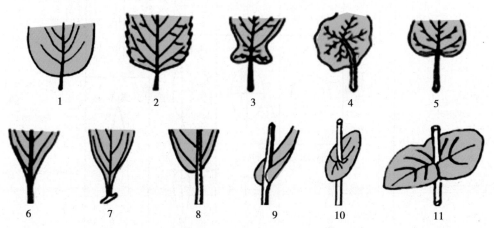

1. 圆形；2. 截形；3. 耳形；4. 盾形；5. 心形；6. 楔形；7. 渐狭；8. 偏斜；9. 抱茎；10. 穿茎；11. 合生穿茎。

图 2-15　叶基的形态

植物的叶脉特征,分为羽状网脉和掌状网脉。其中有一条明显的主脉,侧脉自主脉两侧分出,似羽毛状,细脉仍交织呈网状,为羽状网脉,如枇杷叶、夹竹桃叶等;有的由叶基部分出多条较粗大的叶脉,呈辐射状伸向叶缘,细脉再多级分枝也连结成网,为掌状网脉,如紫荆叶、蓖麻叶、葡萄叶等。

（2）平行脉序:各条叶脉近似于平行分布,是大多数单子叶植物的叶脉特征。其中各叶脉自基部平行发出直达叶尖的,称直出平行脉,如竹、玉米叶等;叶片较宽而短,各叶脉从基部平行发出,彼此逐渐远离稍作弧状,最后在叶尖汇合,称弧形脉,如百部、玉簪等;各叶脉均自叶片基部以辐射状分出,称射出平行脉,如棕榈、蒲葵叶等;若有显著的中央主脉,侧脉垂直于主脉,彼此平行,直达叶缘,称侧出平行脉或横出平行脉,如芭蕉、美人蕉叶等。

少数单子叶植物,如薯蓣、天南星科植物的叶是网状脉序,但单子叶植物无论是平行脉序或网状脉序,其叶脉末梢绝大多数都是连结在一起的,没有游离的脉梢,这一点与双子叶植物的叶脉相区别。

（3）叉状脉序:即每条叶脉均为多级二叉分枝,是较原始的脉序,在蕨类植物中普遍存在,而在种子植物中少见,如银杏等(图2-16)。

1. 羽状网脉;2. 掌状网脉;3. 直出平行脉;4. 射出平行脉;5. 横出平行脉;6. 弧形脉;7. 叉状脉。

图 2-16 脉序的类型

6. 叶片的质地 一般常见的有下列几种:膜质,叶片薄而半透明,如半夏的叶;干膜质,叶片薄、干燥而脆,不呈绿色,如麻黄的鳞片叶;草质,叶片柔软而较薄,似纸张样,如薄荷、藿香叶等;革质,叶片坚韧而较厚,略似皮革,如枇杷、山茶的叶;肉质,叶片肥厚多汁,如虎耳草、景天、马齿苋等(图2-17)。

7. 叶片的分裂 植物的叶片常是全缘的或仅叶缘具齿或细小缺刻,但有些植物的叶片叶缘缺刻深而大,形成分裂状态,常见的叶片分裂有羽状分裂、掌状分裂和三出分裂三种。依据叶片裂隙的深浅不同,一般又可分为浅裂、深裂和全裂(图2-18、图2-19)。

（1）浅裂:裂隙深度不超过或约至整个叶片宽度的四分之一,如药用大黄、南瓜。

（2）深裂:裂隙深度超过整个叶片宽度的四分之一,如唐古特大黄、荆芥。

（3）全裂:裂隙深度几乎达到主脉或叶柄顶部,如大麻、白头翁。有些植物的叶片具有大小深浅不规则的裂片时,称为缺刻状,如菊叶。

1. 膜质;2. 草质;3. 革质;4. 肉质。

图 2-17 叶片的质地

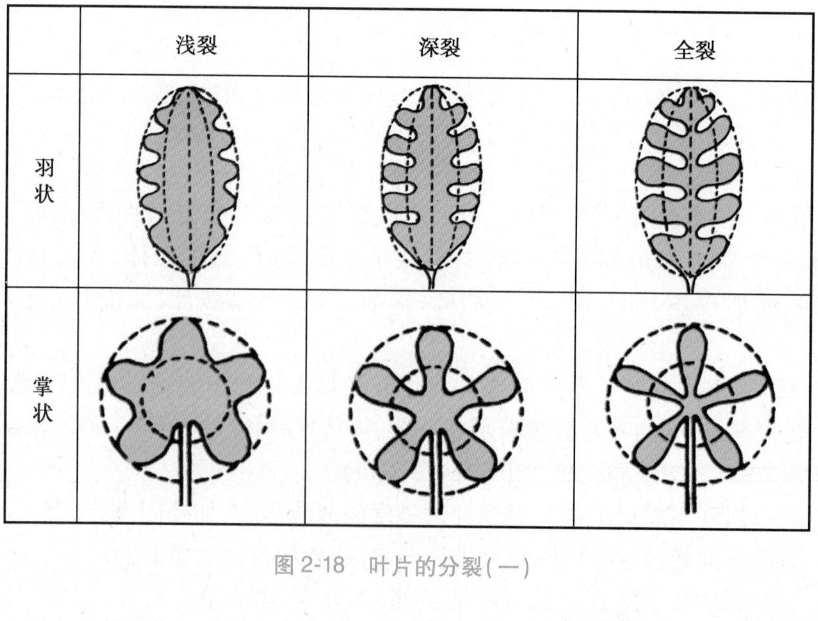

	浅裂	深裂	全裂
羽状			
掌状			

图 2-18 叶片的分裂(一)

1. 羽状全裂；2. 羽状浅裂；3. 羽状深裂；4. 掌状全裂；5. 掌状浅裂；6. 掌状深裂；7. 三出全裂；8. 三出浅裂；9. 三出深裂。

图 2-19　叶片的分裂（二）

三、单叶与复叶

根据叶柄上叶片的数量可将叶分为单叶和复叶。

1. 单叶　一个叶柄上只生一枚叶片，称单叶，如枇杷、女贞的叶（图 2-20）。

　　2. 复叶　一个叶柄上生有两片以上叶片，称复叶。复叶的叶柄称为总叶柄，总叶柄上着生叶片的轴状部分称叶轴，复叶上的每片叶称小叶，其叶柄称小叶柄。

　　从来源看，复叶是由单叶的叶片分裂而成的，即当叶裂片深达主脉或叶基并具叶柄时，就形成了复叶。全裂的单叶与小叶柄不明显的复叶之间有差异，即全裂叶各裂片之间的裂隙底部总是有或多或少的叶片缘。

　　根据小叶的数目和在叶轴上排列的方式不同，复叶有以下四种类型（图 2-21）。

　　（1）羽状复叶：叶轴长，多数小叶排列在叶轴的两侧成羽毛状，称为羽状复叶。若叶轴顶部只具一片小叶的羽状复叶，其侧生小叶可互生或对生，称奇数羽状复叶，如槐、蔷薇的叶等。若叶轴顶部具有两片小叶的羽状复叶，称偶数羽状复叶，如落花生、决明的叶等。若叶轴作一次羽状分枝，形成许多侧生小叶轴，在每一小叶轴上又形成二级羽状复叶，称二回羽状复叶。二回羽状复叶中的第二级羽状复叶（即小叶轴连同其上的小叶）称羽片，其小叶轴称

图 2-20　单叶

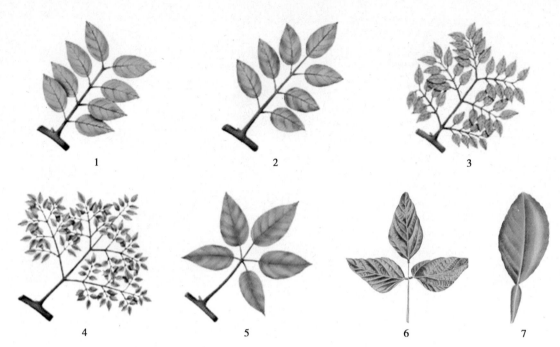

1. 偶数羽状复叶;2. 奇数羽状复叶;3. 二回偶数羽状复叶;4. 三回奇数羽状复叶;5. 掌状复叶;6. 三出复叶;7. 单身复叶。

图 2-21　复叶的类型

羽轴,如云实、合欢的叶等。若叶轴作两次羽状分枝,称三回羽状复叶,其中第二级羽状复叶亦称羽片和羽轴,第三级羽状复叶称小羽片和小羽轴,如南天竹、苦楝的叶。

（2）掌状复叶:叶轴缩短,三片以上的小叶着生在叶轴的顶端呈掌状展开,称为掌状复叶,如人参、五加的叶。

（3）三出复叶:叶轴上着生三片小叶,称为三出复叶。若顶生小叶有柄,二枚侧生小叶着生在叶轴顶端以下,称羽状三出复叶,如大豆、胡枝子的叶。若顶生小叶无柄,三枚小叶均着生在叶轴顶端,称掌状三出复叶,如酢浆草、苜蓿的叶。

（4）单身复叶:可能是由三出复叶退化形成的一种特殊形态的复叶,即叶轴顶端只有一片发达的小叶,侧生小叶退化,作翼(翅)状附着于叶轴的两侧,使整个外形看起来好像是一枚单叶,但顶生小叶与叶轴连接处有明显的关节,与真正的单叶相区别,故称为单身复叶,如柚、橙、柑、橘等芸香科柑橘属植物的叶。

复叶易与生有单叶的小枝相混淆,识别时要弄清叶轴和小枝的区别。复叶与具单叶的小枝的主要区别是:复叶的叶轴先端没有顶芽,小叶的叶腋内没有侧芽,仅在总叶柄腋内有腋芽,小叶与叶轴一般构成一平面,落叶时整个复叶由叶轴处脱落,或小叶先脱落,然后叶轴脱落;而小枝的先端有顶芽,每一单叶的叶腋内均有侧芽,单叶与小枝常成一定角度(叶镶嵌),小枝一般不脱落,只有叶脱落。

四、叶序

叶在茎上着生的次序,称叶序。叶序有四种基本类型,即互生叶序、对生叶序、轮生叶序、簇生叶序(图 2-22)。

1. 互生叶序　指在茎枝的每一茎节上只生一片叶,各叶片交互而生,常沿着茎枝作螺旋状排列。如桃、桑、柳等植物的叶序。

2. 对生叶序　指在茎枝的每一茎节上相对着生两片叶,有的与相邻的两叶成十字排列称交互对生,如薄荷、忍冬、龙胆等植物的叶序;有的对生叶均排列于茎的两侧称二列状对生,如小叶女贞、水杉等植物的叶序。

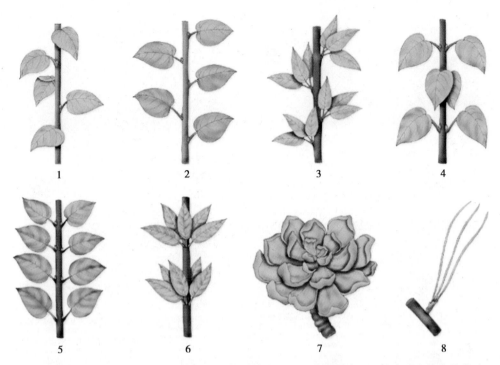

1. 交互互生；2. 二列状互生；3. 簇生；4. 交互对生；5. 二列状对生；6. 轮生；7. 莲座状集生；
8. 成束簇生。

图2-22 叶序

3. 轮生叶序 指在茎枝的每一茎节上着生三片或三片以上的叶，并排成轮状的叶序，如夹竹桃、栀子、直立百部等植物的叶序。

4. 簇生叶序 两片或两片以上的叶成簇状着生在节间极为缩短的短枝上所形成的叶序，如银杏、落叶松等植物的叶序。

有些植物的茎极为短缩，节间不明显，叶生茎基，似从根上生出，称基生叶，如荠菜、毛茛等；基生叶成莲座状的称莲座状叶丛，如蒲公英、车前的叶丛等。

同一植物可以同时存在二种或两种以上的叶序，如桔梗的叶序有互生、对生及三叶轮生，栀子的叶序也有对生和三叶轮生。

五、叶的变态

叶的变态种类很多，常见的主要有以下几种(图2-23)。

1. 苞片 着生于花或花序下面的变态叶，称苞片。其中围于花序外围的一至多层苞片合称为总苞，总苞中的各个苞片称总苞片；花序中每朵小花的花柄上或花萼下的苞片称小苞片。苞片一般较小，一至多数，排成一轮或数轮，常呈绿色，也有较大而呈各种颜色的。总苞的形状和轮数的多少，常为种属鉴别的特征。如菊科植物头状花序的总苞由多数绿色的总苞片组成，如向日葵；天南星科植物的肉穗花序外面，常围有一片大形的总苞片，称为佛焰苞，如天南星、马蹄莲；鱼腥草花序下的总苞是由四片白色的花瓣状总苞片组成。

2. 鳞叶 特化或退化成鳞片状的叶，称为鳞叶。鳞叶有肉质和膜质两类：肉质鳞叶肥厚，能贮藏丰富的养料，可供次年发芽开花用，也可供人食用或药用，如百合、贝母、洋葱等鳞茎上的肥厚鳞叶；膜质鳞叶菲薄，干燥而脆，常呈褐色，是退化的叶，常生于球茎、根茎的节上，如麻黄的叶，洋葱鳞茎外层的包被及慈姑、荸荠球茎上的鳞叶等。

3. 叶刺 叶片或托叶变态成刺状，称叶刺，起保护作用或适应干旱环境。如小檗、仙人球的刺是叶退化而成，刺槐、酸枣的刺是由托叶变态而成，红花、枸骨上的刺是由叶缘、叶尖变态而成。根据刺的

1. 总苞(红掌);2. 叶状柄(台湾相思树);3. 刺状叶(仙人掌);4. 捕虫叶(匙叶茅膏菜)。

图 2-23　叶的变态

来源及生长位置的不同,可以与刺状茎或皮刺相区别。

4. 叶卷须　由叶片或托叶变态成纤细的卷须,称叶卷须,可借以攀缘他物,如豌豆的卷须是由复叶顶端的小叶变态而成,菝葜的卷须是由托叶变态而成。

5. 叶状柄　叶柄特化成叶片状,称叶状柄,以代替叶片行使叶片的功能,如台湾相思树(除幼苗时期外)叶片退化,而叶柄扩展成扁平的披针形或镰刀形的叶状柄。

6. 捕虫叶　食虫植物的叶,其叶片形成囊状、盘状或瓶状等捕虫结构,上有许多能分泌消化液的腺毛或腺体,并有感应性,当昆虫触及时,立即能自动闭合或靠黏液将昆虫捕获,再被消化液所消化,如捕蝇草、猪笼草的叶。

第四节　花

花是由花芽发育形成的适应生殖的变态枝,是种子植物特有的繁殖器官。花通过传粉和受精,可以形成果实或种子,起着繁衍后代、延续种族的作用。裸子植物的花原始而简单,无花被,单性,形成球花。被子植物的花则高度进化,构造复杂,形式多样,常有美丽的形态。花的形态和构造特征相对稳定,变异较小,植物在长期进化过程中所发生的变化也往往可从花的构造中得到反映,因此,掌握花的形态和构造特征,对学习和研究植物分类以及中药的原植物鉴别、花类药材的鉴定等均有极其重要的意义。

很多植物的花可供药用,称花类药材,其中有的是以植物的花蕾入药,如辛夷、金银花、丁香、槐米等;有的是以已开放的花入药,如洋金花、木棉花、金莲花等;有的是以花的一部分入药,如莲须是雄蕊,玉米须是花柱,西红花是柱头,松花粉、蒲黄是花粉粒,莲房则是花托;也有的是以花序入药,如菊花、旋覆花、款冬花等。

知识拓展

花 中 之 最

　　花期最长的花：日日樱，又叫琴叶珊瑚，它是世界上花期最长的花。

　　最娇贵的花：宝莲花，别名珍珠宝塔，它的外形与中国神话中的宝莲灯极为相像，大家都喜欢称之为宝莲花。其生长对外界环境的要求比较高。忌晒、不耐寒，低于16℃就会被冻死。

　　最大的花：大王花，又名腐尸莲、莱佛士花、尸花，属于大花草属，是世界上最大的花，其直径可达1.4m之长。生长于马来半岛、苏门答腊岛等东南亚岛屿。开花时奇臭无比，发出腐肉味的臭气，靠吸引苍蝇与甲虫为其传粉。

一、花的组成及形态

典型的花通常由花梗、花托、花萼、花冠、雄蕊群和雌蕊群组成。花萼和花冠合称花被（图2-24）。

　　1. 花梗；2. 花托；3. 花萼；4. 花冠；5. 雄蕊群；6. 雌蕊群。

图 2-24　花的组成

（一）花梗

花梗又称花柄，通常绿色、圆柱形，是连接茎的小枝，位于花的下部，支持花使其位于一定空间，并具有输导作用。花梗常为绿色，花梗的有无、长短、粗细、形状等因植物的种类而异。有的很长，如莲等；有的很短或缺，如地肤、车前等。内部构造与茎大体相似，外为表皮，有时被有毛被，常有气孔，表皮以内为皮层，中间的维管束常呈环状排列。

（二）花托

花托是花梗顶端膨大的部分，有支持花的作用，花萼、花冠、雄蕊及雌蕊着生其上。花托的形状随植物种类而异。大多数植物的花托呈平坦或稍凸起的圆顶状；有的特别延长呈圆柱状，如木兰、厚朴；有的显著增大成圆头状，如草莓、悬钩子；有的膨大成倒圆锥状，如莲；有的凹陷成杯状或瓶状，如金樱子、玫瑰、桃；有的在花托顶部形成肉质增厚部分，呈扁平垫状、杯状或裂瓣状等，常可分泌蜜汁，称花盘，如柑橘、卫矛、枣等；有的花托在雌蕊基部向上延伸成一柱状体，称雌蕊柄，如黄连、落花生等；有的花托在花冠以内的部分延伸成一柱状体，称雌雄蕊柄，如西番莲、白花菜等。

（三）花被

花被是花萼和花冠的总称。多数植物的花被分化为花萼与花冠，如桃、杜鹃、木槿等；有些植物的花被无明显的分化，如百合、黄精、厚朴、五味子等。

　　1. 花萼　花萼是一朵花中所有萼片的总称，位于花的最外层，通常呈绿色片状，其形态和构造与叶片相似。花萼类型有以下几种。

　　（1）离生萼：植物花萼的萼片彼此分离，如毛茛、菘蓝等的花萼。

　　（2）合生萼：植物花萼的萼片互相连合，如丹参、桔梗等的花萼。合生萼下部的连合部分称萼筒，上部分离的部分称萼齿或萼裂片。萼筒形状和萼裂片数目在同种花中通常稳定。有些植物的萼筒向外凸出形成伸长的管状或囊状物，称为距，如旱金莲、凤仙花等的花萼。

　　（3）早落萼：一般植物的花萼在花枯萎时脱落，有些植物的花萼在开花前即脱落，称早落萼，如延胡索、白屈菜等的花萼。

（4）宿存萼：有些植物的花萼在花枯萎时不脱落，并随果实一起增大，称宿存萼，如柿、酸浆等植物的花萼。

（5）副萼：花萼排成一轮，若在花梗顶端紧邻花萼下方另有一轮类似萼片状的苞片，称副萼，如翻白草、棉花、蜀葵等的花萼。

（6）瓣状萼：有些植物的花萼大而颜色鲜艳呈花瓣状，称瓣状萼，如乌头、铁线莲等的花萼。

（7）冠毛：菊科植物的花萼常变态成毛状，称冠毛，如蒲公英、旋覆花等的花萼。有些植物的花萼常变态成半透明膜质状，如牛膝、青葙、补血草等。

2. 花冠　花冠是一朵花中所有花瓣的总称，位于花萼的内侧，并与其交互排列，常具各种鲜艳颜色，是花中最显眼的部分。有的花瓣基部具有能分泌蜜汁的腺体，使花具有香味，有利于招引昆虫传播花粉。花冠由一定数目的花瓣组成，以3、4或5基数多见。花瓣彼此分离的称离瓣花冠，其花称离瓣花，如玉兰、毛茛等；花瓣互相连合的称合瓣花冠，其花称合瓣花，合瓣花下部较窄的部分称为花冠筒，上部分离的部分称花冠片，如丹参、桔梗等。

有些植物的花瓣基部延长成管状或囊状，亦称距，如紫花地丁、延胡索等。有些花冠或花被上生有瓣状附属物，称副花冠或副冠，如徐长卿、水仙等。

花冠常形成特定的形态。同种植物花瓣及花冠裂片的数目、形态、排列等特征突出而稳定，形成不同的花冠类型（图2-25），可作为植物分类鉴定的重要依据。常见的花冠类型有以下几种。

1. 蝶形花冠；2. 十字形花冠；3. 唇形花冠；4. 舌状花冠；5. 管状花冠；6. 高脚碟状花冠；7. 漏斗形花冠；8. 钟状花冠；9. 壶状或坛状花冠；10. 辐状或轮状花冠。

图2-25　花冠的类型

（1）蝶形花冠：花瓣5枚，分离，排列似蝴蝶形，上面的1枚在最外面，常较宽大，称旗瓣；侧面的2枚较小，称翼瓣；最下面的2枚最小，位于最内侧，瓣片上部常互相连接，并弯曲似船的龙骨，称龙骨瓣，其花称蝶形花，如黄芪、甘草等。若上方旗瓣最小且位于最内侧，侧方2枚翼瓣次之，迭压旗瓣，最下方2枚龙骨瓣最大，迭压翼瓣，称假蝶形花冠，如决明、苏木等。

（2）十字形花冠：花瓣4枚，分离，上部外展呈十字排列，其花称十字花，如菘蓝、芥菜等十字花科植物。

（3）唇形花冠：花冠下部连合成筒状，前端分裂成两部分，上下排列成二唇形，上面2枚连合成上唇，下面3枚连合成下唇，其花称唇形花，如益母草、黄芩、薄荷等。

（4）舌状花冠：花冠合生，下部连合成短管，上部开裂，并向一侧平展成舌状，其花称舌状花，如菊科植物蒲公英、紫菀等。

（5）管状花冠：花冠合生，花冠筒较细长，其花称管状花或筒状花，如菊科植物红花、野菊花中央盘花的花冠。

（6）高脚碟状花冠：花冠合生，下部细长管状，上部分裂并水平展开呈碟状，如长春花、迎春花等。

（7）漏斗形花冠：花冠合生，花冠筒自下向上逐渐扩大，上部外展似漏斗状，如牵牛、曼陀罗等的花冠。

（8）钟状花冠：花冠合生，花冠筒阔而短，上部裂片阔大平缓外展，形如古钟，如党参、沙参等植物的花冠。若花冠筒更短阔，称杯状花冠，如柿树、铃兰等。

（9）壶状或坛状花冠：花冠合生，花冠筒靠下部分膨大成圆形或椭圆形，上部收缩成短颈，顶部裂片向外展，如君迁子、石楠等。

（10）辐状或轮状花冠：花冠筒甚短而广展，裂片亦向四周开展，如龙葵、枸杞等植物的花冠。

3. 花被卷叠式　　花被卷叠式是指花被片之间的排列形式及关系（图2-26）。花蕾即将绽开时观察尤为明显，易于分辨。常见的花被卷叠式有以下类型。

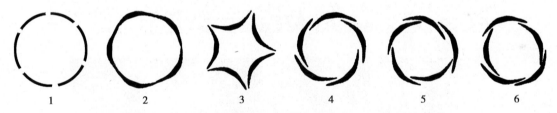

1. 镊合状；2. 内向镊合状；3. 外向镊合状；4. 旋转状；5. 覆瓦状；6. 重覆瓦状。

图2-26　花被的卷叠式

（1）镊合状：花被各片的边缘彼此互相接触排成一圈，但互不压覆，如桔梗、葡萄的花冠。若花被各片的边缘稍向内弯，称内向镊合，如臭椿的花冠。若花被各片的边缘稍向外弯，称外向镊合，如蜀葵的花萼。

（2）旋转状：花被各片彼此以一边重叠成回旋状，如夹竹桃的花冠。

（3）覆瓦状：花被各片边缘依次互相压覆，但其中有1片完全在内，有1片完全在外面，如三色堇的花冠。

（4）重覆瓦状：花被边缘彼此覆盖，覆瓦状排列的花被片中有2片完全在内面，有2片完全在外面，如桃、野蔷薇的花冠。

（四）雄蕊群

雄蕊群是一朵花中所有雄蕊的总称。雄蕊位于花被的内侧，常直接着生在花托上或贴生在花冠上。雄蕊的数目一般与花瓣同数或为其倍数，最少的只有1枚雄蕊，如大戟属；有的为花瓣数的两倍以上，多达数十枚或百枚以上，如桃金娘科植物。数目在10枚以上的称为雄蕊多数。

1. 雄蕊的组成　典型的雄蕊由花丝和花药两部分组成,着生于花被内方的花托上或贴生在花冠上。少数植物的花一部分雄蕊没有花药或仅见其痕迹,如鸭跖草的雄蕊。还有少数植物的雄蕊特化成花瓣状,如姜、美人蕉的雄蕊。

(1) 花丝:为雄蕊下部细长的柄状部分,基部着生于花托上,上部生花药。花丝的粗细、长短随植物种类而异。

(2) 花药:为花丝顶部膨大的囊状体,一般为稍扁的椭圆形或近球形,常黄色,是雄蕊的主要部分。花药常分成左右瓣,中间借药隔相连,药隔中维管束与花丝维管束相连。每瓣各由 2 个药室或称花粉囊组成,排列成蝴蝶状,药室内含大量花粉粒。也可见雄蕊只有 2 个药室。雄蕊成熟时,花药自行裂开,花粉粒散出。

不同植物的花药在花丝上着生的方式不完全一致(图 2-27),常见的类型有:①丁字着药或横着药,即花药背部中央一点着生在花丝顶端,与花丝呈丁字形,如卷丹、石蒜等;②个字着药或叉着药,即花药下部叉开,花药上部与花丝呈个字形,如地黄、玄参等;③广歧着药或平着药,即花药两瓣完全分离平展近乎一直线,与花丝成垂直状,如薄荷、益母草等;④全着药,即花药自上而下全部附着于花丝上,如厚朴、紫玉兰等;⑤基着药或底着药,即花药基部着生在花丝顶端,如莲、茄等;⑥背着药,即花药仅背部近中间部分贴生于花丝上,花药两瓣平行纵列,称背着药,如杜鹃、马鞭草等。

1. 丁字着药;2. 个字着药;3. 底着药;4. 背着药。

图 2-27　花药的着生方式

2. 雄蕊的类型　一朵花中雄蕊的数目、长短、离合、排列方式等随植物种类而异,形成不同的雄蕊类型。常见雄蕊类型如下(图 2-28)。

(1) 单体雄蕊:花中雄蕊群所有雄蕊的花丝合在一起,呈筒状,只有花药分离,如蜀葵、木槿等锦葵科植物的雄蕊。

(2) 二体雄蕊:花中雄蕊群所有雄蕊的花丝分别连成 2 束,花药彼此分离,如豆科植物大豆、甘草等雄蕊群共 10 枚雄蕊,其中 9 枚连成一体,另外 1 枚单成一体;如延胡索、紫堇等罂粟科植物有 6 枚雄

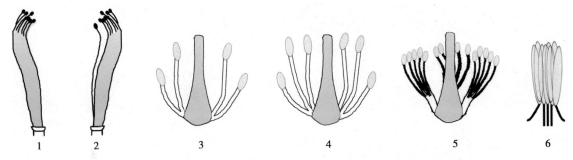

1. 单体雄蕊;2. 二体雄蕊;3. 二强雄蕊;4. 四强雄蕊;5. 多体雄蕊;6. 聚药雄蕊。

图 2-28 雄蕊类型

蕊,每 3 枚连在一起,分为 2 束。

（3）多体雄蕊:花中雄蕊群包括多数雄蕊,花丝分别连合成多束,如金丝桃、酸橙的雄蕊。

（4）聚药雄蕊:花中雄蕊群中所有雄蕊的花药互相连合,花丝彼此分离,如蒲公英、向日葵的雄蕊。

（5）二强雄蕊:花中雄蕊群共有 4 枚雄蕊,其中 2 枚较长,2 枚较短,如薄荷、益母草等的雄蕊。

（6）四强雄蕊:花中雄蕊群有 6 枚雄蕊,排成两轮,外轮 2 枚较短,内轮 4 枚较长,如菘蓝、萝卜等的雄蕊。

（五）雌蕊群

雌蕊群是一朵花中所有雌蕊的总称,位于花的中心部分。数目可由一至多数,多数植物花中只有 1 枚雌蕊;有的 2 枚,如萝藦科植物;有的 3 枚,如毛茛科乌头属的某些植物;有的 5 枚,如景天科某些植物;有的多数,如毛茛科植物。

1. 雌蕊的组成 雌蕊由心皮构成,心皮是适应生殖的变态叶。裸子植物的心皮又称大孢子叶或珠鳞,展开成叶片状,胚珠裸露在外;被子植物的心皮边缘结合成雌蕊,胚珠包被在雌蕊囊状的子房内,这是裸子植物和被子植物的主要区别。当心皮卷合成雌蕊时,其边缘的愈合缝线称腹缝线,心皮中脉部分的缝线称背缝线,胚珠常着生在腹缝线上。

雌蕊外形似瓶状,由子房、花柱、柱头三部分组成。

子房是雌蕊基部膨大的囊状部分,其底部着生于花托上,有圆球状、椭圆状、卵状、圆锥状、三角锥状等形状,表面平或具棱沟、光滑或被毛。子房的外壁称子房壁,子房壁以内的腔室称子房室,内着生胚珠。

花柱是子房上端收缩变细并上延的颈状部位,常为柱状体,花柱的粗细、长短、有无随植物种类而异。有的具不同形态的分枝;有的甚至没有明显的花柱;也有的插生于纵向深裂的子房基底,称花柱基生,如丹参、益母草等;有的少数雄蕊与花柱合生成柱状体,称合蕊柱,如马兜铃、白及等。

柱头在花柱的顶端,是花柱顶部稍膨大的部分,为承受花粉的部位。有头状、棒状、盘状、羽毛状、星状、凹陷等形态,表面多不光滑,有乳头状突起,有分泌黏液的功能,以利于花粉的附着及萌发,少数植物的柱头特别膨大呈瓣状,如西红花、马蔺等。

2. 雌蕊的类型 根据构成雌蕊的心皮数目及心皮是否连合,雌蕊可分为以下类型（图 2-29）。

（1）单雌蕊:一朵花中只有 1 个雌蕊,这个雌蕊是由 1 个心皮构成,称为单雌蕊,如甘草、桃等植物的雌蕊。

（2）复雌蕊:一朵花中只有 1 个雌蕊,这个雌蕊是由 2 个或 2 个以上心皮彼此连合构成,称为复雌蕊,也称合生心皮雌蕊,如菘蓝、龙胆等为 2 个心皮形成的二心皮复雌蕊;石斛、大戟等是 3 个心皮形成的三心皮复雌蕊;卫矛、柳兰等是 4 个心皮形成的四心皮复雌蕊;贴梗海棠、桔梗等为 5 个心皮形成的五心皮复雌蕊;罂粟、柑橘等则是由 5 个以上心皮形成的复雌蕊。组成复雌蕊的心皮数可由柱头或花柱的分裂数、子房上的主脉数及子房的室数等来确定。

（3）离生心皮雌蕊:一朵花中有多个雌蕊,这些雌蕊由 2 至多数离生的心皮构成,彼此分离,聚集

1. 单雌蕊;2. 复雌蕊;3. 离生心皮雌蕊。

图 2-29   雌蕊的类型

在花托上,称离生心皮雌蕊,如乌头、八角茴香、五味子、覆盆子等植物的雌蕊。

有少数植物的雌蕊退化或发育不全,不能执行生殖功能,称为退化雌蕊或不育雌蕊,如桑的雄花中常见退化雌蕊残迹。

3. 子房的位置   由于花托的形状、结构不同,子房在花托上着生的位置及其与花被、雄蕊之间的关系也不同,常有以下三种类型(图 2-30)。

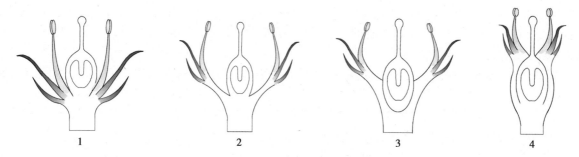

1. 子房上位(下位花);2. 子房上位(周位花);3. 子房半下位(周位花);4. 子房下位(上位花)。

图 2-30   子房的位置

(1) 子房上位:花托扁平或隆起,子房只有底部与花托相连,花被、雄蕊等花的其他部分着生在子房下方的花托上,称子房上位。具子房上位的花称为下位花,如百合、茄等。若花托中央下凹,略呈杯状,子房仅底部着生于杯状花托的中心,而四周游离,仍属于子房上位,花被、雄蕊着生在杯状花托的边缘,位于雌蕊的周围,此类花称周位花,如金樱子、桃、梅等。

(2) 子房半下位:子房下半部着生在凹下的花托之中,下半部与花托愈合,上半部及花柱、柱头外露或游离,称子房半下位。花被、雄蕊均着生在花托的边缘上,这类花也为周位花,如马齿苋、桔梗等。

(3) 子房下位:花托凹陷,子房全部被下凹的花托包裹并愈合,称子房下位。花被、雄蕊均着生在于子房上方的花托边缘,称上位花,如丝瓜、贴梗海棠等。

4. 子房的室数   子房呈膨大的囊状,外面是由心皮围绕形成的子房壁,壁内的小室称子房室,子房室的数目由心皮的数目及其结合状态决定。子房室的数目根据雌蕊的种类不同而异。单雌蕊、离生心皮雌蕊的子房为单室,如甘草、野葛等植物的子房。复雌蕊的子房有的腹缝线相互连接而围成 1 个子房室,称单室复子房,侧壁上的腹缝线称侧膜,如丝瓜、栝楼等植物的子房;有的连接后又向内卷入,在子房的中心彼此相互结合,心皮部分形成子房壁,一部分形成隔膜,把子房分隔成与心皮数目相同的子房室,称复室复子房,如百合、桔梗等植物的子房,此外还有少数植物产生假隔膜,使子房的数目多于心皮数,如菘蓝、益母草等植物的子房。

5. 胎座的类型　胚珠在子房内着生的部位称胎座,常见的胎座有下列几种类型(图 2-31)。

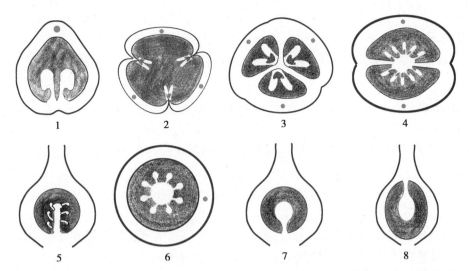

1. 边缘胎座;2. 侧膜胎座;3~4. 中轴胎座;5~6. 特立中央胎座;7. 基生胎座;8. 顶生胎座。

图 2-31　胎座的类型

(1) 边缘胎座:单雌蕊,子房 1 室,多数胚珠沿腹缝线的边缘着生,如甘草、决明等植物的胎座。

(2) 侧膜胎座:复雌蕊,单室复子房,多数胚珠着生在子房壁相邻两心皮连合的多条侧膜上,如紫花地丁、栝楼等植物的胎座。

(3) 中轴胎座:复雌蕊,复室复子房,多数胚珠着生在各心皮边缘向内伸入于中央而愈合成的中轴上,其子房室数往往与心皮数目相等,如枸杞、百合等植物的胎座。

(4) 特立中央胎座:复雌蕊,单室复子房,来源于复室复子房,但子房室的隔膜和中轴上部消失,形成单子房室,多数胚珠着生在残留于子房中央的中轴周围,如石竹、过路黄等植物的胎座。

(5) 基生胎座:由 1~3 心皮形成,子房 1 室,1 枚胚珠着生在子房室基部,如大黄、向日葵等植物的胎座。

(6) 顶生胎座:由 1~3 心皮形成,子房 1 室,1 枚胚珠着生在子房室顶部,如桑、草珊瑚等植物的胎座。

6. 胚珠的构造及类型　胚珠是将来发育成种子的部分,着生在子房室内的胎座上的卵形小体,受精后发育成种子,其数目、类型随植物种类而异。

(1) 胚珠的构造:胚珠一般呈椭圆状或近圆状,有一短柄,称珠柄,与胎座相连,维管束从胎座通过珠柄进入胚珠。多数被子植物胚珠的外面具有两层包被,称珠被,在外的一层称外珠被,在内的一层称内珠被。裸子植物及少数被子植物只具有一层珠被,如胡桃科植物。还有少数植物根本不具珠被,如檀香科、蛇菰科植物。珠被之内为珠心,它是由许多细胞构成的实体,将来珠心内部产生胚囊,一般发育成熟的胚囊有 1 个卵细胞、2 个助细胞、3 个反足细胞和 1 个中央大细胞(2 个极核)等,常称七细胞八核胚囊。珠心顶端为珠被所包围处有一小孔,称珠孔,受精时花粉管经此到达珠心。珠柄的末端与珠被、珠心基部汇合的部位称合点。

(2) 胚珠的类型:由于胚珠各部生长速度不同而有不同的变化,一般常形成以下几种类型:①直生胚珠,即胚珠直立且各部分生长均匀,珠柄在下,珠孔在上,珠柄、珠孔合在一条直线上,并与胎座成垂直状态,如三白草科、蓼科植物等;②横生胚珠,即胚珠一侧生长的较另一侧快,使胚珠横向弯曲,珠孔和合点之间的直线与珠柄垂直,如玄参科、茄科中的部分植物;③弯生胚珠,即胚珠的下半部生长速度均匀,上半部的一侧生长速度快于另一侧,并向另一侧弯曲,使珠孔弯向珠柄,胚珠呈肾形,如十字花科、豆科部分植物的胚珠;④倒生胚珠,即胚珠一侧生长迅速,另一侧生长缓慢,使胚珠倒置,合点在上,珠孔下弯并靠近珠柄,珠柄较长并与珠被一侧愈合,愈合线形成一明显的纵脊,大多数被子植物的胚珠属于此种类型。

二、花的类型

植物的花具有丰富的多样性,常划分为以下几种主要类型。

1. 完全花和不完全花　依据花的主要组成部分是否完整分为完全花和不完全花。具有花萼、花冠、雄蕊群和雌蕊群的花称完全花,如油菜、桔梗的花;缺少其中一部分或几部分的花称不完全花,如鱼腥草、丝瓜的花。

2. 无被花、单被花、重被花和重瓣花　依据花被有无及花被排列情况可分为无被花、单被花、重被花和重瓣花。

(1) 无被花:花萼及花冠均不存在时,称无被花或裸花,常在花梗下部或基部有显著苞片,如金粟兰、胡椒、杨柳、杜仲等的花。

(2) 单被花:仅有花萼而无花冠的花,这种花萼称为花被,单被花的花被片常呈一轮或多轮排列,大多颜色鲜艳,花被瓣状,如玉兰、铁线莲、白头翁、百合、石蒜等的花。

(3) 重被花:具有花萼和花冠的花,如桃、甘草等的花。

(4) 重瓣花:指许多栽培型植物的花瓣常数轮排列且数目较多的花,如碧桃等的花。

3. 两性花、单性花和无性花　依据花蕊的性别及雄蕊、雌蕊的有无可分为两性花、单性花和无性花。

(1) 两性花:一朵花中雄蕊和雌蕊都存在的花称为两性花,如桔梗、石竹、贝母等的花。

(2) 单性花:只有雄蕊或雌蕊的花称为单性花,其中只有雄蕊的称雄花,只有雌蕊的称雌花;同株植物既有雄花又有雌花的称单性同株或雌雄同株,如南瓜、半夏等;同种植物的雌花和雄花分别生于不同植株上的称单性同株或雌雄异株,如银杏、天南星等。同种植物既有两性花又有单性花的称花杂性,生于同一植株上的称杂性同株,如朴树;若生于不同的植株上称杂性异株,如臭椿。

(3) 无性花:花中的雄蕊和雌蕊都退化或发育不全,称无性花或中性花,也称不育花,如八仙花花序周围的花、小麦小穗顶端的花等。

4. 辐射对称花、两侧对称花和不对称花　按照花被的对称性可分为辐射对称花、两侧对称花和不对称花。

(1) 辐射对称花:花被呈辐射状排列,各片形态大小近似,通过花的中心可分成几个对称面,这种花称为辐射对称花,也称整齐花,如毛茛、荠菜等。

(2) 两侧对称花:花被各片形态大小不同,通过花的中心只能作一个对称面的花,称两侧对称花,如半边莲、扁豆、薄荷、石斛等的花。

(3) 不对称花:通过花的中心不能作出对称面的花称不对称花,如美人蕉、缬草等。

三、花的描述

准确描述花各组成部分的数目、离合、排列方式等形态特征,是药用植物学的基本技能之一。较为简便的描述方式有花程式和花图式两种,各有侧重和不足,在描述时可根据不同需要选用其中一种或两种方法联用。

(一) 花程式

为了简化对花的文字描述,用字母、数字和符号来表示植物花各部分的组成、数目、排列方式、位置和彼此关系的公式称花程式。

1. 以大写字母代表花的各部分　P 为花被,来源于拉丁文 perianthium;K 为花萼,来源于为德文 kelch;C 为花冠,来源于拉丁文 corolla;A 为雄蕊,来源于拉丁文 androecium;G 为雌蕊,来源于拉丁文

gynoecium。

2. 以符号表示花的特征　"＊"表示为辐射对称的整齐花；"↑"表示为左右对称的不齐花；"♀"表示雌性花；"♂"表示雄性花；"☿"表示两性花，两性花也可不表示；"（）"表示合生；不加括号则表示为离生；"+"表示花部排列的轮次关系；"－"画在 G 之上（$\overline{G}$）表示子房下位，画在 G 之下（$\underline{G}$）表示子房上位，画在 G 上和下时（$\overline{\underline{G}}$）表示子房半下位。

3. 以数字表示花各部分的数目　直接用数字 1、2、3⋯10 写在大写字母的右下方来表明各轮花部的数目，数目在 10 个以上或不定数者以"∞"表示，如退化或不存在时以"0"表示。雌蕊右下方的 3 个数字间用"："相连，分别表示心皮数、子房室数和每室胚珠数。

例如：

桑的花程式为：$♂ P_4 A_4$；$♀ P_4 \underline{G}_{(2:1:1)}$

表示桑为单性花；雄花花被 4 枚，分离；雄蕊 4 枚，分离；雌花花被 4 枚；雌蕊子房上位，2 心皮合生，子房 1 室，每室 1 枚胚珠。

贴梗海棠的程式为：$＊ K_{(5)} C_5 A_\infty \overline{G}_{(5:5:\infty)}$

表示贴梗海棠为两性辐射对称花；萼片 5 枚，合生；花瓣 5 枚，分离；雄蕊多数，分离；雌蕊子房下位，5 心皮合生，复子房 5 室，每室胚珠多数。

桔梗的花程式为：$＊ K_{(5)} C_{(5)} A_5 \overline{\underline{G}}_{(5:5:\infty)}$

表示桔梗花为两性辐射对称花；萼片 5 枚，合生；花瓣 5 枚，合生；雄蕊 5 枚，分离；子房半下位，5 心皮合生，子房 5 室，每室胚珠多数。

（二）花图式

花图式是以花的横断面垂直投影为依据，采用特定的图形来表示花各部分的排列方式、相互位置、数目及形状等实际情况的图解式（图 2-32）。

通常在花图式的上方用小圆圈表示花轴或茎轴的位置；在花轴相对一方用部分涂黑带棱的新月形符号表示苞片；苞片内侧用由斜线组成或黑色带棱的新月形符号表示花萼；花萼内侧用黑色或空白的新月形符号表示花瓣；雄蕊用花药横断面形状表示；雌蕊用子房横断面形状绘于中央。

用花程式和花图式记录花各有优缺点。花程式优点是可以简单清晰地表现花的主要结构及特征，缺点是不能细腻表现花各部分空间位置、花各轮的相互关系及花被的卷叠情况等特征。花图式优点是直观形象，缺点是需要训练绘制技巧，子房位置和花位也难以表现。花程式和花图式多单独或联合用于表示某一分类单位（如科、属、种）的花部特征，两者配合使用可以取长补短。

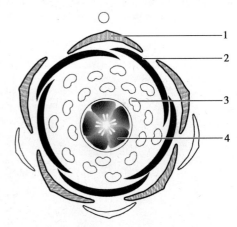

1. 花萼；2. 花冠；3. 雄蕊；4. 雌蕊。

图 2-32　花图式

四、花序

被子植物的花，有的单朵花单生枝上叶腋处或枝顶，称单生花，如玉兰、牡丹等。多数植物的花按一定顺序有规律地排列在花枝上形成花序，花序是指花在花轴或花枝上排列的方式和开放的顺序。

花序中的花称小花，着生小花的部分称花序轴，花序轴有分枝或不分枝。支持整个花序的茎轴称总花梗（柄），小花的花梗称小花梗（柄），无叶的总花梗称花葶。小花梗及总花梗下面的苞片分别称小苞片和总苞片。

根据花在花轴上的排列方式和开放顺序，花序常分成无限花序和有限花序两大类。

（一）无限花序

在开花期间，花序轴顶端可以继续伸长，产生新的花蕾。花由花序轴的基部向顶端依次开放，或由缩短膨大的花序轴边缘向中心依次开放，这种花序称无限化序。通常根据花序轴有无分枝，又分为两类。花序轴不具分枝的为简单花序，花序轴有分枝的为复合花序(图2-33)。

1. 穗状花序；2. 柔荑花序；3. 肉穗花序(佛焰花序)；4. 球穗花序；5. 头状花序；6. 隐头花序；7. 总状花序；8. 伞房花序；9. 伞形花序；10. 复穗状花序；11. 复头状花序；12. 复总状花序；13. 复伞房花序；14. 复伞形花序。

图2-33　无限花序的类型

1. 简单花序

（1）穗状花序：花序轴细长，小花无柄，螺旋排列于花轴的周围，如车前、马鞭草等的花序。

（2）柔荑花序：似穗状花序，但花序轴柔软，整个花序下垂，小花无柄，且为单性、单被或无被等不完全花。花后常整个花序脱落，如胡桃的雄花序、白杨等的花序。

（3）肉穗花序（佛焰花序）：似穗状花序，但花序轴肉质粗大，上密生多数无柄的单性小花，花序外面常具一大型苞片，称佛焰苞，如半夏、天南星、独角莲等的花序。

（4）球穗花序：穗状花序的轴短缩，并具多数大型苞片，整个花序近球状，如忽布、葎草的雌花序。

（5）头状花序：花序轴顶端极短缩，膨大成头状或盘状，上密生多数无柄花，外围生有多数苞片组成的总苞，如菊花、紫菀、旋覆花等的花序。

（6）隐头花序：花序轴膨大内凹成中空囊状体，内壁隐生多数无柄单性小花，顶端仅有 1 小孔与外界相通，如无花果、薜荔等的花序。

（7）总状花序：花序轴细长，小花柄近等长，如油菜、刺槐等的花序。

（8）伞房花序：似总状花序，但花轴下部的花梗较长，向上逐渐缩短，小花柄不等长，整个花序的花几乎排列在一个平面上，如山楂、绣线菊等的花序。

（9）伞形花序：花序轴缩短，总花梗的顶端生有多数放射状排列的、小花梗近等长的小花，整个花序似张开的伞，如人参、刺五加等的花序。

2. 复合花序

（1）复穗状花序：花序轴具分枝，每一分枝为一穗状花序，如小麦、香附等的花序。

（2）复头状花序：由许多小头状花序组成的头状花序，如蓝刺头的花序。

（3）复总状花序：又称圆锥花序。花序轴有分枝，每一个分枝各成一个总状花序，整个化学似圆锥状，如女贞、槐树等的花序。

（4）复伞房花序：花序轴的顶端生若干呈伞房排列的不等长的分枝，每个分枝形成一个小伞房花序，如花椒的花序。

（5）复伞形花序：花序轴的顶端生若干呈伞形排列的近等长的分枝，每一分枝又形成一个小伞形花序，如白芷、柴胡等的花序。

（二）有限花序

在开花期间，花序轴顶端或中心的花先开，花序轴不能继续向上生长，只能在顶花下方产生侧轴，侧轴又是顶花先开，这种花序称为有限花序，整个花序开花顺序从上向下、从内向外开放，又称聚伞花序。根据花序轴产生侧轴的情况不同，主要有以下几种（图 2-34）。

1. 单歧聚伞花序 花序轴顶端一朵花先开放，而后在其下部主轴一侧发出一个分枝，生一朵小花，如此连续分枝，形成的花序称单歧聚伞花序。如果花序轴下分枝均向同一侧排列，花序呈螺旋状卷曲，称螺旋状聚伞花序，如附地菜、紫草等的花序。如果花序轴下分枝左右交替排列，呈蝎尾状的，称蝎尾状聚伞花序，如姜、射干等的花序。

2. 二歧聚伞花序 顶端一花先开放，而后在其下主轴两侧发出两个等长的分枝，枝顶各生一朵花，如此继续多次，称二歧聚伞花序。每一个三出小枝，称小聚伞，如白杜、杠柳等。如果花序轴、小聚伞的小轴及小花柄均很短，小花密集，称密伞花序，如剪春罗、紫茉莉等；如果小轴及小花柄短到几近无柄，小花密集如头状，称团伞花序，如山茱萸属、假卫矛属中的一些植物。

3. 多歧聚伞花序 花序轴顶端一朵花先开放，在花序轴周围生有三个以上分枝，每一分枝又以同样方式分枝，称多歧聚伞花序。若花序轴下面生有杯状总苞，则称杯状聚伞花序（大戟花序），如大戟、甘遂等。

4. 轮伞花序 聚伞花序生于对生叶的叶腋，成轮状排列于茎的周围，如益母草、夏枯草等。

花序的类型常随植物种类而异，同科植物往往具有相同类型的花序。有的植物可见两种不同类型

1. 聚伞花序伞房状；2. 蝎尾状聚伞花序；3. 多歧聚伞花序；4. 轮伞花序。

图 2-34　有限花序类型

的花序形成混合花序，既有无限花序又有有限花序的特征，如葡萄、紫丁香为聚伞花序排成圆锥状，称聚伞花序圆锥状或聚伞圆锥花序。

第五节　果实和种子

一、果实

果实是被子植物开花、传粉、受精后，由雌蕊的子房或连同其他部位（花托、花萼、花序轴等）发育形成的特殊结构，是被子植物特有的繁殖器官。果实外被果皮，内含种子。果皮有保护种子和散布种子的作用。

药用植物的果实称为果实类中药，有的以整个果实入药，如山楂、连翘、乌梅、枸杞子、栝楼、马兜铃、木瓜等；有的以外层果皮入药，如陈皮、化橘红；有的以果实维管束入药，如橘络、丝瓜络等。

（一）果实的形成和组成

1. 果实的形成　被子植物的花，经过传粉和受精后，花萼、花冠常脱落，雄蕊及雌蕊的柱头、花柱枯萎，子房逐渐膨大，发育成果实，胚珠发育形成种子。由子房发育形成的果实称真果，如桃、杏、柑橘、枸杞等。花萼不脱落，除子房外，花托、花萼、花序轴等参与形成的果实称假果，如苹果、梨、山楂、凤梨、瓜类等。也有少数植物的雌蕊不受精而发育成果实，称单性结实，这类果实无种子，称无籽结实。单性结实若是自发形成的，称自发单性结实，如香蕉、无籽葡萄、无籽柑橘等；也有些是通过人为诱导形成的，称诱导单性结实。无籽果实除由单性结实形成外，也可能是受精后胚珠发育受阻而成；还有些无籽果实是由四倍体和二倍体植物进行杂交,产生不孕性的三倍体植株形成的,如无籽西瓜。

2. 果实的组成和构造 果实由果皮和种子组成,果皮分外果皮、中果皮和内果皮三部分。有的植物三层果皮比较明显,如桃、梅等,外果皮薄膜质,中果皮厚肉质,内果皮硬骨质;有的植物果皮分层不明显,如苹果,外果皮和中果皮均为肉质,不易分辨,内果皮为硬膜质;还有的果实果皮菲薄,与种皮愈合,不易区别,如禾本科植物的颖果。

(1) 外果皮:外果皮是果皮的最外层,通常较薄,常由 1 列表皮细胞或表皮与某些相邻组织构成。外面常有角质层、蜡被、毛茸、气孔、刺、瘤突、翅等附属物,如桃、吴茱萸具有非腺毛及腺毛;柿果皮上有蜡被;荔枝的果实上有瘤突;曼陀罗、鬼针草的果实上有刺;杜仲、白蜡树、榆树、槭树的果实具翅;八角茴香的外果皮被有不规则的角质小突起;有的表皮中含有色物质或色素,如花椒;有的在表皮细胞间嵌有油细胞,如北五味子。

(2) 中果皮:中果皮是果皮的中层,占果皮的大部分,多由薄壁细胞组成,具有多数细小维管束,有的含石细胞、纤维,如马兜铃、连翘等;有的含油细胞、油室及油管等,如胡椒、陈皮、花椒、小茴香、蛇床子等。

(3) 内果皮:内果皮是果皮的最内层,多由一层薄壁细胞组成,呈膜质。有的具 1 至多层石细胞,核果的内果皮(即果核)由多层石细胞组成,如杏、桃、梅等。伞形科植物的内果皮由 5~8 个长短不等的扁平细胞镶嵌状排列。

(二) 果实的类型

果实的类型很多,根据果实的来源、结构和果皮性质的不同可分为单果、聚合果和聚花果三大类。

1. 单果 单果是由单雌蕊或复雌蕊形成的果实,1 朵花只形成 1 个果实。根据果皮的质地不同,分为干果和肉质果。

(1) 干果:果实成熟时果皮干燥,根据是否开裂分为裂果和闭果(不裂果)。

1) 裂果:果实成熟后果皮开裂,根据开裂方式不同分为 4 种,如图 2-35 所示。

①蓇葖果:由 1 个心皮发育成,成熟后沿一个缝线(腹缝线或背缝线)开裂。由 1 朵花中 1 个心皮形成的蓇葖果较少,如淫羊藿、银桦等;1 朵花中 2 个离生心皮则形成 2 枚果,如杠柳、徐长卿等;1 朵花中多个离生心皮则形成聚合蓇葖果,如芍药、牡丹、辛夷等。

②荚果:由 1 个心皮发育而成,成熟时由腹缝线和背缝线两边开裂,为豆科植物所特有,如扁豆、绿豆等。有些不开裂,如花生、紫荆、皂荚等;有的种子间具节,成熟时一节节断裂,如含羞草、山蚂蝗、小槐花等;槐的荚果呈念珠状。

③角果:由 2 个心皮形成,心皮边缘合生处生出隔膜(假隔膜),将子房分为 2 室,成熟后,果皮从两腹缝线开裂、脱落,假隔膜仍留在果柄上。角果为十字花科的特征,分长角果和短角果。长角果长为宽的多倍,如芥菜、油菜等;短角果的长与宽近等长,如荠菜、独行菜等。

④蒴果:由 2 个或 2 个以上的合生心皮发育成,是裂果中最普遍、数量最多的一类。成熟时开裂的

1	2	3	4

1. 蓇葖果(匙羹藤);2. 角果(荠菜);3 荚果(豌豆);4. 蒴果(裂叶牵牛)。

图 2-35 裂果

方式有纵裂、孔裂、盖裂、齿裂。纵裂沿心皮纵轴方向开裂,若沿心皮腹缝线开裂,称室间开裂,如蓖麻、马兜铃;若沿背缝线开裂称室背开裂,如鸢尾、百合、紫丁香等;若沿腹缝线或背缝线开裂,但子房间壁仍与中轴相连,称室轴开裂,如牵牛、曼陀罗等。孔裂是指顶端呈小孔状开裂,种子由小孔散出,如粟、虞美人、桔梗等。盖裂的果实也称盖果,沿果实中部或中上部呈环形横裂,中部或中上部果皮呈盖状脱落,如马齿、车前、莨菪等。齿裂是指顶端呈齿状开裂,如王不留行、瞿麦等。

　　2) 不裂果(闭果):果实成熟后果皮不开裂,有以下几种,如图 2-36 所示。

1. 坚果;2. 瘦果;3. 颖果;4. 翅果。

图 2-36　不裂果

　　①坚果:果皮坚硬,内含 1 粒种子,如板栗、白栎等。有的较小,果皮光滑、坚硬,称小坚果,如薄荷、益母草、紫草等。

　　②瘦果:果皮薄,稍韧或硬,内含 1 粒种子,果皮与种皮分离,这是闭果中最普遍的一种。根据心皮数可分以下 3 种:由 2 个心皮合生雌蕊、下位子房形成的瘦果,如向日葵、蒲公英等菊科植物的果实,亦称菊果或连萼瘦果;由 3 个心皮、上位子房形成的瘦果,如荞麦等;由 1 个心皮、上位子房形成的瘦果,常聚合成聚合瘦果,如毛茛、白头翁等。

　　③胞果:由 2~3 个心皮、上位子房形成的果实,果皮薄而膨胀,易与种子分离,如藜、青葙等。

　　④颖果:由 2 个心皮、下位子房形成,果皮薄并与种皮愈合,不易分离,如稻、麦、玉米等,为禾本科植物所特有。

　　⑤翅果:果皮延伸成翅,如杜仲、榆、臭椿等。

　　⑥双悬果:由 2 个心皮合生雌蕊、下位子房发育形成的 2 个分果,2 个分果的顶端分别与二裂的心皮柄的上端相连,心皮柄的基部与果柄的顶端相接,每个分果中有一种子,如窃衣、小茴香等,为伞形科植物所特有。

　　(2) 肉质果:果皮肉质多汁,成熟时不开裂(图 2-37)。

　　①浆果:由 1 个心皮或多心皮的合生雌蕊、上位或下位子房发育形成,外果皮薄,中果皮、内果皮肉质多汁,内有一至多粒种子,如葡萄、番茄、枸杞、柿等。

　　②核果:由 1 个心皮或数个心皮的合生雌蕊、上位子房形成。外果皮较薄,中果皮肉质,内果皮坚硬、木质,形成果核,如桃、杏、胡桃等。

　　③柑果:由多心皮合生雌蕊、上位子房形成。外果皮较厚,革质,内含多数油室,中果皮疏松海绵状,具多分枝的维管束,内果皮膜质,分离成多室,内生有许多肉质多汁的毛囊,如橙、柚、柑橘等。

　　④梨果:多为 5 个心皮、下位子房与花托共同形成的一种假果。外果皮薄,中果皮肉质(外、中果皮由花托形成,为假果皮),内果皮坚韧(由心皮形成,为真果皮),常分隔为 5 室,每室常含 2 粒种子,如苹果、梨、山楂等。

　　⑤瓠果:由 3 个心皮、下位子房与花托共同发育形成的假果。外果皮坚韧,中果皮及内果皮肉质,如丝瓜、栝楼、西瓜,为葫芦科所特有。

1. 浆果；2. 核果；3. 柑果；4. 梨果；5. 瓠果。

图 2-37　肉质果

2. 聚合果　聚合果是一朵花中许多离生心皮雌蕊的子房分别形成的小果聚集在同一花托上形成的果实,根据小果类型不同可分为以下几种(图 2-38)。

1. 聚合蓇葖果；2. 聚合瘦果；3. 聚合浆果；4. 聚合坚果；5. 聚合核果。

图 2-38　聚合果

①聚合蓇葖果:由许多蓇葖果聚生而成,如乌头、芍药、厚朴、八角等。

②聚合瘦果:由许多瘦果聚生而成,如毛茛、白头翁、委陵菜等。另外蔷薇、金樱子这类聚合瘦果,为蔷薇科蔷薇属特有,特称蔷薇果。

③聚合浆果:由许多浆果聚生在延长成轴状的花托上,如五味子等。

④聚合坚果:由许多坚果嵌生于膨大、海绵状的花托中,如莲等。

⑤聚合核果:由多数核果聚生于突起的花托上,如悬钩子属植物的果等。

3. 聚花果　聚花果是由整个花序形成的果实,又称花序果、复果等。如桑椹,由桑的雌花序发育而成,每小花发育成一小果,包于肥厚多汁的花萼中,可食部为花萼;又如菠萝,由凤梨的花序轴肉质化而成;再如无花果等桑科榕属植物所形成的复果,又称隐头果,由内陷成囊状的花序轴肉质化而成(图2-39)。

1 　　　　　　　　2 　　　　　　　　3

1. 台湾长果桑;2. 菠萝;3. 薜荔(隐头果)。

图2-39　聚花果

二、种子

种子是种子植物特有的器官,是由胚珠受精后发育而成的。被子植物开花后,花药成熟开裂,花粉借助风、水、昆虫或鸟类等媒体传播到雌蕊的柱头上,与雌蕊亲和的花粉萌发,形成花粉管,穿过柱头,经花柱到达胚珠,然后经珠孔到达胚囊,也有少数通过合点或珠被到达胚囊,继而花粉管末端膨大破裂,释放出两个精细胞,两个精细胞中的一个与卵细胞结合成合子(受精卵),另一个与两个极核结合形成受精极核(胚乳母细胞),完成双受精过程。其中合子发育成胚,受精极核发育成胚乳,珠被发育成种皮。

种子中多含丰富的营养物质,包括有蛋白质、脂肪、糖类等,可为胚的发育提供充足的养料。很多植物种子可供药用,如杏仁、桃仁、酸枣仁、牵牛子、槟榔、马钱子、胡芦巴等,还有的以假种皮入药,如龙眼肉等。

（一）种子的形态

种子的大小、形状、色泽、表面纹理等随植物种类不同而异。不同植物的种子大小差异悬殊,较大的如椰子的种子,直径可达15～20cm,小的如白及、天麻的种子,呈粉尘状。不同种植物种子的形状差异较大,有的呈肾形,如大豆、菜豆等;有的呈圆形,如豌豆、油菜等;有的呈扁平状,如蚕豆等;有的呈椭圆形,如落花生等;另外还有其他多种形状。种子的颜色也各有不同,有的为纯色,如红色、绿色、黄色、青色、白色、黑色等;有的具杂色,如蓖麻的种子有彩色斑纹,相思子的种子脐点端为黑色,另一端为红色。有的种子表面光滑有光泽;有的粗糙或具纹理、皱褶等;有的具有毛茸、翅等。种子形态特征的多样性,是鉴别植物种类以及种子类药材的重要依据。

（二）种子的组成

种子由种皮、胚乳和胚三部分组成(图2-40)。

1. 种皮　种皮由胚珠的珠被发育而成,位于种子的外围,起保护种子内部各部分的作用,但在许多植物中,珠被的一部分在胚发育过程中被胚吸收,因而只有一部分珠被细胞发育成种皮,单珠被发育

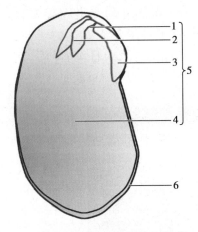

1. 胚轴；2. 胚芽；3. 胚根；4. 子叶；
5. 胚；6. 种皮。

图 2-40　种子的组成

的种皮只有一层，双珠被通常发育成内外两层种皮，外层一般比较坚韧，由外珠被发育而成，称为外种皮；内层一般较薄，由内珠被发育而成，称为内种皮。在种皮上常可见到下列各种构造。

（1）种脐：种脐为种子成熟后从种柄或胎座上脱落后留下的短痕，通常呈圆形或椭圆形。

（2）种孔：来源于胚珠的珠孔，胚珠形成种子后，珠孔即成为种孔，种子萌发时多由种孔吸收水分，胚根从此伸出。

（3）种脊：来源于珠脊，为种脐到合点之间的隆起线，是联结珠柄与胚珠的部分。由倒生胚珠形成的种子，种脊较明显，如蓖麻；由弯生或横生胚珠形成的种子，种脊较短或不明显；由直立胚珠形成的种子，则无种脊。

（4）合点：来源于胚珠的合点，是种皮上维管束的汇合之处。

（5）种阜：有些植物种子的外种皮，在珠孔处由珠被扩展为海绵状突起物，将种孔掩盖称种阜，具有吸水作用，有利于种子萌发，如蓖麻、巴豆等。

有些植物种皮的表皮上有附属物，如柳、棉种皮上的表皮毛。此外，有的种子在种皮外方尚有假种皮，它是由珠柄或胎座延伸发育而形成的，且多为肉质，如龙眼肉、荔枝肉、肉豆蔻衣及苦瓜和卫矛种子外方的红色假种皮等；有的呈菲薄的膜质，如豆蔻、砂仁等。

2. 胚乳　胚乳位于种皮内方、胚的周围，通常呈白色。胚乳细胞中含丰富的营养物质，如淀粉、蛋白质、脂肪等，在种子萌发时供作胚的养料。有些植物成熟种子中无胚乳，营养物质贮存在子叶中。有些植物种子胚乳的外部包围着一些营养组织，称为外胚乳，如肉豆蔻、槟榔、姜等，它是由于种子在发育过程中胚珠的珠心细胞未被完全吸收而形成的。而大多数植物的种子，当胚发育和胚乳形成时，胚囊外面的珠心细胞完全被胚乳吸收而消失，故无此构造。

3. 胚　胚是卵细胞受精后发育而成，是种子中未发育的植物体雏形，包藏于种皮和胚乳内。胚由以下 4 部分组成：

（1）胚根：是幼小未发育的根，顶端为生长点和覆盖其外的幼期根冠，其位置总是对着种孔。当种子萌发时，胚根从种孔处伸出，发育成植物的主根。

（2）胚轴：又称胚茎，是连接胚根、子叶和胚芽的短轴，以后发育成为连接根和茎的部分。

（3）胚芽：为胚的顶端未发育的地上枝，种子萌发后发育成植物的地上茎和叶。

（4）子叶：为胚吸收和贮藏养料的器官，占胚的较大部分。子叶为暂时性的叶性器官，在种子萌发后可变绿而进行光合作用。它们的数目在被子植物中相当稳定，双子叶植物种子具 2 枚子叶，如巴豆、白扁豆、莲子等；单子叶植物种子具 1 枚子叶，如白及、天麻、薯蓣等；裸子植物种子具 2 至多枚子叶，如银杏具 2~3 枚子叶、松树具多枚子叶等。

（三）种子的类型

被子植物的种子常依据胚乳的有无分下列两种类型：

1. 有胚乳种子　种子内具有较发达胚乳的种子，称为有胚乳种子。这类种子由种皮、胚乳和胚三部分组成，大部分单子叶植物及少量双子叶植物种子属于此类，如蓖麻、小麦、稻、玉米等的种子（图 2-41）。

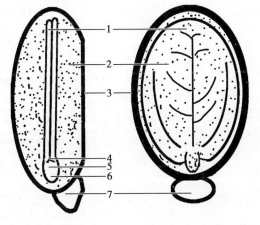

1. 子叶；2. 胚乳；3. 种皮；4. 胚芽；5. 胚轴；
6. 胚根；7. 种阜。

图 2-41　有胚乳种子

2. 无胚乳种子   种子内不具有胚乳的种子,称无胚乳种子。种子中胚乳的养料在胚发育过程中被胚吸收并贮藏于子叶中,故胚乳不存在或仅残留一层薄层,这类种子常有发达的子叶,大部分双子叶植物及少量单子叶植物种子属此类,如菜豆、大豆、杏仁、南瓜子、向日葵、泽泻、慈姑等(图 2-42)。

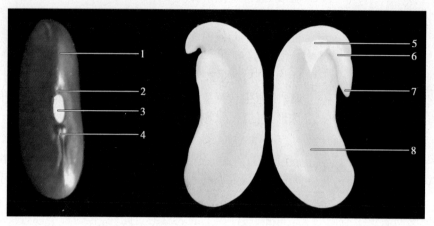

1. 种皮;2. 种孔;3. 种脐;4. 种脊;5. 胚芽;6. 胚轴;7. 胚根;8. 子叶。

图 2-42   无胚乳种子

● ● ● ● ● ● 学 习 小 结 ● ● ● ● ● ●

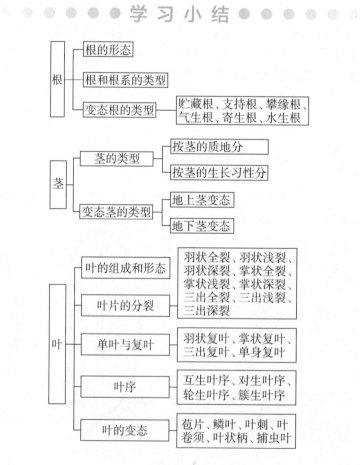

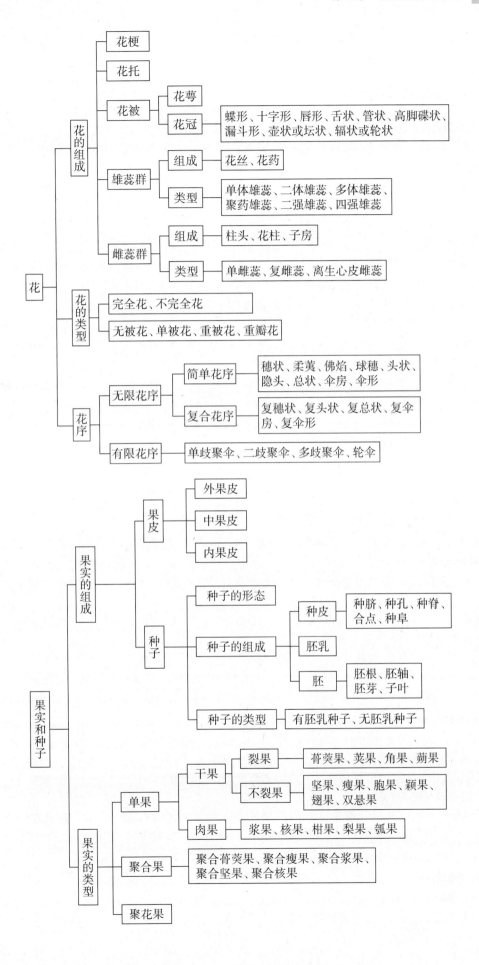

●●●●●●● 自 我 测 评 ●●●●●●

一、单项选择题

1. 根的表皮具有(　　)
   A. 气孔　　　　　　B. 皮孔　　　　　　C. 蜡被　　　　　　D. 根毛　　　　　　E. 腺毛

2. 支持根属于(　　)
   A. 定根　　　　　　B. 不定根　　　　　C. 储藏根　　　　　D. 气生根　　　　　E. 肉质直根

3. 侧根属于(　　)
   A. 定根　　　　　　B. 不定根　　　　　C. 主根　　　　　　D. 纤维根　　　　　E. 支持根

4. 茎的主要形态特征是(　　)
   A. 节和节间　　　　B. 叶痕　　　　　　C. 皮孔　　　　　　D. 托叶痕　　　　　E. 芽鳞痕

5. 丝瓜、栝楼、葡萄等具茎卷须的植物茎是(　　)
   A. 缠绕茎　　　　　B. 攀缘茎　　　　　C. 匍匐茎　　　　　D. 平卧茎　　　　　E. 直立茎

6. 叶片薄而半透明呈膜质的植物是(　　)
   A. 薄荷　　　　　　B. 天南星　　　　　C. 半夏　　　　　　D. 枇杷　　　　　　E. 马齿苋

7. 蒲公英的叶序为(　　)
   A. 互生　　　　　　B. 对生　　　　　　C. 轮生　　　　　　D. 簇生　　　　　　E. 莲座状集生

8. 苞片是(　　)的变态
   A. 花　　　　　　　B. 茎　　　　　　　C. 叶　　　　　　　D. 根　　　　　　　E. 果实

9. 花中雄蕊的花丝连合成两束,为(　　)
   A. 二强雄蕊　　　　B. 单体雄蕊　　　　C. 二体雄蕊　　　　D. 聚药雄蕊　　　　E. 多体雄蕊

二、多项选择题

1. 下列器官中属于繁殖器官的是(　　)
   A. 茎　　　　　　　B. 叶　　　　　　　C. 花　　　　　　　D. 果实　　　　　　E. 种子

2. 按质地分,植物茎分为(　　)
   A. 乔木　　　　　　B. 肉质茎　　　　　C. 草质茎　　　　　D. 灌木　　　　　　E. 木质茎

3. 以茎入药的植物有(　　)
   A. 麻黄　　　　　　B. 桂枝　　　　　　C. 大血藤　　　　　D. 七叶一枝花　　　E. 天南星

4. 叶的组成包括(　　)
   A. 叶片　　　　　　B. 叶柄　　　　　　C. 托叶　　　　　　D. 叶刺　　　　　　E. 叶卷须

5. 叶序的类型有(　　)
   A. 对生　　　　　　B. 互生　　　　　　C. 轮生　　　　　　D. 簇生　　　　　　E. 螺旋生

6. 大多数种子的组成包括(　　)
   A. 种皮　　　　　　B. 种孔　　　　　　C. 胚　　　　　　　D. 子叶　　　　　　E. 胚乳

7. 由单雌蕊发育形成的果实有(　　)
   A. 核果　　　　　　B. 梨果　　　　　　C. 菁葖果　　　　　D. 荚果　　　　　　E. 蒴果

8. 无限花序花的开放顺序是(　　)
   A. 由下而上　　　　B. 由上而下　　　　C. 由外向内　　　　D. 由内向外　　　　E. 无序

三、填空题

1. 植物的花通常由_____、_____、_____、_____、_____、_____组成。

2. 子房一室的胎座类型有_____、_____、_____、_____。

3. 种子可分为_____和_____两种类型。

四、简答题

1. 如何区别定根和不定根？

2. 根据质地和生长习性分类，茎各分为哪些类型？每种类型各举 1 例。

3. 怎么区分叶卷须、茎卷须与托叶卷须？

4. 常见的花冠有哪些类型？

5. 雄蕊由哪几部分组成？常见的雄蕊类型有哪些？

6. 无限花序类型有哪些？有限花序类型有哪些？

7. 名词解释：花被，两性花，二强雄蕊，复雌蕊，十字花冠，蝶形花冠。

8. 果实有哪些类型？

9. 种子外部有什么特征？

第二章同步练习

第 三 章

植物的显微构造

📖 **学习导航**

　　植物细胞由原生质体及其外面包围的细胞壁组成。原生质体内主要包括细胞核、质体、线粒体、液泡、内质网、高尔基体、核糖体、溶酶体等细胞器以及在代谢过程中产生的后含物。植物细胞经过分裂、分化形成不同的组织。根据形态结构和功能的不同,植物组织分为分生组织、薄壁组织、保护组织、机械组织、输导组织和分泌组织。植物器官由不同组织组成,具有一定外部形态和内部构造并执行一定生理功能。在高等植物中,种子植物的器官分为营养器官(包括根、茎、叶)和繁殖器官(包括花、果实、种子)。

第一节　植　物　细　胞

　　植物细胞是构成植物体形态结构和生命活动的基本单位。单细胞植物体只由一个细胞构成,一切生命活动都由一个细胞来完成;多细胞植物体是由许多形态和功能不同的细胞所组成,细胞间相互联系,彼此协作,共同完成复杂的生命活动。

一、植物细胞的形状和大小

（一）植物细胞的形状

　　植物细胞形状多样,随植物种类、存在部位和功能不同而异。游离或排列疏松的细胞多呈球形、类圆形和椭圆形;排列紧密的细胞多呈多面体或其他形状;执行支持作用的细胞呈类圆形、纺锤形等,细胞壁常增厚;执行输导作用的细胞多呈管状。

（二）植物细胞的大小

　　植物细胞的大小差异很大,单细胞植物的细胞通常只有几微米,种子植物薄壁细胞的直径在 20~100μm 之间。最长的细胞是无节乳汁管,长达数米至数十米不等。通常植物的细胞非肉眼所能看见,需要借助光学显微镜才能看见。

二、植物细胞的基本结构

　　不同的植物细胞形状和构造亦不相同,同一个细胞在不同的发育阶段,其构造也不一样,在一个细胞内不可能同时看到植物细胞的全部构造。为了便于学习和掌握细胞的构造,将各种细胞的主要构造等集中在一个细胞里加以说明,这个细胞称为典型的植物细胞或模式植物细胞(图3-1)。

典型的植物细胞外面包围着细胞壁,其内有生命的物质总称为原生质体,主要包括细胞质、细胞核、质体、线粒体等;细胞中还含有多种非生命的物质,它们是原生质体的代谢产物,称为后含物。另外,细胞内还存在一些生理活性物质,包括酶、维生素、植物激素、抗生素和植物杀菌素等。

（一）原生质体

原生质体是细胞内有生命物质的总称,包括细胞质、细胞核、质体、线粒体、高尔基体、核糖体、溶酶体等,是细胞内各种代谢活动的主要场所。

构成原生质体的物质基础是原生质,其主要化学成分是蛋白质、核酸、类脂和糖等。核酸有两类,一类是脱氧核糖核酸,简称DNA,是决定生物遗传和变异的遗传物质;另一类是核糖核酸,简称RNA,是把遗传信息传送到细胞质中去的中间体,它直接影响着蛋白质的合成。常温下原生质是一种无色半透明、具有弹性、略比水重、有折光性的半流动亲水胶体,其相对成分为:水85%~90%,蛋白质7%~10%,脂类1%~2%,其他有机物1%~1.5%,无机物1%~1.5%。

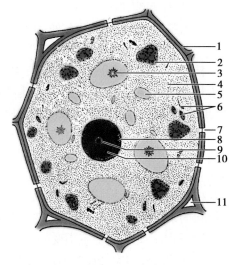

1. 细胞壁;2. 具同化淀粉的叶绿体;3. 晶体;4. 细胞质;5. 液泡;6. 线粒体;7. 纹孔;8. 细胞核;9. 核仁;10. 核质;11. 细胞间隙。

图3-1　典型的植物细胞构造

1. 细胞质　细胞质为半透明、半流动的基质,是原生质体的基本组成部分,分布于细胞壁和细胞核之间。细胞质具有自主流动的能力,这是一种生命现象,能促进细胞内营养物质的流动,有利于新陈代谢的进行,对于细胞的生长发育和创伤的恢复都有一定的促进作用。细胞一旦死亡,细胞质运动也随之停止。在电子显微镜下可观察到细胞质的一些细微和复杂的构造,如质膜、内质网等。

（1）质膜(细胞质膜):是指细胞质与细胞壁相接触的一层生物膜,在光学显微镜下不易直接识别,一般采用高渗溶液处理,产生质壁分离现象后来观察。在电子显微镜下,质膜具有明显的3层结构,两侧呈暗带,主要成分为蛋白质;中间夹有一层明带,主要成分为脂类,3层的总厚度约为7.5nm。这种在电子显微镜下显示出具有3层结构成为一个单位的膜,称单位膜。细胞核、叶绿体、线粒体等细胞器表面的包被膜一般也都是单位膜,其厚度、结构和性质都存在差异。

（2）质膜的功能:①选择透性,即质膜对不同物质的通过具有选择性,它能阻止糖和可溶性蛋白质等许多有机物从细胞内渗出,同时又能使水、盐类和其他必需的营养物质从细胞外进入,从而使得细胞具有一个合适而稳定的内环境。选择透性与质膜的分子结构密切相关,会因不同细胞、同一个细胞不同部位、膜构造的不同等而呈现差异,同时也会因植物的生长发育状况、环境条件和病虫害等的影响而发生变化。②渗透现象,质膜的透性还表现出一种半渗透现象,由于渗透的动能,所有分子不断运动,并从高浓度区向低浓度区扩散,引起质壁分离现象。物质进出细胞的机制不是单纯的物理作用,而是相当复杂的生理作用,如某些海藻可以保持体内的碘浓度比周围海水中的碘浓度高出许多倍。③调节代谢作用,质膜通过多种途径调节细胞代谢。不同的细胞对多种介质、激素、药物等都有高度选择性。细胞膜上的特异受体蛋白质与激素、药物等结合后发生变构现象,改变了细胞膜的通透性,进而调节细胞内各种代谢活动。④细胞识别作用,生物细胞对同种和异种细胞以及对自己和异己物质的识别过程称为细胞识别。单细胞植物及高等植物的许多重要生命活动都要依靠细胞的识别能力,细胞的识别功能是和细胞质膜分不开的,对外界因素的识别过程主要依靠细胞质膜。

2. 细胞器　细胞器是细胞质中具有一定形态结构、成分和特定功能的微器官,也称拟器官。主要有细胞核、质体、线粒体、液泡、内质网、高尔基体、核糖体和溶酶体等。一般在光学显微镜下只能观察到细胞核、质体和线粒体。

（1）细胞核：除细菌和蓝藻外，植物细胞（真核细胞）通常具有一个细胞核。细胞核具有较高的折光率和较大的黏滞性，其大小差异很大，一般直径在 10~20μm 之间。最大的细胞核直径可达 1mm，如苏铁受精卵；而最小的细胞核直径只有 1μm 左右，如真菌。细胞核位于细胞质中，其位置和形状随细胞的生长而变化，在幼期的细胞中，细胞核位于细胞中央，呈球形，并占有较大的体积。随着细胞的生长，由于中央液泡的形成，细胞核随细胞质一起被挤向靠近细胞壁的部位，变成半球形或扁球形，并只占细胞总体积的一小部分。也有的细胞到成熟时，细胞核被许多线状的细胞质索悬挂在细胞中央而呈球形。细胞核由核膜、核液、核仁和染色质组成。核膜是细胞核与细胞质的界膜。核液是细胞核内呈液体状态的物质。核仁是细胞核中折光率更强的球状体，通常有一个或几个。染色质散布在核液中，是细胞核内易被碱性染料着色的物质。细胞核分裂时，染色质成为一些螺旋状扭曲的染色质丝，进而形成棒状的染色体。各种生物的染色体数目、形状和大小是各不相同的，但对于一种生物来讲，染色体数目、形状和大小是相对稳定不变的。染色质主要由 DNA 和蛋白质所组成，还含有 RNA。

细胞核的主要功能是控制细胞的遗传和生长发育，也是遗传物质存在和复制的场所，决定蛋白质的合成，控制质体、线粒体中主要酶的形成，从而控制和调节细胞的其他生理活动。

（2）质体：质体是植物细胞特有的细胞器，与碳水化合物的合成与储藏有密切关系。质体由蛋白质和类脂等组成，有的含有色素。根据色素的有无和类型，可将质体分为叶绿体、有色体和白色体（图3-2）。

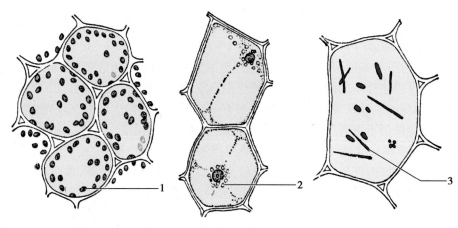

1. 叶绿体（天竺葵叶）；2. 白色体（紫鸭跖草叶）；3. 有色体（胡萝卜根）。

图 3-2 质体的类型

1）叶绿体：高等植物的叶绿体多呈球形、卵形或透镜形，厚度为 1~2μm，直径为 4~10μm，每个细胞内有十多个至数十个不等。在光学显微镜下，叶绿体成颗粒状，在电子显微镜下可见叶绿体外面有双层膜包被，内部为溶胶状的蛋白质基质，其中分散着许多含有叶绿素的基粒和连接基粒的基质片层。

叶绿体广泛存在于绿色植物叶、茎、花萼和果实的绿色部分，根一般不含叶绿体。叶绿体主要含有叶绿素 a、叶绿素 b、叶黄素和胡萝卜素四种色素，其中叶绿素是主要的光合色素，它能吸收光能，直接参与光合作用。叶黄素和胡萝卜素不能直接参与光合作用，只起辅助功能。叶绿体中所含的色素以叶绿素为多，遮盖了其他色素，所以呈现绿色。当营养条件不利、气温降低或叶片衰老时，叶绿素含量降低，叶片便出现黄色或橙黄色。

2）白色体：是一类不含色素的质体，呈球形或纺锤形。普遍存在于植物体各部分的储藏细胞中，多在一些不曝光的组织中，起着合成和储藏淀粉、脂肪和蛋白质的作用。

3）有色体：通常呈针形、球形、杆状、多角形或不规则形状，其所含的主要色素是胡萝卜素和叶黄素，使植物呈黄色、橙色或橙红色。有色体主要存在于花、果实和根中。有色体的生理功能还不很清楚，但它所含的胡萝卜素在光合作用中是一种催化剂。有色体存在于花部,使花呈鲜艳色彩,有利于昆虫传粉。

　　叶绿体、有色体和白色体都是由前质体分化而来的,在一定条件下,一种质体可以转变成另一种质体。如番茄子房的子房壁细胞内的质体是白色体,受精后子房发育成幼果,暴露在光线中时,白色体转变成叶绿体,所以幼果呈绿色,果实在成熟过程中又由绿变红,是因为叶绿体转变成有色体的缘故。

　　(3) 线粒体:线粒体是细胞质中呈颗粒、棒状、丝状或有分枝的细胞器,比质体小。线粒体含有100多种酶,大部分参与呼吸作用,其呼吸释放的能量,能够透过膜转运到细胞的其他部分,以满足各种代谢活动的需要。线粒体是细胞中碳水化合物、脂肪和蛋白质等物质进行氧化的场所,在氧化过程中进行能量交换。线粒体被称为细胞中的"动力工厂"。

　　(4) 液泡:液泡是植物细胞特有的结构。在光学显微镜下,幼小的植物细胞有许多看不见的小液泡,随着细胞的生长,小液泡相互融合并逐渐增大,最后在细胞中央形成一个或几个大型液泡,可占据细胞体积的90%以上。这时,细胞质连同细胞器一起,被推挤成为紧贴细胞壁的一个薄层。液泡的主要功能是调节细胞的渗透压,在维持细胞质内外环境的稳定上起着重要的作用(图3-3)。

　　液泡被有一层有生命的液泡膜,它把液泡里的细胞液和细胞质分开。液泡膜同质膜一样具有选择透性。液泡内的液体称为细胞液,它是含有多种有机物和无机物的混合水溶液,是无生命的、非原生质体的部分。细胞液的成分非常复杂,其中许多化学成分具有强烈的生理活性。

　　(5) 内质网:内质网是分布在细胞质中由双层膜构成的网状管道系统,管道以各种形态延伸或扩展成为管状、泡囊状或片状结构,在电子显微镜下,内质网为两层平行的单位膜,每层膜厚度约为50Å,两层膜的间隔有400~700Å,由膜围成泡、囊或更大的腔,将细胞质隔成许多间隔。内质网的一些分支可与细胞核的外膜相连,另一些分支则与质膜相连,形成细胞中的膜系统。内质网膜也是穿过细胞壁连接相邻细胞的膜系统。

　　内质网可分两种类型:一种是膜的表面附着许多核糖体的小颗粒,称粗糙内质网,主要功能是合成、输出蛋白质,产生构成新膜的脂蛋白和初级溶酶体所含的酸性磷酸酶。另一种是表面没有核糖体的小颗粒,称光滑内质网,主要功能是合成、运输类脂和多糖等。两种内质网可以相互转化,也可同时存在于一个细胞内。

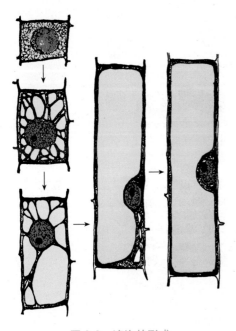

图3-3　液泡的形成

　　(6) 高尔基体:高尔基体是高尔基于1898年首先在动物神经细胞中发现的,几乎所有动物和植物细胞中都普遍存在。高尔基体分布于细胞质中,主要分布在细胞核的周围或上方,由两层膜所构成的平行排列的扁平囊泡、小泡和大泡(分泌泡)组成。高尔基体的功能是合成和运输多糖,并且能够合成果胶、半纤维素和木质素,参与细胞壁的形成。高尔基体还与溶酶体的形成有关。此外,高尔基体和细胞的分泌作用也有关系,如松树的树脂道上皮细胞分泌树脂,根冠细胞分泌黏液等。

　　(7) 核糖体:核糖体又称核糖核蛋白体或核蛋白体,每个细胞中核糖体可达数百万个。核糖体是细胞中的超微颗粒,通常呈球形或长圆形,直径为10~15nm,游离在细胞质中或附着于内质网上。核糖体由45%~65%的蛋白质和35%~55%的核糖核酸组成,其中核糖核酸含量占细胞中核糖核酸总量的85%。核糖体是蛋白质合成的场所。

　　(8) 溶酶体:溶酶体分散在细胞质中,是由单层膜构成的小颗粒,一般直径为0.1~1μm,数目不定,膜内含有各种能水解不同物质的消化酶,如蛋白酶、核糖核酸酶、磷酸酶、糖苷酶等,当溶酶体膜破裂或损伤时,酶释放出来,同时也被活化。溶酶体的功能主要是分解大分子、消化和消除残余物,如植物细胞分化成导管、纤维细胞过程中原生质体的解体消失。此外,溶酶体还有保护作用,溶酶体膜能使溶酶体的内含物与周围细胞质分隔,显然这层界膜能抗御溶酶体的分解作用,并阻止酶进入周围细胞质内,保护细胞免于自身消化。

(二) 细胞后含物和生理活性物质

1. 后含物　后含物是指细胞原生质体在代谢过程中产生的非生命物质,有的是一些可能再被利用的贮藏营养物质,如淀粉、蛋白质、脂肪和脂肪油等;有的则是一些废弃的物质,如草酸钙结晶、碳酸钙结晶等。后含物多以液体、晶体或非晶固体状态存在于液泡或细胞质中。细胞中后含物的种类、形态和性质随植物种类不同而异,其特征常是中药鉴定的重要依据之一。

(1) 淀粉:淀粉是葡萄糖分子聚合而成的长链化合物,它是细胞中碳水化合物最普遍的储藏形式,在细胞中以颗粒状态储存于植物根、茎及种子等器官的薄壁细胞的细胞质中。淀粉粒是由造粉体(白色体)积累储藏淀粉所形成。积累淀粉时,先从一处开始,形成淀粉粒的核心脐点,然后环绕着脐点形成许多亮暗相间的层纹,这是由于直链淀粉和支链淀粉相互交替分层沉积的缘故。淀粉粒多呈圆球形、卵圆形或多角形,脐点的形状有点状、线状、裂隙状、分叉状、星状等(图3-4)。

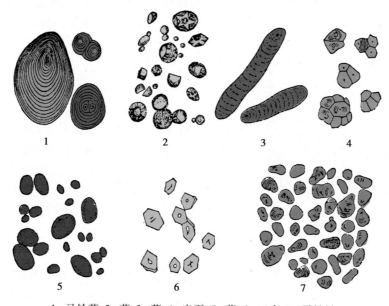

1. 马铃薯;2. 葛;3. 藕;4. 半夏;5. 蕨;6. 玉米;7. 平贝母。

图 3-4　各种淀粉粒

淀粉粒有三种类型:一种是单粒淀粉,每个淀粉粒通常只有一个脐点,环绕脐点有多数层纹;二是复粒淀粉,每个淀粉粒具有两个或两个以上的脐点,各脐点分别有各自的层纹环绕;三是半复粒淀粉,每个淀粉粒具有两个或两个以上的脐点,各脐点除有本身的少数层纹环绕外,外面还包围着共同的层纹。各种植物所含的淀粉粒在类型、形状、大小、脐点的位置等方面各有其特征,因此,淀粉粒的有无和形态,可以作为鉴定药材的依据之一。淀粉粒遇稀碘溶液呈蓝紫色。

(2) 菊糖:由果糖分子聚合而成,多存在于菊科和桔梗科植物的细胞中。菊糖能溶于水,不溶于乙醇。在显微镜下观察,细胞中的菊糖结晶呈球状、半球状或扇状(图3-5)。菊糖加10% α-萘酚的乙醇溶液后再加硫酸显紫红色,并很快溶解。

(3) 蛋白质:储存蛋白质在细胞中呈固体状态,生理活性稳定,与原生质体中呈胶体状态的有生命蛋白质在性质上不同。蛋白质一般以糊粉粒的状态存在于细胞的任何部位,如液泡、细胞质、细胞核和质体中,常呈无定型的小颗粒或结晶体。在种子的胚乳和子叶细胞内多含有丰富的蛋白质。

蛋白质存在的检验:将蛋白质溶液放在试管里,加数滴浓硝酸并微热,可见黄色沉淀析出,冷却片刻再加过量氨液,沉淀变为橙黄色,即蛋白质黄色反应;加碘液变成暗黄色;在硫酸铜和苛性碱水溶液

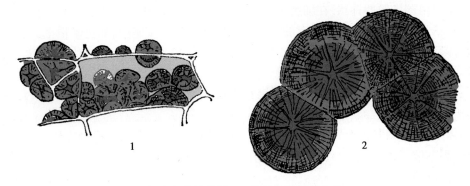

1. 细胞内菊糖结晶；2. 单独放大菊糖结晶。

图 3-5　菊糖（大丽花根）

的作用下则显紫红色。

（4）脂肪和脂肪油：是由脂肪酸和甘油结合而成的脂，常存在于植物的种子里。在常温下呈固态或半固态的称为脂，如可可豆脂；呈液态的称为油，如花生油。脂肪和脂肪油通常呈小滴状分散在细胞质中，不溶于水，易溶于有机溶剂，比重较小，折光性强。

脂肪和脂肪油加苏丹Ⅲ试液显橘红色、红色或紫红色；加紫草试液显紫红色；加四氧化锇显黑色。

（5）晶体：是植物细胞在生理代谢过程中产生的废物，常见的有两种类型。

1）草酸钙结晶：植物体内草酸钙结晶的形成，可减少体内过多的酸对植物的毒害。草酸钙结晶常为无色透明的晶体，以不同的形状分布于细胞液中。通常一种植物中只能见到一种晶体形状，但少数也有两种或多种形状的，如曼陀罗叶中含有簇晶、方晶和砂晶。草酸钙结晶在植物体中分布普遍，并随着器官组织的衰老，草酸钙结晶会逐渐增多，但其形状和大小在不同种植物或在同一植物的不同部位有一定的区别，可作为中药材鉴定的依据之一。草酸钙结晶的形状主要有以下几种（图 3-6）。

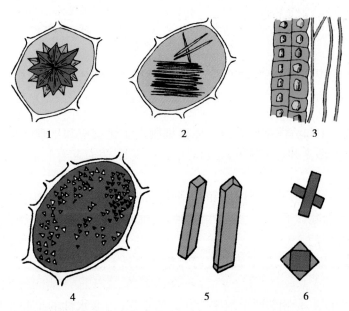

1. 簇晶（大黄根）；2. 针晶（半夏块茎）；3. 方晶（甘草根）；4. 砂晶（牛膝根）；5. 柱晶（射干根状茎）；6. 双晶（莨菪叶）。

图 3-6　各种草酸钙结晶

单晶：又称方晶或块晶，通常呈正方体、长方体、八面体、三棱体等形状，常为单独存在的单晶体，存在于甘草、黄柏、秋海棠等的细胞中。有时呈双晶，如莨菪等。

针晶:晶体呈两端尖锐的针状,在细胞中多成束存在,称针晶束。一般存在于含有黏液的细胞中,如半夏块茎、黄精和玉竹的根茎等。也有的针晶不规则地分散在细胞中,如苍术根茎。

砂晶:晶体呈细小的三角形、箭头状或不规则形,通常密集于细胞腔中。因此,聚集有砂晶的细胞颜色较暗,容易与其他细胞区别,如土牛膝根、枸杞根皮。

簇晶:晶体由许多八面体、三棱形单晶体聚集而成,通常呈球状或三角形星状,如人参根、大黄根茎、天竺葵叶、椴树茎等。

柱晶:晶体呈长柱形,长度为直径的4倍以上,形如柱状。如射干根茎中的晶体。

草酸钙结晶不溶于稀醋酸,加稀盐酸溶解而无气泡产生;在10%~20%硫酸溶液中溶解后会析出针状的硫酸钙结晶。

2)碳酸钙结晶:常存在于桑科、爵床科、荨麻科等植物中,如无花果叶、穿心莲叶、大麻叶的表皮细胞中可见到碳酸钙结晶。它是在细胞壁的特殊瘤状突起上聚集了大量的碳酸钙或少量的硅酸钙而形成,形状如一串悬垂的葡萄。通常呈钟乳体状存在,所以又称钟乳体。碳酸钙结晶加醋酸或稀盐酸则溶解,同时有 CO_2 气体放出,这可与草酸钙结晶相区别(图3-7)。

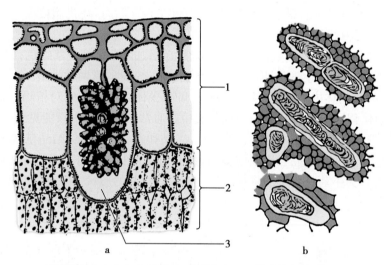

a. 切面观(1. 表皮和皮下层,2. 栅栏组织,3. 钟乳体);b. 表面观。

图3-7　碳酸钙结晶

2. 生理活性物质　生理活性物质是一类能对细胞内生化反应和生理活动起调节作用物质的总称,包括酶、维生素、植物激素和抗生素等,它们对植物的生长、发育起着非常重要的作用。

（三）细胞壁

细胞壁是包围在植物细胞原生质体外面的一个坚韧的外壳,是植物细胞特有的结构之一。细胞壁是原生质体分泌的非生命物质形成的。由于植物种类、细胞年龄和细胞执行机能的不同,细胞壁在成分和结构上的差别是极大的。

1. 细胞壁的分层　细胞壁根据形成的先后和化学成分不同可分为胞间层、初生壁和次生壁三层(图3-8)。

（1）胞间层:又称中层,是相邻两个细胞所共有的薄层,由亲水性的果胶类物质组成。多细胞植物依靠果胶质使相邻细胞彼此粘连在一起。果胶质易被酸或酶等溶解,从而导致细胞相互分离形成细胞间隙。许多果实成熟时,果肉变得绵软,就是果肉细胞的胞间层被酶溶解,致使细胞发生分离的缘故。在药材鉴定上,常用硝酸和氯酸钾的混合液、氢氧化钾或碳酸钠溶液等解离剂,把植物药材制成解离组织,以便进行观察鉴定。

（2）初生壁:细胞在生长过程中,由原生质体分泌的物质,主要是纤维素、半纤维素和果胶类物质

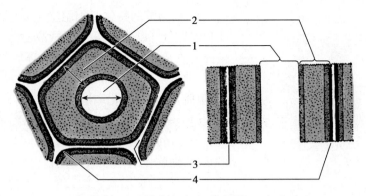

1. 细胞腔；2. 三层次生壁；3. 胞间层；4. 初生壁。

图 3-8　细胞壁的分层

添加在胞间层的内方，形成初生壁。初生壁一般较薄，能随着细胞的生长而延伸。许多植物细胞终生只具有初生壁。

（3）次生壁：次生壁是细胞停止生长后，在初生壁内侧继续积累的细胞壁层。它的成分主要是纤维素和少量的半纤维素，生长后期常含有木质素。次生壁一般较厚，质地较坚硬，因此有增强细胞壁机械强度的作用。大部分具有次生壁的细胞在成熟时，原生质体死亡，残留的细胞壁起支持和保护植物体的功能。

2. 纹孔和胞间连丝

（1）纹孔：细胞壁次生增厚时，在初生壁很多地方留下一些没有次生增厚的部分，只有胞间层和初生壁，这种比较薄的区域称为纹孔。相邻两个细胞壁的纹孔常成对存在，称为纹孔对。纹孔对之间由初生壁和胞间层所构成的膜称为纹孔膜。纹孔膜两侧没有次生壁的腔穴，称为纹孔腔，纹孔腔通往细胞壁的开口，称为纹孔口。纹孔的存在有利于水和其他物质的运输。根据纹孔对的形状和结构可分为三种类型：单纹孔、具缘纹孔和半缘纹孔（图 3-9）。

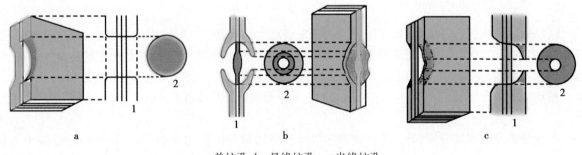

a. 单纹孔；b. 具缘纹孔；c. 半缘纹孔。
1. 切面观；2. 表面观。

图 3-9　纹孔的类型

1）单纹孔：次生壁上未加厚的部分，多呈圆筒形，即从纹孔膜至纹孔口的纹孔腔呈圆筒形，纹孔对中间由纹孔膜所隔离。单纹孔多存在于薄壁组织、韧皮纤维和石细胞中。

2）具缘纹孔：次生壁在纹孔口处形成一个拱形的边缘称纹孔缘，细胞的中央纹孔口很小，正面观呈两个同心圆，如被子植物导管壁上的纹孔。松科和柏科植物管胞壁上的具缘纹孔，纹孔膜中间与中央小孔相对的地方增厚隆起形成了纹孔塞，具有调节胞间液流的功能，因而从正面看起来呈三个同心圆。

3）半缘纹孔：由具缘纹孔和单纹孔组成的纹孔对，是薄壁细胞与管胞或导管间形成的纹孔。

（2）胞间连丝：细胞间有许多纤细的原生质细丝从纹孔处穿过纹孔膜，连接相邻细胞，这种原生质细丝称为胞间连丝。胞间连丝使植物各个细胞连成一个整体，有利于细胞间物质的转运和信息传递（图 3-10）。

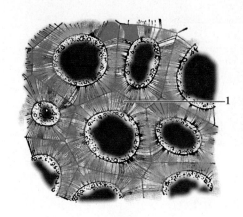

1. 胞间连丝。

图 3-10　胞间连丝(柿核)

3. 细胞壁的特化　细胞壁主要由纤维素构成,具有韧性和弹性。纤维素遇氧化铜氨液能溶解;加氯化锌碘试液呈蓝色或紫色。植物细胞壁由于环境的影响和生理机能的不同,常常发生各种不同的特化,常见的有:木质化、木栓化、角质化、黏液质化和矿质化。

(1) 木质化:细胞壁内填充和附加了木质素,使细胞壁的硬度增强,细胞机械力增加。但当木质化细胞壁变得很厚时,细胞多趋于衰老或死亡,如导管、管胞、石细胞、木纤维等。木质化细胞壁加入间苯三酚和浓盐酸,显红色或紫红色;加氯化锌碘液呈黄色或棕色反应。

(2) 木栓化:细胞壁中增加了脂肪性化合物木栓质,木栓化后的细胞壁不透气、不透水,所以最后细胞内原生质体完全消失,细胞死亡。通常木栓化细胞出现在保护组织中,树干上褐色的树皮就是木栓和其他死细胞的混合体。木栓化细胞壁加苏丹Ⅲ试液显橘红色或红色;遇苛性钾加热,木栓质则会溶解成黄色的油滴状。

(3) 角质化:原生质体产生的角质除了填充到细胞壁中外,还常积聚在细胞壁的表面形成一层无色透明的角质层。细胞壁的表面形成角质层,可以防止水分过度蒸发和微生物侵害。角质是脂肪性化合物,加苏丹Ⅲ试液显橘红色或红色;但遇苛性钾加热,角质则能较持久地保持。

(4) 黏液质化:是细胞中所含的果胶质和纤维素等成分变成黏液的一种变化,黏液质干时呈固态,吸水后膨胀成黏液状,许多植物种子的表皮中具有黏液化细胞。黏液化细胞壁加入玫红酸钠乙醇溶液可染成玫瑰红色;加入钌红试液可染成红色。

(5) 矿质化:是细胞壁中添加了硅质或钙质,矿质化增强了细胞壁的坚固性,可增强植物茎、叶的机械支持力。硅质化细胞壁不溶于硫酸或醋酸,可区别于草酸钙和碳酸钙。

三、植物细胞的分裂

植物体靠细胞的数量增加、体积增大及分化来实现生长和繁衍,茎尖、根尖等部位的细胞分裂特别旺盛,但多数细胞在形成后即处于停止期,不再分裂繁殖。植物细胞的分裂主要有两方面的作用:一是增加细胞的数量,使植物生长苗壮;二是形成生殖细胞,用以繁衍后代。细胞的增殖是细胞分裂的结果。植物细胞的分裂通常有三种方式:有丝分裂、无丝分裂和减数分裂。

(一) 有丝分裂

有丝分裂又称间接分裂,是高等植物和多数低等植物营养细胞的分裂方式,也是细胞分裂中最普遍的一种方式,通过细胞分裂使植物生长。有丝分裂所产生的两个子细胞的染色体数目与体细胞的染色体数目一致,具有与母细胞相同的遗传性,保持了细胞遗传的稳定性。植物根尖和茎尖分生区细胞、根和茎形成层细胞的分裂就是有丝分裂。有丝分裂是一个连续而复杂的过程,包括细胞核分裂和细胞质分裂,通常人为地将有丝分裂过程划分为分裂间期、前期、中期、后期和末期 5 个时期。

(二) 无丝分裂

无丝分裂又称直接分裂,细胞分裂过程较简单,分裂时细胞核不出现染色体和纺锤丝等一系列复杂的变化。无丝分裂的形式多种多样,有横缢式、芽生式、碎裂式、劈裂式等。最普通的形式是横缢式,细胞分裂时核仁先分裂为二,细胞核引长,中部内陷成"8"字形,状如哑铃,最后缢缩成两个核,在子核间又产生出新的细胞壁,将一个细胞的细胞核和细胞质分成两个部分。无丝分裂速度快,消耗能量小,但不能保证母细胞的遗传物质平均地分配到两个子细胞中去,从而影响了遗传的稳定性。

无丝分裂在低等植物中普遍存在,在高等植物中也较为常见,尤其是生长迅速的部位,如愈伤组织、薄壁组织、生长点、胚乳、花药的绒毡层细胞、表皮、不定芽、不定根、叶柄等处可见到细胞的无丝分裂。因此,对无丝分裂的生物学意义还有待深入研究。

（三）减数分裂

减数分裂与植物的有性生殖密切相关,只发生于植物有性生殖产生配子的过程中。减数分裂包括两次连续进行的细胞分裂。在减数分裂中,细胞核进行染色体的复制和分裂,出现纺锤丝等,最终分裂形成 4 个子细胞,每个子细胞的染色体数只有母细胞的一半,成为单倍染色体(n),故称减数分裂。种子植物的精子和卵细胞由减数分裂形成,均为单倍体(n)。精子和卵细胞结合,恢复成为二倍体($2n$),使得子代的染色体与亲代的染色体相同,不仅保证了遗传的稳定性,而且还保留父母双方的遗传物质而扩大变异,增强了适应性。在栽培育种上常利用减数分裂特性进行品种间杂交,以培育新品种。

（四）染色体

染色体是各种生物细胞有丝分裂和减数分裂时,在细胞核中出现的一种包含基因的伸长结构。它们能通过相继的细胞分裂而复制,并且在世代相传的过程中稳定地保持其形态、结构和功能的特性。染色体由 DNA 和组蛋白组成,由于染色体的中心是 DNA,所以染色体是遗传物质的载体。

在显微镜下观察,每条染色体由两条染色单体组成。每条染色体上各有一段相对不着色的狭小区域,称着丝点。染色体以着丝点为界,分成两个部分,称为染色体臂。两臂等长的称等臂染色体;长度不等的,则分别称长臂和短臂。两臂之间着色较浅而缢缩的部分,称主缢痕;而另一着色较浅的缢缩部分,称次缢痕。染色体在次缢痕处不能弯曲,这是和主缢痕的区别。有的染色体在短臂末端还有一个球形或棒状的突出物,称随体。随体也是识别染色体种类的一个重要特征。

一种生物个体的全部染色体的形态结构,包括染色体的数目、大小、形状、主缢痕和次缢痕等特征的总和,称为染色体组型或核型,染色体组型是一个物种相当稳定的特征,染色体组型分析常用于植物分类鉴定。

第二节　植物组织和维管束

植物在生长发育过程中,经过细胞的分裂和分化,形成了各种组织。植物组织是由许多来源相同、形态构造相似、生理功能相同、相互密切联系的细胞组成的细胞群。植物体内既有由同一类型细胞构成的简单组织,也有由不同类型细胞构成的复合组织。每种组织有其独立性,行使不同功能,同时不同组织间相互协同,完成器官的生理功能。低等植物通常无组织形成或无典型的组织分化。根据形态结构和功能不同,可将植物组织分为分生组织、薄壁组织、保护组织、机械组织、输导组织和分泌组织。后五类组织是由分生组织细胞分裂和分化所形成的细胞群,总称为成熟组织或永久组织。根据植物体生长发育需要,成熟组织有时可发生相应变化,如薄壁组织可以转化成次生分生组织或机械组织等。

由于植物类群或部位的不同,植物体内的各种组织具有不同的特征,常可作为中药显微鉴定中的重要依据。

一、植物组织的类型

（一）分生组织

分生组织是具有连续性或周期性分生能力的细胞群。分生组织的细胞通常体积较小,多为等径的多面体,排列紧密,没有细胞间隙,细胞壁薄,不具纹孔,细胞质浓,细胞核大,无明显液泡和质体分化,但含线粒体、高尔基体、核糖体等细胞器。分生组织分布在植物体的各个生长部位,如根尖、茎尖等。分生组织的细胞代谢功能旺盛,具有强烈的分生能力,不断分裂产生新细胞,其中一部分细胞连续保持高度的分生能力,另一部分细胞经过分化,形成不同的成熟组织,使植物体不断生长。根据不同的分类方法,植物体内的分生组织有以下类型。

1. 根据分生组织的性质、来源分类

(1) 原分生组织:原分生组织来源于种子的胚,是由胚保留下来的具有分裂能力的细胞群,位于根、茎最先端的部位,即生长点。这些细胞没有任何分化,可长期保持分裂机能,特别是在生长季节,其分裂机能更加旺盛。

(2) 初生分生组织:位于原分生组织之后,是由原分生组织细胞分裂出来的细胞所组成的,这部分细胞一方面仍保持分裂能力,另一方面细胞已经开始分化。如茎的初生分生组织可分化为3种不同组织,即原表皮层、基本分生组织和原形成层。由这3种初生分生组织再进一步分化发育形成其他各种组织构造。

(3) 次生分生组织:薄壁组织经过生理和结构上的变化,细胞质变浓,液泡缩小,恢复分裂能力,成为次生分生组织。如大多数双子叶植物和裸子植物根的形成层、茎的束间形成层、木栓形成层等,这些分生组织一般成环状排列,与轴平行。次生分生组织不断分生和分化出次生保护组织和次生维管组织,形成根和茎的次生构造,使其不断增粗。

2. 根据分生组织所处的位置分类

(1) 顶端分生组织:是位于根、茎最顶端的分生组织,即根、茎顶端的生长锥。这部分细胞能较长期地保持旺盛的分生能力。由顶端分生组织细胞不断分裂、分化出植物体的各种初生组织,进行初生生长,使根和茎不断伸长生长。

(2) 侧生分生组织:侧生分生组织来源于成熟组织,主要存在于裸子植物和双子叶植物的根和茎内,包括维管形成层和木栓形成层,它们在植物体的周围成环状排列并与轴平行。侧生分生组织的活动可分化出各种次生组织,进行次生生长,使根和茎不断加粗。单子叶植物体内没有侧生分生组织,故一般不能增粗。

(3) 居间分生组织:是从顶端分生组织保留下来的一部分分生组织,位于茎、叶、子房柄、花柄等成熟组织之间,它们的分生能力有限,只能保持一定时间的分裂与生长,而后转变为成熟组织。居间分生组织常可在禾本科植物茎的节间基部产生,如薏苡、水稻等的拔节、抽穗,即与居间分生组织的活动有关。韭菜等植物叶子上部被割除后,还可以长出新的叶片来,就是叶基部居间分生组织活动的结果。花生胚珠受精后,位于子房柄的居间分生组织开始活动,使子房柄伸长,子房被推入土中发育成果实,所以花生的果实生长在地下。

综合上述各种分生组织的特征可以看出,顶端分生组织就其发生来说属于原分生组织,但原分生组织和早期的初生分生组织之间无明显分界,所以顶端分生组织也包括初生分生组织;侧生分生组织相当于次生分生组织;居间分生组织则相当于初生分生组织。

（二）薄壁组织

薄壁组织又称基本组织,在植物体内分布很广,占有相对大的体积,是组成植物体的基础,担负着同化、贮藏、吸收、通气等功能。薄壁组织细胞壁薄,细胞体积较大,多呈球形、椭球形、圆柱形、多面体等,细胞壁主要由纤维素和果胶构成,具有单纹孔,细胞排列紧密,具有明显的细胞间隙。

根据其结构、生理功能的不同,薄壁组织可分为以下几种类型(图 3-11):

1. 基本薄壁组织　普遍存在于植物体内各处,主要起填充和联系其他组织的作用。通常细胞质较稀薄,液泡较大,细胞排列疏松,具有细胞间隙,如根、茎的皮层和髓部。

2. 同化薄壁组织　多存在于植物易受光照的部位,如叶肉细胞中和幼茎、幼果的表面等。细胞中含有大量的叶绿体,能进行光合作用,制造有机营养物质,又称绿色薄壁组织。

3. 吸收薄壁组织　位于植物根尖的根毛区。细胞壁薄,部分表皮细胞外壁向外凸起,形成根毛,能从外界吸收水分和营养物质等,并将吸入的物质运送到输导组织中。

4. 贮藏薄壁组织　多存在于植物的根、根状茎、果实和种子中。细胞较大,储藏有大量的营养物质,如淀粉、蛋白质、脂肪、糖类等。

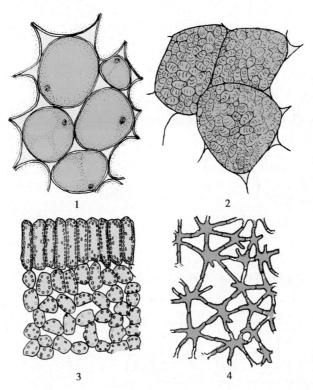

1. 基本薄壁组织；2. 贮藏薄壁组织；3. 同化薄壁组织；4. 通气薄壁组织。

图 3-11　薄壁组织类型

5. 通气薄壁组织　多存在于水生植物和沼泽植物中。细胞间隙特别发达，常在植物体内形成大的气腔和四通八达的通道，具有储藏空气的功能，并对植物起着漂浮与支持的作用，如灯心草的茎髓和莲的叶柄等。

（三）保护组织

保护组织是覆盖于植物体表面起保护作用的组织，其作用是减少体内水分的蒸腾，控制植物与环境的气体交换，防止病虫的侵袭和机械损伤等。根据来源和结构的不同，分为初生保护组织（表皮）和次生保护组织（周皮）。

1. 表皮　分布于幼嫩的植物器官表面，由初生分生组织的原表皮层分化而来。表皮通常由一层扁平的长方形、多边形或波状不规则形生活细胞组成，细胞间彼此嵌合、排列紧密、没有间隙。表皮细胞通常不含叶绿体，外壁常角质化，并在表面形成连续的角质层，有的角质层上还有蜡被，可防止水分散失，如甘蔗和蓖麻茎。茎、叶等的部分表皮细胞可分化形成气孔或各种毛茸。

（1）气孔：植物的表面不是全部被表皮细胞所密封的，在表皮上还有许多孔隙，是植物进行气体交换的通道。双子叶植物的孔隙是由两个半月形保卫细胞包围的，两个保卫细胞的凹入面是相对的，中间孔隙即气孔。保卫细胞是生活细胞，含叶绿体，其与表皮细胞相邻的细胞壁较薄，相对的凹入处细胞壁较厚，当充水膨胀时，气孔即张开，当其失水时，气孔关闭。气孔的开闭有利于气体交换和调节水分的蒸腾（图 3-12）。

气孔主要分布在叶片和幼嫩的茎枝表面，其数量和大小常随器官类型和所处环境条件的不同而异，如茎的气孔少，叶片中的气孔多，而根几乎没有气孔。

在保卫细胞周围有 2 至多个特化的表皮细胞称为副卫细胞，副卫细胞的形状、数目及排列顺序与植物种类有关。组成气孔的保卫细胞和副卫细胞的排列关系称为气孔轴式或气孔类型。气孔的类型随植物种类而异，是鉴定叶类、全草类药材的重要依据。双子叶植物叶中常见的气孔轴式有以下几种（图 3-13）。

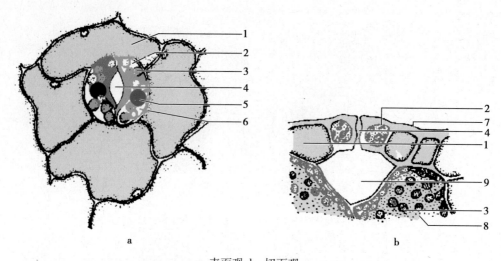

a. 表面观；b. 切面观。

1. 副卫细胞；2. 保卫细胞；3. 叶绿体；4. 气孔；5. 细胞核；6. 细胞质；7. 角质层；8. 栅栏细胞；9. 气室。

图 3-12　气孔的构造

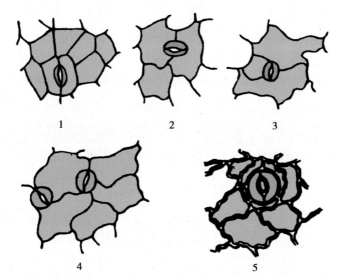

1. 平轴式；2. 直轴式；3. 不等式；4. 不定式；5. 环式。

图 3-13　双子叶植物气孔轴式

1）环式：气孔周围的副卫细胞数目不定，其形状较其他表皮细胞狭窄，围绕气孔排列呈环状，如茶、桉等。

2）直轴式：气孔周围的副卫细胞常有 2 个，其长轴与保卫细胞和气孔的长轴垂直，如石竹、穿心莲、薄荷等。

3）平轴式：气孔周围的副卫细胞常有 2 个，其长轴与保卫细胞和气孔的长轴平行，如茜草、番泻叶、马齿苋等。

4）不定式：气孔周围的副卫细胞数目不定，其大小基本相等，形状与其他表皮细胞相似，如毛茛、艾、桑、洋地黄等。

5）不等式：气孔周围的副卫细胞常有 3~4 个，但大小不等，其中一个特别小，如菘蓝、曼陀罗等植物。

单子叶植物气孔的类型也很多，如禾本科植物的气孔，保卫细胞呈哑铃形，两端的细胞壁较薄，中间较厚。

（2）毛茸：毛茸是由表皮细胞向外突起形成的，具有保护、减少水分过分蒸发，以及分泌物质等作用。其中有分泌作用的称腺毛，没有分泌作用的称非腺毛。

1）腺毛：能分泌挥发油、黏液、树脂等物质，有头部与柄部之分。唇形科植物薄荷、藿香等叶片上有一种头部由6~8个细胞组成、柄极短的腺毛，称腺鳞（图3-14）。

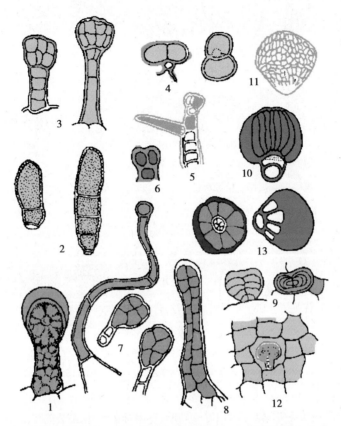

1. 生活状态的腺毛；2. 谷精草；3. 金银花；4. 密蒙花；5. 白泡桐花；6. 洋地黄叶；7. 洋金花；8. 款冬花；9. 石胡荽叶；10. 凌霄花；11. 啤酒花；12. 广藿香茎间隙腺毛；13. 薄荷叶腺鳞。

图 3-14　各种腺毛

2）非腺毛：不具分泌功能的毛茸，由单细胞或多细胞组成，无头、柄之分，先端常狭尖。由于组成非腺毛的细胞数目、分枝状况不同而有多种不同类型的非腺毛，如线状毛、棘毛、分枝毛、丁字毛、星状毛、鳞毛等。不同植物具有不同形态的非腺毛，可作为鉴定的依据（图3-15）。

2. 周皮　大多数草本植物的器官表面，终生只具有表皮。而木本植物茎和根的表皮仅见于幼年时期，其后在增粗生长过程中表皮被破坏，植物体表面随之形成了次生保护组织周皮，以代替表皮行使保护功能。

周皮为一种复合组织，由木栓层、木栓形成层、栓内层组成（图3-16）。木栓形成层多由表皮、皮层和韧皮部的薄壁细胞恢复分生能力形成，木栓形成层细胞活动时，向外切向分裂，产生的细胞分化成木栓层，向内分裂形成栓内层。随着植物的生长，木栓层细胞层数不断增加，细胞多呈扁平状，排列紧密整齐，无细胞间隙，细胞壁栓质化，常较厚，细胞内原生质体解体，为死亡细胞。栓质化细胞壁不易透水、透气，是很好的保护组织。栓内层由生活的薄壁细胞组成，通常细胞排列疏松，茎中栓内层细胞常含叶绿体，所以又称绿皮层。

当周皮形成时，原来位于气孔下面的木栓形成层向外分生出许多非木栓化的填充细胞，结果将表皮突破，形成圆形或椭圆形等多种形状的裂口，称为皮孔。皮孔是周皮上的通气结构。木本植物茎枝

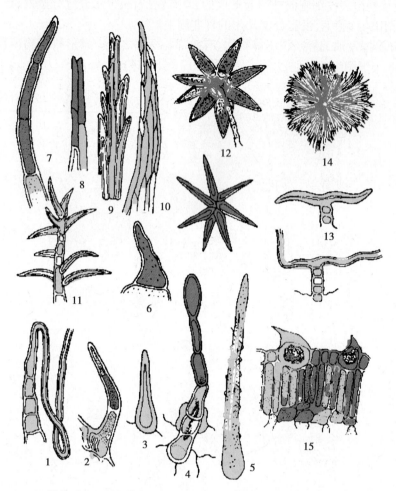

1~10. 线状毛(1. 刺儿菜叶;2. 薄荷叶;3. 益母草叶;4. 蒲公英叶;5. 金银花;6. 白花曼陀罗;7. 洋地黄叶;8. 旋覆花;9. 款冬花冠毛;10. 蓼蓝叶);11. 分枝毛(裸花紫珠叶);12. 星状毛(上:石韦叶,下:芙蓉叶);13. 丁字毛(艾叶);14. 鳞毛(胡颓子叶);15. 棘毛(大麻叶)。

图 3-15   各种非腺毛

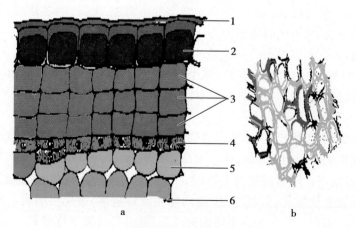

a. 周皮;b. 木栓细胞。
1. 角质层;2. 表皮;3. 木栓层;4. 木栓形成层;5. 栓内层;6. 皮层。

图 3-16   周皮与木栓细胞

上常有一些颜色较浅并凸出或凹下的点状物即皮孔,皮孔的形状、颜色和分布的密度常为皮类药材的鉴别特征(图3-17)。

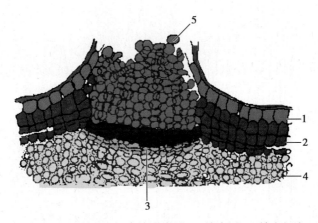

1. 表皮;2. 木栓层;3. 木栓形成层;4. 栓内层;5. 填充细胞。

图3-17　皮孔剖面(接骨木)

(四) 机械组织

机械组织是对植物体起着支持和巩固作用的组织,由一群细长形、类圆形或多边形、细胞壁明显增厚的细胞组成。根据细胞壁增厚方式及组成的不同,分为厚角组织和厚壁组织。

1. **厚角组织**　由具有原生质体的生活细胞组成,常含有叶绿体,具有不均匀增厚的初生壁,增厚部位多在角隅处,细胞在横切面上常呈多角形。细胞壁由纤维素和果胶质组成,不含木质素。厚角组织较柔韧,是植物地上部分幼嫩器官(茎、叶柄、花梗)的支持组织。厚角组织常集中分布于嫩茎的棱角处,多在表皮下成环或成束分布,如益母草、芹菜、南瓜等植物的茎(图3-18)。

根据厚角组织细胞壁加厚方式的不同,常可分为3种类型:①真厚角组织,又称为角隅厚角组织,细胞壁显著加厚的部分发生在几个相邻细胞的角隅处。真厚角组织是最普遍存在的一种类型,如薄荷属、曼陀罗属、南瓜属、桑属、榕属、酸模属和蓼属的植物。②板状厚角组织,又称为片状厚角组织,细胞的切向壁增厚,如细辛属、大黄属、地榆属、泽兰属、接骨木属的植物。③腔隙厚角组织,是具有细胞间隙的厚角组织,细胞面对胞间隙部分增厚,如夏枯草属、锦葵属、鼠尾草属、豚草属等植物。

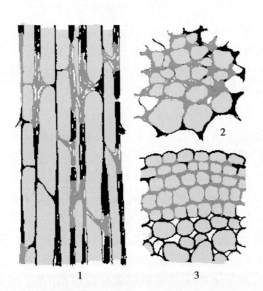

1. 马铃薯(纵切面);2. 马铃薯(横切面);
3. 细辛叶柄。

图3-18　厚角组织

2. **厚壁组织**　厚壁组织细胞具有全面增厚的次生壁,壁上常有层纹和纹孔,细胞腔小,成熟后大多木质化,成为死细胞。根据细胞形状的不同,分为纤维和石细胞。

(1) 纤维:一般为两端尖的细长细胞,细胞壁增厚的成分为纤维素或木质素,细胞腔小或无,细胞质和细胞核消失,多为死细胞。纤维通常成束,彼此以尖端紧密嵌插,具有良好的支持和巩固作用(图3-19)。分布于植物韧皮部的纤维称韧皮纤维,其细胞壁增厚的物质主要为纤维素,因此韧性较大,拉力强。分布于木质部的纤维称木纤维,细胞壁均为木质化增厚,壁上具有各种形状的退化具缘纹孔或裂隙状的单纹孔。木纤维细胞壁厚而坚硬,但弹性和韧性较差。

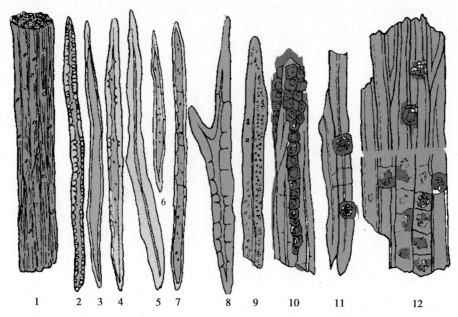

1. 纤维束,2~12. 各类型纤维(2. 五加皮;3. 苦木;4. 关木通;5. 肉桂;6. 丹参;7. 姜的
分隔纤维;8. 东北铁线莲的分枝纤维;9. 冷饭团的嵌晶纤维;10. 黄柏的含方晶纤维;
11. 石竹的含簇晶纤维;12. 柽柳的含石膏结晶纤维)。

图 3-19   纤维束及各类型纤维

此外,在药材鉴定中,还可以看到以下几种特殊类型的纤维:①分隔纤维,是一种细胞腔中生有薄的横隔膜的纤维,如在姜、葡萄属植物的木质部和韧皮部中均有分布。②嵌晶纤维,纤维细胞次生壁外层嵌有一些细小的草酸钙方晶和砂晶,如冷饭团的根和南五味子根皮中的纤维嵌有方晶,草麻黄茎的纤维嵌有细小的砂晶。③晶鞘纤维,由纤维束及其外侧包围着许多含有晶体的薄壁细胞所组成的复合体称晶鞘纤维。这些薄壁细胞中有的含有方晶,如甘草、黄柏、葛根等;有的含有簇晶,如石竹、瞿麦等;有的含有石膏结晶,如柽柳等。④分枝纤维,长梭形纤维顶端具有明显的分枝,如东北铁线莲根中的纤维。

(2) 石细胞:石细胞是植物体内特别硬化的厚壁细胞,细胞壁极度增厚,均木质化,原生质体消失,留下空而小的细胞腔,成为具坚硬细胞壁的死细胞,有较强的支持作用。

石细胞形状多样,是药材鉴定的重要依据。通常多呈等径、椭圆形、圆形,也有呈分枝状、星状、骨状、毛状或不规则形状等。石细胞通常单个或数个成群分布于植物内,多见于植物茎的皮层和韧皮部以及果皮、种皮之中,如厚朴、黄柏、八角茴香、杏仁等(图 3-20)。

(五) 输导组织

输导组织是植物体内输送水分和养料的组织。其共同特点是细胞呈管状,常上下连接,贯穿于整个植物体内,形成适于运输的管道。根据输导组织的构造和运输物质的不同,可分为两大类:一类是木质部中的导管和管胞,主要运输水分和溶解于水中的无机盐、营养物质等;另一类是韧皮部中的筛管、伴胞和筛胞,主要运输溶解状态的同化产物。

1. 导管和管胞   导管和管胞是自下而上输送水分及溶于水中无机养料的输导组织,存在于植物的木质部中。

(1) 导管:导管是被子植物最主要的输水组织,少数裸子植物(如麻黄)中也有导管。导管由一系列纵长的管状死细胞连接而成,每个管状细胞称为导管分子。导管分子的侧壁与管胞极为相似,但其上下两端的横壁常溶解形成大的穿孔,使导管上下相通成为一个管道,因而输水效率远比管胞强。根据导管发育顺序和次生壁增厚所形成的纹理不同分为五种类型(图 3-21)。

1) 环纹导管:增厚部分呈环状,导管直径较小,存在于幼嫩的植物器官中。

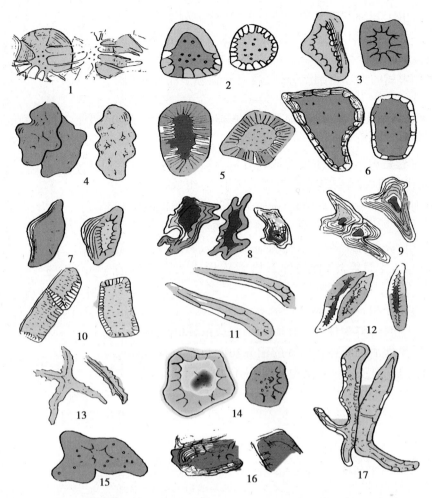

1. 梨果肉；2. 苦杏仁；3. 土茯苓；4. 川楝子；5. 五味子；6. 川乌；7. 梅果实；8. 厚朴；9. 黄柏；10. 麦冬；11. 山桃种子；12. 泰国大风子；13. 茶叶柄；14. 侧柏种子；15. 南五味子根皮；16. 栀子种皮；17. 虎杖。

图 3-20　石细胞的类型

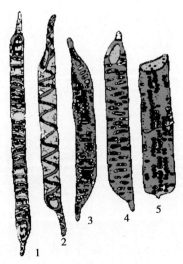

1. 环纹导管；2. 螺纹导管；3. 梯纹导管；4. 网纹导管；5. 孔纹导管。

图 3-21　导管类型

2）螺纹导管：增厚部分呈螺旋状，导管直径一般较小，存在于幼嫩器官中。如"藕断丝连"就是一种常见的螺纹导管。

3）梯纹导管：增厚部分与未增厚的初生壁部分间隔呈梯形，多存在于成熟的植物器官中。

4）网纹导管：在导管壁上既有横向增厚，亦有纵向增厚，增厚部分与未增厚部分密集交织形成网状。

5）孔纹导管：细胞壁几乎全面增厚，只留有一些小孔为未增厚部分，形成单纹孔或具缘纹孔，前者为单纹孔导管，后者为具缘纹孔导管。导管直径较大，多存在于器官成熟部分。

（2）管胞：管胞是绝大部分蕨类植物和裸子植物的输水组织，同时还具有支持作用。在被子植物的木质部中也可发现管胞，特别是叶柄和叶脉中，但数量较少。管胞和导管分子在形态上有明显的不同，管胞是单个细胞，呈长管状，但两端尖斜，不形成穿孔，相邻管胞彼此间不能靠首尾连接进行输导，而是通过相邻管胞侧壁上的纹孔输导水分，所以输导效率比导管低，为一类较原始的输导组织。

管胞与导管一样,由于其细胞壁次生加厚,并木质化,细胞内原生质体消失而成为死亡细胞,其木质化次生壁的增厚也常形成各种纹理,如环纹、螺纹、梯纹、孔纹等类型。导管、管胞在药材粉末鉴定中有时较难分辨,常采用解离的方法将细胞分开,观察管胞分子的形态(图3-22)。

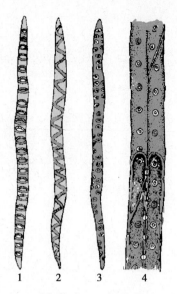

1. 环纹管胞;2. 螺纹管胞;
3. 梯纹管胞;4. 孔纹管胞。

图 3-22　管胞类型

2. 筛管、伴胞和筛胞　筛管、伴胞和筛胞是植物体内输送有机营养物质的输导组织,存在于韧皮部中。

(1)筛管:筛管是被子植物主要的输送有机养料的组织。筛管也是由多数细胞连接而成,在结构上与导管的区别是:组成筛管的细胞是生活细胞,细胞成熟后细胞核消失;筛管分子的细胞壁由纤维素构成,不木质化,也不增厚。筛管分子上下两端的横壁上由于不均匀增厚而形成筛板,筛板上有许多小孔,称为筛孔。筛板两边相邻细胞中的原生质,通过筛孔而彼此相连(称联络索),形成上下相通的通道。

(2)伴胞:在被子植物的筛管分子旁,常有一个或多个小型的薄壁细胞与筛管分子相伴,称为伴胞。伴胞的细胞质浓,细胞核较大,并含有多种酶类,生理活动旺盛。筛管的输导功能与伴胞有密切关系。伴胞为被子植物所特有,蕨类植物及裸子植物中则不存在(图3-23)。

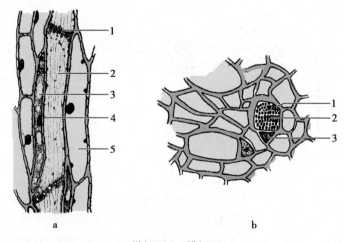

a. 纵切面;b. 横切面。
1. 筛板;2. 筛管;3. 伴胞;4. 白色体;5. 韧皮薄壁细胞。

图 3-23　筛管与伴胞

(3)筛胞:筛胞是蕨类植物和裸子植物运输有机养料的组织。与筛管不同,筛胞是单分子的狭长细胞,直径较小,端壁倾斜,没有特化成筛板,只是在侧壁或壁端上分布有一些小孔,称为筛域。筛域输送养料的能力较筛孔差。

(六)分泌组织

植物在新陈代谢过程中,一些细胞能分泌某些特殊物质,如挥发油、乳汁、黏液、树脂、蜜液、盐类等,这种细胞称为分泌细胞,由分泌细胞所构成的组织称为分泌组织。分泌组织可以分布在植物体的各个部位。分泌组织所产生的分泌物可以防止组织腐烂,帮助创伤愈合,免受动物吃食,排出或贮积体内废弃物等;有的还可以引诱昆虫,以利于传粉。有许多分泌物可作药用,如乳香、没药、松节油、樟脑、蜜汁、松香以及各种芳香油等。分泌组织的形态结构及分泌物在某些植物科属鉴别上也有一定的价值。

根据分泌细胞排出的分泌物是积累在植物体内部还是排出体外,常把分泌组织分为外部分泌组织和内部分泌组织。

1. **外部分泌组织** 位于植物的体表部分,其分泌物直接排出体外,有腺毛、腺鳞和蜜腺等。

(1) 腺毛:是具有分泌能力的表皮毛,具有腺头、腺柄之分。腺头的细胞覆盖着较厚的角质层,其分泌物积聚在细胞壁与角质层之间,并能由角质层渗出或角质层破裂后排出。无柄或短柄的特殊腺毛称为腺鳞。腺毛多见于茎、叶、芽鳞、花、子房等部位。

(2) 蜜腺:是能分泌蜜汁的腺体,由一层表皮细胞或其下面数层细胞特化而形成。腺体细胞的细胞壁较薄,具浓厚的细胞质。细胞质产生蜜汁,可通过细胞壁上角质层破裂向外扩散,或经腺体表皮上的气孔排出。蜜腺常存在于虫媒花植物的花萼、花瓣、子房或花柱的基部、花柄或花托上,如油菜花、荞麦花、槐花等;有时亦存在于植物的叶、托叶、茎等处,如桃叶基部上的蜜腺,大戟科植物花序上的杯状蜜腺等。

2. **内部分泌组织** 分布于植物体内,其分泌物储藏在细胞内或细胞间隙中。根据内部分泌组织的组成、形状和分泌物的不同可分为(图 3-24):

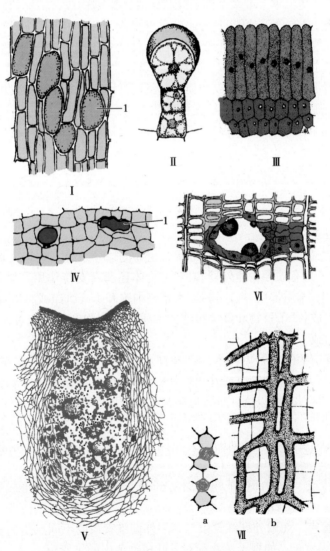

Ⅰ. 油细胞(姜,图中 1 所指);Ⅱ. 腺毛(天竺葵叶);Ⅲ. 蜜腺(大戟花);Ⅳ. 间隙腺毛(广藿香茎,图中 1 所指);Ⅴ. 分泌囊(橘果皮);Ⅵ. 树脂道(松茎横切);Ⅶ. 乳汁管(蒲公英根:a. 横切面,b. 纵切面)。

图 3-24 分泌组织类型

（1）分泌细胞：是植物体内单独存在的具有分泌能力的细胞，常比周围细胞大，并不形成组织。其分泌物储存在细胞内，由于储藏的分泌物不同，可分为油细胞（含挥发油），如肉桂、姜、菖蒲等；黏液细胞（含黏液质），如半夏、白及、知母等。

（2）分泌腔：又称分泌囊或油室，分泌物常聚集于囊状结构的胞间隙中。根据其形成的过程和结构，常可分为两类：①溶生式分泌腔，薄壁组织中的一群分泌细胞随着产生分泌物质逐渐增多，最终自身破裂溶解，在体内形成1个含有分泌物的腔室，腔室周围的细胞常破碎不完整，如陈皮、橘叶等；②裂生式分泌腔，由一群分泌细胞彼此分离形成细胞间隙，随着分泌的物质逐渐增多，细胞间隙也逐渐扩大而形成的腔室，分泌细胞不被破坏，完整地包围着腔室，如金丝桃、漆树、桃金娘、紫金牛植物的叶片以及当归的根等。

（3）分泌道：在松柏类和一些木本双子叶植物中具有裂生的分泌道，它是由分泌细胞彼此分离形成的一个长管状间隙的腔道，其周围的分泌细胞称上皮细胞，上皮细胞产生的分泌物储存在腔道中。由于分泌物不同，可分为树脂道、油管和黏液道。树脂道，如松树和向日葵茎等；油管，如小茴香果实等；黏液道，如美人蕉、椴树等。

（4）乳汁管：乳汁管是由单个或多个细长管状的乳汁细胞构成，常具分枝。乳汁细胞是具有细胞质和细胞核的生活细胞，具有分泌功能，其分泌的乳汁储存在细胞中。乳汁具黏滞性，多为白色，如大戟、蒲公英等；但也有黄色或橙色，如白屈菜、博落回。乳汁多含药用成分，如罂粟科植物的乳汁中含有多种具有止痛、抗菌、抗肿瘤作用的生物碱，番木瓜的乳汁中含有蛋白酶等。

根据乳汁管的发育和结构可将其分成两类：①无节乳汁管，1个乳汁管仅由1个细胞构成，这个细胞又称为乳汁细胞。细胞分枝或不分枝，长度可达数米，如夹竹桃科、萝藦科、桑科以及大戟科的大戟属等一些植物的乳汁管。②有节乳汁管，1个乳汁管是由许多细胞连接而成的，连接处的细胞壁溶解贯通，成为多核巨大的管道系统，乳汁管可分枝或不分枝，如菊科、桔梗科、罂粟科、旋花科、番木瓜科以及大戟科的橡胶树属等一些植物的乳汁管。

二、维管束及其类型

（一）维管束的组成

维管束是蕨类植物、裸子植物、被子植物等维管植物的输导系统。维管束是一种束状结构，贯穿于整个植物体的内部，除了具有输导功能外，同时对植物体还起着支持作用。维管束主要由韧皮部与木质部组成，在被子植物中，木质部由导管、管胞、木薄壁细胞和木纤维组成，韧皮部是由筛管、伴胞、韧皮薄壁细胞和韧皮纤维组成；裸子植物和蕨类植物的木质部由管胞和木薄壁细胞组成，韧皮部主要是由筛胞和韧皮薄壁细胞组成。

裸子植物和双子叶植物的维管束在木质部和韧皮部之间常有形成层存在，能持续不断地分生生长，所以这种维管束称为无限型维管束或开放型维管束；蕨类植物和单子叶植物的维管束中没有形成层，不能持续不断地分生生长，所以这种维管束称为有限型维管束或闭锁型维管束。

（二）维管束的类型

根据维管束中韧皮部与木质部排列的方式不同以及形成层的有无，将维管束分为以下几种类型（图3-25）：

1. 有限外韧型维管束　韧皮部位于外侧，木质部位于内侧，中间没有形成层。如单子叶植物茎的维管束。

2. 无限外韧型维管束　无限外韧维管束与有限外韧维管束的不同点是韧皮部与木质部之间有形成层，可使植物逐渐增粗生长。如裸子植物和双子叶植物茎中的维管束。

3. 双韧型维管束　木质部内外两侧都有韧皮部，在外侧韧皮部与木质部间有形成层。常见于茄科、葫芦科、夹竹桃科、萝藦科、旋花科、桃金娘科等植物茎中的维管束。

4. 周韧型维管束　木质部位于中间，韧皮部围绕在木质部的四周。如百合科、禾本科、棕榈科、蓼

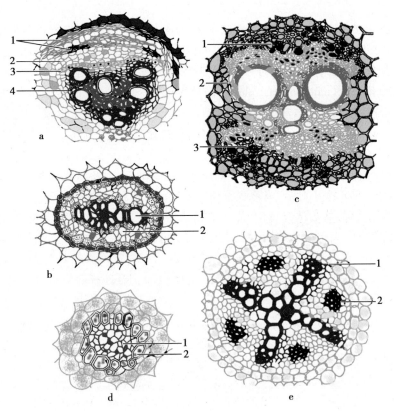

a. 外韧型维管束(马兜铃茎:1. 压扁的韧皮部,2. 韧皮部,3. 形成层,4. 木质部);b. 周韧型维管束(真蕨根状茎:1. 木质部,2. 韧皮部);c. 双韧型维管束(南瓜茎:1、3. 韧皮部,2. 木质部);d. 周木型维管束(菖蒲根状茎:1. 韧皮部,2. 木质部);e. 辐射型维管束(毛茛根:1. 原生木质部,2. 韧皮部)。

图 3-25 维管束类型详图

科及蕨类的某些植物中的维管束。

5. 周木型维管束 韧皮部位于中间,木质部围绕在韧皮部的四周。常见于少数单子叶植物的根状茎,如菖蒲、石菖蒲、铃兰等。

6. 辐射型维管束 韧皮部和木质部相互间隔成辐射状排列,并形成一圈。多数单子叶植物根的维管束为多元型并排列成一圈,中间多具有宽阔的髓部;在双子叶植物根的初生构造中木质部常分化到中心,呈星角状,韧皮部位于两角之间,彼此相间排列,这类维管束称为辐射维管束。

 知识拓展

植物细胞的程序性死亡

细胞程序性死亡(programmed cell death,简称 PCD)是生物体在生长发育和对环境信号做出反应的积极的死亡,是一种有选择地除去不需要的细胞的生理性死亡过程。程序性死亡细胞的主要特征为细胞的有序降解,包括细胞质和细胞核的凝聚、收缩、染色质边缘化,成月牙形或环形,染色质 DNA 断裂成约 0.14~50kb 的 DNA 片段,核质出泡。近年来的研究发现,植物在生长发育及与外界条件相互作用的过程中都伴随着一定的 PCD 现象。

管状分子(tracheary element,TE)分化中,原生质体发生 PCD,后期端壁发生自溶,最后形成由一系列死细胞组成的输导水分和无机物质的管道。成熟的 TE 中,细胞核、质体、线粒体、高尔基体和内质网等各种细胞器均解体消失,并且初生壁也部分降解。大量研究证明,TE 的分化过程是典型的 PCD 过程。根据医学生物学的研究,PCD 的分子过程可划分为 3 个阶段,即启动阶段(initiation)、效应阶段(effector)和降解清除阶段(degradation),每个阶段又包含了由若干分子事件参与的过程,根据线粒体在其中作用的不同,这 3 个阶段又分别称作前线粒体阶段(pri-mitochondrial phase)、线粒体阶段(mitochondrial phase)和后线粒体阶段(post-mitochondrial phase)。启动阶段或称前线粒体阶段涉及几类启动细胞内死亡程序的死亡信号的产生和传递。效应阶段或称线粒体阶段涉及 PCD 的中心环节 Caspase 的活化和线粒体通透性改变,Caspase 家族是直接导致程序性死亡细胞原生质体的蛋白酶系统,此酶控制着 PCD 的信号传导和实施过程。降解清除阶段或称后线粒体阶段涉及 Caspase 对死亡底物的酶解、染色体 DNA 片段化,以及吞噬细胞对凋亡小体的吞噬。

TE 在次生壁加厚几个小时后,液泡膜裂解,随后细胞器和细胞核才开始降解。首先是高尔基体和内质网膨胀裂解,然后是线粒体、质体膨胀裂解,细胞核皱缩变形,最终降解。TE 在液泡膜破裂后几小时内失去大部分细胞器,次生壁加厚 6 小时内原生质体完全消失,细胞最终走向死亡。PCD 伴随着一系列水解酶的活化,这些酶对各种细胞器的降解起到重要作用。在 TE 分化后期液泡膜的破裂引起水解酶的释放,从而对质膜和细胞器进行酶解破坏。液泡膜的破裂是TE 分化中 PCD 的关键环节。

第三节   根的内部构造

一、根尖的构造

根尖是指从根的最先端到着生根毛的这一段幼嫩部分,长约 4~6mm,是根中生命活动最旺盛的部分,根尖的构造可见于根尖的纵切面,自下而上可分为根冠、分生区、伸长区和成熟区四个部分(图 3-26)。

1. **根冠**   位于根尖最先端,由松散排列的薄壁细胞组成,像帽子一样包盖在顶端,起保护作用,属于保护组织。当根冠向土壤深处生长时,靠外层的细胞因摩擦破损而形成黏液,有助于根尖在土壤中向前穿越。由于其内部的分生区细胞可以不断地进行分裂,产生新细胞,这些破损的细胞可以陆续得到补充和更替,因此根冠始终能保持一定的形态和厚度。此外,根冠细胞内常含有淀粉体,可能有重力的感应作用,与根的向地性生长有关。除寄生根和菌根外,绝大多数植物的根尖部分都有根冠。

2. **分生区**   位于根冠的上方或内方,长约 1mm,具有强烈的分裂能力。细胞形状为多面体,个体小、排列紧密、细胞壁薄、细胞核较大、拥有密度大的细胞质(没有液泡),外观不透明。分生区属于典型的顶端分生组织,其中含有来源于种子胚的原分生组织和由原分生组织衍变而来的初生分生组织。初生分生组织不断地进行细胞分裂,产生新细胞,分裂产生的细胞,经过生长和分化,逐步形成根的各种组织。

3. **伸长区**   位于分生区上方到出现根毛的部分,一般长约 2~5mm。多数细胞已逐渐停止分裂,细胞迅速地沿根的长轴方向伸长,有大量的液泡(吸收水分而形成)使细胞体积扩

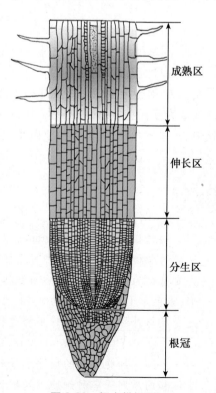

图 3-26   根尖纵切面

大。伸长区下部细胞较小,越靠近成熟区的细胞越大。分生区细胞的分裂和伸长区细胞的伸长,使根显著地伸长,有利于根不断转移到新的区域,吸取更多的营养和水分。

4. **成熟区** 又称根毛区,位于伸长区的上方,长度从几毫米到几厘米不等。各种细胞已停止伸长,并已分化成熟为各种组织。表皮中一部分细胞的外壁向外突出形成根毛。随着根尖伸长区的细胞不断地向后延伸,新的根毛陆续出现,以代替枯死的根毛,形成新的根毛区,进入新的土壤范围,不断扩大根的吸收面积。

二、根的初生构造

根的初生构造是根在初生生长过程中,由根的初生分生组织(包括原表皮、基本分生组织和原形成层)通过细胞的分裂、生长、分化产生的各种成熟组织所组成的构造,可见于根尖成熟区的横切面,自外向内可分为表皮、皮层和维管柱三部分(图 3-27、图 3-28)。

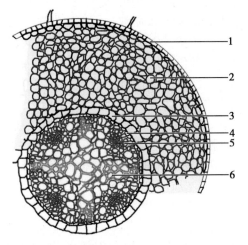

1. 表皮;2. 皮层;3. 内皮层;4. 中柱鞘;
5. 韧皮部;6. 木质部。

图 3-27 双子叶植物根的初生构造

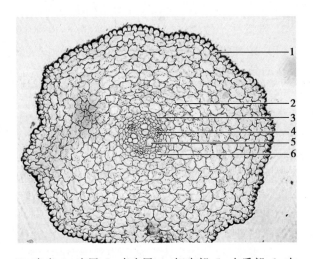

1. 表皮;2. 皮层;3. 内皮层;4. 韧皮部;5. 木质部;6. 中柱鞘。

图 3-28 福寿草根的初生构造

1. **表皮** 位于根的最外一层,由原表皮发育而来的单层细胞组成。细胞多为长方形,排列整齐,其细胞壁薄,非角质化,无气孔分布,一部分表皮细胞的外壁向外延伸形成细管状的根毛,扩大了根的吸收面积。水生植物和个别陆生植物根的表皮不具有根毛,某些热带地区兰科附生植物的气生根表皮亦无根毛,而由表皮细胞平周分裂形成多层紧密排列的细胞构成的根被,具有吸水、减少蒸腾和机械保护的功能。

2. **皮层** 位于表皮和维管柱之间,由多层薄壁细胞组成,在根的初生构造中占据最大的比例,可分为外皮层、皮层薄壁组织和内皮层。

(1)外皮层:最外方紧邻表皮的一层细胞,细胞排列整齐、紧密。当根毛枯死,表皮破坏后,外皮层的细胞壁增厚并栓化,起临时保护作用。

(2)皮层薄壁组织:又称中皮层,为外皮层和内皮层之间的多层细胞。细胞壁薄,排列疏松,有细胞间隙,细胞中常贮藏着许多后含物,还具有横向运输物质的作用。所以,皮层是兼有吸收、运输和贮藏作用的基本组织。

(3)内皮层:皮层最内侧的一层细胞,细胞排列整齐紧密,无细胞间隙,内皮层细胞的径向壁(两侧的细胞壁)和横向壁(上下的细胞壁)有一条木化和栓化的带状增厚,称为凯氏带(图 3-29)。从横切面观看,径向壁增厚的部分成点状,故又称凯氏点。凯氏带的这种特殊结构,对根内水分和物质的运输起着控制作用,同时也减少了溶质的散失,维持维管柱内一定浓度的溶液,保证水分源源不断地进入导管。

大多数双子叶植物根的内皮层常常停留在凯氏带阶段,细胞壁不再增厚。多数单子叶植物和少数

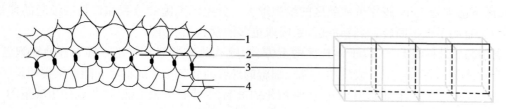

1. 皮层细胞；2. 内皮层；3. 凯氏带（点）；4. 中柱鞘。

图 3-29 内皮层及凯氏带

双子叶植物幼根的内皮层细胞的细胞壁在原来凯氏带的基础上进一步发育形成五面加厚的细胞。这种加厚是内皮层细胞的上横壁、下横壁、径向壁和内切向壁全面加厚，从横切面观察，细胞壁增厚部分呈"U"形。在这种情况下，有少数位于特定部位（正对原生木质部）的内皮层细胞，仍保持初期发育阶段的结构，细胞壁没有增厚，这种薄壁细胞称为通道细胞，是控制物质转移的通道。

3. 维管柱 位于皮层以内的中轴部分，也称中柱，包括中柱鞘、初生木质部和初生韧皮部三部分。

（1）中柱鞘：维管柱的最外一层薄壁细胞，其外侧与内皮层相接。中柱鞘细胞分化程度较低，具有潜在的分裂能力，在一定时期可以产生侧根、不定芽、木栓形成层和部分形成层。

（2）初生木质部和初生韧皮部：初生木质部位于根的中央最内方，呈辐射状排列，其主要功能是输导水分和无机盐。被子植物的初生木质部由导管、管胞、木纤维和木薄壁细胞组成，裸子植物一般不具有导管，只有管胞。初生韧皮部位于初生木质部外侧凹陷处，其主要功能是输导有机物质。被子植物的初生韧皮部一般由筛管、伴胞、韧皮薄壁细胞组成，裸子植物只有筛胞。

根的初生木质部横切面呈辐射状，一般分为若干个束，与初生韧皮部相间排列，称为辐射维管束，是根的初生构造的重要特点。紧靠中柱鞘内侧的辐射角端的初生木质部较早分化成熟，称为原生木质部。初生木质部越靠近轴心的部分，成熟较晚，称为后生木质部。初生木质部这种由外开始逐渐向内发育成熟的方式称为外始式。初生韧皮部发育成熟的方式也是外始式。

一般来说，根的初生木质部的束数因植物种类而异，如烟草、油菜等的主根有2束，称为二原型；豌豆、紫云英的主根有3束，为三原型；棉花、花生、刺槐的主根有4束，为四原型；如果束数多于6，为多原型。一般单子叶植物为多原型，双子叶植物为二至六原型。

一般双子叶植物的根，初生木质部常常一直分化到维管柱的中央，因此一般根没有髓部，但也有些双子叶植物，如龙胆、乌头等，维管柱中心仍保留未分化的薄壁细胞，有髓部。一般单子叶植物的根，初生木质部不分化到中心，中央部位由薄壁细胞组成，因而有发达的髓部，如麦冬、百部的根（图3-30）。

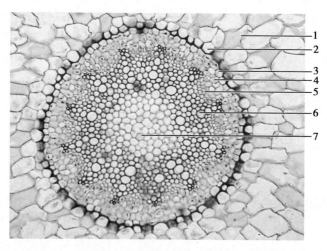

1. 皮层薄壁细胞；2. 石细胞；3. 内皮层；4. 中柱鞘；5. 韧皮部；6. 木质部；7. 髓。

图 3-30 麦冬（块根）横切面图

三、根的次生构造

根的次生构造是由根的次生分生组织（包括形成层和木栓形成层）在次生生长过程中，通过细胞的分裂、分化产生的各种次生组织所形成的构造。

形成层和木栓形成层分布于靠近根的表面并与根的长轴平行呈桶状，故也称侧生分生组织。大多数单子叶植物和一年生双子叶植物的根，由于无次生分生组织，不发生次生生长，所以一直保持着初生构造。而大多数双子叶植物和裸子植物的根，在初生构造的基础上产生了次生分生组织（包括形成层和木栓形成层），发生了次生增粗生长，形成了次生构造。

（一）形成层的产生及其活动

1. 形成层环的产生　位于初生木质部和初生韧皮部之间的一些薄壁细胞恢复分裂能力，平周分裂形成最初的条状形成层带，然后向两侧拓展至初生木质部束外方的中柱鞘部分，使相连接的中柱鞘细胞也开始分化成为形成层的一部分，并与条状的形成层带彼此连接成为一个凹凸相间的形成层环（图 3-31）。

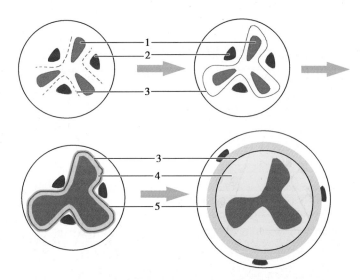

1. 初生木质部；2. 初生韧皮部；3. 形成层；4. 次生木质部；5. 次生韧皮部。

图 3-31　双子叶植物根的次生生长图解

2. 次生维管组织的产生　凹凸相间的形成层环不断进行平周分裂，向外产生新的韧皮部，加在初生韧皮部内方，称次生韧皮部，包括筛管、伴胞、韧皮薄壁细胞和韧皮纤维，向内产生新的木质部，加在初生木质部外方，称次生木质部，包括导管、管胞、木薄壁细胞和木纤维。由于位于初生韧皮部内方处的形成层分裂速度较快，产生的次生木质部的量比较多，使得形成层环凹入的部位不断向外推移，形成层环逐渐由原来的凹凸不平状变成圆环状。此时的维管束便由初生构造的辐射型变成木质部在内、韧皮部在外的外韧型。次生木质部和次生韧皮部合称为次生维管组织。

3. 次生射线的产生　形成层细胞活动时，除了产生次生木质部和次生韧皮部之外，在一定部位也分生一些薄壁细胞，这些薄壁细胞沿径向延长，呈辐射状排列，贯穿在次生维管组织中，称次生维管射线。位于木质部的称木射线，位于韧皮部的称韧皮射线，合称维管射线。维管射线是次生韧皮部和次生木质部之间的横向运输结构。维管射线的形成，使根的维管组织内有轴向系统（含导管、管胞、筛管、伴胞）和径向系统（维管射线）之分。

4. 颓废组织的产生　在次生生长过程中，新生的次生维管组织总是添加在初生韧皮部的内方，初生韧皮部遭受挤压而被破坏，成为没有细胞形态的颓废组织。

（二）木栓形成层的产生及其活动

1. 木栓形成层的产生　形成层活动的结果是使次生结构不断增加,整个维管柱不断扩大,到了一定程度,引起中柱鞘以外的皮层和表皮等组织破裂。在这些外层组织破裂之前,中柱鞘细胞恢复了分裂能力,形成木栓形成层。

2. 次生保护组织的产生　木栓形成层形成后,主要进行平周分裂,向外分裂产生木栓层,向内分裂产生栓内层,三者共同组成周皮。木栓层为多层细胞壁木栓化细胞,细胞排列整齐紧密,栓内层为多层薄壁细胞,排列疏松。周皮形成后,由于木栓层组织不透水性,木栓层外方的皮层和表皮因为得不到水分和营养物质的供应而脱落。因此,根的次生构造没有表皮和皮层。周皮为次生保护组织,取代表皮起保护作用。

3. 根皮和根被　植物学上的根皮指的是周皮,而中药材的根皮,如地骨皮、牡丹皮、桑白皮、五加皮等,则是指形成层以外的部分,包括韧皮部和周皮。有些单子叶植物,如百部、麦冬、石斛等植物的根,表皮常进行切向分裂形成多列细胞,细胞壁木栓化,成为一种无生命的死亡组织,起保护作用,这种组织称为根被。

四、根的异常构造

某些双子叶植物的根,除了正常的次生构造外,还可产生一些特有的维管束,称异型维管束,并形成根的异常构造。与初生构造、次生构造相对应,也有称其为三生构造。常见的有 3 种类型(图3-32)。

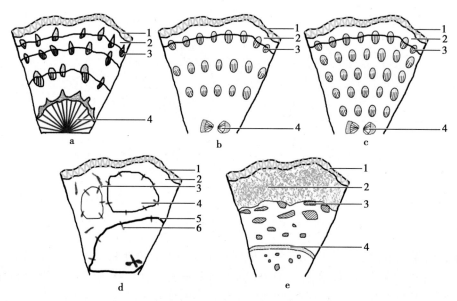

a. 商陆,b. 牛膝,c. 川牛膝:1. 木栓层,2. 皮层,3. 异型维管束,4. 正常维管束;d. 何首乌:1. 木栓层,2. 皮层,3. 单独维管束,4. 复合维管束,5. 形成层,6. 木质部;e. 黄芩:1. 木栓层,2. 皮层,3. 木质部,4. 木间木栓。

图 3-32　根的异常构造

1. 异型维管束呈同心环排列　由中柱鞘部位的薄壁细胞恢复分生能力,形成新的形成层,向外分裂产生大量薄壁细胞和一圈异型的无限外韧维管束,如此反复多次,形成多圈异型维管束,呈同心环状排列。①不断产生的新形成层环均始终保持分生能力,并使层层同心性排列的异型维管束不断增大,而呈年轮状,如商陆根;②不断产生的新形成层环仅最外一层保持分生能力,而内面各层环于异型维管束形成后即停止活动,如牛膝、川牛膝的根。

2. 异型维管束呈异心环排列　由皮层中部分薄壁细胞恢复分生能力,形成多个新的形成层环,产生许多单独的和复合的大小不等的异型维管束,相对于原有的形成层环而言是异心的,故在横切面上可看到一些大小不等的圆圈状的花状纹理,是其鉴别的重要特征,如何首乌的块根。

3. 维管束内产生木间木栓　次生木质部薄壁细胞分化形成木栓细胞,成带状排列,形成木栓带,称为木间木栓。如黄芩老根、新疆紫草根中央常见木栓环,甘松根中的木间木栓环包围一部分木质部和韧皮部而把维管束分隔成2~5个束。

第四节　茎的内部构造

种子植物的主茎是由胚芽所发育的,主茎上的侧枝是由侧芽所发育的,二者均有顶芽,能保持顶端生长的能力,使植物不断长高。

一、茎尖的构造

茎与根的生长、分化过程基本相似。茎尖分为分生区(生长锥)、伸长区及成熟区。主要不同之处在于茎尖前端没有类似根冠的构造,而存在能形成叶和芽的原始突起,称为叶原基和芽原基。茎尖成熟区的表面无根毛形成,但常具气孔和毛茸。

与根类似,茎的成熟区中亦可相继形成初生构造、次生构造和三生构造。

二、双子叶植物茎的初生构造

通过茎的成熟区横切面观,可见茎的初生构造,从外至内分为表皮、皮层和维管柱三部分(图3-33)。

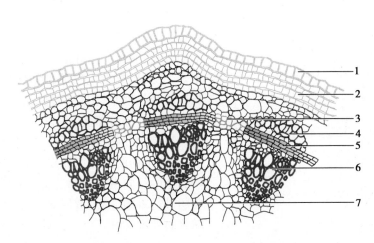

1. 表皮;2. 皮层;3. 髓射线;4. 初生韧皮部;5. 束中形成层;6. 木质部;7. 髓。

图 3-33　双子叶植物茎的初生构造简图

1. 表皮　表皮是由一层生活细胞组成,起保护作用,为茎的初生保护组织。表皮细胞为长柱形,其长轴与茎的长轴平行,细胞外壁角质化,形成角质层,有的还有蜡质,排列整齐紧密。表皮上有气孔器和毛状附属物。

2. 皮层　皮层是由表皮内、维管柱外的几层生活细胞组成,除大部分的薄壁细胞外,还含机械组织的厚角细胞。横切面观皮层的占比较小,细胞大,排列疏松,常为多角形、球形或椭圆形,邻近表皮的细胞常具叶绿体。厚角组织的细胞多排成环状或分布在棱角处。一些植物皮层中还有纤维、石细胞等。皮层最内层细胞多为薄壁细胞,不具内皮层特征,与维管柱之间无明显界限。有的植物此层细胞中含有许多淀粉粒而称之为淀粉鞘。

3. 维管柱　维管柱是由环状排列的维管束、髓和髓射线组成,包括皮层以内所有的部分,所占比例较大。有些植物,紧邻初生韧皮部外侧具有呈帽状的纤维束,称初生韧皮纤维;另有些植物,在韧皮部之外,位于皮层内侧具有呈环状排列的纤维,称周围纤维或环管纤维。

(1)初生维管束:一般植物茎中初生维管束是初生韧皮部位于初生木质部的外方,称外韧维管束。初生维管束中间部位是具有分裂能力的1~2层细胞,称束中形成层。这种具有形成层的初生维管束称为无限外韧维管束。初生维管束呈环状排列。大多数草本和藤本植物维管束之间的束间区域较宽,而木本植物维管束排列较紧,束间区域较窄。

初生韧皮部由筛管、伴胞、韧皮薄壁细胞和韧皮纤维组成,分化成熟方向为外始式。初生木质部由导管、管胞、木薄壁细胞和木纤维组成,分化成熟方向为内始式。

(2)髓射线:为初生维管束之间的薄壁组织,在横切面上呈放射状,具横向运输和贮藏作用。一般草本植物的髓射线较宽,而一般树木的髓射线则较窄。

(3)髓:位于茎的中央部分,被维管束紧紧围绕,多由基本分生组织所产生的薄壁细胞组成,有的髓中具石细胞。一般来说,草本植物茎的髓部较大,木本植物茎的髓部一般小。

三、双子叶植物茎的次生构造和异常构造

双子叶植物和裸子植物的茎在初生构造形成后,由于形成层和木栓形成层(侧生分生组织)的分裂活动,进行次生生长,从而形成次生构造,使茎不断加粗。木本植物的次生生长可持续多年,次生构造比较发达(图3-34),草本植物的次生生长持续时间比较短,次生构造不发达。

(一)双子叶植物木质茎的次生构造

1. 形成层的产生及其活动　在初生维管束基础上,束中形成层开始活动,邻接束中形成层的髓射线细胞恢复分裂能力,形成束间形成层,并与束中形成层连接形成形成层环。形成层环上的部分细胞进行平周分裂,分化产生纤维、导管、管胞、筛管、伴胞和筛胞等,分别形成次生木质部和次生韧皮部部分,细胞长轴与茎长轴平行排列,构成茎的轴向系统;形成层环上的另一部分细胞,也以平周分裂为主,分化产生射线细胞,细胞呈径向延长、连接,位于木质部称为木射线,位于韧皮部称为韧皮射线,二者合称维管射线,构成茎的径向系统。随着次生木质部的较快扩大,形成层进行垂周分裂,增加细胞,扩大形成层环,位置也随着向外推移。

(1)次生木质部:次生木质部由导管、管胞、木薄壁细胞、木纤维和木射线组成。木本植物茎的形成层活动时,向内分化产生的次生木质部的细胞量远比次生韧皮部多,而且形成层的活动随季节变化表现出有规律的盛衰变化,在结构上表现出明显的差异。春夏季节气候温和,雨量充足,形成层活动旺盛,所形成的次生木质部细胞径大壁薄,质地较疏松,色泽较淡,称春材或早材;夏末秋初季节气候气温低,雨水少,形成层活动较弱,所形成的木质部细胞径小壁厚,质地紧密,色泽较深,称秋材或晚材。

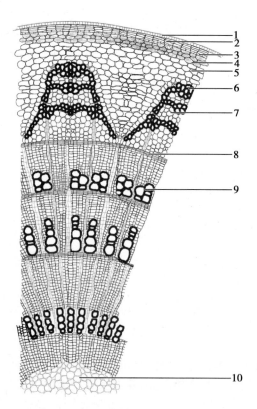

1. 枯萎的表皮;2. 木栓层;3. 木栓形成层;4. 栓内层;5. 皮层;6. 韧皮纤维;7. 韧皮部;8. 形成层;9. 木质部;10. 髓。

图3-34　双子叶植物茎的次生构造图

横切面观多年生的木本植物木质茎的秋材和第二年的春材界限分明,形成多个同心环,称年轮或生长轮。同时,靠近形成层的部分颜色较浅,质地较松软,称边材;而中心部分颜色较深,质地较坚固,

称心材。有些植物心材部分常沉积树胶、单宁、挥发油、色素等代谢产物，其药用价值比边材高，如苏木、檀香、降香等均以心材入药。

木质部各种组织纵横交错，结构复杂，鉴定药材时常需对横向面、径向面、切向面进行比较观察。

（2）次生韧皮部：次生韧皮部由筛管、伴胞、韧皮纤维和韧皮薄壁细胞组成。韧皮射线细胞形状不如木射线那样规则，其长度、宽度因植物种类而异。次生韧皮部形成时，初生韧皮部被挤压到外方，成为颓废组织。部分植物的次生韧皮部有石细胞（如肉桂、厚朴、杜仲），有些植物的薄壁细胞中含有药用活性成分物质（如杜仲、黄檗、肉桂、苦楝、合欢等）。

2. 木栓形成层的产生及其活动　形成层活动的结果是使次生结构不断增加，整个维管柱不断扩大，到了一定程度，表皮被挤破，失去保护作用。此时外围的皮层或表皮细胞恢复分裂能力，形成木栓形成层，分裂细胞产生新的保护组织，即周皮，为次生保护组织。也有些植物的木栓形成层细胞来源于韧皮部薄壁细胞，或木栓形成层的活动常不过数月，依次在其内方产生新的木栓形成层，形成新的周皮，如此木栓形成层产生的位置会逐渐向内推移，可深达次生韧皮部。一些植物老周皮及其内方组织被新周皮隔离后逐渐枯死，常自然脱落，故称落皮层。

植物学上常将落皮层称为树皮，或称外树皮，而中药学上树皮包括韧皮部和韧皮部以外的药用部位。

周皮形成时，原来位于气孔下方的木栓形成层较其他部位活跃，向外产生大量的薄壁细胞，突破周皮，在树皮表面形成一些点状或线状突起或凹陷的结构，称皮孔。皮孔是周皮上的气孔交换通道，皮孔的形状、颜色和分布因植物的种类而异，是皮类药材鉴定的依据之一。

（二）双子叶植物草质茎的次生构造

双子叶草本植物生长期短，次生生长有限，次生构造不发达，木质部的量较少，质地较柔软（图 3-35）。其结构特征有：

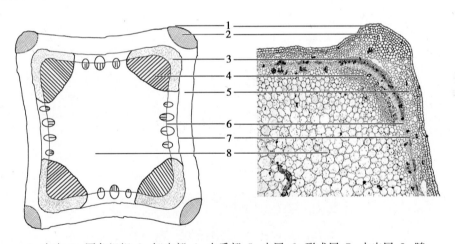

1. 表皮；2. 厚角组织；3. 韧皮部；4. 木质部；5. 皮层；6. 形成层；7. 内皮层；8. 髓。

图 3-35　双子叶植物草质茎的横切面简图

（1）最外层为表皮，常有各种毛状体、气孔、角质层、蜡被等附属物。少数植物在表皮的下方产生木栓形成层，形成周皮，但表皮未被破坏。

（2）有些植物仅具束中形成层，没有束间形成层。有些植物不仅没有束间形成层，束中形成层也不明显。

（3）髓部发达，髓射线较宽，有些种类髓部中央成空洞状。

（三）双子叶植物根状茎的构造

双子叶草本植物根状茎的构造与草质茎类似，其结构特征有（图 3-36）：

（1）表面常具木栓组织，少数种类具表皮或鳞叶。

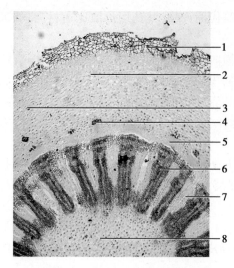

1. 木栓层；2. 皮层；3. 石细胞；4. 中柱鞘纤维；5. 韧皮部；6. 木质部；7. 射线；8. 髓。

图 3-36　黄连根状茎的横切面详图

（2）皮层较宽，常具根迹维管束和叶迹维管束，有些种类的皮层内侧具纤维或石细胞。

（3）维管束为无限外韧型，环状排列。

（4）贮藏薄壁组织发达，机械组织不发达。

（5）髓部发达。

（四）双子叶植物茎和根状茎的异常构造

一些双子叶植物茎和根状茎，除了正常的构造外，还常有部分薄壁细胞，恢复分裂能力，可产生一些特有的异型维管束，形成异常构造。

1. 髓部的异常维管束　髓部可见 6～13 个异型维管束，如海风藤的茎；髓部异型维管束形成层呈环状，射线星芒状，如大黄的根状茎（图 3-37、图 3-38）。

2. 同心环状排列的异常维管束　次生维管柱的外围形成多轮同心环状排列的异常维管组织（如鸡血藤的茎）。

3. 木间木栓　木间木栓呈环状，包围一部分木质部和韧皮部把维管柱分隔成数束（如甘松的根状茎）。

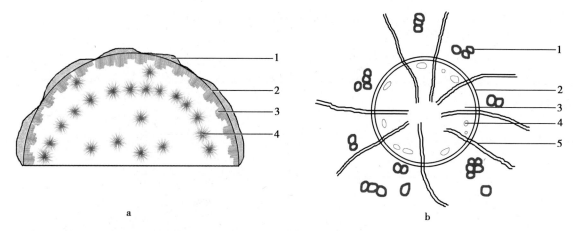

a

b

a. 掌叶大黄：1. 韧皮部，2. 形成层，3. 木质部，4. 星点；b. 星点简图：1. 导管，2. 形成层，3. 韧皮部，4. 黏液腔，5. 射线。

图 3-37　大黄根状茎横切面简图

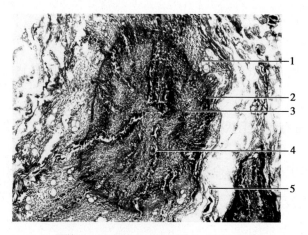

1. 导管；2. 形成层；3. 韧皮部；4. 射线；5. 髓。

图 3-38　大黄根状茎星点详图

四、单子叶植物茎和根状茎的构造

（一）单子叶植物茎的构造特征

（1）绝大多数单子叶植物的茎没有形成层和木栓形成层，终身仅具有初生构造，没有次生增粗生长。也有少数单子叶植物地上茎，如龙血树、芦荟、朱蕉等，具有形成层而进行次生生长。

（2）单子叶植物地上茎最外层通常由一列表皮细胞构成，无周皮产生。禾本科植物茎秆的表皮下方，通常由数层厚壁细胞分布，以增强机械支持作用。

（3）有限外韧型维管束在基本薄壁组织中多呈散状排列，因此无皮层、髓、髓射线之分。多数禾本科植物地上茎的中央部位萎缩破坏，形成中空的茎秆（图3-39、图3-40）

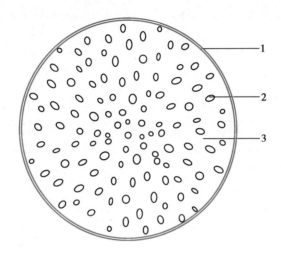

1. 表皮；2. 维管束；3. 基本组织。

图3-39 石斛茎的简图

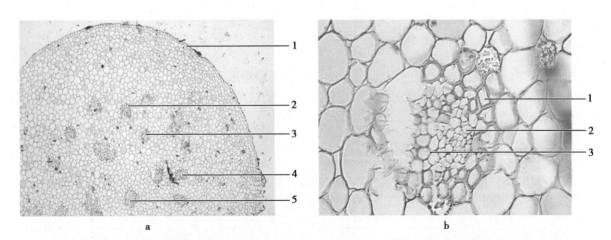

a. 石斛茎详图：1. 表皮，2. 纤维束，3. 韧皮部，4. 木质部，5. 维管束；b. 石斛茎外韧型维管束放大：1. 纤维束，2. 韧皮部，3. 木质部。

图3-40 石斛茎的详图

（二）单子叶植物根状茎的构造特征

（1）单子叶植物根状茎的表面多为表皮或木栓化皮层细胞，少数为周皮。

（2）皮层所占比例常较大，常可见叶迹维管束。维管束多为有限外韧型，如高良姜、白茅等；少数为周木型，如香附；有的兼有外韧型和周木型，如石菖蒲（图3-41）。

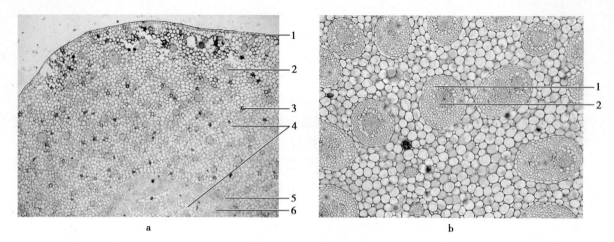

a. 石菖蒲根茎详图:1. 表皮;2. 叶迹维管束;3. 油细胞;4. 薄壁组织;5. 内皮层;6. 周木维管束;b. 石菖蒲茎周木型维管束放大:1. 木质部,2. 韧皮部。

图 3-41　石菖蒲根茎横切面的详图

（3）大多数植物为具有凯氏带的内皮层,也有内皮层不明显的,如射干、知母等。

（4）有些植物的根状茎在皮层邻接表皮部位的细胞形成木栓组织,可替代表皮行使保护功能。

五、裸子植物茎的构造

裸子植物茎均为木质,因此它的构造与木本双子叶植物类似,不同点有:

（1）次生木质部主要组成为管胞、木薄壁细胞和射线,如杉科、柏科;或无木薄壁细胞,如松科;除买麻藤科和麻黄科以外,裸子植物均无导管。

（2）次生韧皮部主要组成为筛胞、韧皮薄壁细胞,无筛管、伴胞和韧皮纤维。

（3）松柏类植物茎的皮层、韧皮部、木质部和髓部,甚至髓射线中常有树脂道。

第五节　叶 的 构 造

叶主要由叶柄和叶片两个部分构成,其中叶柄横切面呈半圆形或圆形,其结构与茎相似,由表皮、皮层和维管束 3 部分组成,合并或分裂排列,而叶片是一个较薄的绿色的扁平体,分为上下面,即腹面和背面,与茎有显著不同。

一、双子叶植物叶片的构造

双子叶植物叶片的构造由表皮、叶肉和叶脉 3 部分组成(图 3-42、图 3-43)。

1. 表皮　可分上表皮(近轴面)和下表皮(远轴面),皆由一层扁平的生活细胞组成。表皮细胞不含叶绿体,外壁较厚,角质化,细胞呈不规则形(顶面观)或方形(横切面观),细胞排列紧密,无细胞间隙。表皮上常具有气孔和毛状体等附属物,下表皮的气孔较上表皮密集。气孔的形状、数目和分布等因植物种类和环境而有异,常是叶或全草类药材鉴定的依据之一。

2. 叶肉　由上、下表皮之间薄壁细胞组成,含有叶绿体,是植物进行光合作用的主要部分,包括栅栏组织和海绵组织 2 部分。通常栅栏组织位于上表皮之下,细胞呈圆柱形,其长径与表皮垂直,排列紧密整齐呈栅栏状,细胞内叶绿体较多,所以叶片的上表面绿色较深。海绵组织细胞呈不规则形,排列疏松,细胞间隙发达,细胞内叶绿体较少。叶肉组织在上、下表皮的气孔处有较大空隙,称孔下室。有些植物叶片的叶肉组织明显分化为栅栏组织和海绵组织,而且上、下表皮的颜色有明显的差异,称两面叶或异面叶,如薄荷叶;有些植物叶片多与地表垂直,叶两面受光相等,上、下表皮外观颜色相近,均有栅

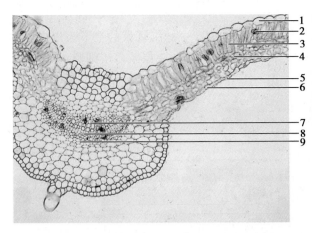

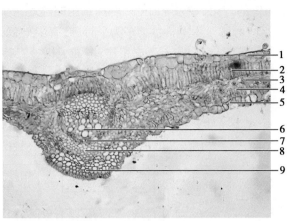

1. 上表皮；2. 橙皮苷结晶；3. 栅栏组织；4. 海绵组织；5. 气孔；6. 下表皮；7. 木质部；8. 韧皮部；9. 厚角组织。

图 3-42　薄荷叶横切面详图

1. 上表皮；2. 栅栏组织；3. 海绵组织；4. 栅栏组织；5. 气孔；6. 木质部；7. 韧皮部；8. 纤维束；9. 厚角组织。

图 3-43　番泻叶横切面详图

栏组织，如番泻叶，或叶肉组织无分化，如单子叶植物淡竹叶，称等面叶。

3. 叶脉　主要为叶片中的维管束，主脉和侧脉的构造不完全相同。主脉和较大侧脉维管束的结构主要由维管束和机械组织构成，木质部位于近轴面，韧皮部位于远轴面，形成层活动有限。主脉维管束的上下表皮内方常有厚壁组织或厚角组织分布，下表皮内方更为发达。随着侧脉越分越细，结构也趋于简化。首先是形成层消失，随后机械组织减少直至消失，接着是韧皮部组成的分子，最后是木质部的构造逐渐简化，到达末端时，木质部仅有 1～2 个螺纹导管，韧皮部仅留有短狭的筛管分子和增大的伴胞。

二、单子叶植物叶片的构造

单子叶植物的叶大多为等面叶，其构造与双子叶植物相似，也由表皮、叶肉组织和叶脉 3 部分组成，现以淡竹叶的结构为例介绍如下（图 3-44）：

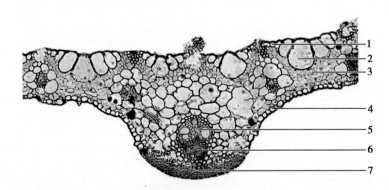

1. 上表皮；2. 泡状细胞；3. 叶肉细胞；4. 下表皮；5. 木质部；6. 韧皮部；7. 纤维群。

图 3-44　淡竹叶横切面详图

1. 表皮　表皮细胞大小不等，排列成行，由长细胞和短细胞组成，长细胞外壁厚而硅质化、角质化，短细胞有硅质细胞和栓质细胞两种类型。表皮存在一些特殊的大型薄壁细胞，细胞液泡发达，横切面观略呈扇形排列，称泡状细胞，当气候干旱失水、湿润吸水时能使叶子卷起和伸展，故又称运动细胞。气孔呈纵向排列，保卫细胞呈哑铃型。

2. 叶肉　禾本科植物由于叶片多为直立生长，两面受光相近，故叶肉细胞无明显的栅栏组织和海绵组织的分化,多为等面叶。叶肉细胞间隙小,孔下室较大。

3. 叶脉　禾本科植物多为平行脉,有限外韧维管束近平行排列。主脉维管束的上下表皮内方常有厚壁组织分布,并与表皮相连,增强了机械支持作用。维管束鞘常有 1~2 层或多层细胞包围,称为维管束鞘,为禾本科植物分类上的特征。

●●●●●●● 学 习 小 结 ●●●●●●●

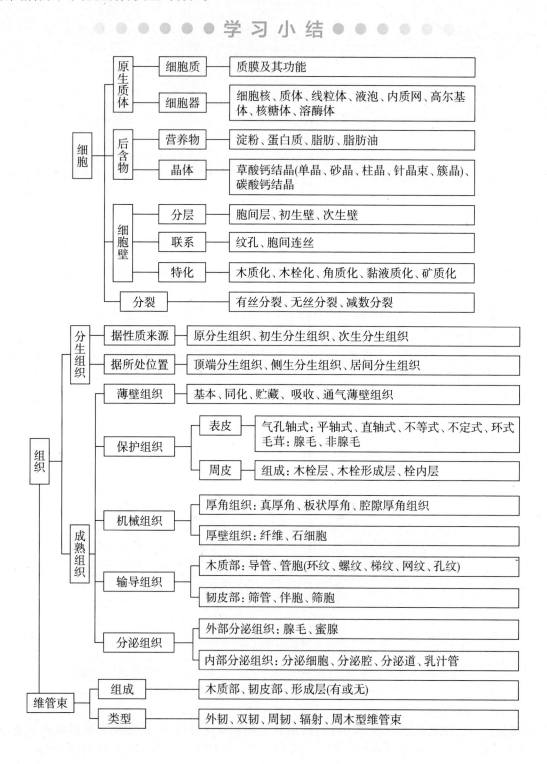

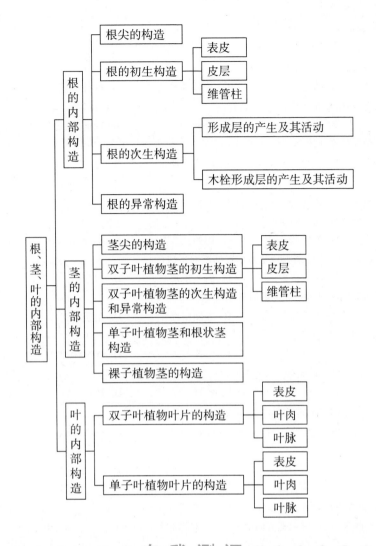

● ● ● ● ● ● 自 我 测 评 ● ● ● ● ● ●

一、单项选择题

1. 不属于细胞器的是(   )
   A. 叶绿体   B. 质体   C. 结晶体   D. 线粒体   E. 高尔基体
2. 能积累淀粉而形成淀粉粒的是(   )
   A. 白色体   B. 叶绿体   C. 有色体   D. 溶酶体   E. 细胞核
3. 半夏块茎的晶体属于(   )
   A. 簇晶   B. 方晶   C. 砂晶   D. 柱晶   E. 针晶
4. 气孔轴式是指构成气孔的保卫细胞和副卫细胞的(   )
   A. 大小   B. 数目   C. 来源   D. 排列关系   E. 特化程度
5. 在冬末堵塞筛板的碳水化合物形成垫状物称(   )
   A. 侵填体   B. 复筛板   C. 胼胝体   D. 前质体   E. 盘状体
6. 能进行光合作用、制造有机养料的组织是(   )
   A. 基本薄壁组织   B. 同化薄壁组织   C. 贮藏薄壁组织   D. 吸收薄壁组织   E. 通气薄壁组织
7. 根的细胞中不含(   )
   A. 细胞质   B. 细胞核   C. 叶绿体   D. 有色体   E. 白色体
8. 凯氏带存在于根的(   )
   A. 外皮层   B. 中皮层   C. 内皮层   D. 中柱鞘   E. 表皮

9. 根的最初的木栓形成层起源于(   )

    A. 外皮层   B. 内皮层   C. 中皮层   D. 中柱鞘   E. 韧皮部

10. 茎的次生木质部中最普遍的导管是(   )

    A. 环纹导管   B. 螺纹导管   C. 梯纹导管   D. 网纹导管   E. 孔纹导管

11. 根的初生木质部分化成熟的顺序是(   )

    A. 外始式   B. 内始式   C. 外起源   D. 内起源   E. 裂生式

12. 根的后生木质部从性质上看属于(   )

    A. 原生木质部   B. 初生木质部   C. 次生木质部   D. 异常木质部   E. 外生木质部

13. 何首乌块根横切面上的圆圈状花纹在药材鉴别上称(   )

    A. 星点   B. 菊花心   C. 云锦花纹   D. 同心花纹   E. 轮状花纹

14. 茎的初生木质部分化成熟的方向是(   )

    A. 不定式   B. 外始式   C. 内始式   D. 不等式   E. 双始式

15. 有的单子叶植物根茎的皮层细胞转变为木栓细胞而形成(   )

    A. 初生皮层   B. 次生皮层   C. 后生皮层   D. 绿皮层   E. 落皮层

16. 根冠有助于根向前延伸发展是因为根冠外层细胞(   )

    A. 易黏液化   B. 表面光滑   C. 表面坚硬   D. 角质发达   E. 再生能力强

17. 茎的表皮一般不具(   )

    A. 角质层   B. 毛茸   C. 气孔   D. 叶绿体   E. 蜡被

18. 沉香、降香等的入药部位是茎的(   )

    A. 边材   B. 心材   C. 春材   D. 秋材   E. 早材

19. 禾本科植物的叶失水时卷曲成筒是因为上表皮有(   )

    A. 毛茸   B. 气孔   C. 传递细胞   D. 运动细胞   E. 蜡被

20. 根进行次生生长时,维管束发生的变化是(   )

    A. 辐射维管束变成了双韧维管束   B. 辐射维管束变成了周木维管束

    C. 周韧维管束变成了外韧维管束   D. 辐射维管束变成了外韧维管束

    E. 周木维管束变成了辐射维管束

21. 多数单子叶植物的根,内皮层细胞五面增厚,正对木质部束处留下输送水分的细胞是(   )

    A. 管胞   B. 导管   C. 伴胞   D. 通道细胞   E. 筛管

22. 茎的初生结构的维管柱由哪几部分组成(   )

    A. 中柱鞘、髓和髓射线   B. 中柱鞘、维管束、髓和髓射线

    C. 中柱鞘和维管束   D. 中柱鞘、内皮层和维管束

    E. 维管束、髓和髓射线

23. 叶片中的叶绿体主要分布在(   )

    A. 下表皮   B. 栅栏组织   C. 上表皮   D. 海绵组织   E. 维管组织

24. 栅栏组织属于(   )

    A. 薄壁组织   B. 保护组织   C. 分生组织   D. 分泌组织   E. 机械组织

二、多项选择题

1. 植物细胞中具有双层膜结构的有(   )

    A. 细胞核   B. 叶绿体   C. 淀粉粒   D. 线粒体   E. 糊粉粒

2. 属于细胞后含物的有(   )

    A. 淀粉   B. 蛋白质   C. 结晶   D. 植物激素   E. 菊糖

3. 具有次生壁的细胞有(   )

    A. 薄壁细胞   B. 石细胞   C. 纤维细胞   D. 厚角细胞   E. 导管细胞

4. (   )相同或相近的细胞的组合称为植物的组织

    A. 来源   B. 形态   C. 结构   D. 功能   E. 位置

5. 木栓层细胞的特点主要有(   )

A. 无细胞间隙 　　　　B. 细胞壁厚 　　　　C. 细胞壁木栓化 　　　　D. 具原生质体 　　　　E. 不易透水透气

6. 被子植物木质部的组成包括(　　　)

A. 导管 　　　　　　B. 伴胞 　　　　　　C. 筛管 　　　　　　D. 木纤维 　　　　　　E. 木薄壁细胞

7. 维管射线包括(　　　)

A. 髓射线 　　　　　B. 韧皮射线 　　　　C. 木射线 　　　　D. 初生射线 　　　　E. 导管群

8. 药材中的"根皮"包括(　　　)

A. 表皮 　　　　　　B. 皮层 　　　　　　C. 韧皮部 　　　　D. 木质部 　　　　E. 周皮

9. 通常具有髓的器官有(　　　)

A. 双子叶植物初生根 　　　　　　B. 双子叶植物根茎 　　　　　　C. 双子叶植物初生茎

D. 双子叶植物草质茎 　　　　　　E. 双子叶植物次生根

10. 心材和边材的区别为(　　　)

A. 颜色较浅 　　　　B. 颜色较深 　　　　C. 质地松软 　　　　D. 质地坚硬 　　　　E. 导管失去疏导能力

11. 裸子植物茎的次生构造中通常没有(　　　)

A. 导管 　　　　　　B. 管胞 　　　　　　C. 筛管 　　　　　　D. 筛胞 　　　　　　E. 木纤维

三、填空题

1. 淀粉粒在形态上有_____、_____、_____三种类型。

2. 质体根据所含色素的不同,分为_____、_____、_____。

3. 纹孔对具有一定的形态和结构,常见的有_____、_____、_____三种类型。

4. 周皮是由_____、_____、_____三种不同的组织构成。

5. 植物体内部的维管束主要由_____、_____组成。

6. 厚壁组织根据细胞形态的不同,分为_____、_____。

7. 根的初生构造从外到内可分为_____、_____、_____三部分。

8. 茎的初生构造从外到内可分为_____、_____、_____、_____、_____五个部分。

9. 双子叶植物叶片的构造从上至下可分为_____、_____、_____三部分。

10. 茎的初生韧皮部分化成熟的方向为_____;茎的初生木质部分化成熟的方向为_____。

11. 根尖可划分为_____、_____、_____、_____四个部分。

12. 茎尖可划分为_____、_____、_____三个部分。

四、简答题

1. 植物细胞与动物细胞的主要区别是什么?

2. 什么是细胞的后含物?植物细胞的后含物有哪几种?

3. 细胞壁分为哪几层?

4. 什么叫输导组织?其分为哪两大类型?各类的主要功能是什么?

5. 何谓气孔的轴式?双子叶植物的气孔轴式有哪几种类型?

6. 如何区别管胞与导管?

7. 双子叶植物根的初生构造与单子叶植物根的初生构造有何异同点?

8. 双子叶植物草质茎构造有哪些特点?

9. 试从形成层和木栓形成层的活动来阐明根由初生构造向次生构造转化的过程。

10. 双子叶植物根和茎的初生结构有哪些不同?

11. 与根的初生结构相比较,根的次生结构发生了哪些显著的变化?

12. 双子叶植物叶片内部构造有哪些特点?

第 四 章

植物分类概述

学习导航

　　我们经常食用的银耳属于哪类植物,同学们知道吗？海带又属于哪类植物呢？它们之间有什么相同点和不同点呢？全世界已知植物种类约有 50 万种,我国约有 5 万种,数目相当庞大。因此,我们需要对它们进行分类和统一命名,以便对其进行更好的研究、开发和利用。本章将重点介绍植物的命名和分类。

　　植物分类学(plant taxonomy)是一门对植物进行准确描述、命名、分群归类,并探索各类群之间亲缘关系远近和趋向的基础学科。

一、植物分类学的意义

　　药学工作者学习植物分类学的意义,主要有以下几个方面：

　　1. 利于准确鉴定药材原植物种类,保证用药安全　　由于药材来源种类繁多,某些植物种类形态相似或各地用药历史、习惯有差异,因而造成很多药材和原植物存在着同物异名或同名异物的混乱现象,掌握植物分类知识,就会大大减少药材来源(原植物及其药用部分)鉴定的错误,保证用药的安全。

　　2. 利于寻找新的药用植物资源和药材的代用品　　同科同属等亲缘关系相近的植物,不仅在植物形态上具有一定的相似性,其生理生化特性、活性成分往往也相似。如人参属(*Panax*)植物均含有人参皂苷,小檗属(*Berberis*)植物均含有小檗碱(黄连素,berberine),夹竹桃科植物往往含有强心和降血压的成分等。利用植物分类学所揭示的这些规律,能帮助我们较快地寻找到某种植物药的代用品或新的药用植物资源。

　　3. 利于药用植物资源的调查　　学好植物分类学有利于弄清楚药用植物的种类、生长习性、分布、生境、蕴藏量、濒危程度以及种类变更的动态等,为进一步开发、保护药用植物资源,以及人工引种栽培等提供科学依据。《中华人民共和国药典》和许多中草药参考书的编写、查阅,均离不开植物分类学知识。

　　4. 利于国际学术交流　　每一种植物均有一个国际上基本统一的拉丁学名和拉丁文记述,这为国际植物研究资料的交流带来方便。

二、植物分类的等级

　　植物分类等级又叫植物的分类单位、分类群,是依据植物之间形态的类似程度、亲缘的远近来设立各种等级。

　　植物分类等级,按照大小从属关系的顺序设为:界、门、纲、目、科、属、种。种是最基本的分类单元。近缘的种归合为属,近缘的属归合为科。门是植物界最大的分类单位。在各等级之间,有时因范围过大常增设亚级单位,如亚门、亚纲、亚目、亚科、亚属。植物分类等级见表4-1。

表 4-1　植物分类等级表

中文名	英文名	拉丁名	中文名	英文名	拉丁名
界	Kingdom	Regnum	科	Family	Familia
门	Division	Divisio(Phylum)	属	Genus	Genus
纲	Class	Classis	种	Species	Species
目	Order	Ordo			

　　一般植物分类单位用拉丁词来表示,其词尾国际上均有统一规定,如门的词尾一般加-phyta;纲的词尾加-opsida;目的词尾加-ales;科的词尾加-aceae。但也有一些分类等级的词尾因习用已久,仍可保留其习用名和词尾,如双子叶植物纲(Dicotyledoneae)和单子叶植物纲(Monocotyledoneae)。另有8个科的学名经国际植物学会可保留其习用名(-ae 为后缀),分别是十字花科(Brassicaceae/Cruciferae)、豆科(Fabaceae/Leguminosae)、藤黄科(Hypercaceae/Guttiferae)、伞形科(Apiaceae/Umbelliferae)、唇形科(Lamiaceae/Labiatae)、菊科(Asteraceae/compositae)、棕榈科(Arecaceae/Palmae)和禾本科(Poaceae/Gramineae)。

　　"种"是生物分类的基本单位。是指具有一定的形态、生理学特征和一定自然分布区,并具有相当稳定的性质的种群(居群)。同一种的不同个体彼此可以交配受精,并产生正常的能育后代,不同种的个体之间通常难以杂交或杂交不育。种以下还有亚种、变种、变型3个分类单位。

　　亚种(subspeciess,缩写为 subsp.):在不同分布区的同一种植物,形态上有稳定的变异,并在地理分布上、生态上或生长季节上有隔离的种内变异类群。

　　变种(varietas,缩写为 var.):具有相同分布区的同一种植物,种内有一定的变异,变异较稳定,但分布范围比亚种小得多的类群。

　　变型(forma. 缩写为 f.):无一定分布区,形态上具有细小变异的种内类群,如花、果实的颜色,有无毛茸等。有时将栽培植物中的品种也视为变型。

　　品种(cultivar,缩写为 cv.):专指人工栽培植物的种内变异类群,野生植物不使用品种这一名词。品种通常是基于形态上或经济价值上的差异,如色、香、味、形状、大小等,有时称其为栽培变种或栽培变型。如中药地黄的品种有新状元、金状元、北京Ⅰ号等。但在日常生活中广泛提到的"品种"如药材品种,有仅指栽培的中药品种,也包括分类学上的种。

　　现以黄连为例,示其分类等级如下:

界　植物界 Regnum vegetabile
　门　种子植物门 Spermatophyta
　　亚门　被子植物亚门 Angiospermae
　　　纲　双子叶植物纲 Dicotyledeae
　　　　亚纲　原生花被亚纲 Archichilamydoneae
　　　　　目　毛茛目 Ranales
　　　　　　科　毛茛科 Ranunculaceae
　　　　　　　属　黄连属 *Coptis*
　　　　　　　　种　黄连 *Coptis chinensis* Franch.

三、植物的命名

每种植物都有自己的名称,但同一种植物在不同的国家或不同地区,往往有各自不同的名称。如同名异物的药材白头翁的植物来源多达 20 种以上;而同物异名的中药益母草,在东北称坤草,在江苏称田芝麻,云南叫透骨草等。同名异物或同物异名等名称上的混乱现象,给植物的分类、开发利用和国内外交流造成很大的困难。

为了交流以及识别植物的便利,按"国际植物命名法规"植物的种名统一采用拉丁文书写的科学名称,简称"学名"。每一种植物有且只有一个学名。

学名采用了瑞典植物学家林奈倡导的"双名法"。即规定每种植物学名主要由两个拉丁文词语组成,前一个词是某一植物的属名,第二个词是种加词,起着标志某一植物"种"的作用,后面附上命名人的姓名缩写。其格式为:属名+种加词+命名人。例如:

何首乌   *Fallopia*   *multiflora*   (Thunb.)Harald.
      (属名:何首乌属)   (种加词:多花的)   (命名人姓名)

植物属名首字母必须大写;种加词全部字母小写;最后是命名人的姓名,每个词的首字母必须大写,如果命名者的姓氏较长,可用缩写,缩写词之后加缩略点"."。

种下的等级有亚种(subspecies,缩写为 subsp. 或 ssp.)、变种(varietas,缩写为 var.)或变型(forma,缩写为 f.)。学名为:属名+种加词+亚种、变种或变型加词+命名人。例如,山里红 *Crataegus pinnatifida* Bge. var. *major* N. E. Br. 是山楂 *Crataegus pinnatifida* Bge. 的变种。

四、植物的分类系统

在不同历史时期,由于认识水平的不同,对植物分类的出发点和方法也不同,出现了不同的分类系统,基本上可分为人为分类系统和自然分类系统两类。

人为分类系统是根据植物的形态、习性、用途进行分类,未考察各植物类群在演化上的亲缘关系。如在公元前 300 年,古希腊植物学家提奥弗拉斯记载植物 480 种,并将植物分为乔木、灌木、亚灌木和

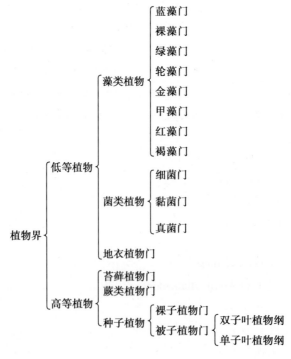

图 4-1   植物界的分门别类

草本。我国明代李时珍所编的《本草纲目》，将千余种植物分为草、谷、菜、果、木 5 部，草部又分为山草、芳草、毒草等 11 类，木部又分为乔木、灌木、香木等 6 类。

自然分类系统（系统发育分类系统）能客观地反映自然界植物的亲缘关系和演化发展。其中影响较大的有恩格勒（A. Engler 把木兰目、毛茛目植物看成是比较进化的类型，列于无被花、单被花之后）、哈钦森（J. Hutchinson 认为木兰目植物是被子植物较原始类群）、塔赫他间（A. Takhtajin）和克朗奎斯特（A. Cronquist）为代表的被子植物分类系统。

本书根据修改过的恩格勒系统，对植物分门及排序，将植物界分为 16 门（图 4-1）。

藻类、菌类、地衣植物合称为低等植物，其主要特征是：植物体构造简单，为单细胞、多细胞群体及多细胞个体，无根、茎、叶的分化，构造上无组织分化，生殖器官为单细胞，合子不形成胚。

苔藓、蕨类和种子植物合称为高等植物，其主要特征是：形态上有了根、茎、叶的分化，内部构造上有了组织的分化，生殖细胞为多细胞构成，合子在体内发育成胚。

五、植物分类检索表

植物分类检索表是鉴定植物的工具。检索表的编制采用二歧分类原则，将植物形态中显著不同的特征进行比较，抓住重要的相同点和不同点对比排列，并赋予相同序号，逐级类推。

常见的检索表有分门、分科、分属和分种检索表，某些植物种类较多的科，在科以下还有分亚科和分族检索表，如菊科、兰科等。

应用检索表鉴定植物时，首先要全面而仔细地观察标本，清楚地了解根、茎、叶、花、果实、种子等各部分的构造特征，然后用分门、分纲、分目、分科、分属、分种依次顺序进行检索，直到正确鉴定出来为止。

常见的植物分类检索表编排形式，有定距式、平行式和连续平行式检索表 3 种式样，现以植物分门的分类为例，介绍定距式检索表和平行式检索表。

1. 定距式检索表　将一对互相区别的特征标以相同的项号，分开间隔排列在一定距离处，每下一项后缩一字排列，依次逐项列出，直至达到所要鉴别的分类单元（科、属、种等）。

1. 植物体构造简单，无根、茎、叶的分化，没有胚胎（低等植物）。
　2. 植物体不为藻类和菌类所组成的共生体。
　　3. 植物体内含叶绿素或其他光合色素，为自养生活 …………………………… 藻类植物
　　3. 植物体内无叶绿素或其他光合色素，为异养生活 …………………………… 菌类植物
　2. 植物体为藻类和菌类所组成的共生体 …………………… 地衣植物
1. 植物体有根、茎、叶的分化，有多细胞构成的胚胎（高等植物）。
　4. 植物体有茎、叶，而无真根 …………………………… 苔藓植物
　4. 植物体有茎、叶和真根。
　　5. 不产生种子，以孢子繁殖 …………………………………… 蕨类植物
　　5. 产生种子，以种子繁殖 …………………………………… 种子植物

2. 平行式检索表　将每一对相对立的特征给予同一项号，并列在相邻的两行，项号改变但不退格，每一项后注明下一步查阅的项号或分类号。

1. 植物体有茎、叶，无真根 ……………………………………………………… 苔藓植物门
1. 植物体有茎、叶和真根 ………………………………………………………………… 2
2. 植物体以孢子繁殖 ……………………………………………………………… 蕨类植物门
2. 植物体以种子繁殖 …………………………………………………………………………… 3
3. 胚珠裸露，不为心皮包被 ……………………………………………………… 裸子植物门
3. 胚珠被心皮构成的子房包被 …………………………………………………… 被子植物门

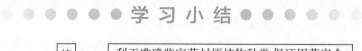

学 习 小 结

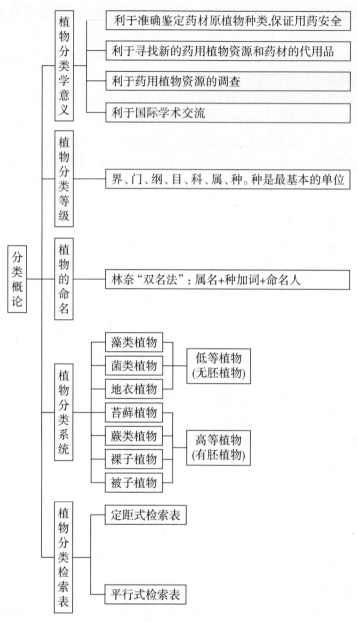

自 我 测 评

一、单项选择题

1. "门"这一分类等级的拉丁词尾是(   )
   A. phyta   B. aceae   C. opsida   D. ales   E. eae

2. 植物分类的基本单位是(   )
   A. 种   B. 亚种   C. 变种   D. 变型   E. 品种

3. "科"这一分类等级的拉丁词尾是(   )
   A. phyta   B. aceae   C. opsida   D. ales   E. eae

4. 裸子植物属于(   )

　　　A. 低等植物　　　　B. 隐花植物　　　C. 无胚植物　　　　D. 显花植物　　　　E. 孢子植物

5. 李时珍的《本草纲目》的分类方法属于(　　)

　　　A. 自然分类系统　　　　　　　B. 人为分类系统　　　　　　　C. 药用部位分类系统

　　　D. 主要功效分类系统　　　　　E. 化学分类系统

6. 经典的植物分类学研究方法为(　　)

　　　A. 形态分类学　　　B. 实验分类学　　　C. 细胞分类学　　　D. 分子系统学　　　E. 化学分类学

二、填空题

1. 低等植物或无胚植物包括_____、_____、_____。

2. 高等植物或有胚植物包括_____、_____、_____。

3. 植物分类等级由大至小主要有_____、_____、_____、_____、_____、_____、_____。

4. 种以下的分类等级有 _____、_____、_____。

5. 植物学名的命名采用瑞典植物学家林奈倡导的 _____。

6. 一种植物的完整学名包括_____、_____和_____三部分。

三、简答题

1. 植物分类的等级包括哪些级别?

2. 植物界包括哪些基本植物类群?

第四章同步练习

第四章 同步练习

第 五 章

药用低等植物

📖 学习导航

　　同学们见过藻类和菌类植物吗？能不能举出你见过的藻类和菌类植物？其实，我们平时吃的香菇就属于菌类植物，常用的中药茯苓也属于菌类植物。它们在形态上有很大差异，但是为什么都属于菌类植物呢？那当然是因为它们有共同的特征。本章将向同学们介绍藻类、菌类和地衣植物的主要特征以及每一类植物有哪些常用药物。

一、低等植物的主要特征

　　低等植物包括藻类、菌类和地衣植物。其主要特征是：植物体构造简单，大多为单细胞、多细胞群体及多细胞个体；植物体无根、茎、叶的分化，构造上无组织分化；生殖器官为单细胞；有性生殖为配子结合成合子后直接发育成新植物体，不经过胚的阶段。

二、藻类植物

（一）藻类植物概述

1. 藻类植物特点　　藻类植物（Algae）是最原始的低等植物，大多生长在淡水或海水中，但在潮湿的土壤、岩石、树皮上，也有它们的分布。藻类通常含有能进行光合作用的色素，是能独立生活的一类自养原植体植物。其植物体构造简单，没有真正的根、茎、叶分化。藻体形状和类型多样，有的藻类植物是单细胞体，如小球藻、衣藻等；有的呈多细胞丝状，如水绵、刚毛藻等；有的呈多细胞叶状，如海带、昆布等；有的呈多细胞树枝状，如海蒿子、石花菜、马尾藻等。藻体大小差异很大，小的只有几微米，必须在显微镜下才能看到，大的可达数十米，如巨藻。另外，不同藻类会呈现不同的颜色，原因是藻体内所含的光合色素种类和比例不同。

2. 藻类植物的繁殖方式　　藻类植物的繁殖方式有营养繁殖、无性生殖和有性生殖三种。营养繁殖是指细胞分裂或植物体断裂等，使藻体的一部分由母体分离出去而长成一个新的藻体；无性生殖是指藻类产生孢子囊和孢子，由孢子直接发育成新个体；有性生殖是指藻类产生配子囊和配子，雌雄配子必须结合成合子，由合子萌发形成新个体，或由合子产生孢子再长成新个体。

（二）藻类植物的分类及常见药用植物

1. 蓝藻门 Cyanophyta　　蓝藻门是一类最简单而且最原始的自养植物类群。植物体为单细胞、多细胞的丝状体或多细胞非丝状体,其细胞内没有真正的细胞核或没有定形的核,在细胞原生质中央含有核质。核质无核膜和核仁结构,但有核的功能,其中含有 DNA,在电镜下可以见到呈颗粒状或纤维细网状,为原始核,因此蓝藻属于原核生物,在植物进化系统研究上有着极其重要的地位。蓝藻周质中没有载色体,但有光合层片,含叶绿素 a、藻蓝素等,使藻体呈蓝绿色,故又名蓝绿藻,但也有些种类的细胞壁外层的胶质鞘中含红紫、棕等非光合色素,使藻体呈现不同颜色。蓝藻细胞壁的主要成分是黏肽、果胶酸和黏多糖。蓝藻贮藏的营养物质主要是蓝藻淀粉、蛋白质等。

蓝藻的繁殖方式主要是营养繁殖,极少数种类能产生孢子,进行无性生殖。

蓝藻约有 150 属,1 500 种以上,多数种类生于淡水中,另外在海水、土壤表层、岩石、树皮或温泉中都有存在,某些种类与真菌共生形成地衣。

【药用植物】

葛仙米(地木耳) *Nostoc commune* Vauch. 念珠藻科念珠藻属。藻体细胞圆球形,连成弯曲不分支的念珠状丝状体,外被胶质鞘,许多丝状体再集合成群,被总胶质鞘所包围。总胶质群体呈片状或团块状,形似木耳,蓝绿色或橄榄绿色。分布于各地,多生于湿地或雨后的草地上,民间习称“地木耳”,可供食用,入药能清热收敛,益气明目。

螺旋藻 *Spirulina platensis* (Nordst.) Geitl. 颤藻科螺旋藻属。藻体丝状,螺旋状弯曲,单生或集群聚生。原产北非,淡水和海水均可生长,我国现有人工养殖。藻体富含蛋白质、维生素等多种营养物质,制成保健食品,能防治营养不良症,增强免疫力。

2. 绿藻门 Chlorophyta 绿藻门植物有单细胞体、球状群体、多细胞丝状体和叶状体等类型,部分单细胞和群体类型,能借鞭毛游动。细胞内有细胞核和叶绿体。叶绿体中含有叶绿素 a、叶绿素 b、类胡萝卜素和叶黄素等光合色素。绿藻细胞壁分两层,内层主要成分为纤维素,外层主要是果胶质,常黏液化。绿藻贮藏的营养物质主要有淀粉、蛋白质和油类。

绿藻的繁殖方式有营养繁殖、无性生殖和有性生殖。营养繁殖中单细胞种类是靠细胞分裂,而多细胞的丝状体类型则通过断裂形成小段再发育成新个体;无性生殖产生的孢子有的属于游动孢子,有的属于静孢子(又称不动孢子),孢子在适宜条件下萌发为新个体;有性生殖方式多样,如同配生殖(如衣藻)、异配生殖(如盘藻)和卵配生殖(如团藻),极少为接合生殖(如水绵)。

绿藻门是藻类植物中种类最多的一个类群,约有 350 属,6 000~8 000 种,多数分布于淡水中,部分分布于海洋。江、河、湖泊、湿地,潮湿的墙壁、崖石、树干、花盆四周及冰上均可发现绿藻的存在。也有寄生的,能引起植物病害,有的与真菌共生形成地衣。

【药用植物】

蛋白核小球藻 *Chlorella pyrenoidosa* Chick 小球藻科小球藻属。为单细胞绿藻,生于淡水中,不能自由游泳,能随水浮沉,呈圆球形或卵圆形。细胞内有细胞核、一个杯状的载色体和一个蛋白核。分布很广,有机质丰富的小河、池塘及潮湿的土壤上均有分布。藻体含丰富的蛋白质、维生素 C、维生素 B 和抗生素(小球藻素),医疗上可用作营养剂,防治贫血、肝炎等,还可用于治疗水肿。

石莼 *Ulva lactuca* L. 石莼科石莼属。为膜状绿藻,藻体淡黄绿色,高 10~40cm,膜状体基部有固着器。固着器是多年生的,每年春季长出新的藻体。我国各海湾均有分布,以南方较多,生于中、低潮带的岩石或石沼中。可供食用,俗称“海白菜”或“海青菜”。入药能软坚散结,清热利水,清热祛痰,利水解毒。

3. 红藻门 Rhodophyta 红藻门植物体大多数是多细胞的丝状、枝状或叶状体,少数为单细胞。藻类一般较小,少数种类可达 1m 以上。载色体除含叶绿素 a、叶绿素 b、胡萝卜素和叶黄素外,还含藻红素和藻蓝素。因藻红素含量较多,故藻体多呈紫色或玫瑰红色。细胞壁分内外两层,外层为果胶质层,由红藻所特有的果胶类化合物(如琼胶、海藻胶等)组成;内层坚韧,由纤维素组成。储藏的营养物质为红藻淀粉或红藻糖。

红藻的繁殖方式有营养繁殖、无性生殖和有性生殖。营养繁殖在单细胞种类中以细胞分裂方式进行;无性生殖产生无鞭毛的静孢子(不游动)。有性生殖方式是卵式生殖。

红藻门有约560属近4 000种。绝大多数分布于海洋中,且多数是固着生活,能在深水中生长。仅有少数种类生长在淡水中。

【药用植物】

石花菜 *Gelidium amansii*(Lamx.) Lamx.　石花菜科石花菜属。藻体淡紫红色,直立丛生,四至五次羽状分枝。分布于我国东部和东南部沿海。用途同琼枝。

甘紫菜 *Porphyra tenera* Kjellm.　红毛菜科紫菜属。藻体深紫红色,薄叶片状,广披针形、卵形或椭圆形,紫红色或微带蓝色。生于海湾中潮带岩石上,分布于渤海至东海,有大量栽培,主要供食用。入药能软坚散结,化痰利尿。

此外,**鹧鸪菜**(美舌藻) *Caloglossa leprieurii* (Mont.) J. Ag.、**海人草** *Digenea simplex* (Wulf.) C. Ag. 的藻体也可入药,能驱虫、化痰、消食。

4. 褐藻门 Phaeophyta　褐藻门是藻类植物中形态构造分化得最高级的一大类群,均为多细胞植物体。其体形大小差异很大,小的仅由几个细胞组成,大的可长达100m(如巨藻)。藻体呈丝状、叶状或枝状,高级的种类还有类似高等植物根、茎、叶的固着器,柄和叶状带片,内部有类似"表皮""皮层"和"髓"的分化。细胞壁分内外两层,内层由纤维素构成,外层有褐藻所特有的褐藻胶(果胶类化合物)构成,能使藻体保持润滑,可减少海水流动造成的摩擦。载色体中含有叶绿素 a、叶绿素 c、β-胡萝卜素和多种叶黄素。由于胡萝卜素和叶黄素的含量大,掩盖了叶绿素的颜色,使藻体呈绿褐色至深褐色。所贮藏的营养物质主要是褐藻淀粉、甘露醇,还有少量还原酶与油类。

褐藻的繁殖方式与绿藻基本相似。

褐藻门约有250属1 500种,绝大多数分布于温寒地带海域,从潮间带一直分布到低潮线下约30m处,是构成海底"森林"的主要类群。

【药用植物】

海带 *Laminaria japonica* Aresch　海带科海带属多年生大型褐藻,长可达6m。藻体包括根状的固着器、柄和叶状带片三部分,带片深橄榄绿色,干后呈黑褐色,革质。带柄支持着带片,下端以分枝的固着器附着于岩石或其他牢固物上。

海带的生活史有明显的世代交替。当海带(孢子体)成熟时,带片两面"表皮"上,形成斑块状的孢子囊群区。孢子囊中产生许多游动孢子,这些游动的孢子萌发成极小的丝状体即雌雄配子体。雄配子产生精子,雌配子产生卵子,两者结合后形成受精卵,经数日后萌发为新的幼孢子体。

我国辽东半岛和山东半岛沿海有自然生长的海带,现自北向南大部分沿海地区均有养殖,产量居世界首位。海带除大量供食用外,也作昆布入药,能消痰、软坚散结、利水消肿。海带常被用于防治缺碘性甲状腺肿大,又是提取碘和褐藻胶的重要原料。

昆布(鹅掌菜) *Ecklonia kurome* Okam.　翅藻科昆布属。藻体深褐色,革质,固着器分枝状,柄部圆柱形,上部叶状带片扁平,不规则羽状分裂,表面略有皱褶。分布于浙江、福建等较肥沃海区的低潮线至7~8m深处的岩礁上。该科常见的还有**裙带菜** *Undaria pinnatifida* (Harvey) Suringar,二者均可食用和作为昆布入药。

海蒿子 *Sargassum pallidum* (Turn.) C. Ag.　马尾藻科马尾藻属。藻体深褐色,高 20~80cm。固着器盘状,主干分支呈树枝状,小枝上的叶状片形态变异很大。初生叶状片为披针形或倒披针形,不久即脱落;次生叶状片线形或再次羽状分裂成线形。生殖枝上生有气囊和囊状生殖托,托上着生孢子囊,雌雄异株。分布于我国黄海、渤海沿岸各地。海蒿子为中药海藻的主要原植物之一,习称"大叶海藻",入药能消痰、软坚散结、利水消肿(图 5-1)。同属植物**羊栖菜** *Sargassum fusiforme*(Harv.) Setch. 习称"小叶海藻",主枝圆柱形,叶状片突起多呈棍棒状(图 5-2)。全藻亦作药材海藻用。

图 5-1　海蒿子(大叶海藻)　　　　　　　　　图 5-2　羊栖菜(小叶海藻)

三、菌类植物

(一)菌类植物概述

1. 菌类植物特点　菌类植物是一群营异养的有机体,由于其细胞或其孢子具有细胞壁,故被列入植物界。菌类包括细菌门、黏菌门和真菌门。

细菌是微小的单细胞有机体,有明显的细胞壁,没有细胞核,与蓝藻相似,均属于原核生物。绝大多数细菌不含叶绿素,营寄生或腐生生活。

黏菌属于真核生物,其在生长期或营养期为无细胞壁多核的原生质团,称为变形体。但在繁殖期产生具纤维素细胞壁的孢子。大多数黏菌为腐生菌,如肉灵芝,即是一种大型黏菌复合体。《神农本草经》记载肉灵芝(太岁)"无毒、补中、益精气、增智慧,治胸中结,久服轻身不老"。

真菌与药用关系最为密切,常用的药用植物多为真菌门。真菌是一类典型的真核异养性植物,有细胞壁、细胞核,但不含叶绿素,也没有质体。异养方式有寄生(从活的动物、植物吸取养分)和腐生(从动物、植物尸体或无生命的有机物质吸取养料,也有以寄生为主兼腐生)。除少数种类是单细胞(如酵母)外,绝大多数真菌是由纤细管状的多细胞菌丝构成。组成一个菌体的全部菌丝称菌丝体。

真菌的菌丝在通常情况下十分疏松,但在繁殖期或环境条件不良时,菌丝便相互紧密地交织在一起,形成各种形态的菌丝组织体。常见的菌丝组织体有:

(1) 根状菌索:菌丝互相密结,呈绳索状,整体外形似根,如密环菌的菌索。

(2) 菌核:菌丝密结成颜色深、质地硬的核状物,大小不等,外层为拟薄壁组织,内部为疏丝组织,如茯苓的菌核(图 5-3)。

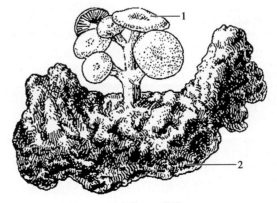

1. 子实体;2. 菌核。

图 5-3　猪苓

（3）子实体：某些高等真菌在繁殖时期会形成一定形态与结构，这些结构能产生孢子（图 5-3）。如灵芝、蘑菇的子实体为伞形，马勃的子实体为球形。

（4）子座：真菌门中子囊菌类在营养阶段向繁殖阶段过渡时，由菌丝密结形成的褥座，可容纳子实体，子座形成后，即在其上面产生许多子囊壳（子实体），子囊壳中产生许多子囊（孢子囊），子囊中含有多条子囊孢子。如冬虫夏草菌体上的棒状物。

真菌贮存的营养物质主要有肝糖、蛋白质、油脂以及微量的维生素，而不含淀粉。

2. 菌类植物的繁殖方式　真菌的繁殖方式有营养繁殖、无性生殖和有性生殖三种。营养繁殖有菌丝断裂繁殖、分裂繁殖和芽生孢子繁殖；无性生殖以产生游动孢子、孢囊孢子、分生孢子等各种类型的孢子来繁殖；有性生殖的方式复杂多样：低等真菌有同配生殖、异配生殖、接合生殖和卵式生殖，高等真菌可以形成卵囊和精囊，通过卵式生殖。子囊菌和担子菌分别形成子囊孢子和担子孢子。

真菌在自然界中的分布广泛，分布于大气、水、陆地，甚至人体，几乎地球上所有的地方均有真菌的踪迹。有些真菌与藻类形成共生复合体（地衣）。

由于真菌的药用种类较多，将真菌门分为 5 个亚门，即鞭毛菌亚门、接合菌亚门、子囊菌亚门、担子菌亚门和半知菌亚门。其中药用真菌大多属子囊菌亚门和担子菌亚门。下面主要介绍这两个亚门的特征和常见药用植物。

（二）真菌植物的分类及常见药用植物

1. 子囊菌亚门 Ascomycotina　子囊菌亚门为真菌门中种类最多的一个亚门，其最主要的特征是有性生殖过程中产生子囊和子囊孢子。少数原始种类，子囊裸露不形成子实体，如酵母菌，但绝大多数子囊菌都产生子实体，子囊被包于子实体中（图 5-4）。子囊菌的子实体又称子囊果。子囊果的形态有三种常见类型：子囊盘、子囊壳和闭囊壳。

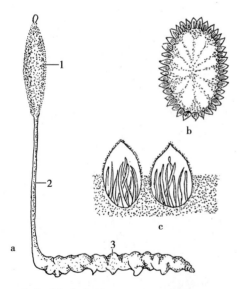

a.冬虫夏草菌全形：1.子座上部（子实体），2.子座柄，3.已死的幼虫（内部为菌核）；b.子座横切面；c.子囊壳（子实体）放大。

图 5-4　子囊菌（冬虫夏草）

图 5-5　冬虫夏草

【药用植物】

麦角菌 *Claviceps purpurea*(Fr.)Tul.　麦角菌科麦角菌属。菌体常寄生于禾本科、莎草科、灯心草科、石竹科等植物的子房内。菌核成熟时伸出子房外，质坚而呈角状，因多生于麦类上，故称"麦角"。主要分布在东北、西北、华北等地区。麦角菌主要活性成分为麦角新碱、麦角胺、麦角生碱、麦角毒碱等。麦角胺、麦角毒碱可治偏头痛。麦角制剂可用作子宫收缩及内脏器官出血的止血剂。

冬虫夏草 *Cordyceps sinensis*(Berk.) Sacc.　麦角菌科虫草属。是麦角菌科冬虫夏草菌寄生于蝙蝠蛾科昆虫幼体上的子座及幼虫尸体的复合体。夏秋季节,其子囊孢子从子囊中放射出来以后,即断裂成许多节段,侵入寄主幼虫体内,染菌幼虫钻入土中越冬,冬虫夏草菌在虫体内生长,耗尽其营养而变成僵虫,此时虫体内的菌丝体已变成坚硬菌核,翌年春末夏初自虫体头部长出棍棒状的子座,并伸出土层外。子座上部膨大,在表层埋有一层子囊壳,壳内生出许多长形的子囊,每个子囊具2~8个子囊孢子。子囊孢子从子囊壳孔口散出后又继续入侵新的蝙蝠蛾幼虫。带子座的僵虫即为名贵药材冬虫夏草(图5-5)。

冬虫夏草主要分布于我国甘肃、青海、四川、云南、西藏等省区,多生长在海拔3 000m以上的高山山坡树下、烂叶层和草丛中。冬虫夏草含虫草酸和丰富的蛋白质,入药能补肾益肺、止血化痰。现能人工培养,或通过深层发酵工艺大量繁殖其菌丝体,如**蛹草(北虫草)** *Cordyceps militaris*(L.) Link. 子实体及虫体也可作冬虫夏草入药。类似的还有蝉花,即蝉的幼虫被蝉棒束孢菌 *Isaria cicadae* Miquel 或大蝉草 *Cordyceps cicadae* Shing 感染所致,能疏散风热、透疹、息风止痉、明目退翳。

2. 担子菌亚门 Basidiomycotina　担子菌最主要的特征是双核菌丝和有性生殖过程中形成担子和担孢子。担子是担子菌有性生殖过程的孢子囊,其孢子称为担孢子。担孢子不是生于担子内部而是突出于担子外部,即孢子外生。担子菌的子实体称为担子果,其形状随种类不同而异,有伞状、分枝状、片状、猴头状、球状等。其中最常见的一类是伞菌类,如蘑菇、香菇即属此类。伞菌的担子果上部呈帽状或伞状的部分称菌盖,菌盖下部的柄称菌柄。菌盖下面呈辐射状排列的片状物称菌褶(图5-6)。显微镜观察可见长在菌褶表面的担子呈棒状,顶端有4个小梗,每一个小梗连接一个担孢子(图5-7)。

图5-6　伞菌

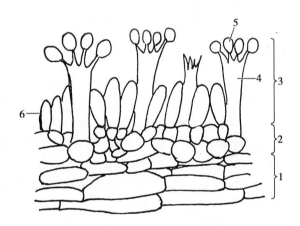

1. 菌髓;2. 子实层基;3. 子实层;4. 担子柄;5. 担孢子;6. 侧丝细胞。

图5-7　伞菌菌褶纵切面构造

【药用植物】

银耳(白木耳) *Tremella fuciformis* Berk.　银耳科银耳属。腐生菌,子实体乳白色或带淡黄色,半透明,由许多薄而皱褶的菌片组成,呈菊花状。野生银耳主要产于长江以南山区,多生长在阴湿山区栎属或其他阔叶树的腐木上。现商品药材主要为人工栽培品。银耳是一种滋补性食用菌,子实体入药能补肾强精、滋阴养胃、润肺止咳。

猴头菌(猴菇菌) *Hericium erinaceus*(Bull.) Pers.　齿菌科猴头菌属。食用菌,子实体鲜白色,肉质,中部和下表面密集下垂的圆柱状菌针,整体形似猴头而得名。子实层生于菌针的表面,担孢子近球形,无色,光滑。主要产于东北、华北至西南等地区,多腐生于栎树、核桃楸等阔叶乔木受伤处或腐木上。现有大规模人工栽培。猴头菌能利五脏,助消化。子实体入药可用于神经衰弱、胃炎、胃溃疡和癌症的辅助治疗。

灵芝(赤芝) *Ganoderma lucidum*(Curtis) P. Karst.　多孔菌科灵芝属。腐生菌,子实体木栓质,

菌盖半圆形或肾形,幼时淡黄色,渐变为红褐色,有光泽,具环纹和辐射状皱纹,菌盖下面密布细孔(菌管孔),内生担子及担孢子,菌柄侧生,紫褐色,有漆样光泽。全国大部分省区有分布,多生于栎树及其他阔叶树的腐木上。商品药材主要为人工栽培品。子实体含多糖、麦角甾醇、三萜类成分等。子实体入药能补气安神,止咳平喘。孢子粉亦可药用。同属植物**紫芝** *Ganoderma japonicum*(Fr.) Lloyd 的菌盖和菌柄呈黑色,主要产于长江以南各省区。

猪苓 *Polyporus umbellatus*(Pers.) Fr.　多孔菌科树花属。菌核呈不规则瘤块状或球状,表面棕黑色至灰黑色,内面白色或淡黄色。子实体从菌核上长出,伸出地面,多数丛生,上部呈分枝状(图 5-3)。主要产于陕西、河南、山西、云南、河北等地,常寄生于桦、柳、椴及壳斗科树木的根际。菌核含多糖、麦角甾醇、生物素、粗蛋白等。菌核入药能利尿渗湿。

茯苓 *Poria cocos*(Schw.) Wolf.　多孔菌科茯苓属。菌核埋于土中,略近球形或长圆形,小者如拳,大的可达数十千克。表面粗糙,具皱纹或瘤状皱缩,灰黄色或黑褐色,内部白色或稍带粉红色。子实体无柄平伏,伞形,生于菌核表面成一薄层。全国大部分省区有分布,多寄生于松属植物根部,现多人工栽培。菌核含三萜类化合物和茯苓多糖、氨基酸等。菌核入药能利水渗湿,健脾,宁心。

脱皮马勃 *Lasiosphaera fenzlii* Reich.　马勃科脱皮马勃属。腐生菌,子实体近球形或略扁,幼时白色,成熟时变为浅褐色至暗褐色,直径 15~25cm,外包被薄,成熟时呈碎片状剥落,柔软如棉球,轻触即有粉尘状的担孢子飞扬而出。全国大部分省区有分布,多生于山区腐殖质丰富的草地中。子实体入药能清肺利咽、止血。

其他药用植物还有**雷丸** *Omphalia lapidescens* Schroet. ,菌核能杀虫消积等。

四、地衣植物

(一) 地衣植物概述

1. 地衣植物特点　地衣是一个特殊的生物有机体,它们是由真菌和藻类植物结合的共生复合体。组成地衣的真菌绝大多数为子囊菌,少数为担子菌和半知菌。与其共生的藻类大多是绿藻,少数是蓝藻。地衣体中的菌丝缠绕藻类,藻类光合作用为真菌提供有机养分,菌类则吸收水分和无机盐,为藻类生存提供保障。地衣体的形态几乎完全由真菌决定。

2. 地衣植物的生长环境　地衣的耐旱性和耐寒性很强。干旱时休眠,雨后即恢复生长。它们分布广泛,可以生长在岩石峭壁、荒漠、高山、树皮上,在南极、北极和高山冻土带,其他植物难以生存,但可见一望无际的地衣群落。地衣分泌的地衣酸可腐蚀岩石,对土壤的形成起着开拓先锋的作用。地衣是喜光性植物,要求空气新鲜,在人口稠密、污染严重的地方,一般见不到地衣。因此,地衣是能鉴别环境污染程度的植物。

(二) 地衣植物的分类及常见药用植物

已知全世界有地衣植物 500 余属 26 000 余种。已知可作药用的地衣植物约 56 种。根据地衣的外部形态,可将地衣分为三大类:壳状地衣、叶状地衣和枝状地衣。

1. 壳状地衣　植物体为有一定颜色或花纹的壳状物,菌丝与基质(岩石、树干等)紧密相连,有的还生假根伸入基质中,很难剥离,如茶渍衣、文字衣。壳状地衣约占全部地衣的 80%。

2. 叶状地衣　植物体扁平或呈叶状,有背腹性,易与基质剥离。如石耳、梅花衣。

3. 枝状地衣　植物体呈树枝状,直立或悬垂,仅基部附着在基质上。如松萝、石蕊。

【药用植物】

松萝 *Usnea diffracta* Vain.　松萝科松萝属。枝状地衣,分枝多而呈丝状,长 15~30cm,灰黄绿色。体表面有明显的环状裂沟,中央有韧性丝状轴,易与皮部剥离。分布遍及全国,悬生于潮湿山林老树干或沟谷的岩壁上。含松萝酸、地衣酸及地衣多糖等。全草入药能祛风湿,通经络,抗菌消炎。同属植物**长松萝(老君须)** *Usnea longissima* Ach. ,功用同松萝。

石蕊 *Cladina rangiferina*(L.) Nyl.　石蕊科石蕊属。枝状地衣,高 5~10cm,干燥者硬脆。生于干燥山地,分布于我国东北、西北、西南地区。全草入药能祛风镇痛,凉血止血。

●●●●●●● 学 习 小 结 ●●●●●●●

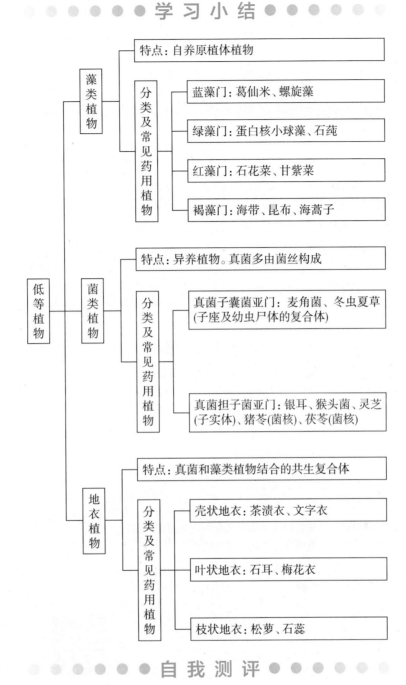

●●●●●● 自 我 测 评 ●●●●●●

一、单项选择题

1. 藻类植物的植物体称为（　　）

   A. 原丝体　　　　B. 原叶体　　　　C. 原植体　　　　D. 色素体　　　　E. 载色体

2. 属于原核生物的藻类植物是（　　）

   A. 水绵　　　　　B. 葛仙米　　　　C. 海带　　　　　D. 石莼　　　　　E. 石花菜

3. 海带的带片可不断延长是因为（　　）

   A. 带片顶端有分生细胞　　　　　B. 柄的基部有分生细胞　　　　　C. 带片和柄部连接处有分生细胞

   D. 带片中部有分生细胞　　　　　E. 柄的顶端有分生细胞

4. 藻体的内部分化成表皮、皮层和髓三部分的藻类是（　　）

A. 水绵　　　　　B. 海带　　　　　C. 紫菜　　　　　D. 石莼　　　　　E. 葛仙米

5. 下列哪一种植物属红藻门(　　)

　　A. 葛仙米　　　　B. 石花菜　　　　C. 丝藻　　　　　D. 石莼　　　　　E. 发菜

6. 高等真菌细胞壁的主要成分为(　　)

　　A. 果胶质　　　　B. 纤维素　　　　C. 几丁质　　　　D. 木质素　　　　E. 半纤维素

7. 真菌的细胞通常缺少(　　)

　　A. 细胞核　　　　B. 细胞壁　　　　C. 原生质　　　　D. 液泡　　　　　E. 质体

8. 能产生孢子的菌丝体称为(　　)

　　A. 菌核　　　　　B. 子实体　　　　C. 子座　　　　　D. 根状菌索　　　E. 孢子囊

9. 菌丝体能产生根状菌索的是(　　)

　　A. 茯苓　　　　　B. 蜜环菌　　　　C. 大马勃　　　　D. 银耳　　　　　E. 松萝

10. 决定地衣体形态的多是(　　)

　　A. 真菌　　　　　B. 藻类　　　　　C. 温度　　　　　D. 湿度　　　　　E. 光照

11. 松萝属于(　　)

　　A. 裸子植物　　　B. 地衣　　　　　C. 苔藓植物　　　D. 蕨类植物　　　E. 被子植物

12. 下列不属于药用地衣的是(　　)

　　A. 环裂松萝　　　B. 美味石耳　　　C. 鹿蕊　　　　　D. 地钱　　　　　E. 松萝

二、填空题

1. 藻类植物繁殖的方式有_____、_____、_____。

2. 中药昆布的原植物是_____和_____。

3. 菌类植物的种类繁多,在分类上常分为三个门,即_____、_____和_____。

4. 在有性生殖时子囊菌产生_____孢子,担子菌产生_____孢子。

5. 冬虫夏草的虫是指_____的幼虫,草是指_____。

6. 中药茯苓、猪苓、雷丸等种类的入药部位是_____。

7. 中药银耳、灵芝、马勃、蜜环菌等种类的入药部位是_____。

三、简答题

1. 海带属于什么门?该类群的主要特征是什么?还有哪些常用药用植物?

2. 子囊菌亚门有哪些主要特征?有哪些主要的药用植物?

3. 担子菌亚门有哪些主要特征?有哪些主要的药用植物?

4. 为什么说地衣植物体是复合有机体?

第五章同步练习

第 六 章

药用苔藓植物

学习导航

　　我们平时常见的被子植物的花都长在树上,我们通常把"花"称为被子植物的配子体,把"树"称为孢子体。一般来说,我们常见被子植物的孢子体比较发达,配子体寄生在孢子体上,也就是说"花"需要长在"树"上,如果脱离"树"就不能独自生活了。

　　其实同学们都见过苔藓植物,你们能一眼看到的植物体不是孢子体,而是苔藓植物的配子体,它长得相对发达而且能独立生活。而孢子体反而不能独立生活,必须寄生在配子体上,这是苔藓植物区别于其他陆生高等植物的显著特征。本章将给同学们介绍苔藓植物的主要特征及常用药用植物。

一、苔藓植物的主要特征

　　苔藓植物是绿色自养的陆生植物,是高等植物中最原始的陆生类群。植物体较小,常见的植物体分两种类型:一种是苔类,分化程度比较浅,保持叶状体的形状;另一种是藓类,植物体有假根和类似茎、叶的分化。苔藓植物内部构造简单,茎内组织分化程度不高,没有真正的维管束。叶多数由一层细胞组成,表面无角质层,内部有叶绿体,能进行光合作用,也能直接吸收水分和养料。

　　苔藓植物有孢子体和配子体。配子体发达,即平时所见的绿色植物体,能独立生活。孢子体则不能独立生活,必须寄生在配子体上。孢子体寄生在配子体上是苔藓植物区别于其他陆生高等植物的显著特征之一。苔藓的配子体(n)产生颈卵器和精子器,颈卵器呈长颈瓶状,腹部膨大,有一个大型的卵细胞;精子器呈棒状、卵状或球状,内具多数精子,精子有两条鞭毛,能借水游到颈卵器与卵子结合形成合子,合子发育形成胚,胚发育成孢子体($2n$)。孢子体通常分为三部分,上端为孢子囊,又称孢蒴;其下有柄,称蒴柄;蒴柄最下部为基足,基足伸入配子体中吸收养料,供孢子体生长。孢蒴是孢子体最主要的部分,其内形成孢子,孢子散出后,在适宜环境中萌发成原丝体,原丝体再发育生成新的配子体。从孢子萌发到形成配子体,配子体产生雌、雄配子,这一阶段称为有性世代;从受精卵发育成胚,由胚发育成孢子体的阶段称为无性世代。有性世代和无性世代互相交替完成世代交替。由于苔藓植物出现胚的构造,因此从苔藓植物开始到种子植物为有胚植物,称高等植物。

　　苔藓植物遍布世界各地,是植物界由水生到陆生过渡的代表类型,虽然脱离了水生环境进入陆地生活,但大多数仍需生活在潮湿环境。

二、苔藓植物的分类及常见药用植物

苔藓植物约有 23 000 种,我国约有 2 800 种,已知药用的有 25 科 39 属 58 种。根据其营养体的形态结构,通常分为苔纲和藓纲。

(一) 苔纲 Hepaticae

植物体(配子体)多为有背腹之分的扁平叶状体,有的种类则有原始的茎、叶分化。假根由单细胞构成。茎通常没有中轴的分化,多由同形细胞构成。叶多数只有一层细胞,无中肋。

【药用植物】

地钱 Marchantia polymorpha L.　地钱科地钱属,植物体呈扁平的叶状体,浅绿色或深绿色,阔带状,多回二歧分叉,贴地生长,有腹背之分。表皮有气孔和气室,腹面(下面)具有紫色鳞片及假根,能保持水分。雌雄异株,雌、雄生殖托均有柄,雄生殖托圆盘状,7~8 波状浅裂;雌生殖托扁平,9~11 深裂成指状。

地钱的繁殖方式有两类:营养繁殖和有性生殖。

地钱的营养繁殖:一种是在叶状体的背面(上面)产生胞芽杯,在胞芽杯中产生胞芽。胞芽成熟时,由柄处脱落,在土中萌发成新的叶状体;另一种是地钱的叶状体,在成长的过程中,前端凹陷处的顶端细胞不断分裂,使叶状体不断加长和分叉。而后面的部分,逐渐衰老、死亡并腐烂。当死亡部分到达分叉处时,一个植物体即变成两个新植物体。

地钱的有性生殖:地钱雄配子体上的雄生殖托,其上有许多小孔腔,孔内有一个精子囊,可产生螺旋状的精子。精子在有水的条件下,游入雌配子体的雌生殖托上的颈卵器内,与卵结合形成受精卵,发育成胚,并萌发成原丝体,进而发育成叶状的配子体(新植物体)。

地钱分布于全国各地。多生于林内、阴湿的土坡及岩石上,也常见于井边、墙隅等阴湿处。全草能解毒,祛瘀,生肌,可用于治疗黄疸性肝炎(图 6-1)。

苔纲的药用植物尚有:**蛇苔(蛇地钱)** *Conocephalum conicum* (L.) Dumortier(蛇苔科蛇苔属),叶状体宽带状。全草能清热解毒,消肿,止痛。外用可治疗疮、蛇咬伤。

图 6-1　地钱

(二) 藓纲 Musci

植物体(配子体)有原始的茎、叶分化。假根由多细胞构成,呈分枝状将植物体固着在基质上,无吸收功能。有的种类的茎已有中轴分化,但无维管组织。叶在茎上的排列多为螺旋式,常具有中肋。

【药用植物】

金发藓(土马鬃) *Polytrichum commune* L.　金发藓科金发藓属。小型草本,高 10~30cm,深绿色,常丛集成大片群落,老时呈黄褐色。有茎、叶分化。茎直立,下部有多数须根。叶丛生于茎的中上部,向下渐稀疏而小,鳞片状,长披针形,边缘有齿,中肋突出,叶基部鞘状。雌雄异株,颈卵器和精子器分别生于植物体(配子体)茎顶。精子和卵细胞结合形成合子,合子发育成胚,进而发育成孢子体。孢子体的基足伸入颈卵器中吸收营养;蒴柄长,棕红色;蒴帽有棕红色毛,覆盖全蒴;孢蒴四棱柱形,蒴内形成大量孢子,孢子萌发成原丝体,原丝体上的芽又长成配子体(植物体)。全国各地均有分布。生于山野阴湿土坡、森林沼泽、酸性土壤上。全草入药,能清热解毒、凉血止血。

暖地大叶藓(回心草) *Rhodobryum giganteum* (Sch.) Par.　真藓科大叶藓属。小型草本。根状

茎横生,茎直立,茎顶叶丛生,呈伞状,绿色,茎下部叶小,鳞片状,紫色,贴茎。雌雄异株。蒴柄紫红色,孢蒴长筒形,褐色,下垂。孢子球形。分布于我国华南、西南地区。生于溪边岩石上或湿林地。全草能清心,明目,安神,对冠心病有一定疗效。

此外,药用藓纲植物还有**葫芦藓** *Funaria hygrometrica* Hedw.,全草能除湿,止血。

● ● ● ● ● ● 学 习 小 结 ● ● ● ● ● ●

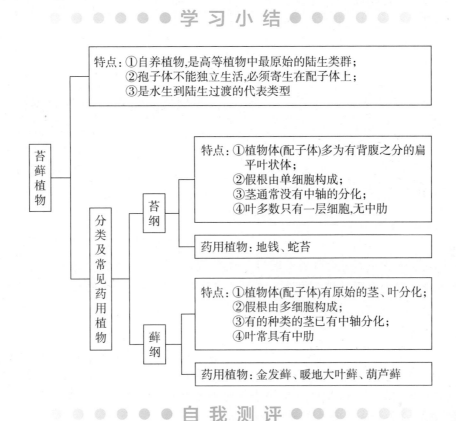

● ● ● ● ● ● 自 我 测 评 ● ● ● ● ● ●

一、单项选择题

1. 地钱植物体为( )
   A. 雌雄同株   B. 雌雄同序   C. 孢子体   D. 雌雄异株   E. 无性植物
2. 在苔藓植物的生活史中,从孢子萌发到形成配子体,配子体产生雌、雄配子,这一阶段为( )
   A. 无性世代   B. 孢子体世代   C. 减数分裂   D. 有性世代   E. 世代交替

二、填空题

1. 苔藓植物一般分为_____、_____两种类型。
2. 苔藓植物区别于其他陆生高等植物的最大特征是_____体在世代交替中占优势,能独立生活。

三、简答题

简述苔藓植物的主要特征。常见的药用苔藓植物有哪些?

第六章同步练习

第七章课件

第 七 章

药用蕨类植物

学习导航

　　在野外行走,同学们经常会看到不同形态的具有单片或多片羽状叶的绿色植物,有时翻看叶片,还会发现叶背面有颗粒状的构造。它们通常就是蕨类植物。这些植物分布范围较广,生存期较长,形态各异,有些还被采挖作为食材或药材。

　　在生命的进化和发展史上,蕨类植物是一个奇迹。蕨类植物是最早登上陆地的植物类群,迄今为止已有3亿多年的生存历史。蕨类植物是恐龙的主要食物来源,如今恐龙灭绝了,蕨类植物却还在;蕨类植物是裸子植物的祖先,现在许多裸子植物都成了子遗植物,蕨类植物仍旧生机勃勃;蕨类植物也是有花植物的始祖,在花满原野的今天,蕨类依然欣欣向荣。本章将给同学们介绍蕨类植物的主要特征及常用药用植物。

一、蕨类植物的主要特征

　　蕨类植物是具有维管组织的最低等的高等植物,因其具有独立生活的配子体和孢子体而不同于其他高等植物。蕨类植物的孢子体远比配子体发达,并具有根、茎、叶的分化和较原始的维管系统,这些特征和苔藓植物不同。此外,蕨类植物又因产生孢子、不产生种子,而不同于种子植物。因此,蕨类植物是介于苔藓植物和种子植物之间的一群植物,它较苔藓植物进化,而较种子植物原始。蕨类植物既是高等的孢子植物,又是原始的维管植物。蕨类植物无性繁殖产生孢子,有性生殖器官为精子器和颈卵器。

　　1. 蕨类植物的孢子体　蕨类植物的孢子体发达,有根、茎、叶的分化,大多数的蕨类植物为多年生草本,仅少数为一年生。

　　(1) 根:通常为不定根,形成须根状。

　　(2) 茎:大多数为根状茎,匍匐生长或横走。茎上通常被有膜质鳞片或毛茸,鳞片上常有粗或细的筛孔,毛茸有单细胞毛、腺毛、节状毛、星状毛等。

　　(3) 叶:蕨类植物的叶多从根状茎上长出,有簇生、近生或远生的,幼时大多数呈拳曲状,为原始性状。根据叶的起源及形态特征,可分为小型叶和大型叶两种。小型叶没有叶隙和叶柄,仅具1条不分枝的叶脉,如石松科、卷柏科、木贼科等植物的叶。大型叶具叶柄,有或无叶隙,有多分枝的叶脉,是较为进化的叶,如真蕨类植物的叶,有单叶和复叶两种类型。

　　蕨类植物的叶,根据功能又可分成孢子叶和营养叶两种。孢子叶是指能产生孢子囊和孢子的叶,又称能育叶;营养叶仅能进行光合作用,不能产生孢子囊和孢子,又称不育叶。有些蕨类植物无孢子叶和营养叶之分,既能进行光合作用,制造有机物,又能产生孢子囊和孢子,叶的形状也相同,称同型叶,如常见的粗茎鳞毛蕨、石韦等;另外有些蕨类植物,在同一植株体上,具有两种不同形状和功能的叶,即营养叶和孢子叶,称异型叶,如荚果蕨、槲蕨、紫萁等。

　　(4) 孢子囊:在小型叶蕨类植物中,孢子囊单生于孢子叶的近轴面叶腋或叶的基部,通常很多孢子叶紧密或疏松地集生于枝的顶端,形成球状或穗状,称孢子叶球或孢子叶穗,如石松、木贼等。大型叶蕨类不形成孢子叶穗,孢子囊也不单生于叶腋处,而是由许多孢子囊聚集成不同形状的孢子囊群或孢子囊堆,生于孢子叶的背面或边缘。孢子囊群有圆形、长圆形、肾形、线形等形状,孢子囊群常有膜质盖,称为孢子囊群盖。孢子囊内的孢子由单层或多层细胞组成,在细胞壁上有不均匀的增厚形成环带。环带的着生位置有多种形式,如顶生环带、横行环带、斜行环带、纵行环带等,这些环带对于孢子的散布有重要作用(图7-1)。

　　(5) 孢子:孢子的形态大小相同,称孢子同型;大小不同,有大孢子和小孢子的区别,称孢子异型。产生大孢子的囊状结构称大孢子囊,产生小孢子的称小孢子囊。大孢子萌发形成雌配子体,小孢子萌发形成雄配子体。无论是同型孢子还是异型孢子,均可分为两面形、四面形或球状四面形3种。

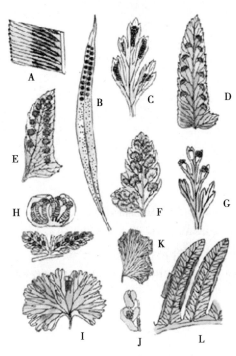

　　2. 蕨类植物的配子体　蕨类植物的孢子成熟后散落在适宜环境里萌发成一片细小的呈各种形状的绿色叶状体,称为原叶体,这就是蕨类植物的配子体。大多数蕨类植物的配子体生于潮湿的地方,具背腹性,能独立生活。当配子体成熟时大多数在同一配子体的腹面产生有性生殖器官,即精子器和颈卵器。精子器内生具鞭毛的精子,颈卵器内有一个卵细胞,精卵成熟后,精子由精子器逸出,以水为媒介进入颈卵器内与卵结合,受精卵发育成胚,由胚发育成孢子体。

A. 孢子囊群线形,无盖(凤丫蕨属);B. 孢子囊群圆形,无盖(瓦韦属);C. 囊群盖条形(铁角蕨属);D. 囊群盖肾形(肾蕨属);E. 囊群盖圆盾形(耳蕨属);F. 囊群盖马蹄形(蹄盖蕨属);G. 囊群盖杯形(骨碎补属);H. 囊群盖球形(红腺蕨属);I. 囊群盖漏斗状(团扇蕨属);J. 囊群盖蚌壳形(蚌壳蕨属);K. 不连续肾形的假囊群盖(铁线蕨属);L. 连续的条形假囊群盖(凤尾蕨属)。

图 7-1　蕨类植物的孢子囊群及囊群盖的主要类型

　　3. 蕨类植物的生活史　蕨类植物具有明显的世代交替,从单倍体的孢子开始,到配子体上产生精子和卵细胞,这一阶段为单倍体的配子体世代(有性世代);从受精卵开始,到孢子体上产生的孢子囊中孢子母细胞在减数分裂之前,这一阶段为二倍体的孢子体世代(无性世代),这两个世代有规律地交替完成其生活史(图7-2)。

　　蕨类植物和苔藓植物的生活史有两点较为不同:一是孢子体和配子体都能独立生活;二是孢子体发达,配子体弱小,生活史中孢子体占优势,为异型世代交替。

　　蕨类植物约有12 000种,广布于全世界,尤以热带、亚热带最丰富。我国有61科223属约2 600种,主要分布在长江以南各省区。通常将蕨类植物门下分为5个纲:松叶蕨纲、石松纲、水韭纲、木贼纲与真蕨纲。前4个纲都是小型叶蕨类,是一些较原始而古老的类群,现存的较少。真蕨纲是大型叶蕨类,是最进化的蕨类植物,也是非常繁茂的蕨类植物。其中以石松纲、木贼纲和真蕨纲的药用植物种类较多。已知可药用的有39科300余种。如海金沙可治尿道感染、尿道结石;骨碎补能强骨补肾、活血止痛;用卷柏外敷治刀伤出血;用贯众治虫积腹痛和流行性感冒;鳞毛蕨及其近缘种的根状茎煎汤,为

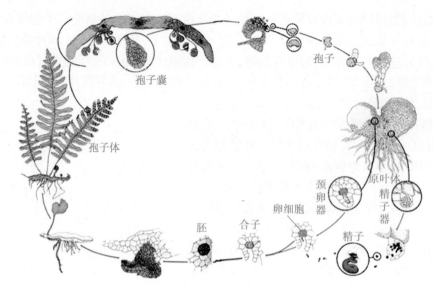

图 7-2 蕨类植物的生活史

治疗牛羊的肝蛭病的特效药。

蕨类植物的化学成分复杂,研究和应用越来越广,主要包括有生物碱类、酚类化合物、黄酮类、甾体及三萜类化合物和其他成分。蕨、水蕨、紫萁及观音莲座等都可食用,许多种蕨类植物的根状茎中富含淀粉,称蕨粉或山粉,不但可食,还可作酿酒的原料。

二、蕨类植物的分类及常见药用植物

(一)石松纲

1. 石松科 Lycopodiaceae

【形态特征】①陆生或附生草本;②根不发达,茎二叉分枝;③叶小型,单叶,有中脉,螺旋状或轮状排列;④孢子叶穗顶生于茎端,孢子囊肾状,横卧于叶腋内。孢子同型。

本科有 6 属 75 种,广布热带与亚热带。我国有 6 属 14 种,分布于华东、华南、华中及西南大部分省区。

【药用植物】

石松 *Lycodium japonicum* Thunb. 多年生草本,匍匐茎蔓生,直立茎高 30cm 左右,二叉分枝。叶小,线状披针形,螺旋状排列。孢子枝高出营养枝。孢子叶聚生枝顶,形成孢子叶穗,孢子叶穗长 2~5cm,单生或 2~6 个着生于孢子枝顶端,孢子囊肾形,孢子为三棱状锥形。分布于东北地区、内蒙古、河南及长江流域以南地区。生于林下阴坡的酸性土壤上。全草入药,作"伸筋草";能祛风除湿,舒筋活络(图 7-3)。

图 7-3 石松

2. 卷柏科 Selaginellaceae

【形态特征】①陆生草本植物;②茎通常背腹扁平,横走;③叶小型,单叶,有中脉,腹面基部有一叶舌,舌状或扇状,通常在成熟时即脱落;④孢子叶穗四棱柱形或扁圆形。孢子囊异型,单生于叶腋之基部。孢子异型,大孢子囊内含大孢子 4 枚,小孢子囊内含小孢子多数,均为球状四面形。

本科仅 1 属约 700 种,主产热带地区。我国有 1 属 69 种,各地均有分布。

【药用植物】

卷柏 *Selaginella tamariscina*(Beauv.) Spring.　多年生直立草本,全株莲座状,干燥时枝叶向顶上卷缩。主茎短,下生多数须根,上部分枝多而丛生。叶鳞片状,有中叶(腹叶)与侧叶(背叶)之分,覆瓦状排成 4 列。孢子叶穗着生枝顶,四棱形,孢子囊圆肾形,孢子异型,孢子有大小之分。全国分布。生向阳山地或岩石。全草入药,作"卷柏",生用能活血通经,卷柏炭能化瘀止血(图 7-4)。

图 7-4　卷柏

(二)木贼纲

木贼科 Equisetaceae

【形态特征】①多年生草本;②根状茎横走,茎细长,直立,节明显,节间常中空,分枝或不分枝,表面粗糙,富含硅质,有多条纵脊;③叶小,鳞片状,轮生,基部连合成鞘状;④孢子叶盾形,在小枝顶端排成穗状,孢子圆球形,表面着生十字形弹丝 4 条。

本科仅 1 属约 30 种,除大洋洲外,世界各地均有分布。中国有 1 属 9 种,主产于东北、华北地区,内蒙古和长江流域各省份。

【药用植物】

木贼 *Equisetum hiemale* L.　多年生草本。茎直立,单一不分枝、中空,有明显的节和节间,有纵棱脊 20~30 条,棱脊上疣状突起 2 行,极粗糙。叶鞘基部和鞘齿成黑色两圈。孢子叶穗生于茎顶,长圆形,孢子同型。分布于东北、华北、西北地区及四川等地。生于山坡湿地或疏林下。干燥地上部分入药,作"木贼",能疏散风热、明目退翳(图 7-5)。

图 7-5　木贼

(三)真蕨纲

1. 紫萁科 Osmundaceae

【形态特征】①多年生草本,根茎粗短直立,无鳞片;②叶片幼时被有棕色腺状绒毛,老时光滑,一至二回羽状,叶脉分离,二叉分枝;③孢子囊生于强度收缩变形的孢子叶羽片边缘,孢子囊顶端有几个增厚的细胞,自腹面纵裂。孢子为圆球状四面形。

本科有 5 属约 20 种。中国有 3 属 8 种,主产于西南地区。

【药用植物】

紫萁 *Osmwunda japonica* Thunb.　多年生草本。根状茎短块状,有残存叶柄,无鳞片。叶丛生,二型,幼时密被绒毛,营养叶三角状阔卵形,顶部以下二回羽状,小羽片披针形至三角状披针形,叶脉叉状分离;孢子叶小羽片狭窄,卷缩成线形,沿主脉两侧密生孢子囊,成熟后枯死。分布于秦岭以南温带及亚热带地区,生于山坡林下、溪边、山脚路旁酸性土壤中。根状茎及叶柄残基入药,能清热解毒、止血杀虫(图 7-6)。

图 7-6　紫萁

2. 海金沙科 Lygodiaceae

【形态特征】①陆生缠绕植物。根状茎横走,有毛,无鳞片。②叶轴细长,缠绕着生,羽片 1~2 回二叉状或 1~2 回羽状复叶,近二型,不育叶羽片通常生于叶轴下部,能育叶羽片生于上部。③孢子囊生于能育叶羽片边缘的小脉顶端,排成两行,成穗状;孢子囊梨形,横生短柄上。环带顶生。孢子四面形。

本科为单属的科,分布于全世界热带和亚热带。中国现有 10 种,分布较广。

【药用植物】

海金沙 *Lygodium japonicum*(Thunb.) Sw.　缠绕草质藤本。根茎横走。叶二型,能育叶羽片卵状三角形,不育叶羽片三角形,2~3 回羽状,小羽片 2~3 对;孢子囊穗生于孢子叶羽片的边缘,排列成流苏状;孢子表面有疣状突起。分布于长江流域及南方各省份。多生于山坡林边、灌木丛、草地中。干燥成熟孢子入药,作"海金沙",能清利湿热、通淋止痛(图 7-7)。

图 7-7　海金沙

案 例 分 析

某企业根据生产计划购买海金沙,入库检验发现购买的药材是蒲黄和松花粉而不是海金沙。请问蒲黄、松花粉和海金沙是同一个来源吗?如何鉴别海金沙、蒲黄与松花粉?

分析:海金沙为海金沙科植物海金沙 *Lygodium japonicum*(Thunb.)Sw. 的干燥成熟孢子。本品呈粉末状,黄棕色或淡棕色,质轻,手捻有光滑感,易由指缝滑落。气微,味淡。

蒲黄为香蒲科植物水烛香蒲 *Typha angustifolia* L.、东方香蒲 *Typha orientalis* Presl 或同属植物的干燥花粉。本品为黄色粉末。体轻,放水中则漂浮水面,手捻有滑腻感,易附着于手指上。气微,味淡。

松花粉为松科植物马尾松 *Pinus massoniana* Lamb.、油松 *Pinus tabuli formis* Carr. 或同属数种植物的干燥花粉。为淡黄色的细粉。体轻,易飞扬,手捻有滑润感。气微,味淡。

鉴别海金沙、蒲黄与松花粉可用火试。即用火烧之,海金沙易点燃并产生爆鸣声及闪光,而松花粉及蒲黄无此现象,可资鉴别。

3. 蚌壳蕨科 Dicksoniaceae

【形态特征】①植株高大,小树状,主干粗大,或短而平卧,密被金黄色长柔毛,无鳞片。②叶片大,3~4回羽状,革质;叶脉分离;叶柄长而粗。③孢子囊群生于叶背面,囊群盖两瓣开裂,形似蚌壳状,革质;孢子囊梨形,环带稍斜生,有柄。孢子四面形。

本科有 5 属,分布于世界热带。中国仅有 1 属 1 种(即金毛狗属金毛狗)。蚌壳蕨科(所有种)为国家Ⅱ级重点保护野生植物(国务院 1999 年 8 月 8 日批准)。

【药用植物】

金毛狗脊 *Cibotium barometz*(L.) J. Sm. 植株呈树状,高 2~3m,根状茎粗壮,木质,密生黄色有光泽的长柔毛,状如金毛狗。叶片三回羽状分裂,末回小羽片狭披针形;侧脉单一,或二分叉,孢子囊群生于小脉顶端,每裂片 1~5 对,囊群盖二瓣裂,呈蚌壳状。分布我国南部及西南部。生于山脚沟边及林下阴湿处酸性土壤中。根状茎入药,作"狗脊"能补肝肾、强腰脊、祛风湿(图 7-8)。

图 7-8 金毛狗脊

4. 凤尾蕨科 Pteridaceae

【主要特征】①陆生草本。②根状茎直立或横走,外被有关节毛或鳞片。③叶同型或近二型,叶片 1~2 回羽状分裂,稀掌状分裂,叶脉分离;有柄。④孢子囊群生于叶背边缘或缘内。囊群盖膜质,由变形的叶缘反卷而成,线形,向内开口;孢子囊有长柄,孢子四面形或两面形。

本科有 13 属约 300 种,分布于全世界。我国有 3 属 100 种,分布于全国各地。已知药用的有 1 属 21 种。

【药用植物】

凤尾草 *Pteris multifida* Poir.　　多年生草本。根状茎直立,顶端有钻形黑色鳞片。叶二型,簇生,草质;能育叶长卵形,一回羽状,除基部一对叶有柄外,其余各对基部下延,在叶轴两侧形成狭羽,羽片或小羽片条形;不育叶的羽片或小羽片较宽,边缘有不整齐的尖锯齿。孢子囊群线形,沿叶边连续分布。分布于我国华东、中南、西南等地区。全草入药,作"凤尾草",能清热、利湿、解毒(图 7-9)。

图 7-9　凤尾草

5. 鳞毛蕨科 Dryopteridaceae

【主要特征】①陆生,中小型植物。②根状茎直立或短而斜生,稀横走,连同叶柄多被鳞片。③叶轴上面有纵沟,叶片 1 至多回羽状。④孢子囊群背生或顶生于小脉,囊群盖盾形或圆形,有时无盖。孢子两面形,表面有疣状突起或有翅。

本科约 14 属 1 200 余种,分布于世界各洲,但主要集中于北半球温带和亚热带高山地带。中国有 13 属共 472 种,分布全国各地,尤以长江以南最为丰富。

【药用植物】

粗茎鳞毛蕨 *Dryopteris crassirhizoma* Nakai　　多年生草本。根状茎直立,连同叶柄密生棕色大鳞片。叶簇生,二回羽裂,裂片紧密,短圆形,圆头,叶轴上被有黄褐色鳞片。侧脉羽状分叉,孢子囊群分布于叶片中部以上的羽片上,生于小脉中部以下,每裂片 1~4 对,囊群盖肾圆形,棕色。分布于东北地区与河北。生于林下潮湿处。根状茎及叶柄残基入药,作"绵马贯众",能清热解毒、止血、杀虫(图 7-10)。

图 7-10　粗茎鳞毛蕨

案例分析

　　贯众为常用中药,商品贯众为蕨类植物的带叶柄基的干燥根茎,其性凉,味苦,有小毒,入肝、胃经,具有清热解毒、凉血止血、驱虫的功效,常用于风热感冒、温热斑疹、吐血衄血、肠风便血、崩漏带下等症。据统计,其原植物有 5 科 31 种,其中主要有鳞毛蕨科植物粗茎鳞毛蕨(绵马贯众)、球子蕨科植物荚果蕨(荚果蕨贯众)、紫萁科植物紫萁(紫萁贯众)、乌毛蕨科植物单芽狗脊蕨和狗脊蕨(狗脊贯众)等。市场上贯众的来源较为混杂。《中国药典》2020 年版列出的正品贯众为绵马贯众。

　　分析：正品绵马贯众是鳞毛蕨科植物粗茎鳞毛蕨的根状茎及叶柄残基。其主要识别特征有：①呈倒圆锥形而稍弯曲，上端钝圆或截形，下端较尖，长 10～20cm，直径 5～8cm；②外表黄棕色至黑棕色，密被排列整齐的叶柄残基及鳞片，并有弯曲的须根，叶柄残基呈扁圆柱形；③质坚硬，叶柄残基或根茎的横断面呈棕色或深绿色，有黄白色小点 5～13 个，排列成环；④气特殊，味初微涩，渐苦而辛。

6. 水龙骨科 Polypodiaceae

【主要特征】①陆生或附生。根状茎横走，被鳞片。②叶同型或二型；叶柄与根状茎有关节相连；单叶，全缘或羽状半裂至一回羽状分裂；网状脉。③孢子囊群圆形或线形，或有时布满叶背，无囊群盖；孢子囊梨形或球状梨形；孢子两面形。

　　本科约有 40 余属，广布于全世界，但主要产于热带和亚热带地区。中国有 25 属，现有 272 种，主产于长江以南各省区。已知药用的有 18 属 86 种。

【药用植物】

　　石韦 *Pyrrosia lingua*(Thunb.) Farwell　　多年生草本，高 10～30cm。根状茎横走，密生褐色针形鳞片。叶远生，叶片披针形，下面密被灰棕色星状毛；叶柄基部有关节。孢子囊群在侧脉间紧密而整齐地排列，初为星状毛包被，成熟时露出。无囊群盖。分布于长江以南各省区，生于岩石或树干上。叶入药，作"石韦"，能利尿通淋、清肺止咳(图 7-11)。

图 7-11　石韦

7. 槲蕨科 Drynariaceae

【主要特征】①陆生或附生。根状茎横走，肉质；密被棕褐色鳞片，鳞片通常大而狭长，基部盾状着生，边缘有睫毛状锯齿。②叶常二型，基部不以关节着生于根状茎上，叶片深羽裂或羽状，叶脉粗而明显，1～3 回形成大小四方形的网眼。③孢子囊群不具囊群盖。孢子囊和孢子同水龙骨科。

　　本科有 8 属 32 种。多分布于亚洲，延伸到一些太平洋的热带岛屿，南至澳大利亚北部，以及非洲大陆、马达加斯加及附近岛屿。除槲蕨属有 16 种外，其余大都为单种属，其形态变异很大而奇特。我国有 4 属 12 种。

【药用植物】

　　槲蕨 *Drynaria fortunei*(Kunze.) J. Sm.　　多年生草本。根状茎肉质横走，密生钻状披针形鳞片，边缘流苏状。叶二型，营养叶棕黄色，革质，卵圆形，羽状浅裂，无柄，覆瓦状叠生在孢子叶柄的基部；孢子叶绿色,长椭圆形,羽状深裂,裂片 7~13 对,基部裂片缩短成耳状;叶柄短,有狭翅。孢子囊群圆形,生于叶背主脉两侧,各成 2~3 行,无囊群盖。分布于中南、西南地区及台湾、福建、浙江等省。附生于岩石或树上。根状茎入药,作"骨碎补",能疗伤止痛、补肾强骨;外用消风祛斑(图 7-12)。

图 7-12　槲蕨

●　●　●　●　●　●　学 习 小 结　●　●　●　●　●　●

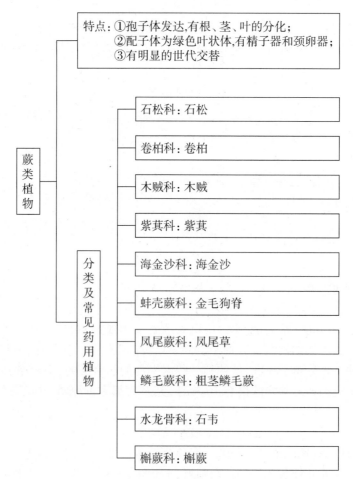

自 我 测 评

一、单项选择题

1. 从( )植物开始出现了维管组织
   A. 蕨类　　　　B. 真菌类　　　　C. 苔藓　　　　D. 裸子　　　　E. 地衣
2. 药材伸筋草来源于( )的全草
   A. 石松　　　　B. 卷柏　　　　C. 海金沙　　　　D. 紫萁　　　　E. 凤尾草
3. 海金沙的药用部位是( )
   A. 根　　　　B. 茎　　　　C. 干燥成熟孢子　　　　D. 花粉粒　　　　E. 根状茎
4. 金毛狗脊的药用部分为( )
   A. 块根　　　　B. 块茎　　　　C. 根状茎　　　　D. 全株　　　　E. 干燥成熟孢子
5. 药材绵马贯众来源于( )
   A. 粗茎鳞毛蕨　　　B. 紫萁　　　　C. 金毛狗脊　　　　D. 槲蕨　　　　E. 荚果蕨

二、多项选择题

1. 下列以根状茎及叶柄残基入药的植物有( )
   A. 紫萁　　　　B. 金毛狗脊　　　　C. 粗茎鳞毛蕨　　　　D. 石松　　　　E. 凤尾草
2. 下列以根状茎入药的植物有( )
   A. 紫萁　　　　B. 金毛狗脊　　　　C. 槲蕨　　　　D. 石松　　　　E. 凤尾草
3. 下列以全草入药的植物有( )
   A. 紫萁　　　　B. 金毛狗脊　　　　C. 槲蕨　　　　D. 石松　　　　E. 凤尾草

三、填空题

1. 中药材骨碎补来源于槲蕨科植物_____的_____。
2. 粗茎鳞毛蕨的根状茎及叶柄残基入药,称为_____。
3. 金毛狗脊属于_____科植物,其孢子囊群盖呈_____状。
4. 木贼以_____入药。

四、名词解释

1. 孢子叶
2. 营养叶
3. 同型叶
4. 异型叶

五、简答题

1. 蕨类植物的主要特征是什么?
2. 为什么说蕨类植物较苔藓植物进化,而较种子植物原始?

第七章同步练习

第 八 章

药用裸子植物

学习导航

裸子植物出现于古生代,中生代最为繁盛,后来由于地质的变化,逐渐衰退。中国疆域辽阔,气候和地貌类型复杂,基本上保持了第三纪以来比较稳定的气候,因此中国的裸子植物区系种类丰富,起源古老,多为古残遗和孑遗成分。中国的裸子植物区系针叶林类型多样,并常为特有的单型属或少型属,且现存物种多为北半球其他地区早已灭绝的古残遗种或孑遗种,可谓世界上裸子植物资源最丰富的国家。本章将给同学们介绍裸子植物的主要特征及常用药用植物。

裸子植物同苔藓和蕨类植物一样,既属于颈卵器植物,又是能产生种子的高等植物,是介于蕨类和被子植物之间的维管植物,裸子植物的胚珠外面没有子房包被,所形成的种子是裸露的,没有果皮包被,故名裸子植物。又因能产生种子,故与被子植物合称为种子植物。

裸子植物最早出现于距今约三亿五千万年前的泥盆纪,繁盛于古生代末期的二叠纪至中生代的白垩纪早期。现存裸子植物广布世界各地,特别是北半球亚热带高山地区及温带至寒带地区,常形成大面积的森林。

裸子植物现存 5 纲(银杏纲、苏铁纲、红豆杉纲、松柏纲、买麻藤纲)9 目 12 科 71 属,约 800 余种,其中银杏、水杉、榧树、红豆杉、银杉、金钱松、侧柏等都是第三纪的孑遗植物,被称为"活化石"植物。我国裸子植物资源丰富,种类繁多,共有 5 纲 8 目 11 科 41 属 236 种 47 变种,其中引种栽培 1 科 7 属 51 种 2 变种,是世界上裸子植物种类最多、资源最丰富的国家。其中,已知药用的裸子植物有 10 科 25 属 100 余种。

裸子植物的化学成分类型很多,主要有黄酮类、生物碱类,裸子植物除少数类群(如买麻藤属及松科的一些属)外,均具有双黄酮类化合物,常见的有穗花杉双黄酮、西阿多黄素、银杏黄素、枯黄素、榧黄素等。黄酮类化合物则普遍存在,常见的有槲皮素、山柰酚和杨梅树皮素等。生物碱仅在三尖杉科、麻黄科和买麻藤科中存在,可供药用。此外,某些种类还含有萜类及挥发油、树脂等。如松科部分树种可割制松香和提取松节油。

一、裸子植物的主要特征

1. 植物体(孢子体)发达　多为乔木、灌木,稀为亚灌木(如麻黄)或藤本(如买麻藤),大多数是常绿植物,极少为落叶性(如银杏、金钱松);茎内维管束环状排列,有形成层及次生生长,但木质部仅有管胞,而无导管(除麻黄科、买麻藤科外),韧皮部有筛胞而无伴胞。叶为针形、条形、鳞片形,极少为扁平形的阔叶。根发达。

2. 胚珠裸露,产生种子　花被常缺,仅麻黄科、买麻藤科有类似于花被的盖被(假花被),雄蕊(小孢子叶)聚生成小孢子叶球(雄球花),雌蕊的心皮(大孢子叶)呈叶状而不包卷形成子房,丛生或聚生成大孢子叶球(雌球花),胚珠裸生于心皮的边缘,经过传粉、受精后发育成种子,种子外无子房形成的果皮包被,所以称裸子植物,这是与被子植物的主要区别。

3. 配子体非常退化,完全寄生在孢子体上　雄配子体是萌发后的花粉粒,由2个退化原叶体细胞、1个管细胞和1个生殖细胞组成。雌配子体由胚囊及胚乳组成,近珠孔端产生颈卵器,颈卵器埋于胚囊中,仅有2~4个颈壁细胞露在外面,颈卵器内有1个卵细胞和1个腹沟细胞,无颈沟细胞,比蕨类植物的颈卵器更为退化。

4. 具多胚现象　大多数的裸子植物具多胚现象,这是由于1个雌配子体上的几个或多个颈卵器的卵细胞同时受精,形成多胚;或者由于1个受精卵在发育过程中,发育成原胚,再由原胚组织分裂为几个胚而形成多胚。

二、常用药用裸子植物

1. 苏铁科 Cycadaceae

【形态特征】①常绿木本植物,树干粗短,常不分枝,植物体呈棕榈状;②叶大,革质,多为一回羽状复叶,螺旋状排列于树干上部;③雌雄异株;雄球花为一木质大球花(小孢子叶球),直立,具柄,单生于茎顶,由多数的鳞片状或盾形的雄蕊(小孢子叶)构成,每个雄蕊下面遍布多数球状的一室花药(小孢子囊),小孢子(花粉粒)发育所产生的精子有多数纤毛,大孢子叶叶状或盾状,丛生于茎顶;④种子核果状,有3层种皮。胚乳丰富。

本科有9属100余种,分布于西南、华南、华东等地。药用的有苏铁属4种。

【药用植物】

苏铁(铁树) *Cycas revoluta* Thunb.　常绿乔木,树干圆柱形,直立,不分枝,密被宿存的叶基和叶

图 8-1　苏铁

痕。羽状复叶螺旋状排列,聚生于茎顶,基部两侧有刺;小叶片约 100 对,条形,边缘向下反卷。雌雄异株;雄球花圆柱状,上面生有许多鳞片状雄蕊(小孢子叶),每个雄蕊下面着生许多花粉囊(小孢子囊),常 3~4 枚聚生;雌蕊(大孢子叶)密被黄褐色绒毛,上部羽状分裂,下部柄状,柄的两侧各生 1~5 枚近球形的胚珠(大孢子囊)。种子核果状,成熟时红棕色。分布于我国南方,各地常有栽培。大孢子叶和种子(有毒)能理气止痛,益肾固精;叶能收敛,止痢;根能祛风活络,补肾。

注意:苏铁种子和茎顶部树心有毒,用时宜慎(图 8-1)。

2. 银杏科 Ginkgoaceae

【形态特征】①落叶乔木,枝有长枝和短枝之分;②单叶,扇形,具柄,长枝上的叶螺旋状散生,2 裂,短枝上的叶丛生,常具波状缺刻;③球花单性,雌雄异株,生于短枝上,雄球花呈柔荑花序状,雄蕊多数,各具 2 药室,花粉粒萌发时产生 2 个多纤毛的精子,雌球花极为简化,有长柄,柄端生两个杯状心皮,裸生 2 个直立胚珠,常只 1 个发育;④种子核果状,外种皮肉质,成熟时橙黄色,中种皮骨质,白色,内种皮纸质,棕红色,胚乳丰富,子叶 2 枚。

本科仅有 1 属 1 种。各地普遍栽培,我国特产,主产于辽宁、山东、河南、湖北、四川等省。

【药用植物】

银杏 *Ginkgo biloba* L. 形态特征与科特征相同。银杏是裸子植物中最古老的"活化石",具有多纤毛的精子,胚珠里面有适应精子游动的花粉腔,这种原始性状证明了高等植物的祖先是由水生过渡到陆生的。

图 8-2 银杏

银杏的种子(白果)可供药食两用(多食有毒),种仁能敛肺定喘、止带浊、缩小便。叶中提取的总黄酮能扩张动脉血管,改善微循环,用于治疗冠心病(图 8-2)。

案例分析

　　我国曾多次发生幼儿或成人中毒甚至死亡的案例,经医护人员查验,患者均有食用过量或生食白果的行为。请分析其原因。

　　分析:白果中毒系食用过量或生食白果所致。中毒多发生于儿童,年龄越小越易中毒。食用白果后经 1~12 小时的潜伏期而发病。有恶心、呕吐、腹痛、腹泻、食欲不振等消化道症状,亦可出现烦躁不安、恐惧、惊厥、肢体强直、抽搐、四肢无力、瘫痪、呼吸困难等症状。

　　病因系大量生食或食用未经熟透的白果。白果含有白果苷,可以分解出有毒的氢氰酸,大量食用容易引起中毒,每人每次以不超过 10 颗为宜。据报道,曾有小儿吃 5~10 粒而中毒死亡的案例。

　　为防止白果中毒,医生提醒:切忌过量食用或生食,婴幼儿勿食。白果的有毒成分易溶于水,加热后毒性减轻,所以食用前可用清水浸泡 1 小时以上,再加热煮熟,可大大提高食用白果的安全性。如发现中毒症状,要及时到医院就诊。

知识拓展

　　银杏最早出现于3.45亿年前的石炭纪。曾广泛分布于北半球,白垩纪晚期开始衰退。至50万年前,在欧洲、北美洲和亚洲绝大部分地区灭绝,只有中国的保存了下来。

　　银杏树生长较慢,寿命极长,自然条件下栽种到结果要20多年,40年后才能大量结果,因此又有人把它称作"公孙树",有"公种而孙得食"的含义,是树中的老寿星,具有观赏、经济、药用等价值。银杏树的种子俗称白果,入药可敛肺定喘、止带缩尿。因此银杏又名白果树。医药界认为,生白果应控制在一天10粒左右,过量食用会引起腹痛、发热、呕吐、抽搐等症状。有些人喜欢用银杏叶片泡水喝,这有一定的危险,因银杏叶中含有有毒成分,服用剂量过大或时间较长,会危害心脏健康。

3. 松科 Pinaceae

【形态特征】①常绿乔木,稀灌木;②叶针形或条形,在长枝上螺旋状排列,在短枝上簇生;③花单性,雌雄同株,雄球花穗状,雄蕊多数,各具2药室,花粉粒外壁两侧突出成翼状的气囊,雌球花由多数螺旋状排列在大孢子叶轴上的珠鳞(心皮)组成,珠鳞在结果时称种鳞。每个珠鳞的腹面(近轴面)有两个胚珠,背面(远轴面)有1片苞片,称苞鳞,苞鳞与珠鳞分离;④多数种鳞和种子聚成木质球果。种子通常具单翅。具胚乳,有子叶2~15枚。

　　本科有10属230余种,广布于全世界。我国有10属,约113种,全国各地均有分布。已知药用8属,48种。

　　本科植物常有树脂道,含树脂和挥发油。

【药用植物】

马尾松 *Pinus massoniana* Lamb.　　常绿乔木。树皮下部灰棕色,上部棕红色,小枝轮生。生长枝上的叶为鳞片状,短枝上的叶为针状,2针一束,细长而柔软,长12~20cm,树脂道4~7个,边生。雄球花生于新枝下部,淡红褐色;雌球花常2个生于新枝顶端。种鳞的鳞盾菱形,鳞脐微凹。球果卵圆形或圆锥状卵形,成熟后褐色。种子长卵圆形,具单翅,子叶5~8枚。分布于我国淮河和汉水流域以南各地,西至四川、重庆、贵州和云南。生于阳光充足的丘陵山地酸性土壤。树干可割取松脂和提取松节油(图8-3)。

图8-3　马尾松

　　马尾松全株均可入药。节(松节)能祛风燥湿、活络止痛;树皮(松皮)能收敛生肌;叶(松针)能祛风活血、明目安神、解毒止痒;花粉(松花粉)能收敛、止血;松球果(松塔)用于风痹、肠燥便秘;松子仁能润肺滑肠;树脂蒸馏提取的挥发油即松节油,外用于肌肉酸痛、关节痛,又为合成冰片的原料;树脂(松香)能燥湿祛风、生肌止痛。

　　同属药用植物还有:**油松** *Pinus tabuliformis* Carr.,叶2针一束,粗硬,长10~15cm;树脂道约10个,边生;鳞盾肥厚隆起,鳞脐有刺尖;为我国特有树种,分布于我国北部及西部,生于干燥的山坡上。
金钱松 *Pseudolarix amabilis*(Nelson) Rehd.,落叶乔木,有长枝和短枝之分,长枝上的叶螺旋状散生,短枝上的叶15~30簇生,叶片条形或倒披针状条形,辐射平展,秋后呈金黄色,似铜钱;雌雄同株,雄球花数个簇生于短枝顶端,雌球花单生于短枝顶端,苞鳞大于珠鳞;球果当年成熟,成熟时种鳞和种子一起脱落,种子具翅;分布于我长江流域以南各省区,喜生于温暖、多雨的酸性土山区;根皮或近根树皮入药称土荆皮,能杀虫、止痒。用于疥癣瘙痒。

4. 柏科 Cupressaceae

【形态特征】①常绿乔木或灌木;②叶交互对生或三叶轮生,常为鳞片状或针状,或同一树上兼有两型叶;③雌雄同株或异株。雄球花单生于枝顶,椭圆状球形,雄蕊交互对生,每雄蕊具 2~6 枚花药;雌球花球形,有数对交互对生的珠鳞,珠鳞与苞鳞结合,各具 1 至多数胚珠。珠鳞镊合状或覆瓦状排列;④球果木质或革质,有时浆果状。种子具胚乳,子叶 2 枚。

本科有 22 属约 150 种,分布于南北两半球。我国有 8 属,29 种,分布于南北各地。已知药用有 6 属,20 种。

本科植物常含树脂、挥发油。

【药用植物】

侧柏(扁柏) *Platycladus orientalis*(L.) Franco 常绿乔木,小枝扁平,排成一平面,伸展。鳞片叶交互对生,贴生于小枝上。球花单性,同株。球果单生枝顶,卵状矩圆形;种鳞 4 对,扁平,覆瓦状排列,有反曲的尖头,熟时开裂,中部种鳞各有种子 1~2 枚。种子卵形,无翅。分布几遍全国。各地常有栽培,为我国特产树种。枝叶(侧柏叶)能凉血、止血。种子(柏子仁)能养心安神,润燥通便(图 8-4)。

图 8-4 侧柏

5. 红豆杉科 Taxaceae

【形态特征】①常绿乔木或灌木;②叶披针形或针形,螺旋状排列或交互对生,基部扭转成 2 列,下面沿中脉两侧各具 1 条气孔带;③球花单性异株,稀同株,雄球花常单生或呈穗状花序状,雄蕊多数,具 3~9 个花药,花粉粒无气囊,雌球花单生或成对,胚珠 1 枚,生于苞腋,基部具盘状或漏斗状珠托;④种子浆果状或核果状,包被于肉质的假种皮中。

本科有 5 属 23 种,主要分布于北半球。我国有 4 属 12 种。已知药用 3 属 10 种。

【药用植物】

榧树 *Torreya grandis* Fort. et Lindl. 常绿乔木,树皮条状纵裂,小枝近对生或轮生。叶螺旋状着生,扭曲成 2 列,条形,坚硬革质,先端有刺状短尖,上面深绿色,无明显中脉,下面淡绿色,有 2 条粉白色气孔带。雌雄异株;雄球花单生叶腋,圆柱状,雄蕊多数,各有 4 个药室,雌球花成对生于叶腋。种子椭圆形或卵形,成熟时核果状,为珠托发育的假种皮所包被,淡紫红色,肉质。分布于江苏、浙江、安徽南部、福建西北部、江西及湖南等省,为我国特有树种,常见栽培。种子(榧子)可食,能杀虫消积、润燥通便。

同科植物入药的还有:**红豆杉** *Taxus chinensis*(Pilger) Rehd. ,叶可用于治疥癣;种子(血榧)用于小儿疳积,蛔虫病;茎皮含紫杉醇,有抗癌作用(图 8-5)。

图 8-5　红豆杉

6. 三尖杉科（粗榧科）Cephalotaxaceae

【形态特征】①常绿乔木或灌木；②叶条形或条状披针形，交互对生或近对生，在侧枝上基部扭转而成 2 列，叶上面中脉凸起，下面有白色气孔带两条；③球花单性异株，稀同株。雄球花有雄花 6~11 朵，聚生成头状，腋生，基部有多数螺旋状排列的苞片，雄蕊 4~16 枚，各具 2~4（通常为 3）个药室，花粉粒球形，无气囊；雌球花有长柄，生于小枝基部的苞片腋部，有数对交互对生的苞片，每苞片基部生 2 枚胚珠，仅 1 枚发育；④种子核果状，全部包埋于由珠托发育成的肉质假种皮中，基部有宿存苞片，外种皮质硬，内种皮薄膜质，有胚乳，子叶 2 片。

本科仅有三尖杉属（*Cephalotaxus*）1 属，我国有 10 种，分布于黄河以南及西南各省区。已知药用 9 种，其中以三尖杉和中国粗榧常见。是提取具抗癌作用的三尖杉生物碱的资源植物。

【药用植物】

三尖杉 *Cephalotaxus fortunei* Hook. f.　常绿乔木，树皮灰褐色至红褐色，片状脱落，小枝对生，细长稍下垂。叶螺旋状着生，排成二列，线形，稍镰状弯曲，长约 5~10cm，中脉在叶面突起，叶背中脉两侧各有 1 条白色气孔带。雄球花 8~10 朵聚生成头状，生于叶腋，每个雄球花有雄蕊 6~16 枚，生于一苞片上。雌球花有长梗，生于小枝基部，有数对交互对生的苞片，每苞片基部生 2 枚胚珠。种子核果状长卵形，熟时紫色。分布于我国陕西南部、甘肃南部，以及华东、华南、西南等地区。生于山坡疏林、溪谷湿润而排水良好的地方。种子能润肺、消积、杀虫（图 8-6）。

图 8-6　三尖杉

7. 麻黄科 Ephedraceae

【形态特征】①小灌木或亚灌木，小枝对生或轮生，节明显，节间有细纵槽，茎的木质部内有导管，②鳞片状叶，对生或轮生于节上，③球花单性异株。雄球花由数对苞片组合而成，每苞中有雄花 1 朵，每花有 2~8 枚雄蕊,每雄蕊具 2 个花药,花丝合成一束,雄花外包有假花被,2~4 裂;雌球花由多数苞片组成,仅顶端的 1~3 片苞片内生有雌花,雌花具顶端开口的囊状、革质的假花被,包于胚珠外,胚珠 1 枚,具 1 层珠被,珠被上部延长成珠被(孔)管,自假花被开口处伸出,④种子浆果状,假花被发育成革质假种皮,包围种子,最外面为红色肉质苞片,多汁可食,俗称"麻黄果"。

本科有仅 1 属约 40 种,分布于亚洲、美洲、欧洲东南部及非洲北部等干燥、荒漠地区。我国有 16 种,分布于东北、西北、西南等地区。已知药用 15 种。

本科植物含麻黄类生物碱。

【药用植物】

草麻黄(麻黄) *Ephedra sinica* Stapf.　　草本状小灌木,高 30~40cm。有木质茎和草质茎之分,木质茎短,匍匐地上或横卧土中,草质茎绿色,小枝对生或轮生,节明显,节间长 2~6cm,直径约 2mm。叶鳞片状,基部鞘状,下部 1/3~2/3 合生,上部 2 裂,裂片锐三角形,常向外反曲。雄球花常聚集成复穗状,生于枝端,具苞片 4 对;

图 8-7　草麻黄

雌球花单生枝顶,有苞片 4~5 对,最上 1 对苞片各有 1 朵雌花,珠被(孔)管直立,成熟时苞片增厚成肉质,红色,浆果状,内有种子 2 枚。分布于东北地区,以及内蒙古、河北、山西、陕西等省区。生于沙质干燥地带,常见于山坡、河床和干旱草原,有固沙作用。麻黄的草质茎能发汗散寒,宣肺平喘,利水消肿。亦可作为提取麻黄碱的原料。根能止汗(图 8-7)。

同属多种植物均供药用。如:**木贼麻黄** *Ephedra equisetina* Bge.,直立小灌木,高达 1m,节间细而较短,长 1~2.5cm;雌球花常两个对生于节上,珠被管弯曲,种子通常 1 枚,本种生物碱的含量较其他种类高。**中麻黄** *Ephedra intermedia* Schrenk ex Mey.,直立小灌木,高达 1m 以上,节间长 3~6cm,叶裂片通常 3 片,雌球花珠被管长达 3mm,常呈螺旋状弯曲,种子通常 3 枚。

 案 例 分 析

某企业根据生产计划购买麻黄,入库检验发现购买的药材是木贼而不是麻黄。请问木贼和麻黄是同一个来源吗? 二者如何鉴别?

分析:麻黄为麻黄科植物草麻黄、中麻黄或木贼麻黄的干燥草质茎。

草麻黄药材呈细长圆柱形,少分枝,直径 1~2mm,有的带少量木质茎。表面淡绿色至黄绿色,有细的纵棱线,触之微有粗糙感。节明显,节间长 2~6cm,节上有鞘状膜质鳞叶,长 3~4mm,裂片 2 片(稀 3 片),锐三角形,先端反曲,基部常连合成筒状,红棕色。质轻脆,易折断,折断时有粉尘飞出。断面略呈纤维性,周边绿黄色,髓部呈红棕色,近圆形。气微香,味微苦涩。

中麻黄药材多分枝,直径 1.5~3.0mm,有粗糙感,节间长 2~6cm,鳞叶长 2~3mm,裂片 3 片(稀 2 片),先端锐尖。断面髓部呈三角状圆形。该物种为中国植物图谱数据库收录的有毒植物,其毒性为全草有小毒。

木贼麻黄药材多分枝,直径 1.0~1.5mm,有粗糙感,节间长 1.5~3cm,鳞叶长 1~2mm,裂片 2 片(稀 3 片),呈短三角形,灰白色,尖端多不反曲,基部棕红色或棕黑色。该物种为中国植物图谱数据库收录的有毒植物,其毒性为全草有小毒。

木贼为木贼科植物木贼的干燥全草。呈长管状,中空有节,不分枝。长 30~60cm,直径约 5mm,每节长 3~6cm。表面灰绿色或黄绿色,有多数纵枝,顺直排列,其上密生细刺,触之有粗糙感。节处有筒状深棕色的鳞叶。易自节处拔脱。质脆,易折断,断面中空,内有灰白色或浅绿色的薄瓤。

●●●●●●● 学 习 小 结 ●●●●●●●

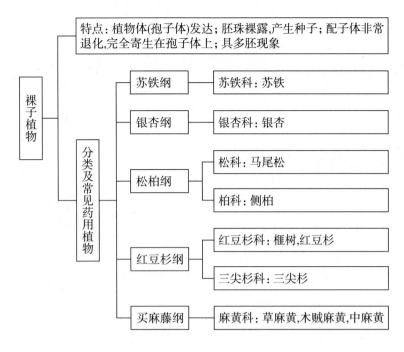

●●●●●● 自 我 测 评 ●●●●●●

一、单项选择题

1. 既是颈卵器植物又是种子植物的是(　　)
   A. 蕨类植物　　　　B. 被子植物　　　　C. 苔藓植物　　　　D. 裸子植物　　　　E. 地衣植物
2. 药材白果来源于(　　)的种子
   A. 银杏　　　　B. 榧树　　　　C. 红豆杉　　　　D. 苏铁　　　　E. 三尖杉
3. 下列花粉可以入药的植物是(　　)
   A. 侧柏　　　　B. 马尾松　　　　C. 红豆杉　　　　D. 三尖杉　　　　E. 罗汉松
4. 茎皮含紫杉醇,具有抗癌作用的植物是(　　)
   A. 侧柏　　　　B. 马尾松　　　　C. 红豆杉　　　　D. 三尖杉　　　　E. 卷柏
5. 下列种子不能入药的植物是(　　)
   A. 侧柏　　　　B. 马尾松　　　　C. 麻黄　　　　D. 三尖杉　　　　E. 红豆杉

二、多项选择题

1. 下列植物中种子可以入药的有(　　)
   A. 银杏　　　　B. 三尖杉　　　　C. 榧树　　　　D. 侧柏　　　　E. 红豆杉
2. 下列以枝或叶入药的植物有(　　)
   A. 苏铁　　　　B. 银杏　　　　C. 红豆杉　　　　D. 侧柏　　　　E. 三尖杉
3. 药材麻黄来源于(　　)
   A. 草麻黄　　　　B. 中麻黄　　　　C. 木贼麻黄　　　　D. 木贼　　　　E. 苏铁

三、填空题

1. 中药材榧子来源于红豆杉科植物_____的_____。
2. 侧柏的种子入药,称为_____。
3. 银杏属于_____科植物,该科仅有 1 属 1 种。

4. 马尾松可以割取树脂,入药称为_____。

四、名词解释

1. 裸子植物
2. 雄球花
3. 雌球花
4. 多胚现象

五、简答题

1. 裸子植物的主要特征是什么?
2. 为什么说裸子植物既是颈卵器植物又是种子植物?

第八章同步练习

第 九 章

药用被子植物

📖 学习导航

　　被子植物早在中生代侏罗纪以前就已开始出现,它适应能力强,分布广,因此也是现今种类最多的类群。现知被子植物有 1 万余属,24 万余种,我国约有 2 700 余属,3 万余种,其中,药用植物约有 9 000 余种。故本章将其分为双子叶植物纲和单子叶植物纲两个部分进行介绍,其中要求同学们重点掌握蓼科、十字花科、蔷薇科、豆科、伞形科、唇形科、葫芦科、桔梗科、菊科、百合科、天南星科等科的主要特征并识别各科常见药用植物;熟悉石竹科、木兰科、五加科、木犀科、茄科、忍冬科、兰科等科的主要特征并识别各科常见药用植物;了解毛茛科、杜仲科、芸香科、报春花科、玄参科、败酱科、禾本科等科的主要特征并识别各科常见药用植物。

第一节　被子植物门概述

　　被子植物是当今植物界中最进化、种类最多、分布最广和生长最茂盛的类群。已知全世界被子植物共有约 25 万种,占植物界总数的一半以上。我国被子植物已知 3 万余种,据第三次全国中药资源普查,药用被子植物有 213 科,1 957 属,11 146 种(含种下分类等级),占我国药用植物总数的 90%,中药资源总数的 78.5%。

　　被子植物和裸子植物相比,器官更加复杂。孢子体高度发达,配子体极度退化,有草本、灌木和乔木之分;有高度发达的输导组织,木质部中有导管,韧皮部中有筛管;有真正的花,花通常由花被(花萼和花冠)、雄蕊群和雌蕊群组成;胚珠生于密闭的子房内;具有双受精现象;受精后,子房发育成果实,胚珠发育成种子,种子有果皮包被(被子植物即由此而得名)。

　　本教材被子植物门的分类采用修改了的恩格勒系统,分双子叶植物纲和单子叶植物纲,它们的主要区别特征见表 9-1。

　　表 9-1 所列主要区别中,另有少数例外,如双子叶植物纲的毛茛科、车前科、菊科等有的植物具须根系;胡椒科、毛茛科、睡莲科、石竹科等具有散生维管束;樟科、小檗科、木兰科、毛茛科有的具 3 基数花;毛茛科、小檗科、睡莲科、伞形科等有 1 片子叶的植物。单子叶植物纲中的天南星科、百合科、薯蓣科等有的具网状脉;百合科、百部科、眼子菜科等有的具 4 基数花。

表 9-1　双子叶植物纲和单子叶植物纲的区别

器官	双子叶植物纲	单子叶植物纲
根	直根系	须根系
茎	维管束环列,具形成层	维管束散生,无形成层
叶	具网状脉	具平行脉
花	通常为 5 或 4 基数	3 基数
花粉粒	具 3 个萌发孔	花粉粒具单个萌发孔
胚	具 2 片子叶	具 1 片子叶

第二节　常用药用被子植物

一、双子叶植物纲

双子叶植物纲分离瓣花亚纲(原始花被亚纲)和合瓣花亚纲(后生花被亚纲)两亚纲。

(一)离瓣花亚纲

离瓣花亚纲又称原始花被亚纲,是比较原始的被子植物。花无花被,具单被或重被,花瓣通常分离。

1. 三白草科 Saururaceae

【形态特征】①多年生草本。②单叶互生;托叶与叶柄合生或缺。③花成穗状或总状花序,在花序基部常有总苞片;花小,两性,无花被;雄蕊 3~8 枚;心皮 3~4 枚,离生或合生,如为心皮合生时,则子房 1 室成侧膜胎座。④蒴果或浆果。

本科约 4 属,7 种,分布于东亚和北美洲。我国约有 3 属 5 种,分布于我国东南至西南地区。全部可供药用。

显微特征:常有分泌组织、油细胞、腺毛、分泌道。

化学成分:植物含挥发油,其成分为癸酰乙醛、月桂醛、甲基正壬基甲酮;黄酮类等。

【药用植物】

蕺菜 *Houttuynia cordata* Thunb. 多年生草本,全草有鱼腥气,故又名鱼腥草。根状茎白色。叶互生,心形,有细腺点,下面常带紫色;托叶膜质条形,下部与叶柄合生成鞘。穗状花序顶生,总苞片 4 片,白色花瓣状;花小,两性,无花被;雄蕊 3 枚,花丝下部与子房合生;雌蕊 3 枚心皮,下部合生,子房上位。蒴果,顶端开裂。分布于长江流域各省份。生于沟边、湿地和水旁。全草入药(鱼腥草)能清热解毒,消痈排脓,利尿通淋(图 9-1)。

本科常见的药用植物还有:**三白草 *Saururus chinensis*(Lour.) Baill.**,分布于长江以南各省区。全草能清热利水,解毒消肿。

2. 桑科 Moraceae

【形态特征】①木本,稀草本和藤本,常有乳汁。②叶多互生,稀对生,托叶早落。③花小,单性,雌雄同株或异株;常集成头状、穗状、柔荑花序或隐头花序,单被花,花被片通常 4~6 片;雄蕊与花被片同数对生;子房上位,2 枚心皮合生,通常 1 室,

图 9-1　蕺菜

每室有 1 胚珠。④常为聚花果,由瘦果或坚果组成。

本科约有 53 属,1 400 种,分布于热带和亚热带。我国有 12 属,153 种,分布于全国各省区,长江以南为多。其中已知药用的有 15 属,约 80 种。

显微特征:内皮层或韧皮部有乳汁管,叶内常有钟乳体。

化学成分:含黄酮类、酚类、强心苷类、生物碱类、昆虫变态激素类。

【药用植物】

桑 *Morus alba* L.　　落叶小乔木或灌木。有乳汁。根褐黄色。单叶互生,卵形,有时分裂。花单性,雌雄异株。柔荑花序腋生,雄花花被片 4 片,雄蕊与花被片对生,中央有不育雌蕊;雌花雌蕊由 2 枚心皮合生,1 室,1 枚胚珠。聚花果由多数外包肉质花被的小瘦果组成,熟时黑紫色。产全国各地,野生或栽培。根皮(桑白皮)能泻肺平喘,利水消肿;叶(桑叶)能疏散风热,清肺润燥,清肝明目;嫩枝(桑枝)能祛风湿,利关节;果穗(桑椹)能滋阴养血,生津润肠(图 9-2)。

图 9-2　桑

大麻 *Cannabis sativa* L.　　一年生高大草本。皮层富含纤维。叶互生或下部对生,掌状全裂,裂片 3~9 片,披针形。花单性,雌雄异株;雄花集成圆锥花序,花被片 5 片,雄蕊 5 枚;雌花丛生叶腋,每花有 1 片苞片,卵形,花被片 1 片,小形,膜质;子房上位,花柱 2 个。瘦果扁卵形,为宿存苞片所包被,有细网纹。各地常有栽培。果实(火麻仁)能润燥滑肠,利水通淋,活血。

薜荔 *Ficus pumila* L.　　常绿攀缘灌木。具白色乳汁。叶二型:生隐头花序的枝上的叶较大,近革质,背面网状脉凸起成蜂窝状;不生隐头花序的枝上的叶小且较薄。隐头花序单生叶腋,雄花序较小,雌花序较大;雄花序中生有雄花和瘿花,雄花有雄蕊 2 枚。分布于华东、华南和西南地区。生于丘陵地区。隐头果能补肾固精,清热利湿,活血通经。茎叶能祛风除湿,活血通络,解毒消肿。

本科常见的药用植物还有:**葎草 *Humulus scandens*(Lour.) Merr.**,分布于全国各地,全草能清热解毒、利尿通淋;**无花果 *Ficus carica* L.**,原产地中海和西南亚,我国各地有栽培,隐头果能清热生津、健脾开胃、解毒消肿;**啤酒花(忽布) *Humulus lupulus* L.**,新疆北部有野生,东北、华北、华东有栽培,未成熟的带果果穗能健胃消食、安神利尿;**构树 *Broussonetia papyrifera*(L.) Vent.**,分布于黄河、长江、珠江流域各省区,果实(楮实子)能滋阴益肾、清肝明目、健脾利水。

3. 马兜铃科 Aristolochiaceae

【形态特征】①多年生草本或藤本。②单叶互生,叶基部常心形,全缘。③花两性,辐射对称或两侧对称,花单被,常为花瓣状,多合生成管状,顶端 3 裂或向一方扩大,雄蕊 6~12 枚,花丝短,分离或与花柱合生;雌蕊心皮 4~6 枚,合生;子房下位或半下位,4~6 室;胚珠多数。④蒴果。

本科约有 8 属,600 种,分布于热带和温带。我国有 4 属,70 种,分布于全国各地。几乎全部可供药用。

显微特征:中茎的髓射线宽而长,使维管束互相分离。

化学成分:含挥发油类、生物碱类和特有的马兜铃酸等,马兜铃酸是本科特征性成分。

【药用植物】

北细辛(辽细辛) *Asarum heterotropoides* Fr. Schmidt var. *mandshuricum*(Maxim.) Kitag.　　多年生草本。根状茎横走,生有多数细长根,有浓烈辛香气味。叶 1~2 片,基生,有长柄,叶片肾状心形,全缘,表面沿脉上有疏毛,背面全被短毛。花单生;花被钟形或壶形,紫棕色,顶端 3 裂,裂片向外反折;

雄蕊 12 枚;子房半下位,花柱 6 个,蒴果肉质浆果状,半球形。分布于东北各省。生于林下阴湿处。根及根茎(细辛,辽细辛)能祛风散寒,通窍止痛,温肺祛痰(图 9-3)。

细辛(华细辛) A. sieboldii Miq.　与北细辛的主要区别为花被裂片直立或平展,开花时不反折,叶背无毛或仅脉上有毛。分布于华东及河南、湖北、陕西、四川等省。生活环境、入药部位、功效均同北细辛。

马兜铃 Aristolochia debilis Sieb. et Zucc.　多年生缠绕性草本。根圆柱状,土黄色。叶互生,三角状狭卵形,基部心形。花被管弯曲呈喇叭状,暗紫色,基部膨大成球状,上部逐渐扩大成一偏斜的舌片;雄蕊 6 枚,子房下位,6 室。蒴果近球形,成熟时自基部向上开裂,细长果柄裂成 6 条。分布于黄河以南至广西。生于阴湿处及山坡灌丛。根(青木香)能平肝止痛,行气消肿。茎(天仙藤)能行气活血,利水消肿。果实(马兜铃)能清肺化痰,止渴平喘(图 9-4)。

图 9-3　北细辛(辽细辛)

图 9-4　马兜铃

北马兜铃 Aristolochia contorta Bunge　与上种主要区别为花 3~10 朵簇生于叶腋,花被侧片顶端有线状尾尖,叶片宽卵状心形。分布于我国北方。生活环境、药用部位、功效均同马兜铃。

本科常见的药用植物还有:**杜衡 Asarum forbesii** Maxim.,分布于江苏、安徽、河南、浙江、江西、湖北、四川等地,全草(杜衡)祛风散寒、消痰行水、活血止痛;**绵毛马兜铃 Aristolochia mollissima** Hance,分布山西、陕西、山东、江苏、安徽、浙江、江西、河南、湖北、湖南、贵州等地,全草(寻骨风)为祛风湿药,能祛风除湿、活血通络、止痛;**木通马兜铃 Aristolochia manshuriensis** Kom.,分布于东北及山西、陕西、甘肃等地。藤茎(关木通)能清心火,利小便,通经下乳。用量过大易中毒而引起肾功能衰竭。

4. 蓼科 Polygonaceae

【形态特征】①多为草本。②节常膨大。③单叶互生,全缘,有明显的托叶鞘。④花多两性,排成穗状、头状或圆锥状花序;单被花,花被片 3~6 片,分离或连合,常花瓣状,宿存;雄蕊常 6~9 枚;子房上位,2~3 枚心皮合生成 1 室,1 枚胚珠。⑤瘦果或小坚果包于宿存花被内,多有翅。

本科约 50 属,1 150 种,分布于北温带。我国 13 属,235 种,分布于全国各地。其中已知药用的有 10 属,136 种。

显微特征:常含草酸钙簇晶,根和根茎常有异型维管束。

化学成分:常含蒽醌类,如大黄素、大黄酸、大黄酚等;黄酮类,如芦丁、槲皮苷等;鞣质类,如没食子酸、并没食子酸等;苷类,如土大黄苷、虎杖苷等成分。

【药用植物】

掌叶大黄 Rheum palmatum L.　多年生高大草本。根和根状茎粗壮,肉质,断面黄色。基生叶有长柄,叶片掌状深裂;茎生叶较小,柄短;托叶鞘长筒状。圆锥花序大型顶生;花小;紫红色;花被片 6 片,2 轮;雄蕊 9 枚;花柱 3 个。瘦果具 3 棱翅,暗紫色。分布于陕西、甘肃、四川西部、青海和西藏等省区。生于高寒山区,多有栽培。根状茎(大黄)能泻热通肠,凉血解毒,逐瘀通经(图 9-5)。

药用大黄 Rheum officinale Baill.　与掌叶大黄的主要区别为基生叶掌状浅裂,边缘有粗锯齿。

分布于湖北、四川、贵州、云南、陕西等省。功效同掌叶大黄。

何首乌 *Polygonum multiflorum* Thunb. 多年生缠绕草本。块根长椭圆形或不规则块状,外表暗褐色,断面具"云锦花纹"(异型维管束)。叶卵状心形,有长柄,托叶鞘短筒状,两面光滑。圆锥花序大型,分枝极多;花小,白色,花被5片;雄蕊8枚。瘦果具3棱。分布于全国各地,生于灌丛中,山坡阴处或石隙中。块根入药,能解毒消痈,润肠通便。制首乌能补肝肾,益精血,乌须发,强筋骨;藤茎(夜交藤,首乌藤)能养血安神,祛风通络(图9-6)。

图9-5 掌叶大黄   图9-6 何首乌

虎杖 *Polygonum cuspidatum* Sieb. et Zucc. 多年生粗壮草本。根及根状茎粗大,棕黄色。茎中空,散生紫红色斑点。叶阔卵形,托叶鞘短筒状。花单性异株,圆锥花序;花被片5片,白色或绿白色,2轮,外轮3片在果期增大,背部成翅状。雄蕊8枚,花柱3个。瘦果卵圆形,有三棱,包于宿存花被内。分布于我国除东北以外的各省区。生于山谷溪边。根和根状茎能祛风利湿,散瘀定痛,止咳化痰。

酸模 *Rumex acetosa* L. 多年生草本,根肥大,黄色。茎具条棱,中空。单叶互生;叶片卵状长圆形,基部箭形。雌雄异株,圆锥花序;花被6片,2轮,内轮花被片花后增大包被果实。分布于我国大部分地区。生于路旁、山坡及湿地。根能清热,利尿,凉血,杀虫。

本科常见的药用植物还有:**萹蓄** *Polygonum aviculare* L.,分布于全国各地,全草能利尿通淋、杀虫止痒;**红蓼** *P. orientale* L.,分布于全国各省区,果实(水红花子)能散瘀消癥、消积止痛;**拳参** *P. bistorta* L.,分布东北、华北、华东、华中等地区,根状茎能清热解毒、消肿止血;**蓼蓝** *P. tinctorium* Ait.,分布于辽宁与黄河流域及以南各省区,叶为"大青叶"入药(我国北方习用),能清热解毒、凉血消斑,叶可加工制青黛;**野荞麦** *Fagopyrum cymosum*(Trev.)Meisn.,分布于华中、华东、华南、西南等地区,根(金荞麦)能清热解毒、活血消痈、祛风除湿。

5. 苋科 Amaranthaceae

【形态特征】①多为草本。②单叶对生或互生。③花小,常两性,排成穗状、头状或圆锥花序;花单被,花被片3~5片,常干膜质;每花下常有1枚干膜质苞片和两枚小苞片;雄蕊多为5枚,常与花被片对生;子房上位,2~3枚心皮合生,1室,胚珠1枚。④胞果,稀浆果或坚果。

本科约65属,900种,广布于热带和温带地区。我国有13属,39种,分布于全国各地。其中已知药用的有9属,28种。

显微特征:根中有异型维管束,排成同心环状;含草酸钙晶体,如砂晶、簇晶、针晶等。

化学成分:含三萜皂苷类、甾体类、黄酮类、生物碱类等。

【药用植物】

牛膝 *Achyranthes bidentata* Bl.　多年生草本。根长圆柱形,肉质,土黄色。茎四棱方形,节膨大。叶对生,椭圆形至椭圆状披针形,全缘。穗状花序,顶生或腋生;花开后,向下倾贴近花序梗;小苞片刺状;花被片5片;雄蕊5枚,退化雄蕊顶端齿形或浅波状;胞果长圆形。生于山林和路旁,多为栽培,主产于河南。根(怀牛膝)能补肝肾,强筋骨,逐瘀通经(图9-7)。

川牛膝 *Cyathula officinalis* Kuan　多年生草本。根圆柱形,近白色。茎多分枝,被糙毛。叶对生,叶片椭圆形或长椭圆形,两面被毛。花小,绿白色,密集成圆头状;苞腋有花数朵,两性花居中,花被5片,雄蕊5枚,退化雄蕊先端齿裂,花丝基部合生成杯状;不育花居两侧,花被片多退化成钩状芒刺;子房1室,胚珠1枚。胞果长椭圆形。分布于四川、贵州及云南等省。生于林缘或山坡草丛中,多为栽培。根能活血祛瘀、祛风利湿。

图9-7　牛膝

青葙 *Celosia argentea* L.　一年生草本。全株无毛。叶互生,叶片长圆状披针形或披针形。穗状花序圆锥状或塔状;花着生甚密,初为淡红色,后变为银白色;花被片白色或粉白色,干膜质。胞果卵圆形。种子扁圆形,黑色,光亮。全国各地均有野生或栽培。种子(青葙子)能祛风热、清肝火、明目退翳。

本科常见的药用植物还有:**土牛膝** *Achyranthes aspera* L.,分布于华南、华东以及四川、云南等省区,根能清热解毒,利尿;**鸡冠花** *Celosia cristata* L. 各地多栽培,花序能凉血、止血、止泻。

6. 石竹科 Garyophyllaceae

【形态特征】①草本。②节常膨大。③单叶对生,全缘,常于基部连合。④多聚伞花序;花两性,辐射对称;萼片4~5片,分离或连合,宿存;花瓣4~5瓣,常具爪;雄蕊常为花瓣的倍数,8~10枚,子房上位,2~5枚心皮,合生,1室;特立中央胎座,胚珠多数。⑤蒴果齿裂或瓣裂,稀浆果。

本科约75属,2 000种,广布全球,尤以北温带为多。我国30属,约388种。分布于全国各省区。已知药用的有21属,106种。

图9-8　瞿麦

显微特征:含草酸钙簇晶和砂晶,气孔轴式,多为直轴式。

化学成分:普遍含有皂苷类、黄酮类等成分。

【药用植物】

瞿麦 *Dianthus superbus* L.　多年生草本。茎上部分枝。叶对生,披针形或条状披针形。顶生聚伞花序;花萼下有小苞片4~6片,卵形;萼筒先端5裂;花瓣5瓣,淡红色,有长爪,顶端深裂成丝状(流苏状);雄蕊10枚。蒴果长筒形,先端4齿裂,外被宿萼。我国各地有野生或栽培。生于山野、草丛中。全草能清热利尿,破血通经(图9-8)。

石竹 *Dianthus chinensis* L.　与上种主要区别为花瓣先端齿裂,分布于长江流域以及长江以北地区。功效与瞿麦相同。

孩儿参(异叶假繁缕) *Pseudostellaria heterophylla* (Miq.) Pax　多年生草本。块根纺锤形,淡黄色。叶对生,下部叶匙形,上部叶长卵形或菱状卵形,茎顶端两对叶片较大,排成十字形。花二型:茎下部腋生小形闭锁花(即闭花受精花),萼片4片,紫色,闭合,无花瓣,雄蕊 2 枚;茎上端的普通花较大 1~3 朵,腋生,萼片 5 片,花瓣 5 瓣,白色,雄蕊 10 枚,花柱 3 个。蒴果近球形。分布于长江以北和华中等地区。生于山坡林下阴湿处。多栽培。块根(太子参)能益气健脾,生津润肺。

本科常见的药用植物还有:**麦蓝菜** *Vaccaria segetalis*(Neck.) Garcke,除华南地区外,分布于全国各省区。种子(王不留行)能活血通经,下乳消肿。

7. 睡莲科 Nymphaeaceae

【形态特征】①多年生水生草本。②根状茎横走,粗大。③叶基生,盾形、心形或戟形,常漂浮水面。④花单生,两性,辐射对称;萼片、花瓣 3 至多数;雄蕊多数;雌蕊由 3 至多数离生或合生心皮组成,子房上位或下位,胚珠多数。⑤坚果埋于海绵质的花托内,或为浆果状。

本科 8 属,约 100 种,广布于世界各地。我国有 5 属,13 种,分布于全国各地。已知药用 5 属,8 种。

化学成分:含多种生物碱,如莲心碱、荷叶碱等;另含黄酮类成分,如金丝桃苷、芦丁等。

【药用植物】

莲 *Nelumbo nucifera* Gaetn.   多年生水生草本,具肥大的根状茎(藕)。叶片盾圆形,具长柄,有刺毛,挺水生。花单生;萼片 4~5 片,早落;花瓣多数,粉红色或白色;雄蕊多数,离生。坚果椭圆形,嵌生于海绵的花托内。各地均有栽培,生于水沟、池塘、湖沼或水田内。根状茎的节部(藕节)能消瘀止血;叶(荷叶)能清暑利湿;叶柄(荷梗)能通气宽胸;花托(莲房)能化瘀止血;雄蕊(莲须)能固肾涩精;种子(莲子)能补脾止泻、益肾安神;莲子中的绿色的胚(莲子心)能清心安神、涩精止血(图 9-9)。

本科药用植物还有**芡实(鸡头米)** *Euryale ferax* Salisb. 分布全国,生于湖塘池沼中,种子(芡实)能益肾固精、补脾止泻。

图 9-9 莲

8. 毛茛科 Ranunculaceae

【形态特征】①草本或藤本。②叶互生或基生,少对生;单叶或复叶。③花多两性,辐射对称或两侧对称;花单生或总状、聚伞、圆锥花序;萼片 3 至多数,绿色或呈花瓣状,稀基部延长成距;花瓣 3 至多数或缺;雄蕊和心皮常多数,离生,螺旋状排列在多少隆起的花托上,子房上位,1 室,胚珠 1 至多数。④聚合蓇葖果或聚合瘦果,稀为浆果。

本科约 50 属,2 000 种,主要分布于北温带。我国有 42 属,800 种,各省均有分布。已知药用的有 30 属,约 500 种。

显微特征:维管束常具有"V"字形排列的导管,根和根茎中有皮层厚壁细胞,内皮层明显等。

化学成分:多含生物碱类,如乌头碱、小檗碱、唐松草碱等;黄酮类;皂苷类;强心苷类;香豆素类;四环三萜类;毛茛苷等。

【药用植物】

乌头 *Aconitum carmichaeli* Debx.   多年生草本。主根纺锤形或倒圆锥形,周围常生数个圆锥形侧根,棕黑色。叶互生,3 深裂,裂片再行分裂。总状花序狭长,花序轴密生反曲柔毛;萼片 5 片,蓝紫色,上萼片盔帽状;花瓣 2 瓣,变态成蜜腺叶;有长爪;雄蕊多数;心皮 3~5 枚,离生。聚合蓇葖果。分布于长江中下游,北达山东东部,南达广西北部。生于山地草坡、灌丛中。四川、陕西大量栽培,栽培种其主根作(川乌)药用,有大毒,能祛风除湿、温经止痛;侧根(附子)能回阳救逆、温中散寒、止痛;野生种块根(草乌)作药用,有大毒,能祛风除湿、温经散寒、消肿止痛。一般经炮制药用(图 9-10)。

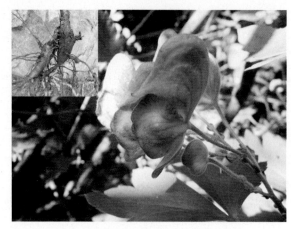

图 9-10　乌头

同属北乌头 A. kusnezoffii Reichb.　叶 3 全裂,中裂片菱形,近羽状分裂。花序无毛。分布于东北、华北地区。块根作草乌入药,功效同川乌。叶(草乌叶)能清热,解毒,止痛。

黄连 Coptis chinensis Franch.　多年生草本。根状茎常分枝成簇,生多数须根,均黄色。叶基生,3 全裂,中央裂片具柄,各裂片再作羽状深裂,边缘具锐锯齿。聚伞花序有花 3~8 朵,黄绿色;萼片 5 片,狭卵形,花瓣线形;雄蕊多数;心皮 8~12 枚,离生。蓇葖果具柄。主产于四川,此外云南、湖北及陕西等省亦有分布。生于海拔 500~2 000m 高山林下阴湿处,多栽培。根状茎(味连)能清热燥湿,泻火解毒。

同属植物三角叶黄连(雅连) C. deltoidea C. Y. Cheng et Hsiao.,特产于四川峨眉、洪雅一带。云南黄连(云连) C. teeta Wall.,主产于云南西北部、西藏东南部。功效与黄连相同。

威灵仙 Clematis chinensis Osbeck　藤本。根须状丛生于根状茎上;茎具条纹,茎、叶干后变黑色。叶对生,羽状复叶,小叶通常 5 片,狭卵形,叶柄卷曲。圆锥花序;萼片 4 片,白色;外面边缘密生短柔毛。无花瓣;雄蕊多数;心皮多数,离生。聚合瘦果,宿存花柱羽毛状。分布于长江中下游及以南各省区。生于山区林缘或灌丛中。根及根状茎能祛风除湿,通络止痛。

白头翁 Pulsatilla chinensis(Bge.) Regel　多年生草本,全株密生白色长柔毛。根圆锥形,外皮黄褐色,常有裂隙。叶基生,3 全裂,裂片再 3 裂,革质。花茎(花葶)由叶丛抽出,顶生 1 朵花;萼片 6 片,紫色;无花瓣;雄蕊、雌蕊均多数。瘦果密集成头状,宿存花柱羽毛状,下垂如白发。分布于东北、华北及长江以北地区。生于山坡草地或平原。根能清热解毒,凉血止痢(图 9-11)。

毛茛 Ranunculus japonicus Thunb.　多年生草本,全株有粗毛。叶片五角形,3 深裂,裂片再 3 浅裂。聚伞花序顶生;花瓣黄色带蜡样光泽,基部有蜜槽;雄蕊和雌蕊均多数,离生。聚合瘦果近球形。全国广有分布。生于沟边或水田边。全草有毒能利湿、消肿、止痛、退翳、杀虫。一般外用作发疱药。

图 9-11　白头翁

本科常见的药用植物还有:升麻 Cimicifuga foetida L.,主要分布于四川、青海等省,根状茎能发表透疹、清热解毒、升举阳气;天葵(紫背天葵) Semiaquilegia adoxoides(DC.) Mak.,分布于长江中下游各省份,北达陕西南部,南达广东北部,块根(天葵子)能清热解毒、消肿散结。

9. 芍药科 Paeoniaceae

【形态特征】①多年生草本或灌木。②根肥大。③叶互生,通常为二回三出羽状复叶。④花大,1 至数朵顶生;萼片通常 5 片,宿存;花瓣 5~10 瓣(栽培者多数),红、黄、白、紫各色;雄蕊多数,离心发育;花盘杯状或盘状,包裹心皮;心皮 2~5 枚,离生。⑤聚合蓇葖果。

本科 1 属,约 35 种;我国有 1 属,17 种;分布于东北、华北、西北、西南地区及长江流域。几乎全部供药用。

显微特征:含草酸钙簇晶较多。

化学成分:含特有的芍药苷,牡丹组植物还普遍含丹皮酚及其苷的衍生物,如丹皮酚苷、丹皮酚原苷等。

【药用植物】

芍药 *Paeonia lactiflora* Pall.　多年生草本。根粗壮,圆柱形。二回三出复叶,小叶狭卵形,叶缘具骨质细乳突。花白色、粉红色或红色,顶生或腋生;花盘肉质,仅包裹心皮基部。聚合蓇葖果,卵形,先端钩状外弯曲。分布我国北方,生于山坡草丛,各地有栽培。栽培的刮去栓皮的根(白芍)能养血调经、平肝止痛、敛阴止汗。野生者不去栓皮的根(赤芍)能清热凉血,散瘀止痛(图 9-12)。

图 9-12　芍药

同属植物**川赤芍** *P. veitchii* Lynch 的根亦作药材"赤芍"入药。

牡丹 *P. suffruticosa* Andr.　落叶小灌木。茎高达 2m;分枝短而粗。叶通常为二回三出复叶。花单生枝顶,苞片 5 片,萼片 5 片,花瓣 5 瓣,或为重瓣,玫瑰色、红紫色、粉红色至白色,通常变异很大,倒卵形。雄蕊花丝紫红色或粉红色,上部白色。花盘革质,杯状,紫红色,顶端有数个锐齿或裂片。心皮 5 枚,稀更多。蓇葖长圆形,密生黄褐色硬毛。原产我国华北地区,各地多栽培。根皮(牡丹皮)能清热凉血,活血化瘀。

10. 小檗科 Berberidaceae

【形态特征】①灌木或草本。②叶互生,单叶或复叶。③花两性,辐射对称,单生、簇生或排成总状、穗状花序等;萼片与花瓣相似,各 2~4 轮,每轮常 3 片,花瓣常具有蜜腺;雄蕊 3~9 枚,常与花瓣对生,花药常瓣裂或纵裂;子房上位,常 1 枚心皮组成,1 室;柱头极短或缺,通常盾形;胚珠 1 至多数。④浆果、蓇葖果或蒴果。

本科约 17 属,650 余种,分布于北温带和热带高山上。我国有 11 属,320 余种,南北各地均有分布。已知药用的有 11 属,140 余种。

显微特征:草本类多含草酸钙簇晶,木本类多含草酸钙方晶。

化学成分:多含生物碱类,如小檗碱、掌叶防己碱、木兰花碱等;苷类等。

【药用植物】

箭叶淫羊藿(三枝九叶草) *Epimedium sagittatum* (Sieb. et Zucc.) Maxim.　多年生草本。根状茎结节状,质硬。基生叶 1~3 片,三出复叶,小叶长卵形,两侧小叶基部呈箭状心形,显著不对称,叶革质。圆锥花序或总状花序;花多数;萼片 4 片,2 轮,外轮早落,内轮花瓣状,白色;花瓣 4 瓣,黄色,有短距;雄蕊 4 枚;心皮 1 枚。蓇葖果卵形,有喙。分布于长江流域至西南各省区。生于山坡林下及路旁溪边等潮湿处。地上部分能补肾壮阳,强筋健骨,祛风除湿(图 9-13)。

同属植物**淫羊藿** *E. brevicornum* Maxim、**巫山淫羊藿** *E. wushanense* T. S. Ying、**柔毛淫羊藿** *E. pubescens* Maxim. 和**朝鲜淫羊藿** *E. koreanum* Nakai 的地上部分亦作药材淫羊藿入药。

阔叶十大功劳 *Mahonia bealei* (Fort.) Carr.　常绿灌木。奇数羽状复叶,互生,小叶 7~15 片,厚革质,卵形,叶缘有刺齿。顶生总状花序;花黄褐色。萼片 9 片,3 轮,花瓣状;花瓣 6 瓣,雄蕊 6 枚;浆果暗蓝色,有白粉。分布于长江流域及陕

图 9-13　箭叶淫羊藿

西、河南、福建等省。生于山坡林下,各地常栽培。根茎(功劳木)和叶(十大功劳叶)能清热,燥湿,解毒。

本科常见的药用植物还有:**六角莲** *Dysosma plciantha*(Hance)Woodson 分布于华东地区与湖北、广西等省区,根状茎能清热解毒,活血化瘀;**南天竹** *Nandia domestica* Thunb. 各地常有栽培,茎能清热除湿,通经活络,果实(南天竹子)能敛肺、止咳、平喘,根、茎、叶能清热利湿,解毒。

11. 木兰科 Magnoliaceae

【形态特征】①木本,具油细胞,有香气。②单叶互生,多全缘;托叶有或无,有托叶的,包被幼芽,早落,在节上留下环状托叶痕。③花常单生,两性,稀单性,辐射对称;花被片常3基数,排成数轮,每轮3片;雄蕊和雌蕊均多数,分离,螺旋状或轮状排列于伸长或隆起的花托上。每心皮含胚珠1~2个。④聚合蓇葖果或聚合浆果。

本科约18属,330种,分布于美洲和亚洲的热带和亚热带地区。我国约有14属,160种,分布于西南和南部各地。已知药用的有8属,约90种。

显微特征:常有油细胞、石细胞和草酸钙方晶。

化学成分:含有挥发油;生物碱类,如木兰碱等;木脂素类,如厚朴酚。

【药用植物】

厚朴 *Magnolia officinalis* Rehd. et Wils.　落叶乔木。树皮棕褐色,具椭圆形皮孔。叶大,倒卵形,革质,集生于小枝顶端。花大型,白色,花被片9~12片或更多。聚合蓇葖果长圆状卵形,木质。分布于长江流域和陕西、甘肃东南部,生于土壤肥沃及温暖的坡地。茎皮和根皮(厚朴)能燥湿消痰,下气除满。花蕾(厚朴花)能行气宽中,开郁化湿(图9-14)。

图 9-14　厚朴

凹叶厚朴(庐山厚朴) *Magnolia biloba*(Rehd. et Wils.)Cheng 与上种主要区别为叶先端凹陷成2钝圆浅裂,分布于福建、浙江、安徽、江西和湖南等省,有栽培。功效与厚朴相同。

望春花 *Magnolia biondii* Pamp.　落叶乔木。树皮灰色或暗绿色。小枝无毛或近梢处有毛;单叶互生;叶片长圆状披针形或卵状披针形,全缘,两面均无毛;花先叶开放,单生枝顶;花萼3片,近线形;花瓣6瓣,2轮,匙形,白色,外面基部常带紫红色;雄蕊多数;心皮多数,分离。聚合果圆柱形,稍扭曲;种子深红色。分布于河南、安徽、甘肃、四川、陕西等省,生长在向阳山坡或路旁。花蕾(辛夷)能散风寒,通鼻窍。

玉兰 *Magnolia denudata* Desr.　与上种主要区别为叶倒卵形至倒卵状长圆形,叶面有光泽,叶背被柔毛;花被片9片,白色,萼片与花瓣无明显区别,倒卵形或倒卵状矩圆形。分布于河北、河南、江西、浙江、湖南、云南等省。各地有栽培。花蕾亦作"辛夷"入药。

八角 *Illicium verum* Hook. f.　常绿乔木。叶椭圆形或长椭圆状披针形,有透明油点。花单生于叶腋;花被片7~12片;雄蕊10~20枚;心皮8~9枚,轮状排列。聚合果由8~9个蓇葖果组成,呈八角形,顶端钝,稍弯;分布于华南、西南地区。生于温暖湿润的山谷中。果实(八角茴香、八角)能温阳散寒,理气止痛。

五味子 *Schisandra chinensis*(Turca.) Baill.　　落叶木质藤本。叶纸质或近膜质,阔椭圆形或倒卵形,边缘疏生有腺齿的细齿。雌雄异株;花被片6~9片,乳白色红色;雄蕊5枚;雌蕊17~40枚。聚合浆果排成长穗状,红色。分布于东北、华北、华中及四川等地。生于山林中。果实(北五味子)能敛肺、滋肾、生津、收涩(图9-15)。

图9-15　五味子

本科常见的药用植物还有:**木莲** *Manglietia fordiana*(Hemsl.) Oliv. ,分布于长江流域以南,果实(木莲果)能通便、止咳;**华中五味子** *Schisandra sphenanthera* Rehd. et Wils. ,分布于河南、安徽、湖北等省,果实(南五味子)功同五味子。

12. 樟科 Lauraceae

【形态特征】①多为常绿乔木,仅无根藤属为寄生性无叶藤本,具油细胞,有香气。②单叶,多互生,全缘,革质,羽状脉或三出脉,无托叶。③花小,常两性,3基数,多为单被,2轮排列;雄蕊3~12枚,通常9枚,排成3~4轮,第4轮雄蕊常退化,花丝基部常具2个腺体;子房上位,3枚心皮合生,1室,1枚顶生胚珠。④核果或呈浆果状,有时有宿存的花被包围基部。种子1粒。

本科约40多属,2 000余种,分布于热带及亚热带地区。我国有20属,400多种,主要分布于长江以南各省区。已知药用120余种。

显微特征:具油细胞;叶下表皮通常呈乳头状突起;在茎维管柱鞘部位常有纤维状石细胞组成的环。

化学成分:常含有挥发油类,如樟脑、桂皮醛、桉叶素等;生物碱类,主要为异喹啉类生物碱。

【药用植物】

肉桂 *Cinnamomum cassia* Presl.　　常绿乔木,具香气。树皮灰褐色,幼枝略呈四棱形。叶互生,长椭圆形,革质,全缘,具离基三出脉。圆锥花序腋生或顶生;花小,黄绿色,花被6片;能育雄蕊9枚,3轮。子房上位,1室,1枚胚珠。核果浆果状,紫黑色,宿存的花被管(果托)浅杯状。分布于广东、广西、福建和云南。多为栽培。树皮(肉桂)能温肾壮阳、散寒止痛;嫩枝(桂枝)能解表散寒、温经通络(图9-16)。

本科常见的药用植物还有:**樟(香樟)** *C. camphora*(L.) Presl. ,分布长江流域以南及西南各省区,根、木材及叶的挥发油主要含樟脑,内服开窍辟秽,外用除湿杀虫、温散止痛;**乌药** *Lindera aggregata*(Sims) Dosterm. ,分布于长江以南及西南各省区,根(乌药)能行气止痛、温肾化痰。

图 9-16　肉桂

13. 罂粟科 Papaveraceae

【形态特征】①草本,多含乳汁或有色汁液。②基生叶具长柄,茎生叶多互生,无托叶。③花单生或成总状、聚伞、圆锥花序;花辐射对称或两侧对称;萼片常 2 片,早落;花瓣 4~6 瓣,离生;子房上位,2 至多枚心皮,合生,1 室,侧膜具 3 个胎座,胚珠多数。④蒴果孔裂或瓣裂。种子细小。

本科约 42 属,600 种,主要分布于北温带。我国 19 属,约 280 种,南北均有分布。已知药用的有 15 属,130 种。

显微特征:含白色乳汁或有色汁液,常具有节乳汁管或乳囊组织。

化学成分:多含有生物碱类,如罂粟碱、吗啡、白屈菜碱、可待因、延胡索乙素等。

【药用植物】

罂粟 *Papaver somnifarum* L.　一年生或二年生草本,全株粉绿色,具白色乳汁。叶互生,长椭圆形,基部抱茎,边缘具缺刻。花大,单生于花茎顶;萼片 2 片,早落;花瓣 4 瓣,有白、红、淡紫色等;雄蕊多数,离生;子房多心皮合生;1 室,侧膜胎座,柱头具 8~12 个辐射状分枝。蒴果近球形,孔裂。多栽培。果壳(罂粟壳)能敛肺止咳,涩肠止泻,止痛。从未熟果实中割取的乳汁(阿片)为镇痛、止咳、止泻药(图 9-17)。

延胡索 *Corydalis turtschaninovii* Bess. f. *yanhusu* Y. H. Chow et C. C. Hsu　多年生草本。块茎球形。叶二回三出全裂,末回裂片披针形。总状花序顶生;苞片全缘或有少数牙齿;花萼 2 片,极小,早落;花瓣 4 瓣,紫红色,上面 1 片基部有长距;雄蕊 6 枚,成 2 束;子房上位,2 枚心皮,1 室,侧膜胎座。

图 9-17　罂粟

图 9-18　白屈菜

蒴果条形。分布于安徽、浙江、江苏等地。生于丘陵林荫下,各地有栽培。块茎(延胡索)能行气止痛,活血散瘀。

白屈菜 Chelidonium majus L. 多年生草本,具黄色汁液。叶互生,羽状全裂,叶背被白粉和短柔毛。花瓣4瓣,黄色;雄蕊多数。蒴果条状圆柱形。分布于东北、华北及新疆、四川等地。生于山坡或山谷林边草地。全草有毒,能镇痛、止咳、利尿、解毒(图9-18)。

14. 十字花科 Cruciferae

【形态特征】①草本。②单叶互生,无托叶。③花两性,辐射对称,多排成总状或圆锥花序;萼片4片,2轮;花瓣4瓣,排成十字形;雄蕊6枚,4长2短,为四强雄蕊,稀4枚或2枚,常在雄蕊旁生有4个蜜腺;子房上位,2枚心皮合生,由假隔膜隔成2室,侧膜胎座,每室胚珠1至多数。④长角果或短角果。

本科约350属,3 200种,广布于全球,以北温带为多。我国约96属,425种,分布于我国各省区。已知药用的有30属,103种。

显微特征:常含分泌细胞,毛茸为单细胞非腺毛,气孔轴式为不等式。

化学成分:多含硫苷类、吲哚苷类、强心苷类、脂肪油等。

【药用植物】

菘蓝 Isatis indigotica Fort. 一至二年生草本。全株灰绿色。主根深长,圆柱形,灰黄色。基生叶有柄,圆状椭圆形;茎生叶较小,圆状披针形,基部垂耳圆形,半抱茎。圆锥花序;花黄色,花梗细,下垂。短角果扁平,顶端钝圆或截形,边缘有翅,紫色,内含1粒种子。各地均有栽培。根(板蓝根)能清热解毒,凉血利咽。叶(大青叶)能清热解毒,凉血消斑;茎叶加工品(青黛),能清热解毒,凉血,定惊(图9-19)。

图9-19　菘蓝

欧菘蓝(草大青)Isatis tinctoria L. 与菘蓝的主要区别为茎、叶被长柔毛,茎生叶基部垂耳箭形。原产欧洲,华北各地有栽培。药用与菘蓝相同。

白芥 Brassica alba(L.)Boiss. 一至二年生草本。全体被白色粗毛。茎基部的叶具长柄,琴状深裂或近全裂。总状花序顶生;花黄色。长角果圆柱形,密被白色长毛,先端具扁长的喙。种子近球形,黄白色。各地常栽培。种子(白芥子)能温肺豁痰利气,散结通络止痛。

荠菜 Capsella bursa-pastoris(L.)Medic. 一或二年生草本。基生叶羽状分裂,茎生叶抱茎,两侧呈耳形。总状花序顶生或腋生;花白色。短角果倒三角形。全草能凉肝止血,平肝明目,清热利湿。

本科常见的药用植物还有:**萝卜 Raphanus sativus L.**,各地均栽培,种子(莱菔子)能消食除胀、降气化痰;**独行菜 Lepidium apetalum Willd.**,分布于华北、华东、西北、西南地区;**播娘蒿 Descurainia Sophia(L.)Schur**,分布于华北、华东、西北地区及四川等地。后两种植物的种子均作"葶苈子"药用,能泻肺平喘、行水消肿。

15. 杜仲科 Eucommiaceae

【形态特征】①落叶乔木,枝、叶折断后有银白色胶丝相连。②小枝有片状髓。③叶互生,无托叶。④花单性,雌雄异株;无花被;雄花簇生,有花梗,具苞片;雄蕊4~10枚,常为8枚,花药线形,花丝极短;雌花单生于小枝下部,具短梗;子房上位,2枚心皮合生,只1枚心皮发育,1室,胚珠2枚,花柱2个叉状。⑤翅果,扁平,长椭圆形;内含1粒种子。

本科 1 属,1 种,是我国特产植物。分布在长江中游各省,各地有栽培。

显微特征:韧皮部有 5~7 条石细胞环带,韧皮部中有橡胶细胞,内有橡胶质。

化学成分:含杜仲胶、木脂素类、环烯醚萜类、三萜类等。

【药用植物】

杜仲 _Eucommia ulmoides_ Oliv.　形态特征与科相同。各地有栽培。树皮能补肝肾,强筋骨,安胎(图 9-20)。

16. 蔷薇科 Rosaceae

图 9-20　杜仲

【形态特征】①草本,灌木或乔木,常具刺。②单叶或复叶,多互生,通常有托叶。③花两性,辐射对称;单生或排成伞房、圆锥花序,花托杯状、壶状或凸起;花被与雄蕊常合成杯状、坛状或壶状的托杯(又叫被丝托),萼片、花瓣和雄蕊均着生在花托托杯的边缘。萼片、花瓣常 5 瓣;雄蕊通常多数,心皮 1 至多数,离生或合生;子房上位至下位,每室含 1 至多数胚珠。④蓇葖果、瘦果、梨果或核果。

本科约有 124 属,3 300 种,广布全球。我国有 51 属,1 100 余种,分布全国各地。已知药用的有 48 属,400 余种。

显微特征:常具单细胞非腺毛;具草酸钙簇晶和方晶;气孔轴式多为不定式。

化学成分:含氰苷类,如苦杏仁苷等;多元酚类;黄酮类;二萜生物碱类;有机酸类等。

本科分为 4 个亚科。

亚科检索表

1. 果实为开裂的蓇葖果或蒴果;心皮 1~5 枚,常离生;多无托叶……………………… 绣线菊亚科
1. 果实不开裂;有托叶。
　　2. 子房上位,稀下位。
　　　3. 心皮常多数,聚合瘦果或聚合小核果,萼宿存 ……………………………… 蔷薇亚科
　　　3. 心皮 1 枚,核果,萼常脱落 ………………………………………………………… 李亚科
　　2. 子房下位;心皮 2~5 枚,多少连合并与萼筒结合;梨果…………………………… 梨亚科

(1) 绣线菊亚科 Spiraeoideae

【药用植物】

绣线菊 _Spiraea salicigolia_ L.　直立灌木,高 1~2m。叶片长圆状披针形至披针形,先端急尖或渐尖,基部楔形,边缘密生锐锯齿。圆锥花序,花朵密集。花瓣卵形,粉红色,雄蕊约长于花瓣 2 倍。子房有稀疏短柔毛,花柱短于雄蕊。蓇葖果直立。分布于东北、华北。生于河流沿岸、湿草原或山沟。全株能通经活血,通便利水。

(2) 蔷薇亚科 Rosoideae

【药用植物】

龙牙草 _Agrimonia pilosa_ Ledeb.　多年生草本,全体密生长柔毛。单数羽状复叶,小叶 5~7 片,小叶间杂有小型小叶片,小叶椭圆状卵形或倒卵形,边缘有锯齿。总状花序顶生;萼筒顶端 5 裂,口部内缘有一圈钩状刚毛;花瓣 5 瓣,黄色;雄蕊 10 枚;子房上位,心皮 2 枚。瘦果。萼宿存。分布于全国各地。生于山坡、路旁、草地。全草(仙鹤草)能止血,补虚,泻火,止痛。根芽(鹤草芽)含鹤草酚,能驱除绦虫,消肿解毒。

地榆 _Sanguisorba officeinalis_ L.　多年生草本。根多数,粗壮,表面暗棕红色。茎带紫红色。单数羽状复叶,小叶 5~19 片,卵圆形或长圆形,边缘具粗锯齿。穗状花序椭圆形;花小,萼裂片 4 片,紫

红色;无花瓣;雄蕊 4 枚,花药黑紫色;子房上位。瘦果褐色,包藏在宿萼内。全国大部分地区有分布。生于山坡、草地。根能凉血止血,清热解毒,消肿敛疮(图 9-21)。

同属变种**长叶地榆** *S. officeinalis* L. var. *longifoliq*(Bert.)Yu et Li 的根,也作地榆药用。

金樱子 *Rosa laevigata* Michx. 常绿攀缘有刺灌木。羽状复叶,小叶 3 片,稀 5 片,椭圆状卵形,叶片近革质。花大,白色,单生于侧枝顶端。蔷薇果熟时红色,倒卵形,外有刺毛。分布于华中、华东、华南各省区。生于向阳山野。果能涩精益肾,固肠止泻(图 9-22)。

图 9-21 地榆　　　　　　　　　　图 9-22 金樱子

本亚科常见的药用植物还有:**华东覆盆子** *Rubus chingii* Hu,分布于安徽、江苏、浙江、江西、福建等省,聚合果(覆盆子)能益肾、固精、缩尿;**委陵菜** *Potentilla chinensis* Ser. 和**翻白草** *P. discolor* Bge.,分布于全国各省区,全草或根均能清热解毒、止血、止痢;**玫瑰** *Rosa rugosa* Thunb.,各地均有栽培,花能行气解郁、和血、止痛。

(3) 李亚科 Prunoideae

【药用植物】

杏 *Armeniaca vulgaris* Lam. 落叶小乔木。小枝浅红棕色,有光泽。单叶互生,叶卵形至近圆形,边缘有细钝锯齿;叶柄近顶端有 2 个腺体。花单生枝顶,先叶开放;萼片 5 片;花瓣 5 瓣,白色或带红色;雄蕊多数;心皮 1 枚。核果,球形,黄红色,表面平滑;种子 1 枚,扁心形,圆端合点处向上分布多数维管束。产于我国北部,均系栽培。种子(苦杏仁)能降气化痰、止咳平喘、润肠通便(图 9-23)。

梅 *A. mume* Sieb. 与上种主要区别为小枝绿色,叶先端尾状长渐尖,果核表面有凹点。分布于全国各地,多系栽培。近成熟果实(乌梅)能敛肺,涩肠,生津,安蛔。

本亚科常见的药用植物还有:**山杏(野杏)** *Armeniaca vulgaris* Lam. var. *ansu*(Maxim.)Yu et Lu、**西伯利亚杏** *A. sibirica*(L.)Lam. 和**东北杏** *A. mandshurica*(Maxim.)Skv.,种子亦作苦杏仁入药;**桃** *Amygdalus. persica*(L.)Batsh.,全国广为栽培,种子(桃仁)能活血祛瘀、润肠通便。

(4) 梨亚科 Pomoideae

【药用植物】

山里红 *Crataegus pinnatifida* Bge. var. *major* N.E.Br. 落叶小乔木。分枝多,无刺或少数短刺。叶宽卵形,5~9 羽裂,边缘有重锯齿;托叶镰形。伞房花序;萼齿裂;花瓣 5 瓣,白色或带红

图 9-23 杏

色。梨果近球形,直径可达 2.5cm,熟时深亮红色,密布灰白色小点。华北、东北普遍栽培。果实(北山楂)能消食健胃,行气散瘀(图 9-24)。

山楂 *C. pinnatifida* Bge.　多为栽培。果实亦称北山楂,功效同山里红。

野山楂 *C. cuneata* Sieb. et Zucc.　与上种主要区别:落叶灌木,刺较多。叶顶端常 3 裂。果较小,直径 1~1.2cm,红色或黄色。分布于长江流域及江南地区,北至河南、陕西。果实(南山楂)功效同山里红。

贴梗海棠 *Chaenomeles speciosa*(Sweet)

图 9-24　山里红

Nakai　落叶灌木,枝有刺。叶卵形至长椭圆形;托叶较大,肾形或半圆形。花先叶开放,腥红色或淡红色,花 3~5 朵簇生;萼筒钟形;花瓣红色,少数淡红色或白色;子房下位。梨果卵形或球形,木质,黄绿色,有芳香。产于华东、华中、西南等地。多栽培。成熟果实(皱皮木瓜)能舒筋活络,和胃化湿。

同属**光皮木瓜** *Ch. sinensis*(Thouin)Koehne. 分布长江流域及以南地区,果实(光皮木瓜、蓂楂)入药,功效同贴梗木瓜。

本亚科常见的药用植物还有:**枇杷** *Eriobotrya japonica*(Thunb.)Lindl. 分布于长江以南各省,多为栽培。叶(枇杷叶)能清肺止咳,和胃降逆,止渴。

17. 豆科 Leguminosae

【形态特征】①草本或木本。②叶互生,多为复叶,有托叶。③花序各种;花两性,萼片 5 片,辐射对称或两侧对称;多少连合;花瓣 5 瓣,多为蝶形花,少数假蝶形或辐射对称;雄蕊一般为 10 枚,常连合成二体,少数下部合生或分离,稀多数;子房上位,1 枚心皮,1 室,胚珠 1 至多数,边缘胎座。④荚果。

本科约 650 属,18 000 种,广布全球。我国有 169 属,约 1 539 种,分布全国。已知药用的有 109 属,600 余种。

显微特征:常含有草酸钙方晶。

化学成分:含有黄酮类、生物碱类、蒽醌类、三萜皂苷类等。

分为三个亚科。

亚科检索表

1. 花辐射对称;花瓣镊合状排列;雄蕊多数或定数(4~10) ……………………………… 含羞草亚科
1. 花两侧对称;花瓣覆瓦状排列;雄蕊一般 10 枚。
　2. 花冠假蝶形,旗瓣位于最内方,雄蕊分离不为二体 ………………… 云实亚科(苏木亚科)
　2. 花冠蝶形,旗瓣位于最外方,雄蕊 10 枚,通常二体 ………………………… 蝶形花亚科

(1) 含羞草亚科 Mimosoideae

【药用植物】

合欢 *Albixia julibrissin* Durazz.　落叶乔木,树皮灰褐色,有密生椭圆形横向皮孔。二回偶数羽状复叶,小叶镰刀状,主脉偏于一侧。头状花序呈伞房排列,花淡红色,辐射对称,花萼钟状,5 裂;花冠漏斗状;雄蕊多数,花丝细长,淡红色基部连合。荚果条形,扁平。分布全国。野生或栽培。树皮(合欢皮)能解郁安神,活血消肿。花(合欢花)能解郁安神。

本亚科常用药用植物还有:**儿茶** *Acacia catechu*(L. f.)Willd. ,浙江、台湾、广东、广西、云南有栽培,心材或去皮枝干煎制的浸膏(孩儿茶)为活血疗伤药,能收湿敛疮、止血定痛、清热化痰;**含羞草** *Mimosa pudica* L. ,分布华东、华南与西南地区。全草能安神,散瘀止痛。

（2）云实亚科（苏木亚科）Caesalpinioideae

【药用植物】

决明 *Cassia obtusifoliq* L. 一年生半灌木状草本。叶互生；偶数羽状复叶，小叶 6 枚，叶片倒卵形或倒卵状长圆形。花成对腋生；萼片 5 片，分离；花瓣黄色，最下面的两片较长；发育雄蕊 7 枚。荚果细长，近四棱形。种子多数，菱状方形，淡褐色或绿棕色，光亮。分布全国，多栽培。种子（决明子）能清肝明目，利水通便（图 9-25）。

图 9-25 决明

同属植物**小决明** *C. tora* L. 的种子亦作决明子入药。

皂荚 *Gleditsia sinensis* Lam. 乔木，有分枝的棘刺。羽状复叶，小叶 6~14 枚，卵状矩圆形。总状花序；花杂性，萼片 4 片，花瓣 4 瓣，黄白色。雄蕊 6~8 枚，荚果扁条形，成熟后呈红棕色至黑棕色，被白色粉霜。果实（皂角）能润燥，通便，消肿。刺（皂角刺）能消肿托毒，排脓，杀虫。畸形果实（猪牙皂）能开窍，祛痰，解毒。

紫荆 *Cercis chinensis* Bge. 落叶乔木或灌木。叶互生，心形。春季花先叶开放；花冠紫红色，假蝶形；雄蕊 10 枚，分离。荚果条形扁平。树皮（紫荆）能行气活血，消肿止痛，祛瘀解毒。

本亚科常见的药用植物还有：**苏木** *Caesalpinia sappan* L. ，分布于华南地区及云南、福建、广东、海南、贵州、台湾等省区。心材能活血祛瘀，消肿定痛。

（3）**蝶形花亚科** Papilionoideae

【药用植物】

膜荚黄芪 *Astragalus membranaceus*(Fisch)Bge. 多年生草本。主根长圆柱形，外皮土黄色。羽状复叶，小叶 9~25 片，椭圆形或长卵形，两面有白色长柔毛。总状花序腋生；花萼 5 裂齿；花冠蝶形，黄白色；雄蕊 10 枚，二体；子房被柔毛。荚果膜质，膨胀，卵状长圆形，有长柄，被黑色短柔毛。分布于东北、华北、西北及四川、西藏等省区。生于向阳山坡、草丛或灌丛中。根（黄芪）能补气固表，利水托毒，排脓，敛疮生肌（图 9-26）。

同属植物**蒙古黄芪** *A. membranaceus*(Fisch.) Bge. var. *mongolicus*(Bge.) Hsiao. 小叶 12~18 对，花黄色，子房及荚果无毛。分布于内蒙古、吉林、河北、山西。根与膜荚黄芪同等药用。

槐树 *Sophora japonica* L. 落叶乔木。奇数羽状复叶，小叶 7~15 片，卵状长圆形。圆锥花序顶生；萼钟状；花冠乳白色；雄蕊 10 枚，分离，不等长。荚果肉质，串珠状，黄绿色，无毛，不裂，种子间极细缩，种子 1~6 枚。我国南北各地普遍栽培。花（槐花）和花蕾（槐米）能凉血止血，清肝泻火。槐花还是提取芦丁的原料。果实（槐角）能清热泻火，凉血止血。

甘草 *Glycyrrhiza uralensis* Fisch. 多年生草本。根和根状茎粗壮，表面多为红棕色至暗棕色。全体密生短毛和刺毛状腺体。奇数羽状复叶，小叶 7~17 片。卵形或宽卵形。总状花序腋生，花冠蝶形，蓝紫色；雄蕊 10 枚，二体。荚果呈镰刀状弯曲，密被刺状腺毛及短毛。分布于我国华北、东北、西北等地区。生于向阳干燥的钙质草原及河岸沙质土上。根状茎及根能补脾益气，清热解毒，祛痰止咳，缓急止痛，调和诸药（图 9-27）。

苦参 *Sophora flavescens* Ait. 落叶半灌木。根圆柱形，外皮黄色。奇数羽状复叶；小叶 11~25 片，披针形至线状披针形；托叶线形。总状花序顶生；花冠淡黄白色；雄蕊 10 枚，分离。荚果条形，先端有长喙，呈不明显的串珠状，疏生短柔毛。

本亚科常见的药用植物还有：**扁茎黄芪** *Astragalus complanatus* R. Br. ，分布于陕西、河北、山西、

图 9-26　膜荚黄芪

图 9-27　甘草

内蒙古、辽宁等省区,种子(沙苑子)能益肾固精,补肝明目;**野葛** *Pueraria lobata*(Willd.) Ohwi,除新疆、西藏和东北外,分布于其他各省区,块根(葛根)能解肌退热、生津、透疹、升阳止泻;**密花豆** *Spatholobus suberectus* Dunn. ,分布于云南及华南等地,藤茎作"鸡血藤"药用,能补血、活血、通络;**香花崖豆藤(丰城鸡血藤)** *Millettia dielsiana* Harms ex Diels,分布于华中、华南、西南等地,藤茎在部分地区亦作"鸡血藤"药用。

18. 芸香科 Rutaceae

【形态特征】①多为木本,稀草本。②有时具刺,含挥发油,叶、花、果实常有透明的油腺点。③叶常互生,多为复叶或单身复叶。④花多两性,辐射对称,单生或排成聚伞、圆锥花序;萼片 3~5 片,合生;花瓣 3~5 瓣;雄蕊常与花瓣同数或为其倍数,着生在花盘基部;子房上位,心皮 2 至多数,合生或离生,每室胚珠 1~2 枚。⑤柑果、蒴果、核果、蓇葖果。

本科约 150 属,1 700 种,分布于热带和温带。我国有 28 属,约 150 种,分布全国。已知药用的有 23 属,105 种。

显微特征:含油室,果皮中常有橙皮苷结晶,草酸钙方晶、棱晶、簇晶较多。

化学成分:常含挥发油类,生物碱类,黄酮类,香豆素等。

【药用植物】

橘 *Citrus reticulata* Blanco　常绿小乔木或灌木,常具枝刺。叶互生,革质,卵状披针形,单身复叶,叶翼不明显。萼片 5 片;花瓣 5 瓣,黄白色;雄蕊 15~30 枚,花丝常 3~5 枚连合成组。心皮 7~15 枚。柑果扁球形,橙黄色或橙红色,囊瓣 7~12 瓣,种子卵圆形。长江以南各省广泛栽培。成熟果皮(陈皮)能理气健脾,燥湿化痰。中果皮及内果皮间维管束群(橘络)能通络理气,化痰;种子(橘核)能理气散结,止痛;叶(橘叶)能行气,散结;幼果或未成熟果皮(青皮)能疏肝破气,消积化滞。

酸橙 *C. aurantium* L.　与橘的主要区别为小枝三棱形,叶柄有明显叶翼,柑果近球形,橙黄色,果皮粗糙。主产四川、江西等各省区,多为栽培。未成熟横切两半的果实(枳壳)能理气宽中,行滞消胀。幼果(枳实)能破气消积,化痰除痞(图 9-28)。

黄檗 *Phellodendron amurense* Rupr.　落叶乔木,树皮淡黄褐色,木栓层发达,有纵沟裂,内皮鲜黄色。叶对生,奇数羽状复叶,小叶 5~15 片。披针形至卵状长圆形,边缘有细钝齿,齿缝有腺点。雌雄异株;圆锥花序;萼片 5 片;花瓣 5 瓣,黄绿色;雄花有雄蕊 5 枚;雌花退化雄蕊鳞片状。浆果状核果,球形,紫黑色,内有种子 2~5 枚。分布于华北、东北地区。生于山区杂木林中。有栽培。除去栓皮的

图 9-28　酸橙

树皮（关黄柏）能清热燥湿，泻火除蒸，解毒疗疮。

同属**黄皮树** *P. chinense* Schneid. 与上种的主要区别为树皮的木栓层薄，小叶 7～15 片，下面密被长柔毛。分布于四川、贵州、云南、陕西、湖北等地。树皮（川黄柏）功效同黄柏。

吴茱萸 *Evodia rutaecarpa*（Juss.）Benth. 落叶小乔木。幼枝、叶轴及花序均被黄褐色长柔毛。有特殊气味。叶对生；羽状复叶具小叶 5～9 片，叶两面被白色长柔毛，有透明腺点。雌雄异株，聚伞状圆锥花序顶生。花萼 5 片，花瓣 5 瓣，白色。蒴果扁球形开裂时成蓇葖果状，紫红色。分布于长江流域及南方各省区。生于山区疏林或林缘，现多栽培。未成熟果实药用能散寒止痛，疏肝下气，温中燥湿。

本科常见的药用植物还有：**枳（枸橘）** *Poncirus trifoliatea*（L.）Raf. ，分布于我国中部、南部及长江以北地区，未成熟果实亦作枳壳（绿衣枳壳）药用；**香橼** *Citrus Wilsonii* Tanaka，分布于长江中下游地区，果实（香橼）能舒肝理气、和胃止痛；**花椒（川椒、蜀椒）** *Zanthoxylum bungeanum* Maxim. ，除新疆及东北地区外，几乎遍及全国，果皮（花椒）能温中止痛、除湿止泻、杀虫止痒，种子（椒目）能利水消肿、祛痰平喘；**白鲜** *Dictamnus dasycarps* Turca. ，分布于东北至西北地区，根皮（白鲜皮）能清热燥湿、祛风止痒、解毒。

19. 大戟科 Euphorbiaceae

【形态特征】①草本、灌木或乔木，常含有乳汁。②单叶互生，叶基部常具腺体，有托叶。③花辐射对称，通常单性，同株或异株，常为聚伞、总状、穗状、圆锥花序，或杯状聚伞花序；花被常为单层，萼状，有时缺或花萼与花瓣具存；雄蕊 1 至多数，花丝分离或连合；雌蕊通常由 3 枚心皮合生；子房上位，3 室，中轴胎座。④蒴果，稀为浆果或核果。

本科约 300 属，8 000 余种，广布于全世界。我国 66 属，约 364 种，分布于全国各地。已知药用的有 39 属，160 种。

显微特征：常具有节乳汁管。

化学成分：常含生物碱类，如一叶萩碱等、萜类、氰苷、脂肪油、蛋白质等。

【药用植物】

大戟 *Euphorbia pekinensis* Rupr.　多年生草本，全株含乳汁。根圆锥形。茎直立，上部分枝被短柔毛；叶互生，长圆形至披针形。杯状聚伞花序，总苞钟状，顶端 4 裂，腺体 4 个，总苞内面有多数雄花，每雄花仅具 1 枚雄蕊，花丝与花柄间有 1 个关节，花序中央有 1 朵雌花具长柄，伸出总苞外而下垂，子房上位，3 枚心皮合生，3 室，每室 1 枚胚珠。蒴果三棱状球形，表面具疣状突起。分布于全国各地。生于路旁、山坡及原野湿润处。根（京大戟）有毒，能泻水逐饮（图 9-29）。

铁苋菜 *Acalypha australis* L.　一年生草本。叶互生，卵状菱形。花单性同株，无花瓣；穗状花序腋生，雄花生花序上端，花萼 4 片，雄蕊 8 枚；雌花萼片 3 片，子房 3 室，生在花序下部并藏于蚌形叶状苞片内。蒴果。分布于全国各地。

图 9-29　大戟

生于河岸、田野、路边、山坡林下。全草能清热解毒,止血,止痢。

本科常见的药用植物还有:**续随子** *Euphorbia lathyris* L.,原产欧洲,我国有栽培,种子(千金子)有毒,能逐水消肿、破血消癥;**地锦** *E. humifusa* Willd.,分布于我国大地区,全草(地锦草)清热解毒、凉血止血;**巴豆** *Croton tiglium* L.,分布于南方及西南地区,种子有大毒,外用能蚀疮,制霜用能峻下积滞、逐水消肿。

20. 锦葵科 Malvaceae

【形态特征】①草本、灌木或乔木。②幼枝、叶表面常有星状毛。③单叶互生,常具掌状脉,有托叶。④花两性,单生或成聚伞花序;常有副萼;萼片5片,分离或合生,萼宿存;花瓣5瓣;雄蕊多数,花丝下部连合成管,形成单体雄蕊,包住子房和花柱,花药1室,花粉具刺;子房上位,3至多心皮,3至多室,中轴胎座。⑤蒴果。

本科约50属、1 000余种,广布于温带和热带。我国有16属,约80种,分布于南北各地。已知药用的有12属,60种。

显微特征:具有黏液细胞,韧皮纤维发达,花粉粒大、有刺。

化学成分:常含黄酮苷、生物碱、酚类和黏液质等。

【药用植物】

苘麻 *Abutilon theophrasti* Medic.　一年生大草本,全株有星状毛。叶互生,圆心形。花单生叶腋;花萼5裂;无副萼。花瓣5瓣,黄色;单体雄蕊;心皮15~20枚,轮状排列。蒴果半球形,裂成分果瓣15~20瓣,每果瓣顶端有2个长芒。种子三角状肾形,灰黑色或暗褐色。分布于南北各地。多栽培。种子(苘麻子)能清热利湿,解毒,退翳(图9-30)。

图9-30　苘麻

木芙蓉 *Hibiscus mutabilis* L.　落叶灌木或乔木,全株有灰色星状毛。叶互生,卵圆状心形,通常5~7掌状裂。花单生于枝端叶腋;具副萼;花萼5裂;花瓣5瓣或重瓣,多粉红色;子房5室。蒴果扁球形。分布于除东北、西北外的各省区。生于山坡、水边砂质土壤上,多栽培。叶、花、根皮能清热凉血,消肿解毒,外用治痈疮。

木槿 *H. syriacus* L.　落叶灌木。树皮灰褐色。单叶互生,叶菱状卵圆形,常3裂。花单生叶腋,副萼片6~7片,条形,萼钟形,裂片5片;花冠淡紫、白、红等色,花瓣5瓣或为重瓣;单体雄蕊。蒴果长圆形,密被星状毛。种子稍扁,黑色,有白色长绒毛。我国各地有栽培。根皮及茎皮(木槿皮)能清热润燥、杀虫、止痒;果实(朝天子)能清肺化痰,解毒止痛;花能清热、止痢。

本科常见的药用植物还有:**冬葵(冬苋菜)** *Malva verticillata* L.,全国各地多栽培,果实(冬葵子)能清热、利尿消肿;**草棉** *Gossypium herbaceum* L.,各地多栽培,根能补气、止咳;种子(棉籽)能补肝肾、强腰膝,有毒慎用。

21. 五加科 Araliaceae

【形态特征】①多为木本,稀多年生草本。②茎常有刺。③叶多互生,常为单叶、羽状或掌状复叶。④花小,辐射对称,两性或杂性;伞形花序或集成头状花序,常排成圆锥状花序;萼齿5片,花瓣5瓣,雄蕊着生于花盘的边缘,花盘生于子房顶部,子房下位,由2~15枚心皮合生,通常2~5室,每室胚珠1枚。⑤浆果或核果。

本科约80属,900种,广布于热带和温带。我国有23属,172种,除新疆外,全国均有分布。已知药用的有 19 属,112 种。

显微特片:根和茎的皮层、韧皮部、髓部常具有分泌道。

化学成分:含有三萜皂苷,如人参皂苷、楤木皂苷等;黄酮;香豆素;二萜类;酚类化合物等。

【药用植物】

人参 *Panax ginseng* C. A. Meyer　多年生草本。主根圆柱形或纺锤形,上部有环纹,下面常有分枝及细根,细根上有小疣状突起(珍珠点),顶端根状茎结节状(芦头),上有茎痕(芦碗),其上常生有不定根(芋)。茎单一,掌状复叶轮生茎端,一年生者具 1 枚 3 小叶的复叶,二年生者具 1 枚 5 小叶的复叶,以后逐年增加 1 枚 5 小叶复叶,最多可达 6 枚复叶,小叶椭圆形,中央的一片较大。上面脉上疏生刚毛,下面无毛。伞形花序单个顶生;花小,淡黄绿色;萼片、花瓣、雄蕊均为 5 数;子房下位,2 室,花柱 2 个。浆果状核果,红色扁球形。分布于东北地区,现多栽培。根能大补元气,复脉固脱,补脾益肺,生津,安神。叶能清肺,生津,止渴。花有兴奋功效(图 9-31)。

西洋参 *P. quinquefolium* L.　形态和人参相似,但本种的总花梗与叶柄近等长或稍长,小叶片上面脉上几无刚毛,边缘的锯齿不规则且较粗大而容易区别。原产加拿大和美国,全国部分省区引种栽培。根能补气养阴,清热生津(图 9-32)。

图 9-31　人参

图 9-32　西洋参

三七(田七) *P. notoginseng*(Burk.) F. H. Chen　多年生草本。主根倒圆锥形或短圆柱形,常有瘤状突起的分枝。掌状复叶,3~7 枚轮生于茎顶;小叶 3~7 枚,常 5 枚,中央 1 枚较大,长椭圆形至卵状长椭圆形,两面脉上密生刚毛。伞形花序顶生;花萼、花瓣、雄蕊 5 数;子房下位,2~3 室。浆果状核果,熟时红色。分布于云南、广西、四川等地,多栽培。根能散瘀止血,消肿定痛。

刺五加 *Acanthopanax semicosus*(Rupr. et Maxim.) Harms　落叶灌木,小枝密生针刺。根状茎结节状弯曲,多分枝。根圆柱形。掌状复叶,小叶 5 枚,倒卵形,叶背沿脉密生黄褐色毛。伞形花序单生或 2~4 个丛生茎顶;花瓣黄绿色;花柱 5 个,合生成柱状;子房下位。浆果状核果,球形,有 5 棱,黑色。分布于东北、华北地区及陕西、四川等地。生于林缘、灌丛中。根及根状茎或茎能益气健脾,补肾安神。

通脱木 *Tetrapanax papyrifera*(Hook.) K. Koch　灌木。小枝、花序均密生黄色星状厚绒毛。茎具大形髓部,白色,中央呈片状横隔。叶大,集生于茎顶,叶片掌状 5~11 裂。伞形花序集成圆锥花序状;花瓣、雄蕊常 4 数;子房下位,2 室。分布于长江以南各省区和陕西。茎髓(通草)能清热解毒,消肿,通乳。

本科常见的药用植物还有:**细柱五加** *Acanthopanax gracilistlus* W. W. Smith,分布于南方各省,根

皮(五加皮)能祛风湿,补肝肾,强筋骨;**红毛五加** *A. giralidii* Harms,分布于西北地区及四川、湖北等地,茎皮作"红毛五加皮"药用;**刺楸** *Kalopanax septemlobus*(Thunb.) Koidz,分布于南北各省区,茎皮(川桐皮)能祛风湿,通络,止痛;**楤木** *Aralia chinensis* L.,分布于华北、华东、中南和西南地区,根及树皮能祛风除湿,活血。

22. 伞形科 Umbelliferae

【形态特征】①草本。②常含挥发油而具香气。③茎常中空,有纵棱。④叶互生,多为一至多回三出复叶或羽状分裂;叶柄基部膨大成鞘状。⑤花小,两性,辐射对称,复伞形或伞形花序,或伞形花序组成头状花序,各级花序基部常有总苞或小总苞;花萼5齿裂,极小;花瓣5瓣,先端常内卷;雄蕊5枚,与花瓣互生,着生于上位花盘(花柱基)的周围;子房下位,2枚心皮,2室,每室1枚胚珠,花柱2个。⑥双悬果。

本科约275属,2 900种,主要分布在北温带。我国约95属,540种,全国各地均产。已知药用的有55属,234种。

显微特征:根和茎内具有分泌道,偶见草酸钙晶体。

化学成分:多含有挥发油,具芳香气味;香豆素类;黄酮类;三萜皂苷;生物碱;聚炔类等。

【药用植物】

当归 *Angelica sinensis*(Oliv.) Diels   多年生草本。主根粗短,下部有数个分枝,根头部有环纹,具特异香气。叶二至三回三出复叶或羽状全裂,最终裂片卵形或狭卵形,3浅裂,有尖齿。复伞形花序;苞片无或2片;伞辐10~14片,不等长;小总苞片2~4片;萼齿不明显;花瓣5瓣,绿白色;雄蕊5枚;子房下位。双悬果椭圆形,分果有5棱,侧棱延展成薄翅。分布于西北、西南地区。多为栽培。根(当归)能补血活血,调经止痛,润肠通便。

柴胡 *Bupleurm chinense* DC.   多年生草本。主根较粗,少有分枝,黑褐色,质硬。茎多丛生,上部多分枝,稍成"之"字形弯曲。基生叶早枯,中部叶倒披针形或披针形,全缘,具平行叶脉7~9条。复伞形花序;伞辐3~8片;小总苞片5片,披针形;花黄色。双悬果宽椭圆形,两侧略扁,棱狭翅状。分布于东北、华北、华东、中南、西南等地。生于向阳山坡。根(北柴胡)能发表退热,舒肝解郁,升阳(图9-33)。

同属植物**狭叶柴胡** *B. scorzonerifolium* Willd. 的根(南柴胡)也作柴胡入药(图9-34)。

川芎 *Ligusticum chuanxiong* Hort.   多年生草本。根状茎呈不规则的结节状拳形团块,黄棕色。地上茎丛生,茎基部的节膨大成盘状,生有芽。叶为二至三回羽状复叶,小叶3~5对,不整齐羽状分

图9-33 柴胡   图9-34 狭叶柴胡

裂。复伞形花序;花白色。双悬果卵形。分布于西南地区。多栽培。根茎(川芎)能活血行气,祛风止痛。

前胡(紫花前胡) *Peucedanum decursivum*(Miq.) Maxim. 多年生草本,高达 2m。根粗,圆锥状,下部有分枝。茎单生,紫色。基生叶和下部叶一至二回羽状全裂,叶轴翅状;上部叶逐渐退化成紫色兜状叶鞘。复伞形花序;伞辐 10~20 片;总苞片 1~2 片;小总苞片数片;花深紫色。双悬果椭圆形,扁平。生于山地林下。分布于浙江、江西、湖南等省。根(前胡)能化痰止咳,发散风热。

同属**白花前胡** *P. praeruptorum* Dunn. 的根亦作前胡入药,功效同前胡。

防风 *Saposhnikovia diaricata*(Turez.) Schischk. 多年生草本。根长圆锥形,根头密被褐色纤维状的叶柄残基,并有细密环纹。茎二叉状分枝。基生叶二至三回羽状全裂,最终裂片条形至倒披针形。复伞形花序;伞辐 5~9 片;无总苞或仅 1 片;小总苞片 4~5 片;花白色。双悬果矩圆状宽卵形,幼时具瘤状凸起。分布于东北、华东等地。生于草原或山坡。根(防风)能解表祛风,止痛。

白芷(兴安白芷) *Angelica dahurica*(Fisch. ex Hoffm.) Benth. et Hook. f. 多年生高大草本。根长圆锥形,黄褐色。茎极粗壮,茎及叶鞘暗紫色。茎中部叶二至三回羽状分裂,最终裂片卵形至长卵形,基部下延成翅;上部叶简化成囊状叶鞘。总苞片缺或 1~2 片,鞘状;花白色。双悬果椭圆形或近圆形。分布于东北、华北。多为栽培。生沙质土及石砾质土壤上。根(白芷)能祛风、活血、消肿、止痛。

同属植物变种**杭白芷** *A. dahurica*(Fisch. ex Hoffm.) Benth. et Hook. f. var. *formosana*(Boiss.) Shan et Yuan 植株较矮,茎基及叶鞘黄绿色。叶三出式二回羽状分裂;最终裂片卵形至长卵形。小花黄绿色。双悬果长圆形至近圆形。产于福建、台湾、浙江、四川等地。多有栽培。根亦作白芷药用。

珊瑚菜 *Glehnia littoralis* F. Schmidt et. Miq. 多年生草本,全体有灰褐色绒毛。根细长圆柱形,很少分枝。基生叶三出或羽状分裂或二至三回羽状深裂。复伞形花序顶生;伞辐 10~14 片;总苞有或无;小总苞片 8~12 片;花白色。双悬果椭圆形,果棱具木栓质翅,有棕色绒毛。分布于沿海各省市。生于海滨沙滩或栽培于沙质土壤。根(北沙参)能养阴清肺,益胃生津(图 9-35)。

图 9-35 珊瑚菜

本科常见的药用植物还有:**野胡萝卜** *Daucus carota* L. ,全国各地均产,果实(南鹤虱)有小毒,能杀虫消积;**毛当归** *Angelica pubescens* Maxim. ,分布于安徽、浙江、湖北、广西、新疆等省区,根(独活)能祛风除湿、通痹止痛;**藁本(西芎)** *Ligusticum sinense* Oliv. ,分布于华中、西北、西南等地,根(藁本)能祛风散寒、除湿、止痛;**蛇床** *Cnidium monnieri*(L.) Cuss. ,分布于全国各地,果实(蛇床子)能温肾壮阳、燥湿、祛风、杀虫;**明党参** *Changium smyrnioides* Wolff,分布于长江流域各省,根(明党参)能润肺化痰、养阴和胃、平肝、解毒;**羌活** *Notopterygium incisum* Ting et H. T. Chang,分布于青海、甘肃、四川、云南等省高寒地区,根茎及根(羌活)能散寒、祛风、除湿、止痛;**茴香** *Foeniculum vulgare* Mill. ,各地均有栽培,果实(小茴香)能散寒止痛、理气和胃。

(二)合瓣花亚纲

23. 杜鹃花科 Ericaceae

【形态特征】①多为灌木,少乔木,常绿。②单叶互生,常革质。③花两性,辐射对称或稍两侧对称;花萼宿存,4~5裂;花冠合生,4~5裂;雄蕊多为花冠裂片的2倍,少为同数,着生于花盘基部;子房上位或下位,4~5枚心皮,合生成4~5室,中轴胎座,每室胚珠多数。④蒴果,少浆果或核果。

本科有103属,3 350种。除沙漠地区外,广布于全球,以亚热带地区分布为最多。我国有15属,约757种,分布于全国,以西南各省市为多。已知药用12属,127种,多为杜鹃花属植物。

化学成分:含有黄酮类(如槲皮素、山奈酚、杨梅素、杜鹃黄素等);苷类(如桃叶珊瑚苷、越橘苷等);另含挥发油等成分。杜鹃花属多种植物含杜鹃毒素,毒性较大。

显微特征:显微结构具盾状腺毛或非腺毛。

【药用植物】

兴安杜鹃(满山红) *Rhododendron dahuricum* L.　半常绿灌木。分枝多,小枝有鳞片和柔毛。单叶互生,常集生小枝上部,近革质,椭圆形,下面密被鳞片。花生枝端,紫红或粉红,外具柔毛,先花后叶;雄蕊10枚。蒴果矩圆形。分布于东北、西北、内蒙古。生于干燥山坡、灌丛中。叶能祛痰、止咳;根治肠炎痢疾(图9-36)。

图9-36　兴安杜鹃

本科常用的药用植物还有**闹羊花(羊踯躅)** *R. molle* (Bl.) G. Don,分布于长江流域及华南,花(闹羊花)有麻醉、镇痛作用,成熟果实(八厘麻子)能活血散瘀、止痛。**岭南杜鹃** *Rh. mariae* Hance,分布于广东、江西、湖南等省,全株可止咳、祛痰。**烈香杜鹃(白香紫)** *R. anthopogonoides* Maxim. ,分布于甘肃、青海、四川,叶能祛痰、止咳、平喘。

24. 报春花科 Primulaceae

【形态特征】①草本,稀亚灌木,常有腺点。②单叶,叶茎生或基生,茎生叶互生、对生或轮生,基生叶莲座状或轮状着生。③花单生或排成多种花序;两性,辐射对称;萼常5裂,宿存;花冠常5裂;雄蕊着生在花冠管内,与花冠裂片同数且对生;子房上位,稀半下位,1室,特立中央胎座,胚珠多数。④蒴果。

本科有22属,约1 000种,分布于世界各地,主产于北半球温带。我国有13属,近500种,分布于全国各地,尤以西部高原和山区种类特别丰富。可供药用有7属,119种。

化学成分:含三萜皂苷及其苷元(如报春花皂苷及其苷元等)。另外,还含黄酮类(如槲皮素、山奈酚及其苷等)。

显微特征:常有具长柄的头状腺毛。

【药用植物】

过路黄(金钱草) *Lysimachia christinae* Hance　多年生草本。茎柔弱,带红色,匍匐地面,常在节上生根。叶对生,心形或阔卵形。花腋生,2朵相对。花冠黄色,先端5裂;叶、花萼、花冠均具点状及条状黑色腺条纹。雄蕊5枚,与花冠裂片对生;子房上位,1室,特立中央胎座,胚珠多数。蒴果球形。分布于全国各地,主产西南。生于山坡、疏林下、沟边阴湿处。全草(金钱草)能清热、利胆、排石、利尿(图9-37)。

灵香草 *L. foenum-graecum* Hance　多年

图9-37　过路黄

生草本,有香气。茎具棱。叶互生,椭圆形或卵形。花单生叶腋,直径 2~3.5cm,黄色;雄蕊长约花冠的一半。分布于华南地区及云南。生于林下及山谷阴湿地。带根全草(灵香草)能祛风寒、辟秽浊。

本科常用的药用植物还有:**聚花过路黄** *Lysimachia congestiflora* Hemsl. ,主产于华东、中南、西南地区及陕西、甘肃等省区;生于林下阴湿处、路边及荒地。全草治疗风寒感冒。**点地梅** *Androsace umbellate*(Lour.) Merr. ,主产于东北、华北、秦岭及东南各省区;生于林下、路旁、沟边等湿地;全草能清热解毒、消肿止痛,治咽喉炎等。

　案 例 分 析

　　2020 年《中国药典》收载金钱草为报春花科植物过路黄的干燥全草,但是民间使用混淆较多,常混的植物种类有聚花过路黄、马蹄金、活血丹、广金钱草等,需要先分析它们之间的异同。

　　(1) **金钱草**为报春花科植物**过路黄** *Lysimachia christinae* Hance 的干燥全草。本植物为草本、茎匍匐;单叶对生,全缘;黄色花单生叶腋,具长柄;蒴果球形。全草入药作金钱草用,能清热、利胆、排石、利尿。

　　(2) **聚花过路黄** *Lysimachia congestiflora* Hemsl. 也为报春花科植物,多年生草本。茎浓紫红色,具短柔毛,分枝多,下部匍匐,节处生不定根。单叶交互对生;叶片广心形。花黄色,单生于枝端叶腋,成密集状。果为蒴果,种子多数。全草入药治疗风寒感冒。

　　(3) **连钱草**为唇形科植物**活血丹** *Glechoma longituba*(Nakai)Kupr 的干燥地上部分。多年生草本,具匍匐茎,逐节生根。茎四棱形,基部通常呈淡紫红色,几无毛,幼嫩部分被疏长柔毛。叶对生;轮伞花序腋生,春兴花冠,果实为小坚果。全草入药作金钱草用,具有利湿通淋、清热解毒、散瘀消肿等功效。

　　(4) **广金钱草**为豆科植物**广金钱草** *Desmodium styracifoLium*(Osb.)Merr. 的干燥地上部分。草本,茎节上无不定根;小叶互生,先端微凹,基部心形,全缘;蝶形花冠;荚果。全草入药作金钱草用,具有清热去湿、利尿通淋的功效。

　　(5) **小金钱草**为旋花科植物**马蹄金** *Dichondra repens* Forst 的干燥全草。多年生匍匐小草本,被灰色短柔毛,节上生根。叶肾形至圆形,基部阔心形,全缘;花单生叶腋,花柄短于叶柄,花冠钟状,黄色;蒴果近球形,种子 1~2 枚。全草入药作小金钱草入药,具有清热解毒、利水、活血的功效。

25. 木犀科 Oleaceae

【形态特征】①乔木或灌木。②叶常对生,单叶、三出复叶或羽状复叶。③花两性,稀单性异株,辐射对称,成圆锥、聚伞花序或簇生;花萼、花冠常 4 裂,稀无花瓣;雄蕊常 2 枚;花柱 1 个,柱头 2 裂;子房上位,2 室,每室 2 枚胚珠。④蒴果、核果、浆果或翅果。

本科约 27 属,400 种,广布于温带及亚热带地区。我国有 12 属,近 178 种,各地均有分布。已知药用 8 属,89 种。

化学成分:含酚类、苦味素类、苷类、香豆素类、挥发油等成分。

显微特征:叶上有盾状毛茸,叶肉中常有草酸钙针晶和柱晶。

【药用植物】

连翘 *Forsythia suspense*(Thunb.) Vahl.　　落叶灌木。茎直立,枝条下垂,嫩枝具四棱,茎髓呈薄片状。单叶或羽状三出复叶,对生,卵形或长椭圆状卵形。春季先开花,花冠黄色,深 4 裂,花冠管内有橘红色条纹;雄蕊 2 枚,子房上位,2 室。蒴果木质,狭卵形,表面有瘤状皮孔。种子多数,有翅。分布于东北、华北等地区。生于荒野山坡或栽培。果实(连翘)能清热解毒、消痈散结;种子(连翘心)能清心火,和胃止呕(图9-38)。

女贞 *Ligustrum lucidum* Ait.　常绿乔木。单叶对生,革质,卵形或卵状披针形,全缘。花小,密集成顶生圆锥花序;花冠白色,漏斗状。核果长圆形,微弯曲,熟时黑色。分布于长江流域以南,生于混交林或林缘、谷地,多栽培。果实(女贞子)能补肾滋阴,养肝明目;枝、叶、树皮能祛痰止咳。

本科常见的药用植物尚有**梣(白蜡树)** *Fraxinus chinensis* Roxb,分布于我国南北大部分地区。生于山间向阳湿润坡地,有栽培,以养殖白蜡虫生产白蜡。茎皮(秦皮)能清热燥湿、清肝明目。

图9-38　连翘

26. 马钱科 Loganiaceae

【形态特征】①多为草本、木本。②单叶,多羽状脉,托叶极度退化。③花序类型多;常两性,辐射对称,花萼4~5裂;花冠4~5裂;雄蕊着生花冠管上或喉部,与花冠裂片同数并与之互生;子房上位,通常2室,每室胚珠2至多数。④蒴果、浆果或核果。

本科有28属,550种,分布于热带、亚热带地区。我国有8属,54种,主要分布于西南至东南地区。已知药用7属,26种。

化学成分:含吲哚类生物碱(番木鳖碱、马钱子碱、钩吻碱等),它们多对神经系统有强烈作用;环烯醚萜苷类(桃叶珊瑚苷、番木鳖苷);黄酮类(蒙花苷、刺槐素等)。

显微特征:马钱亚科茎存在内生韧皮部;醉鱼草亚科具星状或叠生星状毛。

【药用植物】

马钱(番木鳖) *Strychnos nux-vomica* L.　乔木。叶互生,有短柄;叶片革质,多为椭圆形、卵形,基出脉5条。花小,灰白色;聚伞花序,顶生;花萼5裂;花冠筒状,先端5裂;雄蕊5枚,着生花冠管喉部;子房上位,柱头2裂。浆果球形,熟时橙色,种子2~5枚,圆盘状纽扣形,直径1~3cm,常一面隆起一面稍凹下,表面密被灰棕色或灰绿色丝光状茸毛,从中央向四周射出。分布于泰国、越南、斯里兰卡、柬埔寨、老挝等国,我国广东、福建、云南也有栽培。生于山林。种子(马钱子)有大毒,能通络、止痛、消肿。同属植物**长籽马钱** *S. pierriana* A. W. Hill 分布于印度、孟加拉国、斯里兰卡、越南及我国云南。种子亦作药材马钱子入药(图9-39)。

图9-39　马钱子

密蒙花 *Buddleia officinalis* Maxim.　落叶灌木。枝、叶柄、叶背及花序均密被白色星状毛及茸毛。叶对生,矩圆状披针形至条状披针形。聚伞圆锥花序顶生及腋生;花萼4裂,外被毛;花冠淡紫色至白色,筒状,亦4裂,外面密被柔毛;雄蕊4枚,着生花冠管中部;子房上位,2室,被毛。蒴果卵形,2瓣裂,种子多数,具翅。分布于西北、西南、中南等地。生于坡地、河边灌木丛中。花(密蒙花)为清热泻火药,能清热解毒、明目退翳。

本科常用药用植物还有:**钩吻** *Gelsemium elegans*(Gardn. et Champ.) Benth.,主要分布于浙江、福建、江西、湖南、广东、海南、广西、贵州、云南;生于丘陵疏林或灌木丛中;全株或根有大毒,能散瘀止痛,杀虫止痒。

27. 龙胆科 Gentianaceae

【形态特征】①草本,茎直立或攀缘。②单叶对生,全缘,无托叶。③花两性,辐射对称,多聚伞花序;花萼、花冠常 4~5 裂,花冠漏斗状或辐射状;雄蕊 4~5 枚,着生于花冠管上;子房上位,心皮 2 枚,合生成 1 室,有 2 个侧膜胎座,胚珠多数。④蒴果 2 瓣裂。

本科有 80 属,700 余种,分布于全世界。我国约 22 属,427 种,已知药用 15 属,约 108 种。

化学成分:含萜类、黄酮苷类等成分。

显微特征:内皮层由多层细胞组成,茎内多具双韧维管束,常具草酸钙针晶、砂晶。

【药用植物】

龙胆 *Gentiana scabra* Bge. 多年生草本。根细长,簇生。单叶对生,无柄,卵形或卵状披针形,全缘,主脉 3~5 条。茎顶或叶腋密生聚伞花序;萼 5 深裂;花冠 5 浅裂,蓝紫色,钟状;雄蕊 5 枚,花丝基部有翅;子房上位,1 室。蒴果长圆形,种子有翅。主要分布于中国东北及华北等地区。根及根状茎(龙胆)能清肝胆实火,除下焦湿热(图 9-40)。

图 9-40 龙胆

同属植物**条叶龙胆** *G. manshurica* Kitag.、**三花龙胆** *G. triflora* Pall.、**坚龙胆** *G. rigescens* Franch. ex Hemsl. 的根和根状茎亦作龙胆入药。

本科常用的药用植物还有:**秦艽** *G. macrophylla* Pall. 分布于西北、华北、东北地区及四川等地,根(秦艽)能祛风、除湿、退虚热、舒筋止痛。**青叶胆** *Swertia mileensis* T. N. Ho et W. L. Shi 分布于云南,全草能清肝胆湿热,治疗病毒性肝炎。

28. 夹竹桃科 Apocynaceae

【形态特征】①多为木本,少草本。具白色乳汁或水液。②单叶对生或轮生,稀互生,全缘。③花两性,单生或成聚伞花序;花萼和花冠均 5 裂,花冠裂片向左或向右覆盖,喉部常有副花冠或附属体(鳞片或毛状附属物);雄蕊 5 枚,贴生,花药常呈箭头形,具花盘;子房上位,稀半下位,心皮 2 枚,离生或合生,1~2 室,中轴胎座或侧膜胎座,胚珠 1 至多数。④核果、蓇葖果、浆果或蒴果;种子的一端常被毛。

本科有 250 属,2 000 余种,分布在热带及亚热带地区。我国有 46 属,176 种,33 变种,主要分布于长江以南各省区等地,已知药用的有 15 属,95 种。

化学成分:含吲哚类生物碱(如利血平、蛇根碱、长春碱等);强心苷类(如夹竹桃苷、羊角拗苷等成分)。

显微特征:茎常有双韧维管束。

【药用植物】

罗布麻(红麻) *Apocynum venetum* L. 半灌木,具乳汁。枝条常对生,光滑无毛带红色。叶对生,叶片椭圆状披针形至卵圆状披针形,叶缘有细齿。花冠圆筒状钟形,粉红色或紫红色,基部常具副花冠;雄蕊 5 枚,花药箭形;花盘肉质环状;心皮 2 枚,离生。蓇葖果叉生,下垂。分布于北方各省区及华东等地区。叶(罗布麻)能清热平肝、息风、强心、利尿、降压、安神、平喘(图 9-41)。

图 9-41 罗布麻

本科常用的药用植物还有：**长春花** *Catharanthus roseus*(L.) G. Don 原产非洲东部,我国中南、华东、西南等地有栽培,全株有毒,含长春花碱等多种生物碱,能抗癌、抗病毒、利尿、降血糖。**络石** *Trachelospermum jasminoides*(Lindl.) Lem. 分布于除青海、新疆、西藏及东北地区以外的各省区。茎叶(络石藤)能祛风湿、凉血、通络。**萝芙木** *Rauvolfia verticillata*(Lour.) Baill.,分布于西南、华南地区;植株含利血平等吲哚类生物碱,能镇静、降压、活血止痛、清热解毒;是"利血平"和"降压灵"的药物的主要原料。

29. 萝藦科 Asclepiadaceae

【形态特征】①草本、灌木或藤本,具乳汁。②单叶对生,少轮生,全缘,无托叶;叶柄顶端常有腺体。③聚伞花序,稀总状花序;花两性,辐射对称;花萼、花冠均5裂;具副花冠,由5枚离生或基部合生的裂片或鳞片所组成,生于花冠管上或雄蕊背部或合蕊冠上;雄蕊5枚,与雌蕊贴生成中心柱,称合蕊柱;花丝多合生成管包围雌蕊,称合蕊冠;花药合生成一环,贴生于柱头基部的膨大处;花粉常黏合成花粉块,每个花药有花粉块2~4块;子房上位,心皮2枚,离生;花柱2个,顶端合生。④蓇葖果双生,或因一个不育而单生;种子多数,顶端具白色丝状长毛。

本科约180属,2 200余种,分布于世界各地,主产热带,我国产44属,245种,33变种,分布于西南及东南部为多,少数在西北与东北各省区。已知药用33属,112种。

化学成分:含强心苷、生物碱、酚类等成分。

显微特征:茎具双韧维管束。

【药用植物】

白薇 *Cynanchum atratum* Bge.   多年生直立草本,有乳汁,全株被绒毛。根须状,有香气。茎中空。叶对生,长卵形或卵状长圆形。聚伞花序,花深紫色。蓇葖果单生。全国大部分地区有分布。根及根状茎(白薇)能清热、凉血、利尿。同属植物**蔓生白薇** *C. versicolor* Bunge 的根和根茎也作白薇用(图9-42)。

本科药用植物还有:**徐长卿** *C. paniculatum*(Bge.) Kitag. 分布于全国大部,根及根状茎(徐长卿)能消肿止痛、通经活络。**杠柳** *Periploca sepium* Bunge. 分布于长江以北地区及西南各省区,根皮(番加皮、北五加皮)能利水消肿、祛风止痛、强心。**柳叶白前**(**白前**) *C. stauntonii*(Decne.) Chltr. ex Lévl. 分布于长江流域及西南地区,根及根状茎(白前)能降气化痰、止咳平喘。

图 9-42   白薇

30. 旋花科 Convolvulaceae

【形态特征】①草质缠绕藤本,稀木本,有时具乳汁。②单叶互生,无托叶。③花两性,辐射对称,单生或成聚伞花序;萼片5片,常宿存;花冠钟状、漏斗状、坛状等,全缘或少5裂,裂片在花蕾期呈旋转状;雄蕊5枚,着生于花冠管上;子房上位,心皮2枚,1~2室,每室胚珠1~2枚(偶因次生假隔膜为4室,稀3室,每室胚珠1枚)。④蒴果,稀浆果。

本科约56属,1 800种以上,广泛分布于热带、亚热带和温带,主产于美洲和亚洲的热带、亚热带。我国有22属,大约125种,南北均有,大部分属种则产自西南和华南地区。已知药用16属,54种。

化学成分:含莨菪烷类生物碱、香豆素类、黄酮类等化合物。

显微特征:茎常具双韧维管束。

【药用植物】

裂叶牵牛 *Pharbitis nil*(L.) Choisy   一年生缠绕草本,全株被粗硬毛。叶互生,叶片近卵状心形。花1~3朵腋生;花冠漏斗状,紫红色或浅蓝色,雄蕊5枚;子房上位,3室,每室胚珠2枚。蒴果球形。

种子卵状三棱形,黑褐色或淡黄白色。分布全国大部分地区或栽培。种子(牵牛子)能逐水消肿、杀虫(图 9-43)。

同属植物圆叶牵牛 *P. purpurea*(L.) Voigt 的种子亦作牵牛子入药。

本科药用植物还有:**丁公藤** *Erycibe obtusifolia* Benth. 分布于广东中部及沿海岛屿,藤茎(丁公藤)有小毒,能祛风除湿、消肿止痛。**马蹄金** *Dichondra repens* Forst. ,多年生匍匐小草本,主要分布于贵州、广西、福建、四川、浙江等地,具有清热解毒、利水、活血的功效。**菟丝子** *Cuscuta chinensis* Lam. ,一年生缠绕性寄生草本,分布于全国大部分地区。种子能补肝肾、明目、益精、安胎。**甘薯** *Ipomoea batatas*(L.) Lam. 是主要粮食作物之一,其块根可治疗赤白带下、宫寒、便秘、胃及十二指肠溃疡出血。

图 9-43 裂叶牵牛

31. 紫草科 Boraginaceae

【形态特征】①草本或亚灌木,少为灌木或乔木,常被有粗硬毛。②单叶互生,稀轮生或对生,通常全缘;无托叶。③常为总状花序或聚伞花序;两性,辐射对称;萼片 5 片;花冠管状或漏斗状,5 裂;雄蕊 5 枚,着生于花冠管上;具花盘;子房上位,心皮 2 枚,每室 2 枚胚珠,或子房常 4 深裂而成 4 室,每室 1 枚胚珠,花柱常单生于子房顶部或 4 分裂子房的基部。④果为 4 个小坚果或核果。

本科约 100 属,2 000 种,多分布于世界温带和热带地区,地中海区为其分布中心。我国有 48 属,269 种,分布于全国,以西南地区最为丰富。已知药用 21 属,62 种。

化学成分:有萘醌类色素(如紫草素、乙酰紫草素、异丁酰紫草素等);生物碱类(如天芥菜春碱、毒豆碱、大尾摇碱等)。

显微特征:具有坚硬的毛被,从一个坚硬的瘤状基部生出,毛的基部常有钟乳体类似物。

【药用植物】

新疆紫草 *Arnebia euchroma*(Royle) Johnst. 多年生草本,被白色糙毛。须根多条,肉质紫色。基生叶条形,茎生叶变小。花序近球形,具多花;花 5 数;花冠紫色,喉部无附属物及毛;子房 4 裂,柱头顶端 2 裂。小坚果有瘤状突起。分布于西藏、新疆。生于高山多石砾山坡及草坡。根(紫草,软紫草)能凉血、活血、解毒透疹。

紫草 *Lithospermum erythrorhizon* Sieb. et Zucc. 多年生草本,被糙伏毛。根肥厚粗壮,紫红色。叶互生,长圆状披针形至卵状披针形,全缘。花聚生茎顶;花冠白色,5 裂,管口有 5 个小鳞片;雄蕊 5 枚;子房 4 深裂,花柱基底着生。小坚果平滑,4 枚,包于宿存增大的萼中。分布于东北、华北、华中、西南等地区。生于向阳山坡、草地、灌丛间。根(硬紫草)亦作紫草入药(图 9-44)。

内蒙紫草 *Arnebia guttata* Bge. 多年生草本。根含紫色物质。茎直立,多分枝,密生开展的长硬毛和短伏毛。叶无柄,匙状线形至线形,两面密生具基盘的白色长硬毛。镰状聚伞花序,含多数花;花萼裂片线形,有开展或半贴伏的长伏毛;花冠黄色,筒状钟形,外面有短柔毛;雄蕊着生花冠筒中部(长柱花)或喉部(短柱花),花药长圆形;子房 4 裂,花柱丝状,先端浅 2 裂。坚果,淡黄褐色。花果期 6~10 月。

常用药用植物还有:**细花滇紫草** *O. hookeri* C. B. Clarke,它的根皮(藏紫草、西藏紫草)在藏药或中药中作紫草入药。**滇紫草** *O. paniculatum* Bur. et Franch. 、**露蕊滇紫草** *O. exsertum* Hemsl. 、**密花滇紫草** *O. confertum* W. W. Smith 这三种植物的根、根皮或根部栓皮(滇紫草或紫草皮)在四川、云南、贵州亦作紫草入药。

1. 植株;2. 花;3. 花冠解剖;4. 雄蕊;5. 雌蕊。

图 9-44 紫草

32. 马鞭草科 Verbenaceae

【形态特征】①木本,稀草本,常具特殊气味。②单叶或复叶,常对生。③花两性,多两侧对称;花萼 4~5 裂,宿存;花冠二唇形或偏斜;雄蕊 4 枚,2 强;子房上位,心皮 2 枚,因假隔膜而成 4 室,每室胚珠 1~2 枚,花柱顶生,柱头 2 裂。④浆果状或蒴果状核果。

本科 80 余属,3 000 余种,分布于热带和亚热带地区,少数延至温带;我国有 21 属,175 种,31 变种,10 变型,主要分布在长江以南各省区。已知药用 15 属,101 种。

化学成分:含黄酮类、环烯醚萜类、醌类及挥发油等成分。

显微特征:具各种腺毛、非腺毛及钟乳体。

【药用植物】

马鞭草 *Verbena officinalis* L. 多年生草本。叶对生,卵形至长卵形;基生叶边缘常有粗锯齿和缺刻;基生叶常 3 裂,裂片不规则羽状分裂或具粗锯齿,两面均被粗毛。穗状花序细长如马鞭;花小,花萼、花冠均 5 裂,花冠淡紫色,略二唇形,雄蕊 4 枚,2 强;子房上位,4 室,每室 1 枚胚珠。果实包于萼内,熟时分裂为 4 枚小坚果。分布于全国各地。全草(马鞭草)能清热解毒、利尿消肿、通经、截疟(图 9-45)。

图 9-45 马鞭草

本科药用植物还有:**蔓荆** *Vitex trifolia* L. 分布于沿海各省,生于海边、河湖旁、沙滩上,果实(蔓荆子)能疏风散热、清利头目。**海州常山(臭梧桐)** *Clerodendrum trichotomum* Thunb. ,叶(臭梧桐)能祛风除湿、降压。**马缨丹(五色梅)** *Lantana camara* L. 多为栽培,根能解毒、散结止痛,枝、叶有小毒,能祛风止痒、解毒消肿。

33. 唇形科 Labiatae

【形态特征】①多为草本。②茎四棱,叶对生。③花序通常为腋生聚伞花序排列成轮伞花序,或再聚合成总状、穗状、圆锥等复合花序;花两性,两侧对称;花萼 5 片,宿存;花冠 5 裂,唇形;雄蕊 4 枚,二强,或仅 2 枚;心皮 2 枚,合生,子房上位,通常 4 深裂形成假四室,每室含 1 枚胚珠;花柱 2 个,着生于四裂子房的底部。④果实为 4 枚小坚果。

本科为较大的科。全世界有 10 个亚科,约 220 余属,3 500 余种,分布于世界各地。我国有 99 属,800 余种,分布于全国各地。已知药用的有 75 属,436 种。

化学成分:多含挥发油,还有二萜类、黄酮类、生物碱类等。

显微特征:茎叶具多种类型的毛茸,直轴式气孔;茎的角隅处具有发达的厚角组织。

【药用植物】

薄荷 *Mentha haplocalyx* Briq.　多年生草本,有清凉香气。茎四棱,叶对生,叶片卵形或长圆形,两面均有腺鳞及柔毛。轮伞花序,腋生;花冠淡紫色或白色,4 裂,上唇裂片较大,顶端 2 裂,下唇 3 裂片近相等;雄蕊 4 枚,二强。小坚果椭圆形,藏于宿存的花萼内。全国各地均有分布,多栽培。地上部分入药,能疏散风热、清利头目、透疹(图 9-46)。

益母草 *Leonurus japonicus* Houtt.　一年生或二年生草本。茎方形。基生叶有长柄,叶片近圆形,茎生叶掌状 3 深裂,花序顶端的叶条形或条状披针形,几无柄。轮伞花序腋生;花冠唇形,淡紫红色。小坚果三棱形。全国各地均有分布。地上部分入药,能活血调经、利尿消肿;果实(茺蔚子)能活血调经、清肝明目(图 9-47)。

图 9-46　薄荷

图 9-47　益母草

丹参 *Salvia miltiorrhiza* Bge.　多年生草本,密被长柔毛及腺毛。根圆柱形,外皮淡红色。茎四棱形。叶对生,单数羽状复叶,小叶卵圆形或椭圆状卵形。轮伞花序呈总状排列;萼紫色,二唇形;花冠蓝紫色,二唇形,上唇略呈盔状,下唇 3 裂;能育雄蕊 2 枚;小坚果长圆形。全国大部分地区有分布。也有栽培。根能活血调经,祛瘀止痛,清心除烦(图 9-48)。

本科药用植物尚有:**广藿香** *Pogostemon cablin* (Blanco) Benth. ,原产菲律宾,我国南方有栽培,地上部分能芳香化浊、祛暑解表、开胃止呕。**黄芩** *Scutellaria baicalensis* Georgi,分布于东北、华北等地区,根入药,能清热燥湿、泻火解毒、止血、安胎。**紫苏** *Perilla frutescens* (L.) Britt. var. *arguta* (Benth.) Hand. -Mazz. ,产于全国各地,多栽培,果实(苏子)能降气消痰、平喘、润肠,叶及嫩枝(紫苏叶)能解表散寒、行气和胃,茎(紫苏梗)能理气宽中、止痛、安胎;**夏枯草** *Prunella vulgaris* L. ,分布于我国大部分地区,全草或果穗入药,能清火、明目、散结、消肿。**荆芥** *Schizonepeta tenuifolia* Briq. ,分布于江苏、河南、河北、山东,地上部分能解表散风、透疹,炒炭用于止血。**半枝莲(并头草)** *Scutellaria barbata* D. Don,全草能清热解毒、活血消肿。

1. 根；2. 地上部分。

图 9-48　丹参

34. 茄科 Solanaceae

【形态特征】①草本、灌木或小乔木。②单叶或复叶,互生,无托叶。③花两性,辐射对称,单生、簇生或成伞房、伞形、聚伞等花序;花萼常 5 裂,宿存,果时常增大;花冠合瓣成辐状、钟状、漏斗状,常 5 裂;雄蕊常与花冠裂片同数且互生;子房上位,心皮 2 枚,中轴胎座,胚珠多数。④浆果或蒴果。

本科约 30 属 3 000 种,广泛分布于全世界温带及热带地区,美洲热带种类最为丰富。我国产 24 属,105 种,35 变种,各省区均有分布。已知药用的有 25 属,84 种。

化学成分:含生物碱类,如莨菪碱、东莨菪碱、山莨菪碱、颠茄碱、烟碱、胡芦巴碱等。

显微特征:茎具双韧维管束。

【药用植物】

宁夏枸杞 Lycium barbarum L.　灌木,主枝数条,粗壮,果枝细长,具枝刺。叶互生或丛生,长椭圆状披针形。花簇生于短枝上,花冠漏斗状,5 裂,粉红色或淡紫色,花冠管长于裂片。浆果椭圆形,长 1~2cm,熟时红色。主产宁夏、甘肃。各地有栽培。果实(枸杞子)能滋补肝肾、益精明目。根皮(地骨皮)能凉血除蒸、清肺降火。同属植物**枸杞 L. chinense Mill.**,全国大部分地区有分布,药用同宁夏枸杞(图 9-49)。

白花曼陀罗 Datura metel L.　一年生草本。单叶互生,卵形或宽卵形,叶基不对称,全缘或有稀

图 9-49　宁夏枸杞　　　　　　　　　图 9-50　白花曼陀罗

疏锯齿。花单生于叶腋;萼先端5裂,筒状;花冠白色,喇叭状,具5棱角;雄蕊5枚;子房不完全,4室;蒴果斜生,近球形,表面有稀疏短粗刺,熟时4瓣裂。我国各地有分布。花(洋金花)有毒,能平喘止咳、镇痛、解痉(图9-50)。

本科药用植物还有:**酸浆** *Physalis alkekengi* L. var. *franchetii*(Mast.) Makino,各地均产,带萼果实(锦灯笼)、根及全草能清热、利咽、化痰、利尿。**颠茄** *Atropa belladona* L. ,原产欧洲,我国有栽培,全草能松弛平滑肌、抑制腺体分泌、加速心率、扩大瞳孔。**龙葵** *Solanum nigrum* L. ,全草有小毒,能清热解毒、活血消肿。**莨菪** *Hyoscyamus niger* L. ,分布于我国华北、西北和西南地区,亦有栽培,叶、种子(天仙子)能解痉止痛、安神定喘。

35. 玄参科 Scrophulariaceae

【形态特征】①草本,少为灌木或乔木。②叶多对生,少互生或轮生;无托叶。③总状或聚伞花序;花萼4~5裂,宿存;花冠4~5裂,多少呈二唇形;雄蕊4枚,二强,着生于花冠管上;子房上位,心皮2枚,2室,中轴胎座,胚珠多数。④蒴果,常宿存花柱。

本科约200属,3 000种,广布世界各地。我国有56属,分布于全国各地,主产于西南地区。已知药用的有45属,233种。

化学成分:含环烯醚萜苷、强心苷、黄酮类及生物碱等成分。

显微特征:具双韧维管束。

【药用植物】

玄参 *Scrophularia ningpoensis* Hemsl.　多年生草本。根数条,粗大呈纺锤形,灰黄褐色,干后内部变黑色。茎方形,下部叶对生,上部叶有时互生;叶片卵形至披针形。聚伞花序集成疏散圆锥花序,花萼5裂几达基部;花冠褐紫色,5裂,上唇长于下唇;雄蕊4枚,二强。蒴果卵形。分布于华东、中南、西南地区。根(玄参)能滋阴降火、生津、消肿、解毒(图9-51)。

同属植物**北玄参** *S. buergeriana* Miq. ,分布于东北、华北及西北等地,根亦作玄参入药。

地黄(怀地黄) *Rehmannia glutinosa*(Gaertn.) Libosch. ex Fish. et Mey.　多年生草本,全株密被灰白色长柔毛及腺毛。根肥大块状。叶丛状基生,叶片倒卵形或长椭圆形,上面绿色多皱,下面带紫色总状花序顶生;花冠管稍弯曲,顶端5浅裂,略呈二唇形,外面紫红色,内面常有黄色带紫色;雄蕊4枚,2强;子房上位,2室。蒴果卵形。分布于辽宁与华北、西北、华中、华东等地区,各省多栽培,主产河南;根状茎(生地黄)能清热凉血、养阴生津,加工炮制后的熟地黄能滋阴补肾、补血调经(图9-52)。

图9-51　玄参

图9-52　地黄

本科常用药用植物还有：**胡黄连** *Picrorhiza scrophulariiflora* Pennell. ，分布于四川西部、云南西北部、西南部，根状茎（胡黄连）能清虚热、燥湿、消疳。**阴行草** *Siphonostegia chinensis* Benth. 全国有分布，全草（刘寄奴）能清利湿热、凉血祛瘀。**狭叶毛地黄** *Digitalis lanata* Ehrh.、**紫花洋地黄** *Digitalis purpurea* L. 的叶含洋地黄毒苷，有兴奋心肌、增强心肌收缩力、改善血液循环的作用。

36. 茜草科 Rubiaceae

【形态特征】①木本或草本，有时攀缘状。②单叶对生或轮生，常全缘；有托叶，有时呈叶状。③花两性，辐射对称，聚伞花序排列成圆锥状或头状；花萼、花冠4~5裂，稀6裂；雄蕊与花冠裂片同数且互生。子房下位，心皮2枚，合生，常2室，每室1至多数胚珠。④蒴果、浆果或核果。

本科约637属10 700种，分布于热带和亚热带。我国有98属，676种，主要分布于西南至东南部。已知药用59属，210余种。

化学成分：含生物碱、环烯醚萜类、蒽醌类等成分。

显微特征：具有分泌组织，细胞中常含有砂晶、簇晶、针晶等草酸钙晶体。

【药用植物】

栀子 *Gardenia jasminoides* Ellis   常绿灌木，叶对生或三叶轮生，叶片椭圆状倒卵形至倒阔披针形，革质。托叶鞘状。花冠白色芳香，单生枝顶；子房下位，1室，胚珠多数。果肉质，外果皮略革质，具翅状枝5~8条。分布于我国南部和中部。有栽培。果实（栀子）能泻火解毒、清热、利尿，是天然黄色素的重要原料（图9-53）。

钩藤 *Uncaria rhynchophylla* (Miq.) Miq. ex Havil.   常绿木质大藤本。小枝四棱形，叶腋有钩状变态枝。叶对生，椭圆形；托叶2深裂。头状花序单生叶腋或顶生呈总状；花5数，花冠黄色；子房下位。蒴果。分布于福建、江西、湖南、广东、广西等地；带钩茎枝（钩藤）能清热平肝、息风定惊（图9-54）。

图9-53　栀子

图9-54　钩藤

茜草 *Rubia cordifolia* L.   攀缘草本。根丛生，橙红色。茎四棱，棱上具倒生刺。叶4片轮生，有长柄，卵形至卵状披针形，下面中脉及叶柄上有倒刺。花小，5数，黄白色，子房下位，2室。浆果，成熟时黑色。全国各地均有分布。生于灌丛中。根（茜草）能凉血止血、祛瘀通经（图9-55）。

本科常见的药用植物还有：**白花舌蛇草** *Hedyotis diffusa* Willd. ，分布于东南至西南地区，全草（白花舌蛇草）能清热解毒、活血散瘀。**鸡矢藤** *Paederia scandens* (Lour.) Merr. 全草能消食化积、祛风

图 9-55　茜草

利湿、止咳、止痛。**巴戟天** *Morinda officinalis* How，分布于华南地区，根能补肾壮阳、强筋骨、祛风湿。**红大戟** *Knoxia valerianoides* Thorel ex Pitard，分布于广东、广西、福建、云南等省区，块根(红大戟)能泻水逐饮、攻毒消肿散结。

37. 忍冬科 Caprifoliaceae

【形态特征】　①灌木、乔木或藤本。②单叶，少数为羽状复叶，多对生，常无托叶。③花两性，辐射对称或两侧对称，聚伞花序；花萼合生，4~5 裂；花冠管状，多 5 裂，有时二唇形；雄蕊与花冠裂片同数且互生，着生于花冠管上；子房下位，心皮 2~5 枚，1~5 室，每室胚珠 1 枚。④浆果、核果或蒴果。

本科有 13 属，约 500 种，主产北温带。中国有 12 属，200 余种，大多分布于华中和西南地区。已知药用的有 9 属，100 余种。

化学成分：含酸性成分、黄酮类、三萜类、皂苷等。

显微特征：具有草酸钙簇晶、厚壁非腺毛、腺毛，腺毛的腺头由数十个细胞组成，腺柄由 1~7 个细胞组成。

【药用植物】

忍冬 *Lonicera japonica* Thunb.　半常绿缠绕灌木。茎多分支，老枝外表棕褐色，幼枝密生柔毛。单叶对生，卵形至长卵形，幼时两面被短毛。花成对腋生，苞片呈叶状，卵形，2 枚，花冠二唇形，上唇 4 浅裂，下唇不裂，稍反卷，初开时白色，后变黄色，故称"金银花"；雄蕊 5 枚，雌蕊 1 枚，子房下位。浆果球形，熟时黑色。全国大部分地区有分布。花蕾(金银花)，能清热解毒、凉散风热。茎枝(忍冬藤)，能清热解毒、疏风通络(图 9-56)。

图 9-56　忍冬

灰毡毛忍冬 *Lonicera macranthoides* Hand. -Mazz.　木质藤本；幼枝或其顶梢及总花梗有薄绒状短糙伏毛，后变栗褐色有光泽而近无毛。叶革质，卵形、卵状披针形、矩圆形至宽披针形，上面无毛，下面被由短糙毛组成的灰白色或有时带灰黄色毡毛；叶柄有薄绒状短糙毛，有时具开展长糙毛。花常密集成圆锥状花序；苞片披针形或条状披针形；萼筒常有蓝白色粉，无毛或有时上半部或全部有毛；花冠白色，后变黄色，唇形，内面密生短柔毛；雄蕊生于花冠筒顶端，连同花柱均伸出而无毛。果实黑色，圆形。果熟期 10~11 月。主要分布于福建、广西、湖北、贵州、广东、安徽等地。花蕾(山银花)能清热解毒，疏散风热(图 9-57)。

图 9-57　灰毡毛忍冬

　　本科常见的药用植物还有**红腺忍冬** *Lonicera hypoglauca* Miq.，主要分布于安徽、浙江、江西、福建、湖北、湖南、广西、四川、贵州等地，花蕾能清热解毒、疏散风热。**华南忍冬** *Lonicera confusa* (Sweet) DC.，主要分布于浙江、广东、海南、广西等地，花蕾能清热解毒、疏散风热。**接骨木** *Sambucus williamsii* Hance，全草入药，能接骨续筋、活血止痛、祛风利湿。**陆英（接骨草）** *S. chinensis* Lindl.，分布于东北、华北、华东及西南等地，全草能祛风活络、散瘀消肿、续骨止痛。

38. 败酱科 Valerianaceae

【形态特征】①多年生草本，通常具强烈臭气或香气。②叶对生或基生，多羽状分裂，无托叶。③花小，两性，稍不整齐，排成各种聚伞花序；萼各式；花冠筒状，基部常有偏突的囊状或距，上部 3~5 裂；雄蕊着生于花冠筒上，常 3 或 4 枚；子房下位，3 心皮合生，3 室，仅 1 室发育，含 1 枚胚珠，悬垂于室顶。④瘦果，有时宿存于顶端的花萼呈冠毛状，或与增大的苞片相连而成翅果状。

　　本科有 13 属，约 400 种，大多数分布于北温带。我国有 3 属，约 30 余种，分布于全国各地。已知药用 3 属，24 种。

　　化学成分：含有倍半萜类（如甘松酮，缬草烷、缬草酮等）；黄酮类（如槲皮素、山奈酚等）；三萜皂苷（如败酱苷等）；有机酸类（如异戊酸等）；生物碱类。

【药用植物】

　　黄花败酱 *Patrinia scabiosaefolia* Fisch. ex Trev.　多年生草本，根及根状茎具特殊的败酱气。基生叶成丛，卵形，具长柄；茎生叶对生；常 4~7 深裂，两面疏被粗毛。花小，黄色，形成顶生伞房状聚伞花序；花冠 5 裂，基部有小偏突；雄蕊 4 枚；子房下位，瘦果无膜质增大苞片，有翅状窄边。主要分布于我国北方地区。全草（败酱草）能清热解毒，消痈排脓，祛瘀止痛（图 9-58）。

　　同属植物**白花败酱** *P. villosa* (Thunb.) Juss.，多年生草本。地上茎直立。基生叶簇生；茎生叶对生。伞房状圆锥聚伞花序；花萼不明显；花冠白色。瘦果倒卵形。花期 5~6 月。除西北地区外，全国其他地方均有分布。全草能散瘀消肿，活血排脓，祛瘀止痛。

　　本科常见的药用植物还有：**缬草** *Valeriana officinalis* L.，分布于东北至西南各省，根及根状茎能安神、理气、止痛。**甘松** *Nardostachys chinensis* Batal.，分布于云南、四川、甘肃及青

图 9-58　黄花败酱

海,根及根状茎能理气止痛、开瘀醒脾。

39. 葫芦科 Cucurbitaceae

【形态特征】①草质藤本,具卷须。②叶互生,常单叶,掌状浅裂,或为鸟趾状复叶。③花单性,同株或异株;花萼及花冠裂片 5;雄花具雄蕊 3 或 5 枚,分离或合生,花药多曲折;雌花子房下位,3 心皮 1 室,有时 3 室,侧膜胎座。④瓠果。

本科约 113 属,800 多种,分布于热带及亚热带地区。我国约 32 属,154 种,分布于全国各地。已知药用的有 25 属,92 余种。

化学成分:含葫芦素、雪胆甲素、雪胆乙素、罗汉果苷、木鳖子皂苷等成分。

显微特征:茎中具有双韧维管束、草酸钙针晶、石细胞等。

【药用植物】

栝楼 *Trichosanthes kirilowii* Maxim.　多年生草质藤本。块根肥厚,圆柱状。叶具长柄,近心形,掌状 3~9 浅裂至中裂,稀不裂。雌雄异株;雄花呈总状花序,雌花单生;花冠白色,5 裂,裂片先端细裂呈流苏状。瓠果近球形,熟时果皮果瓤橙黄色。种子扁平,浅棕色。主产于长江以北,江苏、浙江等地。多有栽培。成熟果实称栝蒌(全瓜蒌),能清热涤痰、宽胸散结、润燥滑肠;种子(瓜蒌子)能润肺化痰、滑肠通便;皮(瓜蒌皮)能清化热痰、利气宽胸;块根(天花粉)能生津止渴、降火润燥;天花粉蛋白能引产。同属植物**双边栝楼(中华瓜楼)** *T. rosthornii* Harms,分布于华中、西南、华南及陕西、甘肃等。亦常栽培。入药部位及疗效与栝楼同(图 9-59)。

图 9-59　栝楼

本科常见的药用植物还有:**绞股蓝** *Gynostemma pentaphyllum*(Thunb.) Makino,分布于长江以南,全草能补气生津、清热解毒、止咳祛痰。**罗汉果** *Siraitis grosvenorii*(Swingle) C. Jeffrey (*Momordica grosvenorii* Swingle)分布于广东、海南、广西及江西,果实(罗汉果)能清热凉血、润肺止咳、润肠通便,块根能清利湿热、解毒。**丝瓜** *Luffa cylindrica*(L.) Roem.,栽培,成熟果实的维管束(丝瓜络)能祛风、通络、活血。**木鳖** *Momordica cochinchinensis*(Lour.) Spreng.,分布于江西、湖南、四川及华南等地,种子(木鳖子)有毒,能散结消肿、攻毒疗疮。

40. 桔梗科 Campanulaceae

【形态特征】①草本,常具乳汁。②单叶互生、对生或轮生,无托叶。③花两性,辐射对称或两侧对称,单生或成聚伞、总状、圆锥花序;萼常 5 裂,宿存;花冠钟状或管状,5 裂;雄蕊 5 枚,与花冠裂片同数而互生;子房下位或半下位,心皮 3 枚,合生成 3 室,中轴胎座,胚珠多数。④蒴果或浆果。

全科有 60~70 个属,大约 2000 种。世界广布,但主产地为温带和亚热带。我国产 16 属,大约 170 种。已知药用的有 13 属,111 种。

化学成分:含皂苷、生物碱、糖类等成分。

显微特征:常具有菊糖、乳汁管等。

【药用植物】

党参 *Codonopsis pilosula*(Franch.) Nannf.　多年生缠绕草本,有乳汁。根圆柱形,顶端有膨大的根状茎(根头),具多数芽和瘤状茎痕,向下有环纹。叶互生,常为卵形,两面被短伏毛。花单生枝顶;花冠宽钟形,淡黄绿色,略带紫晕,5 浅裂。蒴果圆锥形。分布于东北、西北、华北及西南地区。多有栽培。根能补中益气,健脾益肺(图 9-60)。

桔梗 *Platycodon grandiflorum*(Jacq.) A. DC.　多年生草本,具乳汁。根肉质,长圆锥形。叶互

图 9-60　党参

生、对生或轮生,叶片卵形至披针形,背面灰绿色。花单生或数朵生于枝顶;萼 5 裂,宿存;花冠阔钟形,蓝色,5 裂;雄蕊 5 枚;子房半下位,5 室,中轴胎座,柱头 5 裂。蒴果倒卵形,顶部 5 瓣裂。分布于全国各地。亦有栽培。根能宣肺利咽,祛痰排脓(图 9-61)。

图 9-61　桔梗

本科药用植物还有:**半边莲** *Lobelia chinensis* Lour. ,分布于长江中下游及以南地区,全草能清热解毒、消瘀排脓、利尿及治蛇咬伤。**四叶参(羊乳)** *Codonopsis lanceolata* Benth. et Hook. f. ,分布于华南、西南至东北各地,根能补虚通乳、排脓解毒。**沙参(杏叶沙参)** *Adenophora stricta* Miq. ,分布于西南、华东地区以及河南、陕西等地,根(南沙参)能养阴清肺、化痰、益气。

41. 菊科 Compositae(Asteraceae)

【形态特征】 ①草本,有些种类具乳汁或树脂道。②多单叶互生,稀对生或轮生,无托叶。③花两性或单性,辐射对称或两侧对称,头状花序外围有 1 至多层总苞片组成的总苞,总苞片叶状、鳞片状或针刺状;头状花序有三种类型:外围为舌状花(雌性不育花,又称边花),中央为两性管状花(又称盘花),如向日葵;全部为两性舌状花,如蒲公英;全部为两性管状花,如红花。花萼常变态成冠毛、鳞片或刺状;花冠合生,4~5 裂,管状或舌状;雄蕊 5 或 4 枚,聚药雄蕊;心皮 2 枚,合生,子房下位,1 室,每室含 1 枚胚珠,柱头 2 裂;④连萼瘦果(有花托或萼管参与形成的果实,又称菊果)。

菊科是被子植物最大的一科,约 1 000 属,25 000~30 000 种,分布于世界各地。我国约有 200 余属,2 000 多种,分布于全国各地。药用约 155 属,778 种。本科常分为两个亚科。

化学成分:含倍半萜内酯类、黄酮类、生物碱类、香豆素类等成分。

显微特征:多含菊糖,常具各种腺毛、分泌道、油室、草酸钙晶体等。

(1) 管状花亚科 Tubuliflorae

【药用植物】

菊 *Chrysanthemum morifolium* Ramat. 多年生草本,基部木质,全株被白色绒毛。叶片卵形至披针形,叶缘有粗锯齿或羽状深裂。头状花序具多层总苞片,边缘膜质,外层绿色;外围为雌性舌状花,白色、淡黄、淡红或淡紫色;中央为两性管状花,黄色。瘦果无冠毛,不发育。全国各地均有栽培,主产于安徽(亳菊、滁菊)、浙江(杭菊)、河南(怀菊)等地。头状花序(菊花)能散风清热,平肝明目(图 9-62)。

红花 *Carthamus tinctorius* L.　　一年生草本。叶互生,近无柄,长卵形或卵状披针形,叶缘齿端有尖刺。头状花序外侧总苞 2~3 列,上部边缘有锐刺,内侧数列卵形,无刺;全为管状花,初开时黄色,后变为红色;瘦果近卵形,具四棱,无冠毛。原产埃及,各地有栽培。花(红花)能活血通经,祛瘀止痛(图9-63)。

图 9-62　菊

图 9-63　红花

白术 *Atractylodes macrocephala* Koidz.　　多年生草本。根状茎肥大,略呈骨状。中具长柄,3 裂,稀羽状深裂,裂片椭圆形至披针形,边缘有锯齿。头状花序直径约 2.5~3.5cm,全部为管状花,紫红色。瘦果密被柔毛。分布于浙江、江西、湖南、湖北等地。根状茎(白术)能健脾益气,燥湿利水,止汗,安胎(图9-64)。

木香(云木香、广木香) *Aucklandia lappa* Decne.　　多年生草本。主根粗壮,芳香。基生叶片巨大,三角状卵形,边缘不规则浅裂或呈波状,疏生短齿,叶片基部下延成翅;茎生叶互生。头状花序具总苞片约 10 层;托片刚毛状;全为管状花。瘦果具肋,上端有一轮淡褐色羽状冠毛。分布于四川、西藏、云南,多有栽培。根(木香)能行气止痛,健脾消食(图9-65)。

图 9-64　白术

图 9-65　木香

本亚科药用植物还有:**艾蒿** *A. argyi* Lévl. et Vant,广布于全国各地,叶(艾叶)能散寒止痛、温经止血。**苍耳** *Xanthium sibiricum* Patr. ex Widder,全国各地均有分布,果实(苍耳子)有毒,能祛风湿、止痛、通鼻窍。**牛蒡** *Arctium lappa* L. 广布于全国各地,果实(牛蒡子)能疏散风热、宣肺透疹、解毒利咽。**苍术(南仓术、毛术)** *Atractylodes lancea*(Thunb.) DC. 分布于华中、华东地区,根状茎能燥湿健脾、祛风散寒、明目。**祁州漏芦** *Rhaponticum uniflorum*(L.) DC.,分布于东北与华北,根(漏芦)能清热解毒、消痈、下乳、舒筋通脉。**茵陈蒿** *Artemisia capillaris* Thunb. 全国各地均有分布,幼苗(绵茵陈)能清湿热、退黄疸。**旋覆花(金佛草)** *Inula japonica* Thunb. 全国大部分地区有分布,幼苗(金佛草)及头状花序(旋覆花)功效相似,能化痰降气、软坚行水。**祁木香(土木香)** *Inula helenium* L. ,分布于新疆,生于河边、田边、河谷等潮湿处,根(土木香)能健脾和胃、调气解郁、止痛安胎。**蓟** *Cirsium japonicum* Fisch. ex DC. 全草(大蓟)能凉血止血、祛瘀消肿。**小蓟(刺儿菜)** *Cirsium setosum*(Willd.)MB. ,全草(小蓟)能凉血止血、祛瘀消肿。**紫菀** *Aster tataricus* L. ,全国各地有分布,根状茎及根(紫菀)为止咳平喘药,能润肺、祛痰、止咳。

(2) 舌状花亚科 Liguliflorae(Cichorioideae)

【药用植物】

蒲公英 *Taraxacum mongolicum* Hand. -Mazz. 多年生草本,有乳汁。根圆锥形。叶基生,莲座状平展;叶片倒披针形,不规则羽状深裂,顶端裂片较大。花葶中空,顶生一头状花序;外层总苞片先端常有小角状突起,内层总苞片长于外层;全为舌状花,黄色。瘦果先端具长喙,冠毛白色。全国各地均有分布。全草能清热解毒,消肿散结,利尿通淋(图9-66)。

苣荬菜 *Sonchus brachyotus* DC. 多年生草本,具乳汁。地下根状茎匍匐生,叶无柄,倒披针形,边缘波状尖齿或具缺刻。头状花序排成聚伞或伞房状;花鲜黄色,全部为舌状花;花柱及柱头被腺毛。分布于东北、华北、西北地区。全草(北败酱)能清热解毒,消肿排脓,祛瘀止痛。

图9-66　蒲公英

本亚科常见的药用植物还有:**苦苣菜** *Sonchus oleraceus* L. ,广布世界各地,全草能清热解毒、凉血;**黄鹌菜** *Youngia japonica*(L.)DC. ,全国广布,根或全草能清热解毒、利尿消肿、止痛。

二、单子叶植物纲

42. 泽泻科 Alismataceae

【形态特征】①多年生,水生或沼生草本。②根状茎、球茎或匍匐茎。③单叶基生;基部鞘状。④总状或圆锥花序,稀单生或散生;花两性或单性,辐射对称;花被片6,外轮花被片绿色宿存,内轮花被片花瓣状,易凋落;雄蕊6或多数;雌蕊子房上位,心皮多数,分离,花柱宿存,胚珠通常1枚。⑤聚合瘦果或小坚果。

本科11属,近100种,分布于全球。我国有4属,20种,各地均有分布。其中已知药用的有2属,12种。

化学成分:三萜类、挥发油、糖类、生物碱等。

显微特征:周木型维管束;块茎的内皮层明显;具油室。

【药用植物】

泽泻 *Alisma plantago-aquatica* Linn. 多年生水生或沼生草本。块茎直径1~3.5cm。叶多数基生;沉水叶条形或披针形,挺水叶宽披针形、椭圆形至卵形;具长柄。花两性,外轮花被片广卵形,边缘膜质,内轮花被片花瓣状,近圆形,白色,粉红色或浅紫色。瘦果椭圆形,或近矩圆形。分布于黑龙江、吉林、辽宁、内蒙古、河北、山西、陕西、新疆、云南等地,福建、四川等地有栽培。生于沼泽、湖泊、溪流、沟渠、河湾、水塘等。块茎(泽泻)能利水渗湿,泻热(图9-67)。

本科药用植物还有**慈姑** *Sagittaria trifolia* L. var. *sinensis*(Sims.)Makino,球茎能凉血活血,散结

1. 植物；2. 块茎。

图 9-67 泽泻

解毒。

43. 禾本科 Gramineae

【形态特征】①多为草本，少木本（竹类）。②根状茎或须根。③地上茎称为秆，竹类称为竿；节和节间明显，节间常中空。④单叶互生；叶分为叶鞘、叶舌和叶片三个部分；叶鞘抱秆，顶端两边各伸出一突出体，称叶耳；叶舌位于叶鞘顶端和叶片相连接处的近轴面，呈膜质或纤毛状；叶片常为窄长的带形，有 1 条明显的中脉和平行脉。⑤花小，着生于小穗轴，集成小穗再排成各种复合花序；花两性，基部具 2 枚颖片（外颖、内颖）；小花外包有外稃和内稃，外稃厚硬，具芒，内稃膜质；雄蕊常 3 枚，雌蕊子房上位。⑥颖果（图 9-68）。

1. 雌蕊；2. 雄蕊；3. 内稃；4. 鳞片；5. 外稃；6. 内颖；7. 外颖；8. 小穗轴。

图 9-68 禾本科植物小穗的构造示意图

本科约 660 属，近 10 000 种，分布于全球。我国有 228 属，1 500 种以上，各地均有分布。其中已知药用的有 85 属，173 种。

化学成分：含氮化合物、生物碱类、三萜类、氰苷、黄酮类等。

显微特征：叶片的上表皮常具有泡状细胞（运动细胞）；细胞壁硅质化；气孔保卫细胞为哑铃形；主脉维管束常具有维管束鞘。

【药用植物】

薏苡 *Coix lacryma-jobi* L. 一年生草本。须根黄白色，海绵质。秆直立丛生，节多分枝。单叶互生;叶鞘无毛,叶舌干膜质,叶片扁平宽大,开展。总状花序腋生;小穗单性,具骨质总苞。颖果。全国各地均有栽培及野生。生于湿润的屋旁、河沟、池塘、溪涧、山谷等。种仁(薏苡仁)能利水渗湿,健脾止泻(图9-69)。

图9-69　薏苡

白茅 *Imperata cylindrica* (L.) Beauv.　多年生草本。根茎长粗。叶鞘聚集于秆基,质地较厚,老后破碎呈纤维状;叶舌膜质;秆生叶片窄线形,通常内卷,质硬,被有白粉。圆锥花序稠密。颖果椭圆形。分布于辽宁、河北、山西、山东、陕西、新疆、福建等省区。生于河岸草地、沙质草甸、荒漠、海滨。根茎(白茅根)能凉血止血,清热利尿(图9-70)。

1. 植株;2. 根茎。

图9-70　白茅

淡竹叶 *Lophatherum gracile* Brongn.　多年生草本。须根中部膨大呈纺锤形小块根。叶鞘平滑或外侧边缘具纤毛;叶舌质硬,褐色;叶片披针形。圆锥花序分枝斜升或开展;小穗线状披针形。颖果长椭圆形。分布于长江以南各省区。生于山坡、林缘或林地、道旁蔽荫处。全草(淡竹叶)能清热泻火,利尿通淋,除烦止渴(图9-71)。

1. 植株;2. 块根。

图9-71　淡竹叶

本科药用植物还有**稻** *Oryza sativa* Linn. 颖果发芽后称为"谷芽",能健脾开胃,和中消食。**大麦** *Hordeum vulgare* L. 颖果发芽后称为"麦芽",能健脾开胃,行气消食,回乳消胀。**芦苇** *hragmites australis* (Cav.) Trin. ex Steud. 根茎(芦根)能清热生津,除烦,止呕,利尿。**玉蜀黍** *Zea mays* Linn. 花柱和柱头(玉米须)能清肝利胆,利尿消肿。

44. 莎草科 Cyperaceae

【形态特征】①多年生草本,稀一年生。②多为根状茎。③常为三棱形的秆。④单叶基生或秆生;叶鞘闭合,叶片狭长。⑤穗状、总状、圆锥、头状或聚伞状花序;花序下常有 1 至数枚总苞片;花两性或单性,花被无或退化成鳞片状或刚毛状;雄蕊 3,雌蕊子房上位。⑥小坚果或瘦果。

本科约 90 属,近 4 000 种,分布于全球。我国有 33 属,近 670 种,各地均有分布。其中已知药用的有 16 属,110 种。

化学成分:萜类、黄酮类、生物碱、强心苷、糖类等。

显微特征:根状茎内皮层明显;周木型维管束;细胞壁硅质化。

【药用植物】

香附子 *Cyperus rotundus* L. 多年生草本。匍匐根状茎长,块茎椭圆形,具香气。秆锐三角形,平滑。叶基生,短于秆,平张。穗状花序,具 3~10 个线形小穗。小坚果。全国各地均有分布。生于荒地、山坡路旁水边潮湿处及空旷草丛等。根茎(香附子)能理气解郁,调经止痛(图 9-72)。

1. 植株;2. 花序;3. 根状茎。

图 9-72 香附子

本科药用植物还有**荸荠** *Heleocharis dulcis* (Burm. f.) Trin. 球茎能清热生津,化痰消积。**短叶水蜈蚣** *Kyllinga brevifolia* Rottb. ,全草能清热利湿,疏风解毒。**荆三棱** *Scirpus yagara* Ohwi,块茎能破血行气,消积止痛。

45. 棕榈科 Palmae

【形态特征】①乔木、灌木或藤本。②茎常不分枝。③叶互生;叶片掌状或羽状分裂,革质;叶柄基部扩大成具纤维的鞘。④肉穗花序,多分枝;花小,雌雄同株或异株;花被片 6,二轮;雄蕊常 6;雌蕊子房上位。⑤浆果、核果或坚果。

本科约 217 属,近 2 800 种,分布于热带、亚热带地区。我国有 28 属,近 100 种,分布于西南至东南各省区。其中已知药用的有 16 属,26 种。

化学成分:黄酮类、生物碱、缩合鞣质等。

显微特征:叶肉组织含有草酸钙晶体,如针晶、方晶、砂晶等;细胞壁硅质化。

【药用植物】

槟榔 *Areca catechu* L. 常绿乔木。茎直立,具环状叶痕。叶羽状全裂,丛生于茎顶。花序多分枝;雌雄同株,雄花单生于分枝上部,厚而细小,雌花单生于分枝的基部,较大而少。坚果。分布于海南、广西、广东、台湾、云南等各省区。多栽培。种子(槟榔)能驱虫消积,下气行水;果皮(大腹皮)能下气宽中,行水消肿。

棕榈 *Trachycarpus fortunei*(Hook.) H. Wendl.　　常绿乔木。叶聚生于茎顶;叶柄边缘有小齿,基部具纤维状叶鞘;叶片近圆扇形,掌状深裂。肉穗花序,淡黄色;雌雄异株,雄花较小,淡黄色,雌花子房上位。核果。分布于长江以南各省区。栽培于溪边、村边、田边、山地或丘陵等。叶鞘纤维(棕榈皮)、果实(棕榈子)、根(棕榈根)均能收敛止血(图 9-73)。

1. 植株;2. 花序。

图 9-73　棕榈

本科药用植物还有**龙血藤** *Daemonorops draco* Blume 果实渗出的树脂(血竭)能祛瘀定痛,活血生肌。**蒲葵** *Livistona chinensis*(Jacq.) R. Br. 种子能活血化瘀,软坚散结。**椰子** *Cocos nucifera* L. 根能止血止痛,胚乳经加工榨取的油(椰子油)能杀虫止痒、敛疮。

46. 天南星科 Araceae

【**形态特征**】①多年生草本,稀灌木或藤本。②块茎或根茎。③单叶或复叶,常基生;叶片戟形、箭形,或掌状、羽状、放射状、鸟足状分裂;叶柄基部常为鞘状;叶脉网状。④肉穗花序,具佛焰苞;花小,两性或单性,单性花同株或异株时,雄花居于雌花群之上;两性花具花被片 4~6 片,二轮,鳞片状,雄蕊与其同数且对生,雌蕊子房上位。⑤浆果。

本科约 115 属,近 2 000 种,分布于热带、亚热带地区。我国有 35 属,近 210 种,分布于长江以南各省区。其中已知药用的有 22 属,106 种。

化学成分:生物碱、挥发油、聚糖类、黄酮类、氰苷等。

显微特征:块茎或根茎常为有限外韧型维管束或周木型维管束;黏液细胞中常含草酸钙针晶束。

【**药用植物**】

半夏 *Pinellia ternata*(Thunb.) Breit.　　多年生草本。块茎近球形。幼苗叶为单叶,卵状心形至戟形,老叶叶片三全裂,椭圆形至披针形;叶柄近基部常具白色珠芽。肉穗花序顶生,佛焰苞绿白色或绿色;花单性,雌雄同株;雄花居于雌花之上,白色,雌花绿色。浆果。全国均有分布。生于山坡、林下或阴湿草丛中。块茎有毒,炮制后能燥湿化痰、消痞散结、降逆止呕(图 9-74)。

石菖蒲 *Acorus tatarinowii* Schott　　多年生草本。根肉质,具多数须根。根茎匍匐横走,芳香。叶基生,无柄;叶片薄,线形,暗绿色。肉穗花序腋生,佛焰苞叶状;花两性,白色。浆果。分布于长江以南各省区。生于湿地或泉流水石间。根茎能开胃化湿,开窍豁痰,醒神益智(图 9-75)。

天南星 *Arisaema heterophyllum* Blume　　多年生草本。块茎扁球形。叶常单一;叶柄下部鞘状,包有透明膜质长鞘;叶片鸟足状分裂,裂片线状长圆形或倒披针形。肉穗花序,佛焰苞绿白色;花两性

1. 植株；2. 花序；3. 块根。

图 9-74 半夏

1. 植株；2. 花序；3. 根茎。

图 9-75 石菖蒲

或雄花序单性；两性花序下部雌花序，花密，上部雄花序，花疏。果序近圆锥形，浆果黄红色、红色。全国大部分地区均有分布。生于林下、山坡或灌丛中。块茎能燥湿化痰，祛风定惊，消肿散结（图 9-76）。

本科药用植物还有**千年健** *Homalomena occulta* (Lour.) Schott，根茎能祛风湿、壮筋骨、消肿止痛。**独角莲** *Typhonium giganteum* Engl.，块茎（白附子）能祛风痰、定惊搐、解毒散结止痛。

47. 百合科 Liliaceae

【**形态特征**】①多年生草本，稀灌木、亚灌木或乔木状。②鳞茎、块茎或根茎。③单叶基生或互生，较少对生或轮生。④总状、穗状或圆锥花序；花两性，辐射对称；花被片 6 片，花瓣状；雄蕊 6 枚；雌蕊子房上位，中轴胎座。⑤蒴果或浆果。

图 9-76 天南星

本科约 233 属,近 4 000 种,全球均有分布。我国有 60 属,近 570 种,全国各省均有分布。其中已知药用的有 52 属,374 种。

化学成分:生物碱、黄酮类、强心苷、甾体皂苷、蒽醌类、蜕皮激素等。

显微特征:黏液细胞中含有草酸钙针晶束。

【药用植物】

百合 *Lilium brownii* var. *viridulum* Baker　多年生草本。鳞茎球形。单叶散生,倒卵状披针形至倒卵形。花单生或排成近伞形;花喇叭形,乳白色。蒴果。分布于华南、华北及西南等地。生于灌木林下、山坡草丛、路边、村旁或石缝中。鳞茎(百合)能养阴润肺,清心安神(图 9-77)。

1. 植株;2. 花。

图 9-77　百合

川贝母 *Fritillaria cirrhosa* D. Don　多年生草本。鳞茎由两片鳞片组成。叶常对生,条形至条状披针形。花常单生,紫色至黄绿色,通常有小方格。蒴果。分布于西藏、云南、四川、青海、甘肃、宁夏、陕西、山西等各省区。生于林下、灌木丛或草地。鳞茎(川贝母)能清热润肺,化痰止咳。

七叶一枝花 *Paris polyphylla* Sm.　多年生草本。根状茎粗厚。叶 7~10 枚轮生于茎顶,矩圆形、倒卵状披针形或椭圆形。花梗从茎顶抽出,顶生一花;花两性,外轮花被 4~6 片,绿色;内轮花被与外轮同数,黄色或黄绿色。蒴果。分布于长江流域各省区。生于林下或沟边草丛阴湿处。根茎(重楼)能清热解毒,消肿止痛(图 9-78)。

滇黄精 *polygonatum kingianum* Coll. et Hemsl.　多年生草本。根状茎近连珠状或近圆形,结节

1. 植株;2. 花;3. 根状茎。

图 9-78　七叶一枝花

肥厚。叶3~10枚轮生,条形、条状披针形或披针形,先端拳卷。花腋生,花被粉红色。浆果。分布于云南、四川、贵州。生于林下、灌丛或草丛阴湿处。根茎(黄精)能补气润肺,补脾益气。

玉竹 *Polygonatum odoratum*(Mill.) Druce 多年生草本。根状茎圆柱形,黄白色。单叶互生,椭圆形至卵状长圆形。花腋生,花被筒状,黄绿色至白色。浆果。全国除西北地区均有分布或栽培。生于林下、灌丛或山坡阴湿处。根茎(玉竹)能滋阴润肺,养胃生津(图9-79)。

1. 植株;2. 根状茎。

图 9-79 玉竹

天门冬 *Asparagus cochinchinensis*(Lour.) Merr. 多年生攀缘草本。具纺锤状块根。叶状枝2~4枚簇生,线形。叶退化为鳞片,主茎上的鳞状叶常变为短刺。花1~3朵腋生,淡绿色。浆果。全国大部分地区均有分布。生于林下、路旁、荒地或山坡。块根(天冬)能养阴润燥,清肺生津(图9-80)。

麦冬 *Ophiopogon japonicus*(L. f.) Ker-Gawl. 多年生草本。具椭圆形或纺锤形小块根。叶基生成丛,条形。总状花序;花单生或成对着生于苞片腋内;花被片淡紫色或白色。全国大部分地区均有分布或栽培。生于林下、溪旁或山坡阴湿处。块根(麦冬)能养阴生津,润肺止咳(图9-81)。

1. 植株;2. 果实;3. 块根。

图 9-80 天门冬

知母 *Anemarrhena asphodeloides* Bunge 多年生草本。根茎粗壮,横走,其上具黄褐色纤维。叶基生丛出,条形,基部扩大成鞘状。总状花序;花2~3朵簇生;花被片淡紫色、粉红色至白色。蒴果。分布于东北、华北及西北各省区。生于林下、路旁或山坡干燥处。根茎(知母)能清热泻火,滋阴润燥,止渴除烦。

本科药用植物还有**浙贝母** *F. thunbergii* Miq. ,鳞茎(浙贝母)能清热化痰,散结解毒。**光叶菝葜**

1. 植株;2. 花序;3. 块根。

图 9-81 麦冬

Smilax glabra Roxb. ,根茎(土茯苓)能除湿,解毒,通利关节。**藜芦 *Veratrum nigrum* L.** ,根能祛痰,催吐,杀虫。

48. 薯蓣科 Dioscoreaceae

【形态特征】①多年生缠绕草质或木质藤本。②根茎或块茎。③单叶或掌状复叶,多互生;单叶常为卵形、心形或椭圆形,掌状复叶的小叶常为卵圆形或披针形。④花单生或呈穗状、总状或圆锥花序;花单性或两性,多雌雄异株;花被片6片,2轮;雄花雄蕊6枚,有时3枚退化;雌花雌蕊子房下位,中轴胎座。⑤蒴果、浆果或翅果,蒴果具三棱形的翅。

本科约10属,近600种,分布于热带、温带地区。我国有1属,近60种,分布于长江以南各省区。其中已知药用的有37种。

化学成分:甾体皂苷、生物碱等。

显微特征:具有根被;黏液细胞含有草酸钙针晶束。

【药用植物】

黄独 *Dioscorea bulbifera* L. 多年生缠绕草质藤本。块茎单生,梨形或卵圆形。单叶互生;叶腋内有紫棕色珠芽,大小不一;叶片卵状心形。穗状花序腋生,小花多数,黄白色;花单性,雌雄异株。蒴果,具3个膜质的翅。分布于华东、中南、西南地区及陕西、甘肃、台湾等各省区。生于路旁、山谷或杂木林边缘。块茎(黄药子)能清热解毒,散结消瘿,凉血止血(图9-82)。

1. 植株;2. 花序;3. 珠芽。

图 9-82 黄独

薯蓣 *D. opposita* Thunb. 多年生缠绕草质藤本。块茎长圆柱形。单叶,在茎下部互生,上部对生,少3叶轮生;叶腋内有珠芽;叶片变异大,戟形、卵状三角形至宽卵形。穗状花序腋生,花小,黄绿色;花单性,雌雄异株;雄花序花被6片,雄蕊6枚;雌花序花被6片,子房下位。蒴果,具3个膜质的翅。分布于华北、西北、华东和华中等各省区。生于山坡、林下、溪边、路旁灌丛或杂草中。块茎(山药)能补脾养肺,固肾益精(图9-83)。

图 9-83 薯蓣

本科药用植物还有**穿龙薯蓣** *D. nipponica* Makino 根茎(穿山龙)能祛风除湿,活血通络,止咳平喘。**福州薯蓣** *D. futschauensis* Uline ex R. Knuth、**绵萆薢** *D. septemloba* Thunb. 根茎(绵萆薢)能利湿去浊,祛风通痹。**粉背薯蓣** *D. collettii* HK. f. var. *hypoglauca*(Palibin)Pei et C. T. Ting 根茎(粉萆薢)功效与绵萆薢近似。

49. 姜科 Zingiberaceae

【形态特征】①多年生草本。②根茎或块茎,常具芳香或辛辣味。③单叶基生或互生,常二行排列,少螺旋状排列;叶鞘闭合或不闭合;叶片披针形或椭圆形;叶脉为羽状脉。④花单生或呈穗状、总状或圆锥状花序;花两性,常两侧对称;花被片6片,2轮,外轮萼状,内轮花冠状;退化雄蕊2或4枚,其中外轮2枚称侧生退化雄蕊,呈花瓣状,内轮2枚连合成美丽的唇瓣;发育雄蕊1枚;雌蕊子房下位,中轴胎座。⑤蒴果。

本科约50属,近1 500种,分布于热带、亚热带地区。我国约有20属,近200种,分布于东南部至西南部各省区。其中已知药用的有15属,103种。

化学成分:挥发油、黄酮类、甾体皂苷等。

显微特征:具油细胞;根状茎内皮层明显;块根常有根被。

【药用植物】

姜 *Zingiber officinale* Rosc. 多年生草本。根茎块状,分枝,具芳香和辛辣味。单叶互生,两列状排列;叶片披针形或线状披针形;叶舌膜质;长鞘抱茎。穗状花序球果状;苞片卵圆形,淡绿色;花冠黄绿色;唇瓣稍为紫色;雄蕊暗紫色。蒴果。全国大部分地区均有栽培。根茎(生姜)能解表散寒,温中止呕,化痰止咳(图9-84)。

砂仁 *Amomum villosum* Lour. 多年生草本。根茎横走。叶呈两列状排列;叶舌半圆形;叶鞘开放,抱茎;叶片线状披针形或狭长圆形。穗状花序椭圆形;苞片长椭圆形,膜质;花冠白色;唇瓣圆匙形,白色。蒴果紫红色,表面具柔刺。分布于福建、广东、广西、云南等各省区。生于山谷林下阴湿处或栽培。果实(砂仁)能化湿开胃,温脾止泻,理气安胎。

图 9-84 姜

白豆蔻 *A. kravanh* Pierre ex Gagnep. 多年生草本。叶2列;叶片披针形;叶鞘口和叶舌被长粗毛。穗状花序圆柱形,密被覆瓦状排列苞片;苞片三角形,麦秆黄色;花冠透明黄色;唇瓣椭圆形,黄色或带赤色条纹。蒴果扁球形,灰白色。分布于云南、广东等各省区。生于林下或栽培。果实(豆蔻)能化湿行气,温中止呕,开胃消食。

姜黄 Curcuma longa L.　多年生宿根草本。根粗壮,末端膨大呈块根,根茎发达,橙黄色,极香。叶基生,5~7 片;叶片椭圆形或长圆形;叶鞘宽。穗状花序自叶鞘内抽出;苞片卵形或长圆形,淡绿色,顶端苞片常为淡红色;花冠淡黄色;唇瓣倒卵形,淡黄色。蒴果膜质。分布于福建、广东、广西、云南、台湾、西藏等各省区。生于向阳地方或栽培。根茎(姜黄)能破血行气,通经止痛;块根(郁金)习称"黄丝郁金",能行气破血,消积止痛(图 9-85)。

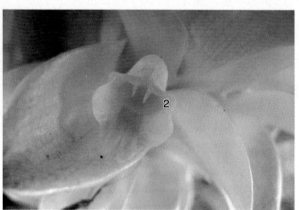

1. 植物;2. 花。

图 9-85　姜黄

草豆蔻 Alpinia katsumadai Hayata　多年生草本。根茎粗壮,棕红色。叶 2 列;叶片线状披针形;叶鞘抱茎,膜质;叶舌密被绒毛。总状花序顶生;花疏生,花冠白色;唇瓣阔卵形,具从中央向边缘放射的彩色条纹。蒴果圆球形。分布于广东、广西等各省区。生于山地、疏林、灌木丛边缘、河边、沟谷及林缘阴湿处。种子团(草豆蔻)能燥湿健脾,温胃止呕。

本科药用植物还有 **广西莪术 Curcuma kwangsiensis** S. G. Lee et C. F. Liang、**温郁金 C. wenyujin** Y. H. Chen et C. Ling、**莪术 C. zedoaria**(Christm.) Rosc. 块根分别习称"桂郁金""黑郁金"和"绿丝郁金",功效与黄丝郁金近似,根状茎(莪术)能破血行气,消积止痛。**草果 A. tsaoko** Crevost et Lemarie 果实(草果)能燥湿温中,除痰截疟。**红豆蔻 A. galanga**(L.) Willd. 根茎(大高良姜)能燥湿散寒、醒脾消食。**高良姜 A. officinarum** Hance 根茎(高良姜)能温胃散寒,消食止痛。

50. 兰科 Orchidaceae

【形态特征】①多年生草本,地生、附生或腐生。②单叶基生或互生,稀对生或轮生。③花单生或呈总状、穗状、圆锥花序,顶生或腋生;花两性,两侧对称;花被片 6 片,2 轮,花瓣状;外轮 3 枚为萼片,中间称中萼片,两侧称侧萼片;内轮中间 1 枚为唇瓣,常具较大特化,由于子房扭转而居下方,侧生 2 枚为花瓣;除子房外,雌、雄蕊完全融合成柱状体,称蕊柱,与唇瓣对生;能育雄蕊 1 枚,花粉常黏合成团块,称花粉团;雌蕊子房下位,柱头与花药之间有 1 舌状器官,称蕊喙。侧膜胎座。④蒴果,种子极多,微小粉状。

本科约 730 属,近 20 000 种,主要分布于热带、亚热带地区。我国约有 166 属,近 1 000 种,分布于云南、海南、台湾等各省区。其中已知药用的有 76 属,289 种。

化学成分:倍半萜类生物碱、吲哚苷、香豆素、黄酮类、甾醇类、芳香油等。

显微特征:黏液细胞含有草酸钙针晶束;有限外韧型或周韧型维管束。

【药用植物】

天麻 Gastrodia elata Bl.　多年生腐生草本。块茎肉质肥厚,有环节,节上被许多三角状宽卵形的鞘。叶退化呈鳞片状,膜质。总状花序;苞片膜质,线状长椭圆形或披针形;花扭转,黄赤色。蒴果。全国大部分省区均有分布或栽培。生于疏林、灌丛边缘或林缘。块茎(天麻)能平肝息风止痉。

铁皮石斛 *Dendrobium officinale* Kimura et Migo 多年生附生草本。茎直立,不分枝。叶互生,2列;叶片长圆状披针形;叶鞘常具紫斑。总状花序,具花2~4朵;苞片干膜质,淡白色;花淡黄绿色。分布于安徽、浙江、福建、广西、四川、云南等各省区。生于半阴湿岩石上。茎加工后成"枫斗"能益胃生津,滋阴清热(图9-86)。

金钗石斛 *Dendrobium nobile* Lindl. 多年生附生草本。茎直立,不分枝。叶无柄;叶片长圆形;叶鞘紧抱于节间。总状花序,具花2~3朵;苞片膜质,卵形;花大而艳丽,白色带淡紫色先端。分布于台湾、湖北、海南、香港、广西、四川、贵州、云南、西藏等地。生于山地林中树干上或阴湿岩石上。茎(石斛)能益胃生津,滋阴清热(图9-87)。

图9-86 铁皮石斛

图9-87 金钗石斛

白及 *Bletilla striata*(Thunb. ex A. Murray) Rchb. f. 多年生草本。块茎肉质肥厚,短三叉状,富黏性。叶4~6枚,狭长圆形或披针形。总状花序,具3~8朵,疏生;苞片披针形;花紫红色。分布于陕西、甘肃、安徽、江苏、江西、浙江、福建、湖北、湖南、广东、广西、四川、贵州等地。生于林下、山谷阴湿处或岩石缝中。块茎(白及)能收敛止血,消肿生肌(图9-88)。

图9-88 白及

本科药用植物还有**束花石斛** *D. chrysanthum* Lindl.、**美花石斛** *D. loddigesii* Rolfe、**流苏石斛** *D. fimbriatum* Hook.,茎功效与石斛近似。**杜鹃兰** *Cremastra appendiculata*(D. Don) Makino、**独蒜兰** *Pleione bulbocodioides*(Franch.) Rolfe,假鳞茎(山慈菇)能清热解毒、化痰散结。**石仙桃** *Pholidota chinensis* Lindl.,假鳞茎(石橄榄)能清热养阴、化痰止咳。**金线兰** *Anoectochilus roxburghii*(Wall.) Lindl.,全草(金线莲)能清热凉血、除湿解毒。

●●●●●●●●学习小结●●●●●●●●

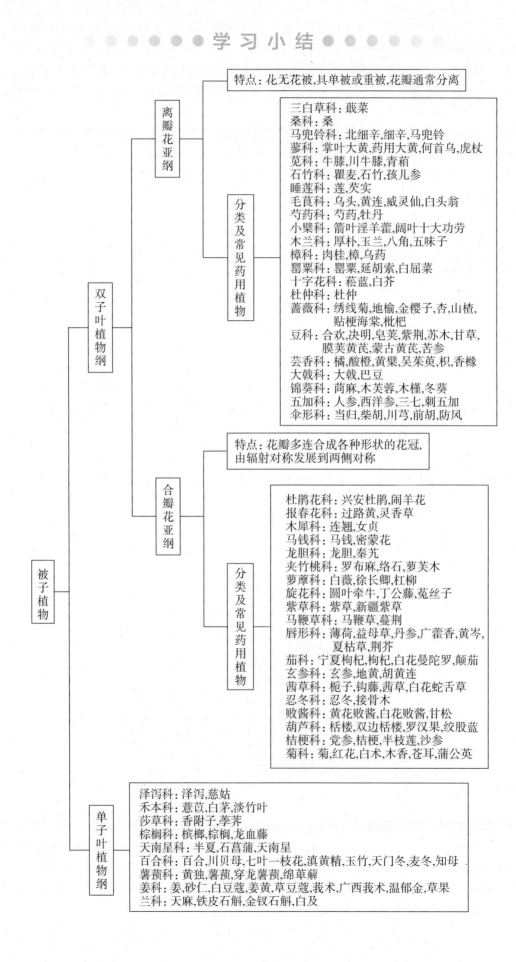

●●●●●●自 我 测 评●●●●●●

一、单项选择题

1. 被子植物的主要输水组织为(　　)
   A. 管胞　　　　　　　B. 导管　　　　　　　C. 筛管　　　　　　　D. 筛胞　　　　　　　E. 伴胞

2. 植物体常具托叶鞘的是(　　)
   A. polygala　　　　　　　　B. polygoygonatum　　　　　　　C. polygonum
   D. polypodium　　　　　　　E. polyporus

3. 蓼科植物的果实常包于宿存的(　　)
   A. 花托内　　　　　　B. 花萼内　　　　　　C. 花冠内　　　　　　D. 花被内　　　　　　E. 花柱内

4. *Glycyrrhiza uralensis* Fish. 的入药部位(　　)
   A. 根　　　　　　　　B. 茎　　　　　　　　C. 根和根茎　　　　　D. 叶　　　　　　　　E. 果实

5. 大戟属植物的花序为(　　)
   A. 总状花序　　　　　B. 单歧聚伞花序　　　C. 二歧聚伞花序
   D. 杯状聚伞花序　　　E. 轮伞花序

6. 牛膝的果实为(　　)
   A. 荚果　　　　　　　B. 蒴果　　　　　　　C. 坚果　　　　　　　D. 瘦果　　　　　　　E. 胞果

7. *Polygonum multiflorum* Thunb. 的块根断面具有(　　)
   A. 星点　　　　　　　B. 层纹　　　　　　　C. 云锦花纹　　　　　D. 普通花　　　　　　E. 闭锁花

8. 太子参茎下部的花为(　　)
   A. 单性花　　　　　　B. 雄花　　　　　　　C. 雌花　　　　　　　D. 普通花　　　　　　E. 闭锁花

9. 五加科的花序为(　　)
   A. 伞形花序　　　　　B. 伞房花序　　　　　C. 轮伞花序　　　　　D. 聚伞花序　　　　　E. 复伞形花序

10. *Panax ginseng* C. A. Mey. 的果实为(　　)
    A. 核果　　　　　　　B. 浆果状核果　　　　C. 核果状浆果　　　　D. 聚合核果　　　　　E. 聚合浆果

11. 伞形科中具有单叶的植物是(　　)
    A. 当归　　　　　　　B. 防风　　　　　　　C. 紫花前胡　　　　　D. 狭叶柴胡　　　　　E. 川芎

12. 红大戟为(　　)植物
    A. 大戟科　　　　　　B. 茜草科　　　　　　C. 爵床科　　　　　　D. 茄科　　　　　　　E. 夹竹桃科

13. 药材金银花的主要成分为(　　)
    A. 挥发油　　　　　　B. 绿原酸　　　　　　C. 生物碱　　　　　　D. 皂苷　　　　　　　E. 黄酮

14. 中药材天花粉的基源植物是(　　)
    A. 栝楼　　　　　　　B. 蒲黄　　　　　　　C. 槐花　　　　　　　D. 谷精草　　　　　　E. 木瓜

15. 下面是桔梗科的药用植物的是(　　)
    A. 玄参　　　　　　　B. 人参　　　　　　　C. 党参　　　　　　　D. 丹参　　　　　　　E. 西洋参

16. 萝藦科植物杠柳的干燥根皮,入药称(　　)
    A. 五加皮　　　　　　B. 香加皮　　　　　　C. 地骨皮　　　　　　D. 桑白皮　　　　　　E. 牡丹皮

17. 金银花来源植物为忍冬科植物(　　)的干燥花蕾
    A. 灰毡毛忍冬　　　　B. 红腺忍冬　　　　　C. 黄褐毛忍冬　　　　D. 忍冬　　　　　　　E. 细毡毛忍冬

18. 下列药材是菊科植物的有(　　)
    A. 鸡冠花　　　　　　B. 玫瑰花　　　　　　C. 洋金花　　　　　　D. 款冬花　　　　　　E. 玫瑰花

19. 以瓠果入药的植物是(　　)
    A. 木瓜　　　　　　　B. 番木瓜　　　　　　C. 罗汉果　　　　　　D. 胖大海　　　　　　E. 枸杞

20. 唇形科植物的花序为(　　)
    A. 伞形花序　　　　　B. 轮伞花序　　　　　C. 伞房花序　　　　　D. 聚伞花序　　　　　E. 头状花序

21. 下列哪种植物属于玄参科(　　)

A. 地黄　　　　　　B. 党参　　　　　C. 栝楼　　　　　D. 栀子　　　　　E. 益母草

22. 山药来源为薯蓣科植物(　　)的根状茎

A. 粉背薯蓣　　　　B. 薯蓣　　　　　C. 穿龙薯蓣　　　D. 盾叶薯蓣　　　E. 福州薯蓣

23. 植物石斛为(　　)

A. 附生草本　　　　B. 寄生草本　　　C. 腐生草本　　　D. 共生草本　　　E. 缠绕草本

24. 姜科植物以果实入药的是(　　)

A. 薏苡仁　　　　　B. 砂仁　　　　　C. 姜黄　　　　　D. 草豆蔻　　　　E. 槟榔

25. 姜科植物姜黄的块根入药称(　　)

A. 姜黄　　　　　　B. 莪术　　　　　C. 郁金　　　　　D. 黄精　　　　　E. 砂仁

26. 麦冬基源植物为百合科(　　)

A. 麦冬　　　　　　B. 短葶山麦冬　　C. 阔叶山麦冬　　D. 湖北麦冬　　　E. 山麦冬

27. 半夏入药部位为(　　)

A. 块茎　　　　　　B. 球茎　　　　　C. 鳞茎　　　　　D. 根茎　　　　　E. 小块茎

二、B 型题

A. 子房上位下位花　　　　　　B. 子房上位周位花　　　　　C. 子房下位上位花

D. 子房半下位周位花　　　　　E. 子房半上位周位花

1. 绣线菊亚科为(　　)

2. 蔷薇亚科为(　　)

3. 苹果亚科为(　　)

4. 梅亚科为(　　)

三、多项选择题

1. 被子植物的主要特征为(　　)

A. 具有真正的花　　　　　　　B. 孢子体高度发达　　　　　C. 胚珠包被在子房内

D. 形成果实　　　　　　　　　E. 具双受精现象

2. 双子叶植物的主要特征有(　　)

A. 多直根系　　　　　　　　　B. 维管束散生　　　　　　　C. 具网状脉

D. 花通常为 4 或 5 基数　　　E. 子叶 2 枚

3. 植物体常有白色乳汁的科是(　　)

A. 桑科　　　　　　B. 蓼科　　　　　C. 大戟科　　　　D. 桔梗科　　　　E. 罂粟科

4. 植物体具有特立中央胎座的科是(　　)

A. 蓼科　　　　　　B. 石竹科　　　　C. 大戟科　　　　D. 报春花科　　　E. 兰科

5. 毛茛科与木兰科相同的特征有(　　)

A. 均有草本　　　　　　　　　B. 雄蕊多数且离生　　　　　C. 雌蕊多数且离生

D. 聚合果　　　　　　　　　　E. 含有油细胞

6. 十字花科植物的主要特征有(　　)

A. 多总状花序　　　B. 辐状花冠　　　C. 四强雄蕊　　　D. 侧膜胎座　　　E. 角果

7. 豆科蝶形花亚科的主要特征是(　　)

A. 常有托叶　　　　　　　　　B. 花两侧对称　　　　　　　C. 旗瓣位于最内方

D. 二体雄蕊　　　　　　　　　E. 荚果

8. 具有侧膜胎座的科为(　　)

A. 罂粟科　　　　　B. 锦葵科　　　　C. 葫芦科　　　　D. 十字花科　　　E. 五加科

9. 锦葵科的主要特征有(　　)

A. 具黏液细胞　　　　　　　　B. 韧皮纤维发达　　　　　　C. 常有副萼

D. 具单体雄蕊　　　　　　　　E. 花粉粒具刺

10. 伞形科植物的主要特征为(　　)

A. 常含挥发油	B. 茎常中空	C. 叶柄基部扩大成鞘状
D. 子房下位	E. 双悬果	

四、名词解释

1. 杯状聚伞花序
2. 单体雄蕊
3. 被子植物
4. 副萼
5. 上位花盘
6. 花盘

五、填空题

1. 鱼腥草多为多年生草本,具鱼腥草味,叶片心形,托叶线形,下部与柄合生。花序为_____,总苞片_____枚,呈_____。花小,无花被,雄蕊3,花丝下部与子房_____,雌蕊3心皮,下部合生,果为_____。

2. 桑科植物常为木本,常具_____,花小,_____性,组成柔荑、穗状、_____、_____等花序,_____花,常4~6片。雄花的雄蕊与花被_____且_____。雌花花被有时呈_____,雌蕊_____合生。果常为_____。

3. 桑的根皮入药,药材名为_____;嫩枝入药,药材名为_____;叶入药,药材名为_____;果穗入药,药材名为_____。

4. 马兜铃科植物多为多年生木本或藤本,单叶互生,叶片多为_____,花两性,花辐射对称或_____,单被花,呈_____状,顶端_____或向一侧扩大,雄蕊的花丝短,分离或与_____合生,雌蕊4~6_____合生。

5. 马兜铃科的细辛属为_____本,果实为_____;马兜铃属为_____,果实为_____。

6. 中药马兜铃的原植物为_____和_____,青木香的原植物为_____,天仙藤的原植物为_____。

7. 蓼科植物多为草本,茎节常_____,单叶互生,茎节处常具膜质_____。花两性,组成_____、_____或头状花序,_____花,常序存。雄蕊3~9枚,雌蕊心皮合生,子房_____室,果为_____或_____,常包于_____内。

8. 中药大黄的原植物应是_____、_____和_____。其入药部位为_____。

9. 何首乌为多年生缠绕木本,其入药部位是_____和_____,其药材名分别为_____和_____。何首乌块根的断面上出现的云锦花纹应是_____。

10. 毛茛科的主要特征是:草本或藤本,单叶复生,互生或基生,花_____对称或_____对称。单叶或组成各种花序,重被花或_____,雄蕊和心皮多数,_____和_____排列在花托上。果为_____或_____。

11. 乌头的栽培种的母根入药,药材名为_____,其侧根入药,药材名为_____,属于_____药。乌头野生种的块根入药,其药材名为_____或_____。

12. 芍药科的芍药植物的栽培种,其刮去栓皮的根入药,药材名为_____。而野生种不去栓皮的根入药,药材名为_____。同属植物川赤芍的根亦作药用。

13. 木兰科的主要特征为木本,稀为藤本。单叶互生,常全缘,常具_____,花_____生,两性,辐射对称,花被片_____,雄蕊与雌蕊多数,_____排列在花托上,果为_____或_____。

14. 五味子 *Schisandra chinensis*(Turcz)Baill 果实入药,其药材名为_____或_____。

15. 十字花科的主要特征是:草本,单叶互生。花两性,辐射对称,花序为_____,花冠为_____,雄蕊6枚,为_____,雌蕊_____心皮_____。_____胎座,具_____,果实为_____,有长、短之分。

16. 十字花科植物菘蓝的根入药,其药材名为_____;叶入药,药材名为_____。萝卜的新鲜根入药,药材名为_____;开花结实后的老根入药,其药材名为_____;种子入药,药材名为_____。

17. 蔷薇科植物常根据托杯形状、_____数目、_____位置以及_____类型,分为_____、_____、_____和_____四个亚科。

18. 蔷薇亚科主要特征为草本或灌木,多为_____复叶,具_____,被丝托_____或凸起,心皮_____,分离,子房上位,果为_____或_____。

19. 梨亚科的主要特征是灌木或乔木,单叶或_____,具_____,心皮_____枚,多数与_____内壁连合,子房_____位,果为_____。

20. 梅亚科的植物为木本,单叶互生,具花托,雌蕊_____组成,子房_____位,1室,果为_____。

21. 豆科植物常为草本、木本或_____。多为复叶,具_____,花_____,_____对称或_____对称,蝶形花冠,雄蕊为_____雄蕊,雌蕊_____组成,子房_____位,_____胎座,果为_____。

22. 豆科根据花的对称、花瓣排列、雄蕊数目以及连合等情况,将本科分为_____亚科、_____亚科和_____亚科。

23. 豆科植物皂荚的果实入药,其药材名为_____;其不发育的果实入药,药材名为_____;其棘刺入药,药材名为_____。

24. 芸香科植物的叶、花、果实常具_____,叶多为_____复叶或_____复叶,萼花、花瓣_____或为其倍数,生于_____基部,雌蕊_____或_____心皮合生,果实为_____、_____、_____和_____。

25. 橘(*Citrus reticulata* Balnco)的成熟果皮入药,药材名为_____,属于_____药。幼果或未成熟果皮入药,其药材名为_____;果皮内层筋络(分枝状维管束)入药,其药材名为_____;种子入药,其药材名为_____。

26. 酸橙的未成熟果实入药,其药材名为_____,幼果入药,药材名为_____。同属的甜橙的幼果亦入药,其药材名为_____。

27. 大戟科的主要特征是:草本、灌木及乔木,常含_____,有的种类为肉质植物,单叶互生,叶基部常具_____,花常_____性,花序多种,常为_____或_____,单被花、重被花或_____花,雄蕊一至多数,花丝_____或_____,雌蕊由_____组成,中轴胎座,果为_____。

28. 大戟为大戟科的大戟属植物,其根入药,有毒,药材名为_____;同属植物狼毒大戟的根入药,其药材名为_____;续随子的入药部分_____,其药材名为_____或_____。

29. 锦葵科的主要特征为:植物体具_____细胞,_____纤维发达,幼枝、叶表面常有_____,具_____,雄蕊为_____,花药_____室,花粉粒具_____,果为_____。

30. 木槿的根和茎皮入药,其药材名为_____,属于_____药,果实入药,药材名为_____。苘麻的_____入药,药材名为_____。冬葵的果实入药,其药材名为_____。

31. 多为木本,茎常有刺,叶常为_____复叶或_____复叶,伞形花序或集成_____。花为5基数,具上位花盘,雄蕊着生于花盘边缘,子房_____位,雌蕊_____合生,果为_____或核果。这些特征是五加科的主要特征。

32. 伞形科植物的特征为:草本,茎常_____具_____。叶互生,分裂或为复叶,叶柄基部扩大呈_____状,花小,两性,_____花序,花萼和子房_____。雄蕊5枚,子房下位,雌蕊_____合生,果为_____。

33. 白芷的原植物分别为_____和_____。珊瑚菜的_____入药,其药材名为_____。

34. 连翘的入药部分分别是_____和_____,其药材名分别为_____和_____。

35. 秦皮的原植物应是_____、_____、_____和_____四种。

36. 白薇及蔓生白薇的根及根状茎入药,其药材名为_____;柳叶白前的_____入药,其药材名为_____和_____。杠柳的根皮入药,药材名为_____和_____。

37. 裂叶牵牛和圆叶牵牛植物的_____入药,其药材名为_____;菟丝子、南方菟丝子及日本菟丝子的_____入药,药材名为_____。

38. 马鞭草科的主要特征是:木本,常具_____气味,叶对生,单叶或复叶,花两性,_____对称,花萼、花冠_____裂,雄蕊4枚,为_____雄蕊,具花盘,雌蕊_____合生,花柱_____生,果为_____或_____。

39. 紫苏为一年生草本,具芳香味,茎方形,其_____入药,称_____;叶入药,药材名为_____;其果实入药,药材名为_____。

40. 荆芥的地上部分入药,称_____,花序入药,称_____;夏枯草的_____入药,称为夏枯草。

41. 宁夏枸杞的_____入药,称_____。枸杞和宁夏枸杞的根皮入药,药材名为_____。

42. 中药玄参的原植物应是_____和_____,入药部位应是_____。地黄的_____入药,其药材名为_____。

43. 金银花的原植物是_____,它的_____或_____入药,其药材名分别为_____和_____。

44. 黄花败酱和白花败酱均是中药败酱草的植物来源,它们的_____入药,药材名为_____。

45. 栝楼的成熟果皮入药,称_____;成熟果实入药,其药材名为_____;成熟的_____入药,药材名为_____;植物体的_____入药,药材名为_____。

46. 桔梗科植物常具_____,沙参、轮叶沙参及杏叶沙参的药用部位应是_____,其药材名应是_____。

47. 常为草本,有的种类具_____或_____。_____花序,花两性,萼片常变成_____或缺,花冠常为_____、_____,雄蕊5枚,为_____,雌蕊由_____合生,子房下位,果为_____。此类植物应属于菊科。

48. 菊花为多年生草本,其药用部位是_____,药材名为_____,因产地和加工方法不同,有不同的品种,它们是:皖产的称为_____和_____,浙产的称为_____,豫产的称为_____。

49. 旋覆花的药用部位是_____,称为_____。茵陈蒿的药用部位是_____,其药材名为_____。

50. 禾本科小穗的小花是由_____、_____、_____、_____和雌蕊组成的。

51. 广西莪术、温郁金、蓬莪术的根状茎入药,药材名是_____,块茎入药,商品药材名分别是_____、_____、_____。

六、是非题

1. 杜鹃花科大多数植物的雄蕊为10枚。(　　)
2. 木犀科植物均为2枚雄蕊,叶对生。(　　)
3. 马钱科植物均为木本,单叶,子房下位。(　　)
4. 夹竹桃科植物均为单叶对生。(　　)
5. 萝藦科大多数植物的花粉粒均为花粉块。(　　)
6. 旋花科植物为中轴胎座,每室胚珠多数。(　　)
7. 马鞭草科和唇形科植物都可能为唇形花冠,二强雄蕊,小坚果。(　　)
8. 唇形科植物大多为二唇形花冠。(　　)
9. 玄参科植物大多数为二强雄蕊。(　　)
10. 茄科、玄参科植物均有双韧型维管束,花均为两侧对称。(　　)
11. 茜草科和忍冬科植物相似,均为子房下位,叶对生。(　　)
12. 葫芦科植物均为子房下位,单性花,通常为瓠果。(　　)
13. 菊科植物的花为管状花或舌状花,雄蕊为聚药雄蕊,子房上位,连萼瘦果。(　　)
14. 菊科植物和桔梗科植物均具白色乳汁,均为连萼瘦果。(　　)
15. 菊科植物大多数具有冠毛。(　　)

七、简答题

1. 被子植物的主要特征有哪些?
2. 简述双子叶植物纲与单子叶植物纲的区别。
3. 桑科植物有哪些主要特征? 常见药用植物有哪些?
4. 蓼科植物有哪些主要特征? 常见药用植物有哪些?
5. 苋科植物有哪些主要特征? 常见药用植物有哪些?
6. 石竹科植物有哪些主要特征? 常见药用植物有哪些?
7. 毛茛科植物有哪些主要特征? 常见药用植物有哪些?
8. 木兰科植物有哪些主要特征? 常见药用植物有哪些?
9. 毛茛科与木兰科有哪些异同点?
10. 罂粟科植物有哪些主要特征? 常见药用植物有哪些?
11. 十字花科植物有哪些主要特征? 常见药用植物有哪些?
12. 蔷薇科植物有哪些主要特征? 分为哪几个亚科? 常见药用植物有哪些?
13. 豆科植物有哪些主要特征? 分为哪几个亚科? 常见药用植物有哪些?
14. 芸香科植物有哪些主要特征? 常见药用植物有哪些?
15. 大戟科植物有哪些主要特征? 常见药用植物有哪些?
16. 锦葵科植物有哪些主要特征? 常见药用植物有哪些?
17. 五加科植物有哪些主要特征? 常见药用植物有哪些?
18. 伞形科植物有哪些主要特征? 常见药用植物有哪些?
19. 简述合瓣花亚纲的主要特征。
20. 简述木犀科的主要特征及代表植物。

21. 简述唇形科的主要特征及代表植物。
22. 简述茄科的主要特征及代表植物。
23. 简述玄参科的突出特征及代表植物。
24. 简述茜草科的主要特征及代表植物。
25. 简述葫芦科的主要特征及代表植物。
26. 简述桔梗科的主要特征及代表植物。
27. 简述菊科的主要特征及代表植物。

第九章同步练习

第十章课件

第 十 章

药用植物栽培技术

📖 **学习导航**

　　药用植物栽培具有较强的地域性,存在种质资源退化、重金属超标及农药残留等问题。针对我国药用植物栽培现状,我国出台了相关发展政策。药用植物栽培包括选地、整地、播种、育苗、田间管理、采收、加工、运输等环节,每一个操作环节都会影响药材品质。药用植物的优质和高产本质上取决于其品种的优劣,繁殖技术是高效和规模化生产的基础,采收与加工是药用植物变成药材商品的关键一步。随着时代发展,仿野生种植、现代设施智能化种植、绿色无公害种植是中药材发展与时俱进的方向。本章将从药用植物栽培现状、药用植物栽培关键技术及药用植物现代化栽培方法等几方面来介绍相关内容。

第一节　我国中药材生产与发展情况

一、我国药用植物栽培历史

　　我国药用植物栽培历史悠久。几千年来,劳动人民在生产、生活以及与疾病斗争中,对药物的认识不断提高,逐渐从野生药用植物采挖转为人工栽培。在长期的生产实践中,对于药用植物的分类、品种鉴定、选育与繁殖、栽培管理以及贮藏加工等积累了丰富的经验,为近代药用植物栽培奠定了良好基础。

　　大约在公元前 11 世纪以前,人们逐渐接触并了解到某些植物、动物对人体可以产生影响,进而认识了原始医药。如"神农尝百草"的传说,充分反映出我们祖先从古代便开始在实践中认识药物、应用药物,当时没有药用植物栽培,人们都是采挖野生植物资源供药用。

　　我国古籍中有关药用植物及其栽培的记载可追溯到 2 600 多年以前。《诗经》(公元前 11 世纪—前 6 世纪中期)记述了蒿、芩、葛、芍等 100 多种药用植物,枣、桃、梅等当时已有栽培。《山海经》(公元前 8 世纪—前 7 世纪)记载药物达百余种,其中多数食、药兼用,《尔雅》(公元前 3 世纪—前 2 世纪)中有关于北方枣和南方橘类等作药用的记载。

　　秦汉时期,出现了扁鹊、华佗、张仲景等名医。中国第一部医书《黄帝内经》和世界上最古老的第一部药物学著作《神农本草经》的问世,标志着中医药学基本理论的形成和基本内容的确立。《神农本

185

草经》载有 252 种植物类药材,并概括地论述了药材的功效、生境、采集时间及贮藏等。张骞(公元前 138 年前后)出使西域,把许多有药用价值的植物引种到国内栽培,如红花、石榴、胡桃、胡麻和大蒜等,丰富了我国药用植物的种类。

魏晋南北朝时期,葛洪著《肘后方》与《抱朴子》,讲述治病方药、延年养生之道。潘茂名开辟药园,种植草药,悬壶济世,扑灭瘟疫,救治百姓。南梁陶弘景辑著的《本草经集注》,首创药物自然属性分类法和诸病通用药,总结了魏晋以来 300 年间的药学成就。北魏贾思勰著《齐民要术》(6 世纪 40 年代),记述了地黄、红花、吴茱萸、竹、姜、栀子、桑、胡麻和蒜等 20 多种药用植物的栽培方法。

隋唐时期,医学、本草学均有长足的进步。唐代苏敬等编著的《新修本草》(公元 657—659 年),也叫《唐本草》,全书载药 850 种,为我国历史上第一部药典,也是世界上最早的一部药典。潘师正在中岳嵩阳观传道、种药、采药,唐高宗几度亲临洛阳召见,向其求教医药之道。

宋金元时期,刘翰、马志等编著的《开宝本草》(公元 973—974 年)在医药界也有重要地位。药用植物栽培在此时也得到相应发展,如宋代韩彦直的《橘录》(1178 年)等书中记述了橘类、枇杷、通脱木、黄精等数十种药用植物的栽培方法。《千金翼方》收载了枸杞、牛膝、萱草、百合、地黄等药物的栽培方法,详述了选种、耕地、灌溉、施肥和除草等一整套栽培技术。如百合的种植法:"上好肥地加粪熟菱砍讫,春中取根大者,擘取瓣于畦中种,如蒜法,五寸一瓣种之,直作行,又加粪灌水,苗出,即锄四边,绝令无草,春后看稀稠所得,稠处更别移亦得,畦中干,即灌水,三年后其大小如芋然取食之。又取子种亦得,或一年以后二年以来始生,甚小,不如种瓣。"文中详述了百合的有性繁殖和无性繁殖,并指出有性繁殖生长缓慢。

明清时期,许多著作如明代王象晋的《群芳谱》(1621 年)、徐光启的《农政全书》(1639 年)、清代吴其濬的《植物名实图考》(1848 年)、陈扶摇的《花镜》(1688 年)等都对多种药用植物栽培作了详细论述。特别是明代李时珍(1518—1593 年)的《本草纲目》(1578 年),载药 1 892 种,分 16 纲(部),即水、火、土、金石、草、谷、菜、果、木、服器、虫、鳞、介、禽、兽、人。仅"草部"就记述了荆芥、麦冬等 62 种药用植物的人工栽培,为世界各国研究药用植物及其栽培提供了极其宝贵的科学资料。

晚清以后至民国时期,西学东渐,西方的药用植物形态解剖及分类知识传入国内。同时,国内中医药学者对中药材栽培的研究不断深入,尤其是家种中药材研究。如 1946 年在重庆南川金佛山垦殖区设常山种植场,进行野生药用植物变家种研究。一些药用植物栽培方面的书籍相继出版,如李承祜、吴善枢的《药用植物的经济栽培》、梁光商的《金鸡纳树之栽培与用途》。新中国成立之初,家种中药材约 140 种。

二、我国药用植物栽培现状

新中国成立以来,药用植物栽培事业得到了迅速发展。在改进栽培技术、中药材野生抚育、引种驯化、国外药用植物引进等方面都取得了较好的成绩。在我国市场上流通的常用中药材有 500 余种,其中主要依靠人工栽培的已达 350 种左右,如天麻、甘草、茯苓、五味子、龙胆、菘蓝、地黄、细辛、人参等。此外,包括西洋参和番红花在内的 20 多种国外名贵药用植物已引入我国并在我国栽培成功,很多南药如肉桂、肉豆蔻、丁香等引种也获得成功,它们当中有些品种的品质比原产地还好。据资料统计,全国有 600 多个规模化中药材生产基地,其中包括 180 多种药用植物的规范化生产基地,中药材生产专业场 13 000 多个,中药材专业户 34 万余户,种植面积达 1 100 多万亩,其中林木药材 500 多万亩,其他家种药材 600 多万亩,民族地区药材种植面积占全国的 11%。可以预见,今后将会有更多的药用植物引入我国并驯化栽培,更多的野生药用植物进行人工栽培已是必然选择。

中药材经营环境也得到了极大改善,目前,国家已建立 17 个国家级中药材专业市场,分别是:河北安国、安徽亳州、河南禹州、江西樟树、四川成都荷花池、广西玉林、湖北蕲州、湖南邵东县廉桥、广州清平、重庆市解放路、哈尔滨市三棵树、西安市万寿路、广东普宁、湖南岳阳花板桥、昆明市菊花园、山东鄄城县舜王城、兰州黄河中药材市场,其数量和规模大大超过了古代有名的四大药市。与药用植物栽培相关书籍的出版工作也取得了巨大成就,如出版了《药用植物病虫害防治学》《药用植物栽培学》《中药资源学》《中国药用植物志》《中药大辞典》《中华本草》《中药志》等大量书籍,还有定期出版的《中国中药杂志》《中草药》《中药材》等期刊,有力地推动了药用植物栽培技术的发展和进步。

但我们也应当看到,由于投入的人、财、物力较少,所以多数药用植物品种的生产、研究水平都处于开发利用的初级阶段。有些具有特殊生物学性状或适应范围较窄的品种,其生产水平提高的步伐更慢。总体上来说,我国药用植物栽培的现代化水平还较低,与国际先进水平还有较大的差距,与国家的要求、人民的期望、国际的期待还有很大的距离,如栽培粗放、施肥不当、品种混杂、农药污染、重金属及有害生物残留、药材品质不稳、盗挖野生药材、贮存期间霉变、有章不行、有禁不止等。为此,我们应当依法依规,科学种植,特别是我国《中药材生产质量管理规范(试行)》《中药材生产质量管理规范认证管理办法(试行)》和《中药材 GAP 认证检查评定标准(试行)》等文件的颁布和实施,为我国药用植物规范化生产指明了今后的努力方向。

随着科学技术的发展,现代生物学、农学、药物学新技术不断融入,极大地促进了药用植物栽培的研究和发展。如在人参栽培技术研究方面,近年来研究总结出一套以施肥改土、集约化育苗、高棚调光、科学灌水、病虫害防治为特点的综合性农田栽培技术,使得人参总皂苷、微量元素、挥发油等含量与伐林栽参基本相同,从而改变了我国长期以来停留在原始伐林栽参的现象,保护了森林资源和生态平衡。在天麻的研究方面,证明了紫萁小菇 *Mycena osmundicola* Lange 等一类真菌对天麻种子的萌发具有促进作用。运用等位酶、DNA 指纹及 PCR 等技术进行分子亲缘的研究,为了解药用植物遗传多样性,进行优良品种选育奠定了基础;为降低药材中农药残留量,广泛开展了药用植物无公害栽培技术的研究;将生物防治技术应用到药材生产中,如利用管氏肿腿蜂防治蛀干害虫,利用木霉防治人参、西洋参等根类药材土传病害等;将组织培养应用到药用植物的快速繁殖、脱毒苗生产及有效次生代谢产物的提取等方面。

三、我国药用植物栽培存在的问题

中药材质量问题,一直是中药现代化进程中亟待解决的难题,目前我国药用植物栽培存在的主要问题有:

(一) 中药种质资源退化

由于我国药材种子种苗的生产长期以来处于半原始或自然粗放的经营状态,造成一些品种的种质严重退化或消失,如著名的早熟品种苋桥地黄已经失传。许多野生药用资源被滥采乱挖,使资源的再生能力无法恢复,如野生人参、野生黄连、野生厚朴等。造成种质混杂、品种退化的原因是多方面的,可能是采种或种苗生产过程中的不合理轮作或田间管理,或药材不同品种或近缘种之间的生物学混杂引起药材优良品种基因结构变化,或是由于自然突变、长期的无性繁殖、病毒感染等原因,并最终导致品种混杂或退化。

(二) 中药材有害重金属及农药残留超标

土壤和水源的污染是一些有害重金属和高残留农药的主要来源。选择有害重金属和高残留农药污染的土壤和水源进行中药材种植,必然会造成重金属和农药残留在药材中富集,最终造成有害重金属和高残留农药超标。六氯环己烷(六六六)、二氯乙烯基二甲基磷酸酯(敌敌畏)可以在许多药材中检出,就是因为我国二十世纪六七十年代这些农药的滥用引起的;其次是种植过程中滥用农药或施药不合理,被药用植物吸收造成的污染;另外,采收、加工、贮存或运输过程中造成的污染也不可忽视,如为防治药材生虫变质用农药对库存药材进行熏蒸。目前,我国药材生产过程中的污染已直接影响了药材质量,并成为中药出口的限制性因素。

（三）中药材产地不同引起质量差异

中药材的生产具有一定的地域性与道地性,道地药材的生长受生长地区土壤、水质、气候、日照、降雨量、生物分布等生态因子的影响,特别是土壤成分对药材内在成分的质和量影响最大,产地不同,药材有效成分含量不同。如生长在山西和内蒙古的蒙古黄芪,根形好,粉性足,味甜,具有豆腥味,富含微量元素硒;引种到湖北的蒙古黄芪,由于生态条件改变,植株明显高大,分根多,根质硬而有柴性,味不甜而苦,引种后的蒙古黄芪不含微量元素硒,质量低劣,不能作黄芪药用。在众多的药材品种中,有的药材道地性强,它们的道地性受地理环境、气候条件等多种生态因子的影响较大,如四川的川芎、重庆的黄连、甘肃的当归、吉林的人参等。

（四）产地采收加工缺乏统一的规范

由于目前我国缺乏完善的药材产地采收加工规范、质量监督与检验体系,造成药材质量差别很大。不同的采收年限、一年中不同的采收时间与中药有效化学成分含量均有密切关系。如北细辛从播种到第 5 年达到生长发育成熟期才能采收,且以花期每 100g 干重的挥发油含量最高;金银花一天之内以早晨 9 时采摘最好,否则因花蕾开放而降低有效成分含量;曼陀罗中生物碱的含量,早晨叶子含量高,而晚上根中含量高。

加工方法不同,对药材质量的影响也很大。如青蒿中的青蒿素在营养旺盛生长期含量最高,采用烘晒不同的加工方法可造成质量差异;烘干与晒干的牡丹皮中丹皮酚含量差异很大,80℃、晒 2 小时后干品中丹皮酚含量为 0.94%,而 48℃、晒 2 小时后干品中丹皮酚含量为 7.023%。

第二节　主要栽培区域与栽培资源

中药材生产地域性较强,由于自然条件、用药历史及用药习惯的不同,全国各地栽培的中药材种类各具特色,形成了中药材区域化的栽培模式。我国药用植物主要栽培区域与栽培种类大体划分如下:

（一）东北地区及主要栽培资源

本区域位于我国东北部,北有大兴安岭、小兴安岭,东南有长白山,中间为松辽平原,包括黑龙江、吉林及辽宁北部。大部分地区属于寒温带和温带的湿润、半湿润地区。道地药材关药多产于本区域,内有哈尔滨市三棵树中药材专业市场。主要栽培种类以人参、辽细辛、五味子、防风、黄檗、龙胆等为代表,此外还有黄芪、藁本、柴胡、苍术、远志、桔梗、党参、黄芩、知母、芍药、牛蒡、知母等。

（二）华北地区及部分栽培资源

本区域包括辽宁南部、河北、北京、天津、山东、河南、山西等地。道地药材祁药、北药、怀药多产于本区域,内有河北安国、河南禹州、山东鄄城县舜王城等中药材专业市场。主要栽培种类以党参、黄芪、地黄、薯蓣、忍冬、黄芩、柴胡、远志、知母、酸枣、连翘等为代表,此外还有菊花、丹参、板蓝根、苍术、益母草、瞿麦、茵陈、牛膝、白芷、桔梗、藁本、紫菀、肉苁蓉、杏、小茴香、麻黄、秦艽、栝楼、山楂、牡丹、银杏、玄参、山茱萸、玉兰、望春花、款冬等。

（三）西北地区及部分栽培资源

本区域包括陕西、宁夏、甘肃、青海、新疆等地。道地药材西药主产于本区域,内有西安市万寿路、兰州黄河等中药材专业市场。主要栽培种类以当归、党参、宁夏枸杞、天麻、杜仲、甘草、麻黄、大黄、锁阳、肉苁蓉、秦艽、黄芪等为代表,此外还有山茱萸、乌头、丹参、地黄、黄芩、柴胡、防己、连翘、远志、绞股蓝、薯蓣、知母、九节菖蒲、银柴胡、白鲜、红花、牛蒡等。

（四）西南地区及部分栽培资源

本区域包括四川、云南、西藏、贵州、重庆中西部等地。道地药材云药、川药、桂药主产于本区域,内有四川成都荷花池、重庆市解放路、昆明市菊花园等中药材专业市场。主要栽培种类以黄连、杜仲、川芎、乌头、三七、郁金、麦冬、川贝母、羌活等为代表,此外还有厚朴、半夏、天冬、川木香、白芷、川牛膝、泽泻、鱼腥草、川木通、芍药、红花、大黄、黄皮树、肉桂、苏木、阳春砂、红景天等。

（五）华东地区及部分栽培资源

本区域包括江苏、浙江、上海、江西、安徽、福建等地。道地药材浙八味、笕桥十八味、苏药、皖药多产于本区域，内有安徽亳州、江西樟树等中药材专业市场。主要栽培种类以浙贝母、忍冬、延胡索、芍药、厚朴、牡丹、白术、夏枯草、侧柏等为代表，此外还有桔梗、薄荷、菊、孩儿参、芦苇、荆芥、紫苏、栝楼、卷丹、菘蓝、芡实、丹参、玄参、麦冬、白芷、山茱萸、益母草、葛、苍术、半夏、莲、泽泻、乌梅、酸橙、龙眼、虎杖、栀子、香薷、钩藤、防己、乌药等。

（六）华中地区及部分栽培资源

本区域包括湖北、湖南和重庆东部等地。道地药材川药有一部分产于本区域，内有湖北蕲州、湖南邵东县廉桥、湖南岳阳花板桥等中药材专业市场。主要栽培种类以茯苓、山茱萸、望春花、独活、续断、酸橙、半夏、射干等为代表，此外还有党参、菊花、黄连、厚朴、杜仲、白术、苍术、紫苏、湖北麦冬、木瓜、贴梗海棠、牡丹、乌药、前胡、芍药、白及、吴茱萸、莲、夏枯草、百合等。

（七）华南地区及部分栽培资源

本区域包括广东、广西、海南、台湾等地。道地药材南药、广药主产于本区域，内有广西玉林、广州清平、广东普宁等中药材专业市场。主要栽培种类以阳春砂、巴戟天、益智、槟榔、佛手、广藿香、何首乌、防己、草果、石斛、草豆蔻、肉桂等为代表，此外还有诃子、化州柚、仙茅、橘、乌药、广防己、大高良姜、穿心莲、罗汉果、广金钱草、千年健、莪术、天冬、郁金、土茯苓、八角茴香、栝楼、葛、砂仁、肉豆蔻、高良姜、胡椒、金线莲、胖大海、沉香、苏木等。

（八）内蒙古地区及部分栽培资源

本区域位于内蒙古自治区。民族医药——蒙药主产于本区域，主要栽培种类以甘草、黄芪、麻黄、黄芩、肉苁蓉等为代表，此外还有赤芍、银柴胡、防风、锁阳、苦参、地榆、升麻、木贼、郁李等。

（九）海洋区域及部分栽培资源

我国是一个海洋国家，有漫长的海岸线和众多的海洋岛屿、岛礁。本区位于我国大陆的东部、东南部和南部的全部海域，包括渤海、黄海、东海、南海。中国领海蕴藏着丰富的药用动植物和矿物资源，是中药宝库的重要组成部分，主要代表种类有海藻、珊瑚、昆布、瓦楞子、紫菜、海带，以及石决明、海浮石等。

第三节　中药材产业发展政策

中医药是世界传统医药的一个重要组成部分，与其他传统医药一样受到世界各国的高度重视，国际地位不断得到提升。中药材是中医药和大健康产业发展的物质基础，因此中药材的产量和质量、中药材产业的健康发展事关医疗健康民生工程，关乎健康服务业目标的达成，还关乎很多地区"三农"发展和生态文明建设。为促进我国中药材产业的健康和持续发展，国家出台了一系列有关中药材产业发展的政策。

（一）中药材 GAP

中药材 GAP 是《中药材生产质量管理规范（试行）》（Good Agricultural Practice for Chinese Crude Drugs，GAP）的简称，该规范是由国家食品药品监督管理局组织制定，并负责组织实施的行业管理法规；是一项从保证中药材品质出发，控制中药材生产和品质的各种影响因子，规范中药材生产全过程，以保证中药材真实、安全、有效及品质稳定可控的基本准则。中药材 GAP 的制定与发布是政府行为，它为中药材生产提出应当遵循的准则，对各种中药材和生产基地都是统一的。

中药材 GAP 于 2002 年 4 月 17 日颁布，并于 2002 年 6 月 1 日起施行。中药材 GAP 共分 10 章 57 条，其主要内容如下（表 10-1）：

表 10-1　《中药材生产质量管理规范(试行)》的基本内容

章名	项目	主 要 内 容
第一章	总则	目的意义
第二章	产地生态环境	对大气、水质、土壤环境条件要求
第三章	种质和繁殖材料	正确鉴定物种,保证种质资源质量
第四章	栽培与养殖管理	对用肥、用土、用水、病虫害的防治控制要求
第五章	采收与初加工	确定适宜采收期,对产地的情况、加工、干燥 3 项提出具体要求
第六章	包装、运输与贮藏	每批有包装记录,运输容器洁净,贮藏处通风、干燥、避光等条件
第七章	质量管理	对质量管理及检测项目、性状、杂质、水分、灰分、浸出物等提出具体要求
第八章	人员和设备	受过一定培训的人员及对生产基地、仪器、设施、场地的要求说明
第九章	文件管理	生产全过程应详细记录,有关资料至少保存 5 年
第十章	附则	术语解释和实施时间等

为了推进中药材 GAP 的顺利实施,国家食品药品监督管理局于 2003 年 9 月 19 日颁布了《中药材生产质量管理规范认证管理办法(试行)》和《中药材 GAP 认证检查评定标准(试行)》,并于 2003 年 11 月 1 日起开始正式受理中药材 GAP 的认证申请工作。中药材 GAP 认证检查项目共 104 项,包括关键项目 19 项和一般项目 85 项。其中,涉及植物类药材的检查项目 78 项、关键项目 15 项、一般项目 63 项。

2003—2016 年,共公告了 177 个中药材 GAP 基地,涉及企业 110 家,中药材 71 种,分布于 26 个省、自治区、直辖市。中药材 GAP 的实施,推动了我国中药材生产的规范化、规模化和现代化进程,使我国中药工业现代化水平得到了极大提升。

2016 年 3 月 18 日,为适应国家政府职能转变的改革,落实国务院要求,国家食品药品监督管理总局发布了《关于取消中药材生产质量管理规范认证有关事宜的公告》(2016 年第 72 号),明确不再开展中药材 GAP 认证,改为实施备案管理。

(二) 中药农业

中药农业是指利用药用植物的生长发育规律,通过人工培育来获得中药材产品的生产活动。中药产业链包括中药农业、中药工业、中药商业和中药服务业,中药农业是中药产业的第一产业和基础,也是农民脱贫致富的重要支柱产业。

我国对中药农业历来高度重视,近 20 年来围绕中药农业,国家在战略规划、政策法规中多有涉及,资金、项目投入力度越来越大。2007 年实施的《中医药创新发展规划纲要(2006—2020 年)》就提出了"加快构建中药农业技术体系"。在《国务院关于扶持和促进中医药事业发展的若干意见(国发〔2009〕22 号)》中提出要"结合农业结构调整,建设道地药材良种繁育体系和中药材种植规范化、规模化生产基地"。《生物产业发展"十二五"规划》明确指出要实施"中药标准化行动计划"。《中医药事业发展"十二五"规划》提出要"加强野生中药资源培育基地建设"。《国务院关于印发"十二五"国家战略性新兴产业发展规划的通知(国发〔2012〕28 号)》中提出要促进"中药材规范种植等产业化"。《国务院关于促进健康服务业发展的若干意见(国发〔2013〕40 号)》提出要实现"健康服务相关支撑产业规模显著扩大"的目标。特别是 2014 年,工信部、国家中医药管理局等 10 个部门联合制定了《中药材保护和发展规划(2014—2020 年)》,这是我国第一个专门针对中药材的发展规划,指出要实施野生资源保护工程、优质药材生产工程、中药材技术创新工程、中药材生产组织创新工程,构建中药材质量保障体系、现代流通体系和生产服务体系等。

（三）与扶贫相关的中药材产业发展政策

道地药材生产大多分布在贫困山区，是当地的特色产业和农民增收致富的主导产业，对促进脱贫攻坚至关重要。加快发展道地药材，推进规模化、标准化、集约化种植，提升质量效益，带动农民增收，是确保 2020 年实现全面建成小康社会的重要举措。2016 年国家农业农村部会同国务院扶贫办、国家发展改革委、财政部等 8 部门联合印发了《贫困地区发展特色产业促进精准脱贫指导意见》（农计发〔2016〕59 号），遴选出中药材作为产业扶贫的典型案例，切实发挥示范带动作用。

下一步，国家农业农村部将加快推进中药材标准化种植，提升中药材质量安全水平，切实发挥中药材促进农民增收的作用。一是加快建设一批标准高、规模大、质量优的道地药材生产基地，提高道地药材供应能力。二是推进技术集成创新，推广绿色标准化生产技术模式，加强质量规范管理，提升产品质量。三是突出产地特色和产品特性，加强地理标志管理和品牌创建，充分利用农交会、博览会等展会平台，宣传推介道地中药材产品，促进优质优价。

（四）与中医药食疗相关的中药材产业发展政策

中药材具有药食两用的功效，既有"治未病"的预防作用，又有重大疾病治疗的协同作用，也有疾病康复的辅助作用。2017 年，国家农业农村部会同国家发展改革委、国家林业局联合印发了《特色农产品优势区建设规划纲要》（发改农经〔2017〕1805 号），把道地药材特优区建设作为重要内容之一，引领各地积极推动道地药材区域化、规范化、生态化生产。2017 年，国家农业农村部会同国家发展改革委、财政部等 9 部门联合印发了《中国特色农产品优势区名单（第一批）》（农市发〔2017〕14 号），其中包括具有药食同源功效的薏苡仁、银杏、人参、枸杞等中药材优势产区，引领各地立足资源优势，促进产业兴旺，推动品牌强农，带动农民增收。在"十三五"现代农业产业技术体系建设中新增中药材产业技术体系，设立中药材产业技术研发中心，中央财政每年投入 3 060 万元，支持专家在中药品种选育、栽培和有害生物防治、质量安全和产业发展等方面开展研究和示范推广，为中药材产业发展提供科技支撑。

下一步，国家农业农村部将根据中药材产业发展需求，充分利用现代农业产业技术体系岗位专家的人才优势和试验站的基础优势，推进高校、科研单位、规模企业协同开展"中药农业"学科体系建设和人才培养，加快推进药食同源中药材作物的开发利用。

总之，中药材是中医药事业传承和发展的物质基础，国家高度重视中药材产业的健康发展。按照国家《中医药发展战略规划纲要（2016—2030 年）》和《全国农业现代化规划（2016—2020 年）》要求，国家农业农村部正会同国家中医药管理局等单位编制《全国道地药材生产基地建设规划（2018—2025 年）》。

下一步，国家农业农村部将会同有关部门和单位，加快推进《全国道地药材生产基地建设规划（2018—2025 年）》的发布和实施。一是进行资源保护，争取将更多的中药材种类纳入植物新品种保护名录，保障中药材产业持续健康发展。二是推进集成创新，加快优良品种选育，建立适宜不同品种、不同区域的中药材绿色栽培制度；集成优质高效、资源节约、生态环保的绿色生产技术模式；推广病虫害绿色防控、有机肥替代化肥、水肥一体化等绿色生产技术。三是推进质量管理，加快道地药材适用农药登记，解决中药材生产无专用药的问题。加强追溯体系建设，以中药材种植环节为重点，探索构建覆盖全产业链各环节的追溯体系。四是推进标准化生产，制定完善大宗中药材生产技术规程、产地加工工艺、产品等级规格、农药残留等标准，推进道地药材全程标准化生产。五是推进产业化经营，在道地药材主产区，扶持一批种植大户、农民合作社和龙头企业，推进规模化生产，提高生产组织化程度。推进中药材生产与产业扶贫、休闲旅游、美丽乡村建设相结合，提高产业综合效益和竞争力。

第四节   药用植物品种选择

药用植物种类很多,在药材市场上销售的常用药用植物品种就有 500 多种。在植物药类中又以采挖野生资源为主,人工栽培的种类仅 100 多种。有的品种有上千年栽培历史,如太子参;有的品种栽培几百年,如泽泻;有的品种栽培几十年,如丹参;有的品种近年才开始人工种植,如肉苁蓉;而有的目前还无法人工种植,如冬虫夏草。

随着农业产业结构的调整,全国各地结合政府精准扶贫项目,开始大力发展药用植物种植。许多承包户盲目跟风种植,挖出药材一旦遇到烂市或种出来的药材含量不达标,就会导致亏损。因此,在种植药材前,一定要先考察市场行情,了解适应性、可行性,再去选择品种种植。

1. **掌握药用植物市场动态信息**   种植前就近到国内的药材市场考察。我国有安徽亳州、河北安国、江西樟树、河南禹州四大药都,是中国药用植物集散中心和价格形成中心,在这里可以了解到药材的市场流动量和价格。可以向有关权威部门咨询,如药监局、药检所、农科院、农科所等从事药用植物种植管理或科学研究的人员,能获得近期本地区药用植物种植的基本概况。另外,可从《中药经济与信息》《中药事业报》等国家正式出版的有关药用植物的期刊中了解权威信息,切忌盲目相信小报上的"致富信息"或小道消息。

2. **遵循生态适应性原则**   了解药用植物品种生物学和生态学特性,考察药用植物品种是否适合当地的土壤、地形、气候环境。植物在长期的进化过程中适应了一定区域的环境特征,形成了独特的生长习性,如喜凉、喜光、耐旱等,每一种植物都具有一定的分布区域,在该区域内能满足其生长发育规律和所需的环境条件。南药北移,越冬困难;北药南移,营养生长与生殖生长失调,丰长不丰收;高山植物引种到平地,越夏困难。因此,只有相似的气候、土壤等条件,才有引种成功的可能。

在众多药材品种中,"一方水土产一方药",各地有各地的道地品种。所谓道地药材指经过中医临床长期应用优选出来的,在特定地域通过特定生物过程所产的药材,具有产量高、质量佳、药效好的特点。一般来说,发展当地产的药材比较适宜,尤其是道地药材,不仅种植环境较合适,且有较完善的种植技术和市场基础。经过长期的种植选择,优胜劣汰,形成了道地药材的主产区,如河北西陵知母、承德黄芩、祁白芷、祁荆芥、祁瞿麦、祁紫菀,山西潞党参,内蒙古黄芪、甘草、肉苁蓉,江苏茅山茅苍术,浙江磐安杭白术,安徽大别山百合、凤丹皮,山东丹参、济银花、瓜蒌,河南怀牛膝、怀地黄、怀山药、红花,四川川郁金、川黄连,贵州巫山淫羊藿、施秉太子参,云南滇龙胆、云木香、文山三七、昭通天麻、滇重楼、云苓,甘肃岷县当归等。

3. **投入产出分析**   获得利润是药用植物种植的最终目的,选择品种前要考虑种植成本和市场价格。药用植物种植成本主要由种子种苗费、土地租赁费、肥料费、农药费、管理费等组成。种子种苗价格不同年份间变化很大,药用植物价格不错,种子种苗价格会迅速上涨。当选择的品种正处于高位时,种子种苗投入成本增加,待收获时则可能价格暴跌,出现亏损。有些药材品种在短时间内可以涨几倍,甚至几十倍,带动了种子种苗价格同时涨落。有些珍稀药用植物的种子种苗价格较高,种植年限较长,投入风险加大。如七叶一枝花,2018 年,2 年生种苗单价 1~2 元/株,大田种植 10 000 株/667m^2,种苗成本 1 万~2 万元,5 年后收成,价格很难保障。

药用植物"少时是个宝,多时是根草",药材市场受自然条件、病情发生情况、人为炒作等因素影响,价格瞬息万变,起伏很大。选择品种时要充分考虑每种药用植物价格,不掌握好药材市场行情,盲目种植,很可能生产过盛,遇到烂市,低价处理。尽管市场行情受多方面的影响,但是其波动往往有一定的周期性。药用植物品种经济效益好,能刺激农户种植的积极性,待产新时供货量大于需求量,药材价格暴跌,种植户亏损,减少种植。减少种植后,供货量少了,需求量不变,药材价格自然就上涨了。部分药材品种有大、小年之分,如胖大海一个大年后伴随有两个小年,市场行情起伏多有同步,大年丰产,市场价格回落可能性偏大,小年歉收,来货偏少,市场价格可能走高。

4. 其他方面　药用植物品种选择是关键,是赔是赚关键在选择品种。要选择适销对路的品种,销售渠道畅通;要有准确的种源,是《中国药典》规定的品种;要有栽培技术,药材产量和质量有保证。总之,药用植物种植要选好品种,不能盲目跟风,随大流。

第五节　药用植物的繁殖技术

植物体产生新个体的过程称为繁殖。药用植物的种类繁多,其繁殖方法主要有种子繁殖和营养繁殖。

一、种子繁殖

种子繁殖指利用植物的种子通过一定培育过程产生新的植物体的繁殖方法,是药用植物繁殖的主要途径之一。被子植物花经过传粉授精后,子房里的胚珠形成种子,由胚(包括胚芽、胚轴、胚根、子叶四个部分)和胚乳组成,是植物的雏形。利用种子进行播种、发芽、生长发育形成独立幼苗的过程,即为种子繁殖过程。

(一)种子的采收

选择优良的种子是优质高产药材种植的重要保证。选种时,应选择品种纯正,生长发育健壮,无病虫害的优良单株作为母株,加强水肥管理,及时采收发育成熟、子粒饱满的种子作种用。不同物种适宜采收期不同,应做到科学采种。如滇重楼种子的最适宜采收期为果实裂开后外种皮为深红色时。

(二)种子的贮藏

药用植物采收后有的种子随采随播,而有的种子采收后没有立即播种,需要贮藏。为了保持种子旺盛的生命力,一般有以下 2 种贮藏方法:

1. 干藏法　适用于大多数种子。有的种子只能阴干储藏,如大黄、栝楼、罗汉果的种子;有的种子需晒干储藏,如丹参、党参、广金钱草的种子。将干燥过的种子装入袋、桶、箱等容器内,放置在凉爽、干燥、通风的贮藏室、地窖或仓库内,可短期贮藏,如侧柏、紫荆、香椿等。在 0~5℃ 低温、50%~60% 相对湿度环境下贮藏种子效果良好。

2. 湿藏法　将种子存放在一定湿润、低温、通风的环境中,使种子保持一定的含水量和通气条件,以保持种子生命活力。湿藏法适用于含水量高或休眠期长需要催芽的种子,如野鸦椿、女贞、银杏、油茶等。湿藏法的具体操作方法为:在室外选择地下水位之上,排水良好的地方挖坑,坑底铺一层 10cm 厚的湿砂(砂的湿度以手捏成团不出水,摊手即散为宜),随后堆入混砂种子(种:砂=1:3),再铺放一层 10~20cm 厚的湿砂,最后覆盖 10cm 厚的土。为保证通气,在砂堆中竖立几根小竹筒等其他通气材料。

(三)播种育苗

播种前根据实际情况进行种子精选、种子消毒、种子催芽处理。

1. 播种时期　一般在春季或者秋季播种。耐寒性差、生长期较短的一年生草本或没有休眠特性的木本植物适合春播,如薏苡、板蓝根、决明子、紫苏、川黄柏;而耐寒性强、生长期长或种子需要休眠的木本植物适合秋播,如桔梗、红花、人参、牛蒡子、厚朴。

2. 播种方式　根据药用植物种类、生长习性、种植密度、种植制度和播种机具等因素确定,常见的播种方式有:条播、穴播、撒播。

(1)条播:在畦面按一定行距横向开小沟,将种子均匀播撒于沟内。该方式播种深度一致,分布整齐且通风透光,便于进行中耕除草、施肥等管理措施。

(2)穴播:按一定的行距挖穴,将种子播入穴内。该方式既保持了株距,又利于节省种子,适用于大粒种子或珍稀药用植物种子的播种,如薏苡、豆类、厚朴等。

（3）撒播：将种子均匀地撒在畦面上。适用于细粒种子，如怀牛膝、板蓝根、红花等。撒播操作简便，可节省劳动力，但幼苗拥挤，光照不足，通透性差，不便于管理。

3. 育苗方法　选择靠近种植地、避风向阳、排灌方便、土壤疏松肥沃的出块做苗床。苗床要精细整地，施适量农家肥或土杂肥作为基肥，耙细整均后播种。育苗方法有露地育苗、温床、塑料小拱棚、塑料温室4种。

二、营养繁殖

利用植物的营养器官根、茎、叶来繁殖后代的方式为营养繁殖，包括分离繁殖、压条繁殖、扦插繁殖、嫁接繁殖四种方式。与种子繁殖相比，营养繁殖具有保持品种优良特性、繁殖速度较快的优点。

（一）分离繁殖

将植物的部分营养器官（如鳞茎、球茎、块茎、根茎或珠芽）从母株上分离下来栽植成独立新个体的繁殖方法。如山药可用茎上叶腋部的珠芽（零余子）来繁殖。

（二）压条繁殖

将母株上的枝条压入土中或在空中用湿润泥土包裹形成不定根，然后分离移植成为新个体的方法。压条方法如下：

1. 普通压条　普通压条称为单枝压条，适用于枝条柔软容易弯曲且靠近地面的植物，压条方法有3种：①弯曲压条，选用近地面1~2年生枝条向下弯曲压入土中，露出枝梢部分，待长根后分离移植，如蜡梅、玉兰、杜仲；②连续弯曲压条，将枝条波状弯曲压入土中，埋土部分长根，露出地面部分长芽，逐段切成新植株，如忍冬、连翘、单叶蔓荆；③水平压条，将枝条水平压入土中，待节上生根发芽后切断移植，适用于枝条较长且易生根的植物，如藤本月季。

2. 堆土压条　适用于枝条硬脆、不易弯曲、丛生性强，扦插生根较困难的植物。其方法为刻伤枝条基部，然后堆土，保持土堆湿润，如贴梗海棠、栀子等。

3. 空中压条　适用于一些木质化强，不易弯曲触地，扦插生根困难的灌木或乔木。选用1~3年生枝条，环割形成伤口或割伤，用塑料薄膜将软细土包扎在环割处，常浇水保湿，待生根后切离成新植株。

（三）扦插繁殖

利用植物的根、茎、叶、芽等营养器官的一部分作为插穗，插入一定基质中使之生根发芽形成新植株的繁殖方式称为扦插繁殖。按插穗来源不同器官，扦插分为枝插、叶插、根插和芽插四种类型，其中枝插应用的最广泛。

1. 扦插时期　扦插时期因植物种类而异，一般温度合适或在温室设备条件下，四季均可扦插。木本植物根据落叶树和常绿树分为休眠期扦插和生长期扦插。春季3~5月或夏秋季7~10月扦插最适宜。

2. 插穗准备　选择品种优良、生长健壮、无病虫害的植株作为采穗母株，因采集枝条年龄不同分为硬枝插穗和软枝插穗两种。硬枝插穗为木本药用植物已木质化的一年生或多年生枝条，嫩枝插穗为当年生半木质化枝条。每个插穗保留2~3个芽，下端斜切，上端平切，长一般10cm。

3. 插床和基质准备　用来扦插的土地为插床，有温床和露地两种。常用的扦插基质有河沙、蛭石、珍珠岩、泥炭土、椰糠丝、锯末等，基质要求干净、细碎、未使用过。

4. 插后管理　要求保持基质湿润，可以在扦插盆上或畦上覆盖拱形塑料薄膜密封，以利于保温和保湿。木本植物生根慢，在生根前切勿提前打开薄膜。

（四）嫁接繁殖

用一种植物的枝或芽移接到其他植物的枝、茎或根上，使之愈合生长在一起，形成新的植株。用于嫁接的枝条称为接穗，用于嫁接的芽称为接芽，承受接穗的植株称为砧木。嫁接繁殖具有能保持接穗的优良性状、生长快、开花结果早、抗病抗劣能力强等特点。

1. 接穗(接芽)准备　选择品种纯正、生长健壮、无病虫害的优良单株为接穗或接芽来源,选取其树冠外围中上部生长充实、芽体饱满的当年嫩枝(芽)为接穗(接芽),随采随用。

2. 砧木准备　砧木可以通过实生繁殖或营养繁殖获得。选择的砧木要与接穗的亲缘关系很近,具有良好的亲和力,不同科属植物嫁接无法成功。

3. 嫁接时期　枝接在植物休眠期进行,以春季最适合。芽接在春、夏、秋季当皮层能剥离时进行,以秋季最适宜。

4. 嫁接方法　①芽接:具有容易愈合,接合牢固,易成活等特点;②枝接:把带有1芽或数芽的枝条接到砧木上称枝接。优点是嫁接苗生长快,成活率高,适合于比较粗大砧木的嫁接。常见的枝接方法有切接、劈接、舌接。其中切接是常用的枝接法:一般选用茎1~2cm粗的砧木,离地面10cm处截平,在砧木平滑一面于木质部和韧皮部之间向下直切深2.5cm的平直光滑切口;后将接穗下端一面削去1/3左右的木质部,长约2cm,另一面削长约0.5cm的面,使之呈楔形;将接穗大削面朝向砧木木质部插入切口中,使其与砧木紧密结合,用塑料条将接口自下而上捆紧。

第六节　采收与产地加工

一、药用植物的采收

药用植物的采收与加工是药用植物生产的最后一个环节。药用植物采收指药用植物生长到一定阶段后有效成分含量符合国家法定质量标准及具有相当经济产量时,通过一定技术措施收集药用部位的过程。药用植物的采收要根据其种类、入药部位、生长周期及活性成分积累量来决定采收时间和方法,做到适时采收。"正月茵陈二月蒿,三月四月当柴烧",形象地说明了适时采收的重要性。

不同药用植物或同一种药用植物不同入药部位的采收时间和方法不同,情况如下:

1. 根及根茎类　此类药材种类多,是主要的营养贮藏器官,一般在秋冬季地上部枯萎或初春萌芽前采收,即休眠期采收,如桔梗、柴胡、丹参、黄芪、葛根、天花粉等;为避免抽薹开花,不使其空心和木质化,川芎、当归、白芷等少数药材应在生长期采收;延胡索、太子参、浙贝母、半夏等地上部分在夏季枯萎,以夏季采收为宜;有些全年均可采收,如巴戟天、骨碎补。

2. 皮类　皮类药材包括根皮和树皮。根皮一般在秋、冬季地上部枯萎时进行,挖取根部,去泥、须根,趁鲜刮去栓皮,用捶击或抽心法取皮,如牡丹皮、地骨皮、五加皮、桑白皮等;树皮一般在春、夏季采收,此时皮部汁液和养分较多,容易剥离树体,如杜仲、黄柏、秦皮、合欢皮等,但要达到采收的树龄;少数在秋、冬季采收,如肉桂秋季时其树皮肉厚、质重、香气浓、质量佳,秋季采收,而川楝皮冬季有效成分川楝素含量最高,冬季采收。

3. 茎木类　一般木类药材全年可采收,如降香、沉香、苏木等;有些在秋、冬季采收,如忍冬藤、槲寄生、关木通等;首乌藤在开花前或果熟后采收;有些在春、秋季采收嫩枝,如桂枝、桑枝、钩藤、西河柳等。

4. 叶类　一般叶类药材在其生长最旺盛时或开花前采收,此时叶片经济产量最大,营养物质最丰富,如大青叶、罗布麻叶、艾叶、荷叶等;桑叶须秋天经霜打后采收;枇杷叶、银杏叶则在落叶时采收。采收时要除去枯黄叶、病残叶,然后晒干或阴干。

5. 花类　花类药材对品质要求严格,既要有较高的有效成分,又要具有新鲜的颜色、气味和完整的形状。一般在含苞待放的花蕾时采收,如金银花、辛夷、槐米、芫花、丁香等;有些在花初开时采收,如菊花、款冬花、玫瑰花、洋金花等;有些在开放后采收,如红花、旋覆花、菊花。选择晴朗的天气采摘,对于花期长、花朵次第开放的要分批次采收。

6. 果实种子类　果实类药材一般在果实近成熟或自然成熟时采收,如花椒、山楂、薏苡仁、瓜蒌、马兜铃等;有些药材则在果实未成熟时采收,如枳实、覆盆子、青皮等;有些不仅要成熟还要经过霜打,如经霜变红的山茱萸,经霜变黄的川楝子。有的果实不同成熟度入药的效果不同,如槟榔果皮未成熟的称"大腹皮",成熟的称"大腹毛";胡椒初熟的称"黑胡椒",熟透的去果皮后称"白胡椒";连翘果实初熟的称"青翘",熟透的称"老翘"。如果果实成熟期不一致,要分批采收,过早肉薄,过迟肉松,影响质量,如山楂、木瓜等。种子类药材有些在果实成熟开裂时散失,所以其在果实开始成熟时采收,如牵牛子、小茴香、急性子、豆蔻等;有些种子药材在种子完全成熟时采收,如车前子、续随子、决明子、白芥子等。

7. 全草类　此类药材一般在夏季植物生长最旺盛,植物即将开花时采收,如青蒿、穿心莲、荆芥、马鞭草等;有的在花开放时采收,如薄荷、香薷、荆芥、益母草等;茵陈则在春季幼苗时采收,麻黄在秋季时采收。

二、药用植物的产地加工

药用植物的产地加工是新鲜植物材料成为商品药材的关键环节。药用植物产地加工对原药材进行水洗、切制、干燥等过程中的任何操作皆有可能引起药用植物有效成分的改变或损失,也会对其形、色、气、味有影响,古代对药材的加工就有严格要求。因此,只有采取科学合理地产地加工方法才能保证生产出优质的药用植物。

由于药用植物品种繁多,因此,对其进行产地加工的方法亦有多种,一般有以下几种:

1. 清洗去杂　药用植物鲜品要及时清洗,洗去泥土,清除非入药部位,并对其进行初步大小分级,保证药材的纯净和品质。

2. 修整,切制　白芍去外皮,黄柏去粗皮,有的药用植物要除去芦头、须根或残留枝叶,如丹参、射干等。根茎类药材应趁鲜切成片、块或段,如牛膝、前胡、射干、商陆、葛根、玄参等;树皮类药材趁鲜切成块、片或卷成筒,如肉桂、厚朴、杜仲等;不易干透的果实类药材应先切开再干燥,如佛手、酸橙等。

3. 蒸、煮、烫、浸漂、发汗等　一些富含糖类、淀粉、浆汁的药用植物须略煮、煮沸或烫,破坏酶活性,利于干燥,如百部、百合、白及、白芍等;郁金、莪术、姜黄、延胡索则须煮至透心;野菊花、杭菊花蒸后不易散瓣;金银花产地蒸后晒干,其异原酸和绿原酸含量比未蒸的高达 7 倍。

4. 干燥　有阴干、晒干、烘干 3 种:晒干适用于不含挥发油和不需保持颜色的药材,采收后摊于席子上晒干,如牡丹皮、薏苡仁、牛蒡子等;阴干,如薄荷、藿香、玫瑰花、月季花、红花等,由于花类、叶类和含芳香、挥发性类药材晒后会花、叶变色,芳香气味变淡,有效成分挥发,影响药材品质,故应置于阴凉通风处阴干;烘干,如地黄、重楼等含水分较多的药材应烘干。烘干温度不宜过高,如大黄不能超过60℃,金银花应控制在 38~42℃ 。

第七节　药用植物现代化栽培方法

一、仿野生原生态种植

目前,中国有 80% 的中药材品种来源于野生资源,过度的挖取野生药用植物导致了资源的濒危和生态环境的破坏。解决中药材社会需求和自然资源供应不足矛盾的主要途径是进行人工繁育和栽培管理,如三七、人参、灵芝等药材。但是,由于大田栽培成本高、病虫害多、药材质量差、连作障碍,限制了药材产业的发展。因此,在前人的不断探索中发现,将药用植物进行人工繁殖后回归到自然环境中生长,加以适当的人工管理,能解决药材生产的特定问题,此方法即为仿野生栽培。

（一）仿野生栽培的概念

中药材野生抚育是依据动植物药材生长特性及对生态环境条件的要求,在其原生或相类似的环境中,人为或自然增加其种群数量,使其资源量达到能为人们采集利用,并能继续保持群落平衡的一种药材生产方式。包括了药用植物保护抚育(也称半野生栽培)和药用动物野生抚育。

仿野生栽培是野生抚育的范畴,指在基本没有野生目标药材分布的原生环境或相类似的天然环境中,完全采用人工种植的方式,培育和繁殖目标药材的种群。比如将人参人工育苗后移栽到长白山林下生长而获得的人参药材。

（二）仿野生栽培的意义

仿野生栽培是人工栽培的模式之一,其管理较为粗放,产量相对较低,但是具有接近野生药材质量、药材价格较高的优势,具体表现如下:

1. 合理利用林地资源,提高土地利用率 我国具有丰富的林地资源,包括用材林、经济林、生态林等,而人均耕地面积少。利用林下空间种植中药材可以避免与作物争用耕地,有效节约耕地,提高林地的利用效率。

2. 降低成本,增加经济收入 仿野生栽培应选择水源充足,土壤条件优良,与原分布相类似的天然环境,除个别特殊药材外,管理粗放,无需投入太多基础设施和人工管护成本,待药材采收时可增加经济收入。

3. 提高药材质量 仿野生栽培选择生态良好的自然环境,较大田栽培病虫害少,不喷打农药,不施用化肥,人为干预少,远离污染源,因此,无农药、重金属超标的现象。另外,独特的自然环境使其具有或接近野生药材的药效,保证生产药材的天然性,如雁荡山石壁上仿野生栽培的铁皮石斛。

（三）仿野生栽培的措施

1. 基地选择 根据药用植物的生长习性,恰当选择仿野生栽培基地。植物的生长习性指植物对温度、湿度、光照、土壤等因子的反应需求,具体包括年平均气温、空气和土壤相对湿度、土壤 pH,土壤类型、郁闭度以及海拔、坡度、坡位等特征,选择目标药材分布的原生环境或相类似的天然环境。仿野生栽培时,药材在近乎野生的环境中生长,不同于中药材的套种或间作。如重楼仿野生栽培对环境要求较高,选择海拔 400~600m、郁闭度 75% 左右、土层深厚、富含腐殖质的针叶林或阔叶林。

2. 整地 大部分药材自然分布于林下,林药种植是仿生态种植的重要方式之一。林药种植整地因地制宜,在林下适当劈除树根、树枝,沿等高线顺势整畦。天然林林分环境复杂,无规律,可根据实际情况单株种植、丛株种植或林中空地成片种植;人工林整齐规则,林下生境简单,可条沟状整地种植成带状。

3. 管理 仿野生栽培药材质量要高于大田栽培,与野生药材相近,保存药材的天然性。因此,在管理上要粗放,尽量避免人工施化肥、喷农药。种植前期要控草,中后期防止老鼠、野猪的破坏及病虫害。

二、现代设施智能化种植

现代设施农业是具有一定设施,能在局部范围改善或创造环境气象因素,为植物生长提供良好的环境条件而进行有效生产的农业,是一种高新技术产业。设施农业将农业生产从天然的、不可控的自然环境移到人工的、可控的室内环境,通过环境的人工调控,实现产量增加、质量提高和生产周期缩短的目的。设施农业包括设施蔬菜、花卉、水果、畜牧、食用菌、中草药等产业,近年来,随着中药材生产的发展,设施中药材产业异军突起。

（一）设施农业的特征

我国农业设施主要有塑料大棚、日光温室、连栋温室、中小棚等,其中塑料大棚是我国温室设施的第一大类型,主要存在于华东、华南等南方地区;日光温室是第二大类型,主要存在于华北、东北等北方地区;连栋温室所占比例小,是高投入、高产出的温室类型,主要用于花卉种植、育苗、新品种培育等附加值较高的品种。

1. 生产高效性 设施农业综合应用科技创新技术,按照动植物生长发育的具体要求,技术设备化、方式集约化、管理现代化,高精度跟踪定位,构建最佳的人工环境,实现高效生产。

2. 环境可控性　设施农业采用机械工程技术,为农业生产提供适宜的光照、温度、湿度、水肥等环境条件,生长环境相对可控,在一定程度上摆脱了农业生产对自然环境的依赖性和不良的气候环境,能抵御干旱、涝灾、高温、寒冻等风险,使农业生产不再受到自然的限制。

3. 产业关联性　设施农业生产需要配套的设备材料,比如在生产经营活动中种苗培育所需的穴盘、基质、微喷灌设施、生物肥料、营养液、农具机械等。通过设施农业的生产,带动了相关产业的形成与发展。

（二）设施智能化系统

设施可分为简易设施、一般设施、智能设施3种类型。简易设施指竹架大棚,不包括单有喷滴灌设备、人员不能进入操作的小拱棚和草帘;一般设施指用竹木、钢架等建造的塑料大棚,人员能进入操作;智能设施指用设备调控"光、温、水、气",进行育种育苗等生产活动。

随着农业生产技术、工程管理技术的发展,智能设施取得了长足的进步,现代设施智能化种植代表了现代农业的发展水平。

智能设施系统包括:温室、苗床、植物保护系统、施肥控制系统、光照控制系统、湿度控制系统、温度控系统。

温室:为连栋温室,用科学的手段、合理的设计、优秀的材料将原有的独立单间模式温室连起来,简单来讲就是一种超级大温室。

苗床:固定式苗床和移动式苗床。苗床用于育苗,可以就地整床为固定式苗床;移动式苗床灵活性强,可以大大提供温室使用面积。

温度控制系统:即供暖系统,目前用于供暖方式有热水采暖、电热采暖、热风采暖、蒸汽采暖等,供暖要有足够的供热能力,室内温度要均匀。

通风降温系统:将温室内外空气进行交换,以调控温室内温度、湿度、CO_2浓度和有害气体,使室内植物正常生长。通风方式有自然通风和风机通风两种。

温室拉幕系统:利用具有一定遮光率的材料进行遮阳,起到调节、降温或保温的作用。

温室灌溉系统:将水从水源汲取处理,经输水管道、灌水器对作物实施灌溉的过程。该系统包括水源工程、首部枢纽、供水管网、田间灌溉设备、自动控制设备五部分。

三、绿色无公害种植

我们经常在超市里面看到一些有特殊包装的蔬菜、水果,上面标有无公害、绿色或有机的标志,价格比未标识的同类产品高出很多。其实,无公害农产品、绿色食品、有机食品都是指符合一定标准的安全食品,但三者就像一个金字塔,有层次上的差别,塔基是无公害农产品,塔中间是绿色食品,塔尖是有机食品。它们的质量标准水平、认证体系、生产方式不同,国内定义如下:

无公害食品:指产地生态环境清洁,按照特定的技术操作规程生产,将有害物含量控制在规定标准内,并由授权部门审定批准,允许使用无公害标志的食品。必须按照特定的技术规程在良好的生态环境下生产,可以科学、合理地使用化学合成物。

绿色食品:指遵循可持续发展原则,按照特定生产方式生产,经专门机构认证,许可使用绿色食品标志的无污染的安全、优质、营养类食品。选择和改善生态环境,在生产、加工过程中严格监测、控制,限制或禁止农药等化学合成物残留、重金属超标或有害细菌等有毒有害物污染,确保产品的洁净。

有机食品:来自于有机农业生产体系,根据有机认证标准生产、加工并经独立的有机食品认证机构认证的农产品及其加工品等。包括粮食、蔬菜、水果、水产品、禽畜产品、奶制品、调料、蜂蜜等。有机食品不使用基因工程技术,在生产过程中禁止使用农药、化肥、化学色素、化学添加剂、防腐剂、生长激素等化学物质。

中药材是治病救人的原材料,是特殊的农产品,其对质量安全的要求远高于一般的农产品和食品,必须实现绿色无公害种植。绿色无公害种植主要途径有：

1. 选择洁净生态环境　选择生态环境良好的种植区域，包括土壤、空气、水没有或不受污染源的影响。避开人口密集的村庄农田，远离化工厂、农药厂、造纸厂、工矿企业等污染源，开垦土层深厚肥沃、自然水源充足、人烟稀少的偏远山村林缘或山谷开阔地这样的洁净生态环境。

2. 合理用肥　使用农家肥料，即由植物和/或动物残体、排泄物等富含有机物的物料制作而成的肥料，包括秸秆、绿肥、厩肥、堆肥、沤肥、沼肥、饼肥等。

秸秆：指水稻、小麦、玉米等禾本科植物的茎叶直接还田。

绿肥：绿色植物体直接还田，包括树叶、杂草等非人工栽培的野生植物和豇豆、油菜等人工栽培的绿作物。

厩肥：家畜粪尿与秸秆、杂草、落叶或泥炭混合堆积后经微生物作用而成的肥料。

堆肥：利用各种植物残体为主要原料，混合人畜粪尿堆制发酵而成的，与厩肥相类似，又称人工厩肥。

沤肥：植物性材料在淹水条件下发酵而成的肥料。

沼肥：生物材料经沼气池厌氧发酵后的沼液或沼渣。

饼肥：油料植物的种子经榨油后剩下的残渣，如豆饼、花生饼、茶子饼等。

3. 合理用药　选用高效、低毒、低残留农药，如乐果防治多种作物上的蚜虫、叶蝉、粉虱等刺吸式口器害虫；使用矿物源和植物源农药，如高锰酸钾防治细菌、真菌类病害；使用生物农药，如多抗霉素用于黑斑病、灰霉病、褐斑病等。

●●●●●● 学 习 小 结 ●●●●●●

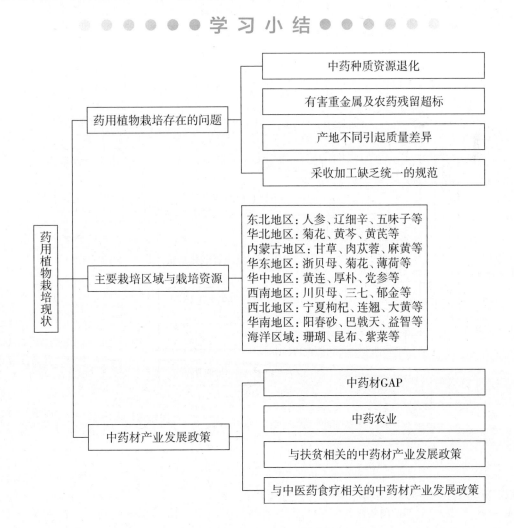

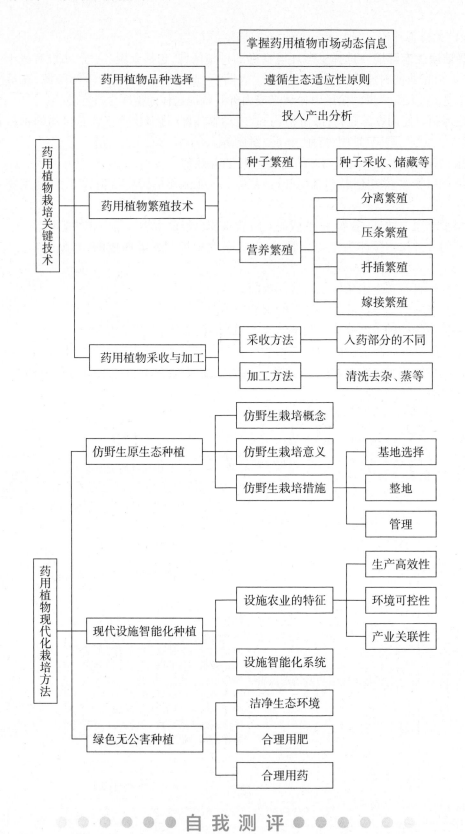

●●●●●● 自 我 测 评 ●●●●●

一、单项选择题

1. 以下药用植物(　　)还未实现人工种植,仍靠采挖野生资源
　　A. 丹参　　　　　　B. 肉苁蓉　　　　　　C. 杜仲　　　　　　D. 冬虫夏草　　　　　E. 灵芝

2. 以下药用植物(　　)不是河南境内产的道地药材
　　A. 白术　　　　　　B. 牛膝　　　　　　C. 山药　　　　　　D. 地黄　　　　　　E. 菊花

3. 产于云南省文山市的道地药材有(　　)
　　A. 苍术　　　　　　B. 黄芩　　　　　　C. 三七　　　　　　D. 黄连　　　　　　E. 枸杞

4. 药用植物品种选择应遵循生态适应性原则,(　　)适合北方生态环境
　　A. 罗汉果　　　　　B. 槟榔　　　　　　C. 砂仁　　　　　　D. 人参　　　　　　E. 巴戟天

5. 药用植物种植要考虑成本,以下(　　)品种属于珍贵药用,种植成本高
　　A. 白花蛇舌草　　　B. 半夏　　　　　　C. 豨莶　　　　　　D. 重楼　　　　　　E. 薄荷

6. (　　)的种子应使用湿藏法
　　A. 罗汉果　　　　　B. 丹参　　　　　　C. 侧柏　　　　　　D. 栝楼　　　　　　E. 油茶

7. 一般在秋冬季地上部枯萎或初春萌芽前采收的药材为(　　)
　　A. 全草类　　　　　B. 花类　　　　　　C. 皮类　　　　　　D. 根及根茎类　　　E. 果实类

8. 桑叶为叶类药材,其采收一般在(　　)
　　A. 春季　　　　　　B. 夏季　　　　　　C. 秋季　　　　　　D. 冬季　　　　　　E. 一年四季

9. 以下药材(　　)不是在春、秋季采收的嫩枝
　　A. 桂枝　　　　　　B. 沉香　　　　　　C. 桑枝　　　　　　D. 西河柳　　　　　E. 钩藤

10. 皮类药材(　　)趁鲜卷成筒
　　A. 厚朴　　　　　　B. 地骨皮　　　　　C. 桑白皮　　　　　D. 五加皮　　　　　E. 秦皮

11. 药用植物重楼在仿野生种植基地选择时,海拔需要为(　　)
　　A. 0~100m　　　　B. 100~200m　　　C. 200~400m　　　D. 400~600m　　　E. 600~3 100m

12. 仿野生栽培可以提高药材质量的原因不包括(　　)
　　A. 病虫害少　　　　B. 远离污染源　　　C. 不施用化肥　　　D. 产量高　　　　　E. 药效好

13. 我国温室设施的第一大类型是(　　)
　　A. 塑料大棚　　　　B. 日光温室　　　　C. 连栋温室　　　　D. 中小棚　　　　　E. 其他

14. 以下属于简易设施的是(　　)
　　A. 智能设施　　　　B. 竹架大棚　　　　C. 塑料大棚　　　　D. 小拱棚　　　　　E. 连栋温室

15. 以下(　　)位于食品金字塔的塔尖
　　A. 一般食品　　　　B. 绿色食品　　　　C. 无公害农产品　　D. 有机食品　　　　E. 其他

16. 不属于农家肥料的是(　　)
　　A. 秸秆　　　　　　B. 复合肥　　　　　C. 堆肥　　　　　　D. 绿肥　　　　　　E. 沤肥

17. 高效、低毒、低残留农药不包括(　　)
　　A. 杀菌类　　　　　B. 高锰酸钾　　　　C. 乐果　　　　　　D. 汞制剂　　　　　E. 植物性农药

18. 仿生态种植的主要方式之一为(　　)
　　A. 大田单作　　　　B. 与农作物套种　　C. 与农作物间作　　D. 林药种植　　　　E. 其他

19. 植物性材料在淹水条件下发酵而成的肥料为(　　)
　　A. 绿肥　　　　　　B. 厩肥　　　　　　C. 沤肥　　　　　　D. 堆肥　　　　　　E. 饼肥

20. 目前我国实现仿野生栽培的药材不包括(　　)
　　A. 人参　　　　　　B. 铁皮石斛　　　　C. 冬虫夏草　　　　D. 黄精　　　　　　E. 重楼

二、多项选择题

1. (　　)被誉为我国四大药都
　　A. 安徽亳州　　　　B. 河南禹州　　　　C. 广州清平　　　　D. 江西樟树　　　　E. 河北安国

2. 药用植物种植成本主要由(　　)组成
　　A. 种子种苗费　　　B. 土地租赁费　　　C. 肥料费　　　　　D. 农药费　　　　　E. 管理费

3. 药用植物品种选择是关键,是赔是赚关键在选择品种,以下(　　)是《中国药典》规定的中药重楼品种
　　A. 七叶一枝花　　　B. 滇重楼　　　　　C. 华重楼　　　　　D. 球药隔重楼　　　E. 毛重楼

4. 品种改良的方法有(　　)

　　A. 选择育种　　　　B. 杂交育种　　　　C. 基因工程育种　　　D. 诱变育种　　　　E. 扦插育种

5. 在夏季采收的药材有（　　　）

　　A. 太子参　　　　　B. 杜仲　　　　　　C. 薄荷　　　　　　D. 山茱萸　　　　　E. 桑叶

三、名词解释

1. 扦插繁殖
2. 嫁接繁殖
3. 药用植物采收
4. 仿野生栽培
5. 绿色食品
6. 有机食品
7. 无公害食品
8. 堆肥

四、简答题

1. 我国药用植物栽培存在的问题是什么？
2. 什么是中药材 GAP？
3. 我国药用植物主要栽培区域有哪些？
4. 简述药用植物品种选择应遵循的原则。
5. 简述药用植物品种改良的作用。
6. 根和根茎类、皮类、茎木类、叶类、花类、果实种子类和全草类多在何时采收为宜？
7. 仿野生栽培有什么重要意义？
8. 现代设施智能化种植与传统种植有何不同？
9. 如何种植绿色公无害药材？

第十章同步练习

第十章同步练习

实　　训

实训一　植物的器官——根、茎、叶

【实训目的】

1. 识别根的形态特征和变态根类型。

2. 观察茎的外形特征,判断茎及变态茎的类型。

3. 掌握叶脉的类型。

【实训准备】

根:白芷、地黄、桔梗的地下根,吊兰、菟丝子、络石的地上部分。

茎:木犀、薸菜、珠芽景天、何首乌、乌蔹莓、天胡荽、地锦、姜、马铃薯、荸荠、洋葱、木麻黄、葡萄、皂荚、钩藤。

叶:番石榴叶、蓖麻叶、竹叶、香蕉叶、蒲葵叶、车前叶、银杏叶。

【实训内容】

1. 观察根的形态特征、变态根类型和双子叶植物根的初生结构及次生结构。

观察白芷、地黄、桔梗、吊兰、菟丝子、络石等植物的根或变态根,判断其类型,将结果填入实训表1-1。

实训表1-1　植物根(变态根)的类别

植物名称	吊兰	菟丝子	络石	地黄	白芷	桔梗
根(变态根)的类别						

2. 观察茎的形态特征、变态茎类型。

(1) 观察木犀、薸菜、珠芽景天的茎,判断茎的类别(木质茎、草质茎、肉质茎),将结果填入实训表1-2。

实训表1-2　植物茎的类别

植物名称	木犀	薸菜	珠牙景天
茎的类别			

(2) 观察何首乌、斑地锦、天胡荽、乌蔹莓的茎,判断茎的类型(缠绕茎、攀缘茎、葡匐茎、平卧茎),将结果填入实训表1-3。

实训表1-3　植物茎的类型

植物名称	何首乌	地锦	天胡荽	乌蔹莓
茎的类型				

（3）观察马铃薯、荸荠、姜、洋葱、木麻黄、葡萄、皂荚、钩藤的茎,判断变态茎的类型,将结果填入实训表1-4。

实训表 1-4　植物变态茎类型

观察部分	地下茎				地上茎			
植物名称	姜	马铃薯	荸荠	洋葱	木麻黄	葡萄	皂荚	钩藤
变态茎类型								

3. 观察番石榴、蓖麻、竹、香蕉、蒲葵、车前、银杏等植物的叶,判断脉序类型,将结果填入实训表1-5。

实训表 1-5　植物叶的脉序类型

	网状脉		平行脉				分叉脉
植物名称	番石榴	蓖麻	竹	香蕉	蒲葵	车前	银杏
脉序类型							

【实训评价】

1. 将根的形态类型和变态根类型以填表方式记录。
2. 将茎的形态类型和变态根类型以填表方式记录。
3. 将叶脉的类型以填表方式记录。

实训二　花的形态及花序

【实训目的】

1. 能识别花的形态和基本结构,能识别花序的各种类型。
2. 学会花的解剖,能用花程式、花图式描述花的结构。

【实训准备】

1. 仪器用品　镊子、解剖针、放大镜、刀片等。
2. 实训材料

（1）油菜、桃花、毛茛、豌豆、蜀葵花、南瓜等植物的新鲜花或浸制标本。

（2）荠菜、女贞、车前、马鞭草、柳、天南星、半夏、山楂、绣线菊、白芷、胡萝卜、无花果、附地菜、鸢尾、大叶黄杨、益母草、薄荷、泽漆、大戟、鬼针草、蒲公英等新鲜带花序植株或带花序标本。

【实训内容】

（一）花的解剖

解剖前,应注意花序的类型,花的着生方式;苞片有无;整齐花还是不整齐花;合瓣花还是离瓣花;两性花还是单性花或者是无性花。

若为新鲜材料可放入培养皿中,先用一解剖针将花按住,用镊子或另一解剖针自外而内层层剥离。若为浸制标本材料,如遇花瓣较大,质地菲薄,解剖时,培养皿内需放较多的水,以便花瓣展开,解剖方法同上。若为干燥标本上取下的花,应先放入小烧杯中加入适量的水,在酒精灯上加热,时间因材料质地不同而异,加热后放入培养皿中,解剖方法同上。

解剖时,应边解剖,边记录。

（1）花萼:几片萼片组成,分离或连合,观察萼片彼此间排列的方式。

（2）花冠:几片花瓣组成,分离或连合,观察花瓣彼此间排列的方式。

（3）雄蕊:雄蕊几枚,排列方式,有何特点,花药的方向,雄蕊与花瓣的关系。

（4）雌蕊：心皮数目、分离或连合，子房与花托的愈合程度，子房室数，胎座类型，胚珠数。其中心皮数目通常根据子房室数、柱头数、子房壁上的主脉数综合确定。注意观察判断子房位置，区分子房上位、子房半下位、子房下位。

（二）花的类型

观察并判断花的类型：无被花、单被花、重被花、重瓣花、离瓣花、合瓣花、两性花、单性花、无性花等。

（三）花序的观察

观察各种植物的花序：

1. 无限花序

（1）总状花序：观察荠菜和女贞等的花序。

（2）穗状花序：观察车前、马鞭草的花序。

（3）柔荑花序：观察柳等的花序。

（4）肉穗花序：观察天南星、半夏等的花序。

（5）伞房花序：观察山楂、绣线菊等的花序。

（6）伞形花序：观察白芷、胡萝卜等的花序。

（7）头状花序：观察鬼针草、蒲公英等的花序。

（8）隐头花序：观察无花果等的花序。

2. 有限花序

（1）单歧聚伞花序：观察附地菜、鸢尾等的花序。

（2）二歧聚伞花序：观察大叶黄杨等的花序。

（3）多歧聚伞花序：观察泽漆、大戟等的花序。

（4）轮伞花序：观察益母草、薄荷等的花序。

【实训评价】

1. 绘出两种所观察到的花的形态图，并分别写出花程式及花图式。

2. 列表记录所观察植物花的特点及花序类型。

实训三　果实、种子的形态与类型

【实训目的】

1. 能识别果实、种子的类型及其结构。

2. 学会区别单果、聚合果、聚花果。

【实训准备】

1. 仪器用品　刀片、解剖刀、解剖针、培养皿、显微镜、放大镜等。

2. 实训材料

（1）桑椹、凤梨、无花果、苹果、梨、橙、枸杞、番茄、李、桃、杏、葡萄、南瓜、栝楼、水稻、玉米、广玉兰、豌豆等果实标本或新鲜材料。

（2）蚕豆、蓖麻、大豆、花生、玉米、水稻及小麦种子。

【实训内容】

（一）观察果实的形态和类型

观察果实外形及各种类型，常见类型如下：

1. 干果

（1）裂果

1）蓇葖果：厚朴、广玉兰等。

2）荚果:紫荆、豌豆等。

3）角果:荠菜、萝卜等。

4）蒴果:马齿苋、石竹等。

（2）不裂果

1）瘦果:向日葵、荞麦等。

2）颖果:水稻、玉米等。

3）坚果:板栗、益母草等。

4）翅果:杜仲、榆等。

5）胞果:青葙、地肤子等。

6）分果:当归、小茴香等。

2. 肉果

（1）浆果:番茄、枸杞等

（2）核果:桃、李、杏等。

（3）梨果:苹果、枇杷、梨等。

（4）柑果:橙、玳玳花等。

（5）瓠果:南瓜、栝楼等。

3. 聚合果

（1）聚合瘦果:草莓、蛇莓等。

（2）聚合浆果:五味子。

（3）聚合核果:悬钩子。

（4）聚合坚果:莲。

（5）聚合蓇葖果:八角、牡丹等。

4. 聚花果　桑椹、凤梨、无花果。

（二）观察种子的形态和类型

种子分为有胚乳种子和无胚乳种子。取一枚蓖麻和蚕豆观察形态,注意下列各部分:

（1）种阜:海绵状突起物,位于种子较窄的一端。

（2）种孔:为一小孔,被种阜掩盖,胚根伸出的部位。

（3）种脐:点状疤痕,位于种阜短径的一侧。

（4）种脊:种脐到合点之间的隆起线。

（5）合点:位于种脊的末端。

【实训评价】

1. 列表归纳所见的植物果实类型。

2. 绘出蓖麻子和蚕豆的结构图,并注明组成。

实训四　植物细胞的基本构造

【实训目的】

1. 能够熟练使用显微镜进行植物显微特征的观察。

2. 学会制作临时装片和绘制植物显微构造图。

【实训准备】

1. 仪器用品　光学显微镜;镊子、刀片、解剖针、载玻片、盖玻片、培养皿、吸水纸、擦镜纸;蒸馏水、碘-碘化钾试液等。

2. 实训材料　洋葱鳞叶、绿色新鲜叶片、紫鸭跖草叶片、红辣椒果实。

【实训内容】

（一）光学显微镜的使用方法及其注意事项

1. 光学显微镜的基本构造和使用方法

（1）机械部分

1）镜座、镜柱和镜臂：镜座是显微镜的底座，用以固定和支持整个镜体。镜座上方有一直立的短柱称镜柱。镜柱的顶端为一弯曲的镜臂，移动显微镜时应手握镜臂。直筒显微镜在镜臂下方与镜柱相连处有一倾斜关节，可使镜筒在一定范围内后倾，方便使用。

2）镜筒：为显微镜上部的圆形中空长筒，其上端置放目镜，下端与物镜转换器相连，使目镜和物镜的配合保持一定的距离，并具有保护成像的光路和亮度。

3）物镜转换器：是位于镜筒下端的可自由转动的圆盘，盘上有3~4个安装物镜的螺旋孔，转动转换器并定位在中央位置，可保证物镜和目镜的光线合轴。

4）载物台：是放置装片的平台，中央有一用以通过光线的圆孔。载物台可通过手动或机械移动器前后左右移动，便于观察。

5）调焦螺旋：一般在镜柱下端或镜臂上方装有粗、细两对调焦螺旋，旋转时可使镜筒在一定距离内升降，以调节物镜和装片之间的距离。

6）聚光器调节螺旋：在镜柱下端一侧装有聚光器调节螺旋，旋转时可使聚光器上下移动，以调节光线的强弱。

（2）光学部分

1）物镜：位于镜筒下端的物镜转换器上，可将被观察物体做第一次放大。常有低倍镜（刻有5×字样）、高倍镜（刻有10×字样）、高倍镜（刻有40×字样）、油镜（刻有100×字样），其放大倍数分别为5倍、10倍、40倍和100倍。

2）目镜：位于镜筒上端，可将物镜所成的像进一步放大，将物镜和目镜的放大倍数相乘即为被观察物体的放大倍数。

3）反光镜：为安装在镜座中央的一个圆形双面镜，分平凹面，用于汇集光线。

4）聚光器：位于载物台下方，由聚光器和虹彩光圈组成，它的作用是将平行的光线聚集成束，集中在一点上，可增强被观察物体的照明。通过拨动虹彩光圈的操纵杆可以调节进光强度。

2. 显微镜的使用步骤和注意事项

（1）取镜和放置：拿取显微镜时应做到右手握紧镜臂，左右托平镜座，行走时注意避免碰撞。显微镜应放置在实验者桌子的左侧，以方便观察。

（2）对光：将低倍镜转到中央并定位，从目镜向下注视，同时转动反光镜使镜面对向光源，使视野内的光线明亮而均匀。

（3）放置装片：将装片用压片夹或移动器固定于载物台中央，使被观察材料正对透光孔。注意装片一定要盖有盖玻片，并将有盖玻片的一面向上。

（4）观察：首先在低倍镜下观察，两眼由侧面注视物镜，慢慢转动粗调节螺旋，使目镜降至距离装片约5mm处，然后在目镜中注视观察视野，徐徐上升镜筒，直到被观察材料清晰为止。如一次未看到材料，则重新放正材料，重复以上过程，直至看清。此时可以移动载物台上的移动器并轻微转动细调节螺旋，直至应观察的部位完全达到观察要求。

为进一步观察某一部位特征，可进行高倍镜观察。将待观察部分移至视野中央，转动物镜转换器，将高倍镜转至中央并定位，微微转动细调节螺旋，直至清晰。

注意由低倍镜转入高倍镜后，一般只通过细调节螺旋进行调节。由于在高倍镜下观察时视野的亮度变暗，应根据被观察材料透光程度适当调大进光强度。

（5）取片：观察结束后应使镜筒上升，并将高倍镜转离透光孔，方可取出装片，不可在高倍镜下直接放取装片。

（6）清洁显微镜：实验结束时，用擦镜纸擦拭镜头，用纱布或绸布擦净显微镜的机械部分，将低倍镜和高倍镜转离透光孔，并将反光镜还原与镜座垂直。最后罩上防尘罩，按取镜的要求将显微镜放回存放处。

（二）观察洋葱鳞叶内表皮细胞的构造

1. 制作新鲜表皮装片　取洋葱鳞叶 1 片，在其内表面用锋利刀片刻画纵横的平行线若干，使成 3~5mm 见方的小方格。用镊子仔细揭取 1 小片表皮，注意不要挖到叶肉。在载玻片中央滴加 1 滴蒸馏水，将表皮置于水滴中，用镊子轻压表皮，使其充分湿润。然后用镊子夹住盖玻片 1 边，使其另一边接触水滴，慢慢放下盖玻片，以避免气泡的产生。如盖玻片下的水过多，可用吸水纸从 1 侧吸去多余的水。制好的装片即可上镜观察。

2. 观察洋葱鳞叶内表皮细胞的基本构造　将制好的洋葱鳞叶内表皮水装片置于低倍镜下观察，可见其表皮细胞多为长方形，排列紧密而整齐，没有细胞间隙。移动标本片，选择数个较清晰的细胞于视野中央，转换高倍镜并调节焦距至清晰，可见有以下结构：

（1）细胞壁：即每个细胞的四周壁，此时见到的是细胞的侧壁。

（2）细胞质：在细胞壁的内侧，有一圈半透明的薄层，即为细胞质。表皮细胞是成熟细胞，由于中央液泡的形成，细胞质被挤压到贴近细胞壁处。

（3）细胞核：位于细胞的中央或靠近细胞壁的细胞质中，在细胞中央的多为圆球形，靠近细胞壁的多为扁球形或半圆形。如加碘-碘化钾试液染色，细胞核被染成黄褐色。转动细调节螺旋，可见在细胞核中有 1 至数个圆球形较亮的小球形体，即是核仁。

（4）液泡：位于细胞中央，比细胞质更为透明，其内充满细胞液。

（三）观察叶绿体、有色体和白色体的形态

1. 叶绿体　在载玻片上滴一滴清水，取 1 片新鲜叶放在水中，湿润后盖上盖玻片，观察。在细胞中有多数扁球形的颗粒，即叶绿体。

2. 有色体　在载玻片上滴一滴水，切 1 小块红辣椒果实，挖取少量果肉，置于水滴中，搅匀，观察。在细胞中可见多数颗粒状或不规则形状的橙色小体，即有色体。

3. 白色体　取紫鸭跖草叶片一枚，背面朝上，向下折叠，背面的下表皮连同叶肉组织被折断后，沿相连的上表皮轻轻平移，拉断后，断口处带有膜质表皮，将其平展于载玻片上，用刀片切下 5mm 左右的小块，制成临时水装片，置于镜下观察。可见在细胞核的周围有许多小圆形、无色透明的颗粒，即为白色体。

【实训评价】

1. 显微镜的使用方法和注意事项是什么？

2. 绘制洋葱叶内表皮细胞构造图，并注明细胞各部分名称。

3. 绘制叶绿体、有色体、白色体的形态图。

4. 说出制作临时装片的要点。

实训五　植物细胞的后含物和细胞壁

【实训目的】

1. 能够识别淀粉粒和草酸钙结晶的形态特征和类型。

2. 能够熟练制作药材粉末透化装片。

3. 学会细胞壁特化的鉴别方法。

【实训准备】

1. 仪器用品　光学显微镜；镊子、单面刀片、解剖针、载玻片、盖玻片、酒精灯、吸水纸、擦镜纸；蒸馏水、稀碘液、水合氯醛试液、稀甘油、间苯三酚试液、浓盐酸试液、苏丹Ⅲ试液等。

2. 实训材料　马铃薯块茎、半夏块茎粉末(或半夏根茎横切片)、甘草根粉末(甘草根纵切片)、大黄粉末、地骨皮粉末(地骨皮横切片)、夹竹桃嫩茎。

【实训内容】

（一）观察马铃薯淀粉粒

切取 1 小块马铃薯块茎,用刀片轻轻刮取 1~2 滴混浊液体,置于载玻片上,加水制成水装片。在低倍镜下可见到许多类圆形的颗粒即淀粉粒,转入高倍镜,仔细观察脐点和层纹,注意分辨单粒、复粒和半复粒。也可以加稀碘液进一步观察。

（二）观察草酸钙结晶

1. 药材粉末透化装片制作　取药材粉末少许,置于载玻片中央,滴加 2~3 滴水合氯醛试液,在酒精灯上用文火慢慢加热,边加热边搅动,待稍干时离火冷却,再加水合氯醛重复以上过程,直至透化彻底。冷却后滴加 2 滴稀甘油,盖上盖玻片,即成水合氯醛透化装片。

2. 草酸钙结晶观察

（1）针晶:取半夏粉末少许,制成水合氯醛透化装片进行观察。视野中可见到散在或成束存在的针晶。或取半夏根茎横切片观察,在大型的黏液细胞中可见到针晶束存在。

（2）方晶:取甘草粉末少许,制成水合氯醛透化装片进行观察。在整齐排列于纤维束周围的薄壁细胞中可见到方形或类方形的方晶。或取甘草纵切片观察晶鞘纤维上的方晶。

（3）簇晶:取大黄粉末少许,制成水合氯醛透化装片进行观察。在许多薄壁细胞中可见呈花朵状的簇晶存在。

（4）砂晶:取地骨皮粉末少许,制咸水合氯醛透化装片进行观察。在薄壁细胞中可见许多细小的三角形或不规则颗粒状的砂晶。或取地骨皮横切片观察,在薄壁细胞或细胞间隙中有大量砂晶存在。

（三）观察细胞壁特化

1. 细胞壁木质化　取夹竹桃幼茎(或其他木本植物幼茎),截取 2~3cm 长的小段,端部切平,用左手的拇指、食指和中指捏紧,右手拇指和食指捏住单面刀片刀背一端,将材料上端和刀口蘸水湿润,两臂夹住身体两侧,刀口向内平放于材料上端,运用臂力从材料的左前方向右后方在水平方向快速连续拉切,将切片迅速放入盛有水的培养皿中。

选较薄的切片置于载玻片中央,滴加间苯三酚和浓盐酸试液,盖上盖玻片观察。可见在茎髓外侧许多细胞的细胞壁被染成樱红色或紫红色,即是木质化细胞壁。

2. 细胞壁角质化　取夹竹桃幼茎的横切片,置于载玻片中央,滴加苏丹Ⅲ试液,在酒精灯上用文火稍稍加热,放冷后滴加 1 滴稀甘油,盖上盖玻片观察。可见切片外侧有 1 条与表皮细胞相连的橙色亮带,即是由表皮细胞壁角质化并向外分泌角质而形成的角质层。

3. 细胞壁木栓化　取带皮马铃薯块茎一小块,做徒手切片,取较薄者置于载玻片中央,滴加苏丹Ⅲ试液,在酒精灯上用文火稍稍加热,放冷后滴加 1 滴稀甘油,盖上盖玻片观察。可见块茎皮部的数层细胞均被染成橙红色,即是木栓化的细胞壁。

【实训评价】

1. 绘制马铃薯淀粉粒形态图。

2. 绘制四种草酸钙结晶的形态图。

3. 说出细胞壁特化的类型及其鉴别方法。

实训六　保护组织和机械组织

【实训目的】

1. 能够识别表皮细胞及其附属物(毛茸、气孔)的特征和类型。

2. 学会不同植物机械组织细胞特征的鉴别。

【实训准备】

1. 仪器用品　光学显微镜;镊子、刀片、解剖针、载玻片、盖玻片、酒精灯、吸水纸、擦镜纸;蒸馏水、稀碘液溶液、66%硫酸溶液、水合氯醛试液、稀甘油溶液、间苯三酚试液、浓盐酸试液等。

2. 实训材料　天竺葵、菊、胡颓子、石韦、蜀葵、忍冬、薄荷等植物的叶;薄荷、菘蓝、大青、枦兰等或同科属植物的叶或表皮装片;接骨木或椴树茎横切片;薄荷茎或芹菜叶柄;梨果实、黄柏粉末。

【实训内容】

（一）观察保护组织的特征

1. 表皮及其附属物　取天竺葵等植物的叶,撕取1小块叶片表皮,制成水装片。可见到表皮细胞的垂周壁多为不规则波状,彼此紧密嵌合,无细胞间隙,细胞多不含叶绿体。注意观察表皮上的毛茸类型和特征,区分非腺毛和腺毛。

取薄荷、菘蓝、大青、枦兰等或同科属植物的叶或表皮装片,观察其气孔的类型和特征,注意气孔的保卫细胞和副卫细胞的形态特征以及排列方式。其中薄荷叶的气孔为直轴式,枦兰叶的气孔为平轴式,菘蓝叶的气孔为不等式,大青叶的气孔为不定式。

2. 周皮和皮孔　取接骨木或椴树茎横切片观察,可见其最外方为多层切向延长的扁方形细胞,排列紧密,无细胞间隙,细胞壁稍厚并木栓化,具皮孔,即是木栓层;在木栓层内方有1~2层颜色较淡的扁平细胞是木栓形成层;木栓形成层内方有数层类圆形薄壁细胞,大小不一,排列疏松,具细胞间隙,细胞内常含叶绿体,即是栓内层。木栓层、木栓形成层、栓内层三部分形成的整体结构称周皮。

（二）观察机械组织的特征

1. 厚角组织　取薄荷茎或芹菜叶柄制成徒手横切片进行观察。可见在其棱角处的表皮下方,有数层多角形细胞组成的厚角组织,细胞的角隅处呈不均匀增厚,使细胞腔略呈棱形。在高倍镜下可见细胞内有原生质体,用稀碘液和66%硫酸溶液染色,这些细胞壁被染成淡蓝色。

2. 厚壁组织　用镊子挑取少量梨果肉中的淡黄色小硬粒,置于载玻片上,再将其压碎,滴加蒸馏水或水合氯醛试液,搅拌均匀,盖上盖玻片观察。可见有许多类圆形、不规则形状的石细胞成团或散在,细胞壁很厚,壁上有增厚的层纹和纹孔道(沟),细胞腔很小。用间苯三酚和浓盐酸染色,细胞壁被染成樱红色或紫红色。

另取黄柏粉末制成水合氯醛透化装片,显微镜下可见许多细长、两端尖锐的、周围薄壁细胞含草酸钙方晶的晶鞘纤维,也可见多数类圆形或具不规则分枝的石细胞。用间苯三酚和浓盐酸染色,纤维和石细胞的细胞壁被染成樱红色或紫红色。

【实训评价】

1. 绘制观察到的非腺毛和腺毛图。
2. 绘制黄柏的纤维和石细胞图。
3. 说出非腺毛和腺毛、纤维和石细胞的异同点。
4. 说出厚角组织与厚壁组织细胞特征的区别。

实训七　输导组织和分泌组织

【实训目的】

1. 能够识别植物导管的类型和分泌组织的特征。
2. 学会制作植物组织临时装片。

【实训准备】

1. 仪器用品　光学显微镜;镊子、刀片、解剖针、载玻片、盖玻片、酒精灯、吸水纸、擦镜纸;蒸馏水、水合氯醛试液、稀甘油、间苯三酚试液、浓盐酸试液等。

2. 实训材料　黄豆芽、向日葵茎纵切片、松茎纵切片、南瓜茎纵切片和横切片;姜根茎、明党参或当归根横切片。

【实训内容】

（一）观察输导组织的特征

1. 导管　选取生长健壮的黄豆芽，在芽的中部横切，截取约 0.5cm 长的小段，然后沿芽的纵轴切取 1 薄片，置于载玻片中央，直接滴加间苯三酚和浓盐酸试液染色，稍放置后观察。可见多数管状细胞以端壁相连接形成的导管，导管壁增厚并木质化，增厚的部分形成各种纹理。在高倍镜下仔细观察环纹导管、螺纹导管、梯纹导管、网纹导管、孔纹导管的特征。

另取向日葵茎纵切片观察，在木质部位置可以清楚看到细胞壁被染成红色的导管，主要有环纹、梯纹、网纹和孔纹导管，偶见梯纹导管。

2. 管胞　取松茎纵切片观察，可见到木质部主要由管胞组成，这些细胞呈纺锤形，两端斜尖，相互紧密嵌台，侧壁上可见许多排列整齐的具缘纹孔（顶面观呈 3 个同心圆），管胞通过侧壁上的纹孔输导水分。

3. 筛管和伴胞　取南瓜茎纵切片观察，在韧皮部中可见许多轴向延长的管状细胞相连形成的筛管，其细胞壁较薄，高倍镜下能见到端壁上有许多小孔即筛孔，细胞内偶见有联络索与上下端壁相连。筛管旁边狭长的小型细胞即是伴胞。

另取南瓜茎横切片观察，在韧皮部中可见许多呈多边形的筛管，旁边有小型的、三角形或长方形的伴胞存在。在高倍镜下仔细观察，有时可见具有筛孔的端壁即筛板。

（二）观察分泌组织的特征

1. 油细胞　取姜根茎按徒手切片法切薄片，选取最薄切片制成水装片进行观察。在薄壁组织中，可见一些大型的类圆形细胞，充满淡黄色油滴，即为油细胞。

2. 油室　取明党参或当归根横切片置于显微镜下观察，可见众多类圆形腔穴，周围有一圈扁圆形分泌细胞围绕，即是分泌腔，由于其分泌和储藏的物质是挥发油，又称油室。

【实训评价】

1. 绘制各种类型的导管图。

2. 绘制所观察的油室构造图。

3. 说出导管和筛管的细胞特征。

实训八　观察根的内部构造

【实训目的】

1. 能够识别双子叶植物根的构造特点。

2. 能够识别单子叶植物根的构造特点。

3. 能够识别根的三生构造。

【实训准备】

1. 仪器用品　光学显微镜；擦镜纸。

2. 实训材料　毛茛根初生构造横切片、甘草根次生构造横切片、麦冬根初生构造横切片、何首乌块根横切片、牛膝根横切片。

【实训内容】

（一）观察双子叶植物根初生构造特点

取毛茛根初生构造横切片进行观察，自外向内可见以下构造：

1. 表皮　幼根最外面一列细胞，排列整齐紧密，无细胞间隙，偶见根毛。

2. 皮层　位于表皮之内，所占比例较大，由多层排列疏松的薄壁细胞组成，分为 3 层。外皮层：紧邻表皮的一列较小的薄壁细胞，排列较为紧密。中皮层：占大部分区域，细胞排列疏松，含淀粉粒。内皮层:皮层最内一层细胞,细胞较小,近方形,排列紧密,具有凯氏带增厚。

3. 维管柱　位于内皮层之内,所占比例较小。有下列组成:中柱鞘紧贴内皮层的薄壁细胞,排列紧密;初生维管束为辐射型维管束,呈四原型,具有四个辐射角;切片染成红色的为导管,角尖端的导管管径较小,为原生木质部,靠近中央的导管管径较大,为后生木质部;初生韧皮部束成团状,位于初生木质部之间,常被染成绿色。

（二）观察双子叶植物根次生构造特点

取甘草根次生构造横切片进行观察,自外向内可见以下构造:

1. 周皮　位于根的最外方为木栓层,由木栓层、木栓形成层和栓内层组成。木栓层为数列红棕色细胞。

2. 皮层　皮层较窄,有的细胞中含有草酸钙方晶。

3. 次生韧皮部、木质部　次生韧皮部和木质部均具有纤维束分布,韧皮部的纤维束断续排列成多轮,外侧常见裂隙。二者周围薄壁细胞中常含有草酸钙方晶,形成晶鞘纤维。木质部导管常单个或2~3个成群分布,管径较大,伴有木纤维。

4. 维管形成层　维管形成层明显,位于次生韧皮部和次生木质部之间,由数列排列紧密、整齐的薄壁细胞组成。

5. 射线　射线明显,韧皮部射线常有裂隙或弯曲。

（三）观察单子叶植物根的初生构造特点

取麦冬根初生构造横切片进行观察,自外向内可见以下构造:

1. 根被　根被细胞2~5列,壁木质化。

2. 皮层　皮层所占比例较大,由大型薄壁细胞组成,有的细胞含有黏液细胞和草酸钙针晶束。内皮层外侧为一列石细胞层,内皮层细胞全面增厚和通道细胞。

3. 维管柱　维管柱所占比例较小,中柱鞘为1~2列薄壁细胞;维管束为辐射型维管束,韧皮部束16~22个,位于木质部束的星角间;木质部下部连接成环;具髓。

（四）观察根的异常构造特点

1. 观察何首乌块根横切片　何首乌块根的皮层中排列有大小不等的复合维管束和单个维管束,二者均为外韧型维管束,形成层环明显,形成"云锦花纹"。中央为正常维管束。

2. 观察牛膝根横切片　维管柱所占比例较大,有多数异常维管束,断续排列成2~4轮。中央为正常维管束。

【实训评价】

1. 绘制毛茛根初生构造详图,并标注各部分名称。

2. 绘制麦冬块根的构造简图,并标注各部分名称。

实训九　观察茎的内部构造

【实训目的】

1. 能够识别双子叶植物茎的初生构造特点。

2. 能够识别双子叶植物木质茎的次生构造特点。

3. 能够识别双子叶植物草质茎的构造特点。

4. 能够识别单子叶植物茎的构造特点。

【实训准备】

1. 仪器用品　光学显微镜;擦镜纸。

2. 实训材料　马兜铃幼茎初生构造横切片、椴树茎次生构造横切片、薄荷茎横切片、黄连根状茎横切片、石斛茎横切片、石菖蒲根状茎横切片。

【实训内容】

（一）观察双子叶植物茎初生构造特点

取马兜铃幼茎初生构造横切片进行观察,自外向内可见以下构造:

1. 表皮　幼茎最外面一列细胞,排列整齐紧密,无细胞间隙,外壁较厚,有角质层。

2. 皮层　位于表皮之内较窄,为多层薄壁细胞组成。细胞内含有叶绿体。在皮层和维管柱之间有4~6层纤维构成的完整的环带。

3. 维管柱　位于皮层之内,包括维管束、髓、髓射线三部分。其中,维管束为5~7个无限外韧型维管束,呈环状排列,其中3个特别发达。由初生木质部、束中形成层、初生韧皮部组成。木质部位于内方,导管管径由内至外逐渐变大,分化成熟方式为内始式。维管束间的髓射线宽窄不一。髓部位于中央部分,较小。

（二）观察双子叶植物木质茎次生构造特点

取椴树茎次生构造横切片进行观察,自外向内可见以下构造:

1. 周皮　位于根的最外方为木栓层,由木栓层、木栓形成层和栓内层组成。木栓层为数列红棕色细胞。

2. 皮层　皮层较窄,皮层外方有数层厚角组织,向内为数层薄壁细胞,细胞中含有草酸钙簇晶。

3. 维管柱　位于皮层以内,包括维管束、髓、髓射线、维管射线等部分。

（1）维管束:包括韧皮部、形成层、木质部,排列成环状。韧皮部呈梯形,韧皮纤维被染成紫红色,与被染成绿色的韧皮薄壁细胞、筛管、伴胞呈横条状相间排列。形成层成环,由4~5列排列整齐的细胞组成。次生木质部占茎的绝大部分,可见同心环状的年轮。维管射线为一列径向排列的薄壁细胞。

（2）髓射线:位于维管束之间,为数列径向排列的薄壁细胞。在韧皮部束之间呈漏斗状,细胞中含有草酸钙簇晶。

（3）髓:位于茎的中央,多由薄壁细胞组成。紧邻木质部的一列髓部薄壁细胞稍木质化,称为环髓带。有的含有草酸钙簇晶、单宁等。

（三）观察双子叶植物草质茎的构造特点

取薄荷茎横切片进行观察,可见茎呈方形,自外向内可见以下构造:

1. 表皮　由一列排列紧密的长方形细胞组成,外被角质层、毛茸等附属物。

2. 皮层　较窄,为多层薄壁细胞组成。在四个棱角处有染成绿色的厚组织;内皮层明显。

3. 维管柱　包括维管束、髓射线和髓。维管柱由正对棱角处的四个大的维管束和其间较小的维管束呈环状排列而成。维管束为无限外韧型维管束,韧皮部位于外方,束间形成层明显,木质部位于内方,在棱角处较为明显。髓部位于中央,发达。髓射线为维管束间的薄壁细胞,宽窄不一。

（四）观察双子叶植物根状茎构造特点

取黄连根状茎横切片进行观察,自外向内可见以下构造:

1. 木栓层　位于根茎的最外层,为数列木栓细胞。有的外侧含有鳞叶组织。

2. 皮层　宽广,石细胞单个或成群散在。有的可见根迹维管束斜向通过。

3. 维管束　无限外韧型维管束。韧皮部外侧有初生韧皮部纤维束,其间含有染成鲜红色的石细胞。木质部细胞均木质化,包括导管、木纤维和木薄壁细胞。

4. 髓　位于中央,由类圆形薄壁细胞组成。

（五）观察单子叶植物茎构造特点

取石斛茎横切片进行观察,自外向内可见以下构造:

1. 表皮　位于茎的最外层,为一列排列整齐、扁平的细胞,外被鲜黄色角质层。

2. 基本组织　靠近表皮的数层细胞较小,排列紧密,靠近茎的中央,细胞较大。

3. 维管束　有限外韧型维管束散在于基本组织。维管束外侧的纤维束新月形或半圆形。

（六）观察单子叶植物根状茎构造特点

取石菖蒲根状茎横切片进行观察,自外向内可见以下构造:

1. 表皮　位于根茎的最外层,为一列类方形的表皮细胞组成,外壁增厚,角质化。

2. 皮层　宽广,散有纤维束、油细胞、叶迹维管束。纤维束周围细胞含有草酸钙方晶,形成晶鞘纤维。叶迹维管束为有限外韧型维管束,周围有维管束鞘。内皮层明显,具有凯氏带增厚。

3. 维管束　内皮层以内的基本组织,散有周木型维管束,少数为外韧型维管束。维管束鞘纤维发达。

【实训评价】

1. 绘制马兜铃幼茎初生构造详图,并标注各部分名称。

2. 绘制椴木茎的构造简图,并标注各部分名称。

3. 绘制薄荷茎构造简图,并标注各部分名称。

4. 绘制黄连根状茎构造简图,并标注各部分名称。

实训十　观察叶的内部构造

【实训目的】

1. 能够识别双子叶植物两面叶的内部构造特点。

2. 能够识别单子叶植物叶的构造特点。

【实训准备】

1. 仪器用品　光学显微镜;擦镜纸。

2. 实训材料　薄荷叶构造横切片、淡竹叶横切片。

【实训内容】

（一）观察双子叶植物叶片的内部构造

取薄荷叶横切片进行观察,自上至下可见以下构造:

1. 表皮　包括上表皮和下表皮,各为一列排列紧密的扁平细胞,外壁附有角质层、腺毛和非腺毛。有气孔。

2. 叶肉　包括栅栏组织和海绵组织。靠近上表皮的为栅栏组织,由一层排列成栅栏状的柱状细胞组成。靠近下表皮的为海绵组织,由4~5层排列疏松的薄壁细胞组成。

3. 叶脉　外韧型维管束。主脉明显,木质部靠近上表皮,上方有木纤维,下方有导管2~5个纵列成数行。韧皮部靠近下表皮,细胞较小。形成层明显。主脉上下表皮内侧均有厚角组织。

（二）观察单子叶植物叶片的内部构造

取淡竹叶横切片进行观察,自上至下可见以下构造:

1 表皮　上表皮细胞大小不一,具有大型的泡状细胞,排列成扇形。下表皮细胞较小,排列整齐。上下表皮均有角质层、气孔和单细胞非腺毛。

2. 叶肉　栅栏组织通过主脉,为一列短柱形细胞;海绵组织为1~3列排列疏松的细胞组成。

3. 叶脉　中脉为有限外韧型维管束,周围有1~2列纤维包围成纤维束鞘,木质部导管排列成"V"形,下方为韧皮部,在维管束的上下方与表皮相接处,有多列小型厚壁纤维,其余为大型薄壁细胞。

【实训评价】

1. 绘制薄荷叶片的内部构造详图,并标注各部分名称。

2. 绘制淡竹叶叶片的构造简图,并标注各部分名称。

实训十一　低　等　植　物

【实训目的】

掌握藻类、菌类植物的主要特征及其常见药用植物。

【实训准备】

1. 仪器用品　显微镜、解剖镜、解剖针、吸水纸、刀片。

2. 实训材料　海带(*Lamminaria japonica* Aresch.)孢子体、香菇(*Lentinus cdodes* L.)子实体、香菇菌褶制片。

【实训内容】

（一）藻类植物的主要特征观察

取海带(褐藻门)的植物体(孢子体)观察,外形分固着器、带柄、带片三部分。从成熟的带片上作横切,做成水装片,在显微镜下观察,可见"表皮"上有许多棒状单室孢子囊夹生在隔丝中。内为"皮层"和"髓"。

（二）菌类植物的主要特征观察

1. 取香菇(担子菌亚门)的子实体观察,注意区分菌盖、菌柄。菌盖下面多数放射状细条为菌褶。注意菌柄上有无柄环和菌托?

2. 取伞菌菌褶制片在显微镜下观察,中央为菌髓,由许多菌丝交织而成。菌髓两侧为子实层,由担子和隔丝排成栅状。担子呈棒状,顶端有4个小梗,每个小梗顶端产生1个担孢子。

实训十二　被子植物分类（一）
——蓼科、石竹科、毛茛科、木兰科、十字花科

【实验目的】

掌握蓼科、石竹科、毛茛科、木兰科、十字花科的主要特征,识别实验中所用的药用植物,熟练使用被子植物分科检索表。

【实训准备】

1. 仪器用品　解剖镜、放大镜、解剖针、镊子、刀片、培养皿等。

2. 实训材料　石竹、瞿麦、红蓼、虎杖、毛茛、白头翁、玉兰、菘蓝、厚朴、荠菜等具花果的新鲜材料或植物标本。

【实训内容】

1. 虎杖　取带花果的植株观察:多年生粗壮草本。根及根状茎粗大。地上茎中空,散生红色或紫红色斑点。叶阔卵形,托叶鞘短筒状。花单性异株,圆锥花序;注意花着生的位置、性别、雄蕊的数目;横切子房或果实观察雌蕊的类型、心皮数、子房位置、子房室数,胎座的类型;柱头3个;瘦果。

2. 红蓼　观察叶鞘形状、花序类型、花被片数目、雄蕊数目、花柱分裂情况、果实类型及颜色。

3. 瞿麦　多年生草本。叶对生,披针形或条状披针形。聚伞花序顶生;花萼下有小苞片4~6片,卵形。注意花萼、花冠、雄蕊的数目。花冠先端分裂情况,子房位置,蒴果。

4. 石竹　观察与瞿麦有哪些主要区别。

5. 毛茛　多年生草本,全株具粗毛。叶片五角形,3深裂,中裂片又3浅裂。顶生聚伞花序;取一朵花观察,注意花萼、花冠、雄蕊、雌蕊的数目,子房位置,聚合瘦果。

6. 白头翁　多年生草本,全株密生白色长柔毛。根圆锥形,外皮黄褐色,常有裂隙。叶基生,3全裂,裂片再3裂,革质。花茎由叶丛抽出,顶生一花。取一朵花观察,注意花萼数目,有无花瓣,雄蕊、雌蕊的数目,子房位置,瘦果。

7. 玉兰　落叶乔木,叶倒卵形至倒卵状长圆形,叶面有光泽,叶背被柔毛;注意观察花被片数目、雄蕊和雌蕊的数目、子房位置、果实类型。

8. 厚朴或凹叶厚朴　观察其花被数目、雄蕊和雌蕊的数目、果实形状或类型。

9. 菘蓝　一年生至二年生草本。主根圆柱形。全株灰绿色。基生叶有柄,长圆状椭圆形;茎生叶较小,长圆状披针形,基部垂耳圆形,半抱茎。圆锥花序。注意观察花萼、花冠、雄蕊和雌蕊的数目、位置。横切子房或果实观察雌蕊的类型、心皮数、子房位置、子房室数,胎座的类型;角果。

10. 荠菜　注意观察花序类型、花萼、花冠、雄蕊的数目、子房位置及其类型。

11. 以上内容观察完毕,将所有实验材料利用被子植物分科检索表检索到科或属。

【实训评价】

1. 写出蓼科、石竹科、毛茛科、木兰科、十字花科的主要特征。

2. 写出以上各种植物的检索路线。

实训十三　被子植物分类（二）
——蔷薇科、豆科、芸香科、大戟科、伞形科

【实训目的】

掌握蔷薇科、豆科、芸香科、大戟科、伞形科的主要特征,识别实验中所用的药用植物,熟练使用被子植物分科检索表。

【实训准备】

1. 实训用品　解剖镜、放大镜。解剖针、镊子、刀片、培养皿等。

2. 实训材料　龙牙草、月季花、杏、决明、膜荚黄芪、橘、大戟、白芷、柴胡、黄檗等具花果的新鲜材料或标本。

【实训内容】

1. 龙牙草　多年生草本,全体密生长柔毛。奇数羽状复叶,小叶 5~7 片,小叶间杂有小型小叶,小叶椭圆状卵形或倒卵形,边缘有锯齿。圆锥花序顶生。取一朵花,注意观察花萼、花冠、雄蕊、雌蕊的数目、子房位置、心皮数、室数、果实类型。

2. 月季花　取一朵花,注意观察花萼、花冠、雄蕊、雌蕊的数目、子房位置、心皮数、室数、果实类型。

3. 杏　落叶小乔木。小枝浅红棕色,有光泽。单叶互生,叶卵形至近圆形,边缘有细钝锯齿;叶柄近顶端有 2 腺体。花单生枝顶,先叶开放。取一朵花,注意观察花萼、花冠、雄蕊的数目、子房位置、心皮数目、室数、果实类型。

4. 决明　一年生半灌木状草本。叶互生;偶数羽状复叶,小叶 6 片,倒卵形或倒卵状长圆形。花成对腋生。取一朵花观察,注意花萼、花冠、雄蕊、雌蕊的数目、子房位置、心皮数目、果实类型。

5. 膜荚黄芪　多年生草本。单数羽状复叶,小叶 9~25 片,椭圆形或长卵形,两面有白色长柔毛。总状花序腋生;取一朵花,注意观察花萼、花冠、雄蕊、雌蕊的数目、子房位置、心皮数目、胎座类型、果实类型。

6. 橘　常绿小乔木或灌木,具枝刺。叶互生,革质,卵状披针形,单身复叶,叶翼不明显。取一朵花观察,注意花萼、花冠、雄蕊、雌蕊的数目,子房位置,将子房横切,观察胎座类型,种子的数目,果实类型。

7. 黄檗　落叶乔木,树皮木栓发达,内皮显黄色,奇数羽状复叶,对生。取一朵花,注意观察花萼、花冠、雄蕊、雌蕊的数目,子房位置,将子房横切,观察胎座类型,种子的数目,果实类型。

8. 大戟　多年生草本,全株含乳汁。茎上部分枝被短柔毛;互生,长圆形至披针形。杯状聚伞花序,总苞钟状。取一杯状聚伞花序,注意观察雄花的数目,花丝与花柄有无关节,雌蕊数目,子房位置,

心皮数目,胚珠数,果实类型。

9. 柴胡　多年生草本。主根较粗,少有分枝,黑褐色。茎多丛生,上部分枝多,稍成"之"字形弯曲。茎中部叶倒披针形或披针形,全缘,具平行叶脉7~9条,注意观察花序类型,伞辐的数目。取一朵花,注意观察花萼、花冠、雄蕊、雌蕊的数目,子房位置,胚珠数目,果实类型。

10. 白芷　多年生高大草本。根长圆锥形。茎粗壮,叶鞘暗紫色。茎中部叶二至三回羽状分裂,最终裂片卵形至长卵形,基部下延成翅;上部叶简化成囊状叶鞘。注意观察花序类型,总苞片的数目,取一朵花,注意观察花萼、花冠、雄蕊、雌蕊的数目,子房位置,胚珠数目,果实类型。

11. 以上内容观察完毕,将所有实验材料利用被子植物分科检索表检索到科或属。

【实训评价】

1. 写出蔷薇科、豆科、芸香科、大戟科、伞形科的主要特征。

2. 写出以上各种植物的检索路线。

实训十四　桔梗的播种试验

【实训目的】

1. 学会桔梗的选种方法。

2. 熟悉桔梗播前种子处理方法及播种技术。

【实训准备】

1. 仪器用品　温度计、热水壶、小容器、琉璃棒、锄具。

2. 实训材料　桔梗种子、农家肥。

【实训内容】

1. 选种　选择多年生桔梗的当年种子,颜色鲜艳、有光泽,而陈旧种子暗淡、有霉味。去除干瘪种子,选择饱满充实的种子留作种用。

2. 种子播前处理　取适量种子装入小容器,倒入50℃的温水搅拌至水凉,后再浸泡8个小时。

3. 选地　选择半阴半阳的坡地,周围无污染源,要求土壤疏松肥沃、土层深厚。

4. 整地　于播前半个月撒上农家肥,将其深翻入土中,把细整平,做垄。垄宽1.5m,高30cm,沟宽30cm。在垄上每隔20cm挖浅沟。

5. 播种　桔梗可以春季、夏季或秋季播种,以秋季播种为佳。因种子细小,播时用细砂和种子拌匀后播于浅沟内,播后盖土,并浇水保湿。当苗高约2cm时进行间苗,按株距留壮苗。

【实训评价】

观察记录种子萌发、幼苗生长规律,完成实践报告。

实训十五　铁皮石斛仿野生栽培

【实训目的】

1. 了解铁皮石斛的生物学特性,为成功仿野生栽培提供保证。

2. 学会铁皮石斛活树附生栽培方法,开发发展林下经济的思路。

【实训准备】

1. 仪器用品　麻绳、剪刀、水苔。

2. 实训材料　铁皮石斛驯化苗、黄花梨活树。

【实训内容】

1. 铁皮石斛生物学特性　为兰科附生植物,对环境要求严格,喜温暖、湿润、半阴的环境,常生长在水旁陡峭的岩壁或老树上。喜湿润环境,空气相对湿度70%以上;虽耐旱,但干燥时生长不良;适宜生长温度为 15~30℃,稍耐寒,但低温时常叶片落尽;遮光度 50% 左右生长较好。

2. 选地 选择符合铁皮石斛生物学特性的良好环境,并筛选树龄较大,树体粗壮的黄花梨活树。

3. 种苗选择 选择品种纯正、大小均匀、根系发达、茎干健壮的驯化种苗。

4. 栽培 用麻绳将已用水苔包裹着铁皮石斛根部的铁皮石斛绑于黄花梨树体适当的位置,并喷透水。

【实训评价】

定期观察,调查长势,完成实践报告。

参 考 文 献

［1］中国药材公司.中国中药资源丛书—中国中药资源志要.北京:科学出版社,1994.

［2］中国药材公司.中国中药资源丛书—中国中药区划.北京:科学出版社,1995.

［3］熊耀康,严铸云.药用植物学.2 版.北京:人民卫生出版社,2016.

［4］刘春生.药用植物学.10 版.北京:中国中医药出版社,2016.

［5］熊耀康,严铸云.药用植物学.北京:人民卫生出版社,2012.

自我测评参考答案

第一章

一、单项选择题

1. B　　　　2. A　　　　3. A　　　　4. C

二、简答题（略）

第二章

一、单项选择题

1. D　　　　2. B　　　　3. A　　　　4. A

5. B　　　　6. C　　　　7. E　　　　8. C

9. C

二、多项选择题

1. CDE　　2. BCE　　3. ABCDE　　4. ABC

5. ABCD　　6. ACE　　7. ACD　　8. AC

三、填空题

1. 花梗　花萼　花托　花冠　雄蕊群　雌蕊群

2. 边缘胎座　侧膜胎座　特立中央胎座　基生胎座　顶生胎座

3. 有胚乳　无胚乳

四、简答题

1. 答:直接或间接地由胚根发育形成,具有固定的生长部位的根,为定根,包括主根、侧根和纤维根。不是直接或间接由胚根发育形成,而是由茎、叶或其他部位生长出来的根,这种根无固定的生长部位,为不定根。

2. 答:按质地分类,茎分为木质茎、草质茎和肉质茎三类。其中,木质茎如樟,草质茎如薄荷,肉质茎如马齿苋。按生长习性分类,茎分为直立茎、缠绕茎、攀缘茎、匍匐茎和平卧茎五类。其中,直立茎如桑,缠绕茎如牵牛,攀缘茎如丝瓜,匍匐茎如蛇莓,平卧茎如地锦。

3. 答:根据来源与着生为部位可区别叶卷须、茎卷须和托叶卷须。叶卷须为叶的变态,多着生于茎的节上;茎卷须为茎枝的变态,多与叶对生或

生于枝顶;托叶卷须为托叶的变态,多着生于叶柄基部左右两侧。

4. 答:常见的花冠类型有蝶形花冠、十字形花冠、唇形花冠、舌状花冠、管状花冠、高脚碟状花冠、漏斗形花冠、钟状花冠、壶状或坛状花冠、辐状或轮状花冠。

5. 答:雄蕊由花丝与花药组成,常见的雄蕊类型有:单体雄蕊、二体雄蕊、多体雄蕊、聚药雄蕊、二强雄蕊、四强雄蕊。

6. 答:无限花序类型有穗状花序、柔荑花序、肉穗花序(佛焰花序)、球穗花序、头状花序、隐头花序、总状花序、伞房花序、伞形花序、复穗状花序、复头状花序、复总状花序、复伞房花序、复伞形花序。

有限花序类型有单歧聚伞花序、二歧聚伞花序、多歧聚伞花序、轮伞花序。

7. 答:

花被:花被是花萼和花冠的总称。

两性花:一朵花中雄蕊和雌蕊都存在的花称为两性花。

二强雄蕊:花中雄蕊群共有4枚雄蕊,其中2枚较长,2枚较短。

复雌蕊:一朵花中由2个或2个以上心皮彼此连合构成1个雌蕊,称为复雌蕊,也称合生心皮雌蕊。

十字花冠:花瓣4枚,分离,上部外展呈十字排列,其花称十字花。

蝶形花冠:花瓣5枚,分离,排列似蝴蝶形,上面的1枚在最外面,常较宽大,称旗瓣;侧面的2枚较小,称翼瓣;最下面的2枚最小,位于最内侧,瓣片上部常互相连接,并弯曲似船的龙骨,称龙骨瓣,其花称蝶形花。

8. 答:果实类型有单果、聚合果、聚花果三种

类型。

单果分为干果和肉果两种类型：干果包括裂果（蓇葖果、荚果、角果、蒴果）和不裂果（坚果、瘦果、胞果、颖果、翅果、双悬果）。肉果包括浆果、核果、柑果、梨果、瓠果。聚合果又分为：聚合果蓇葖果、聚合瘦果、聚合浆果、聚合坚果、聚合核果。

9. 答：种子外部有种脐、种孔、种脊、合点、种阜等特征。

第三章

一、单项选择题

1. C	2. A	3. E	4. D
5. C	6. B	7. C	8. C
9. D	10. E	11. A	12. B
13. C	14. C	15. C	16. A
17. C	18. B	19. D	20. D
21. D	22. E	23. B	24. A

二、多项选择题

1. ABD	2. ABCE	3. BCE	4. ABCD
5. ABCE	6. ADE	7. BC	8. CE
9. BCD	10. BDE	11. AC	

三、填空题

1. 单粒淀粉　复粒淀粉　半复粒淀粉
2. 叶绿体　有色体　白色体
3. 单纹孔　具缘纹孔　半缘纹孔
4. 木栓层　木栓形成层　栓内层
5. 韧皮部　木质部
6. 纤维　石细胞
7. 表皮　皮层　维管柱
8. 表皮　皮层　初生维管束　髓　髓射线
9. 表皮　叶肉　叶脉
10. 外始式　内始式
11. 根冠　分生区　伸长区　成熟区
12. 分生区　伸长区　成熟区

四、简答题

1. 答：植物细胞具有细胞壁、质体和液泡，而动物细胞则无这些结构。

2. 答：后含物是指细胞原生质体在代谢过程中产生的非生命物质。一类是贮藏营养物质，主要包括淀粉、菊糖、蛋白质、脂肪和脂肪油；另一类是废弃的物质，如草酸钙结晶、碳酸钙结晶。

3. 答：细胞壁分为胞间层、初生壁和次生壁三层。胞间层是相邻两细胞共有的壁层；初生壁位于胞间层内方；次生壁位于初生壁内方。

4. 答：指植物体内输导水分、无机盐和有机养料的组织。根据其构造和输导物质的不同，其分为管胞与导管、筛胞与筛管两大类型。前者存在于木质部中，由下向上输导水分和无机盐；后者存在于韧皮部中，由上向下输导有机养料。

5. 答：构成气孔的保卫细胞与其周围的表皮细胞（副卫细胞）的排列关系称为气孔轴式。双子叶植物的气孔轴式主要有下列几种：平轴式、直轴式、不等式、不定式、环式。

6. 答：管胞主要存在于蕨类植物和裸子植物的木质部中，端壁不溶解，依靠侧壁上的纹孔输导水分和无机盐；导管主要存在于被子植物的木质部中，端壁溶解而形成管道，依靠管道输导水分和无机盐。管胞的输导能力较导管差。

7. 答：

	双子叶植物	单子叶植物
表皮	单层，无胞间隙，无气孔，无叶绿体，具根毛	
皮层	比例大，分外、中、内三层	
——内皮层	凯氏带增厚	马蹄形或全面增厚
维管柱		
——中柱鞘	单层，排列紧密，具潜在分生能力	
——维管束类型	辐射维管束	
——初生木质部与初生韧皮部分化成熟方式	外始式	
——初生木质部束数	2~6 原型	多为 7 原型以上
——髓部	无	有

8. 答:双子叶草本植物生长期短,次生生长有限,次生构造不发达,木质部的量较少,质地较柔软。其结构特征有:

(1) 最外层为表皮,常有各种毛状体、气孔、角质层、蜡被等附属物。少数植物在表皮的下方产生木栓形成层,形成周皮,但表皮未被破坏。

(2) 有些植物仅具束中形成层,没有束间形成层。有些植物不仅没有束间形成层,束中形成层也不明显。

(3) 髓部发达,髓射线较宽,有些种类髓部中央成空洞状。

9. 答:位于初生木质部和初生韧皮部之间的一些薄壁细胞恢复分裂能力,平周分裂形成最初的条状形成层带,然后向两侧拓展至初生木质部束外方的中柱鞘部分,使相接连的中柱鞘细胞也开始分化成为形成层的一部分,并与条状的形成层带彼此连接成为一个凹凸相间的形成层环。凹凸相间的形成层环不断进行平周分裂,向外产生新的韧皮部,加在初生韧皮部内方,称次生韧皮部,包括筛管、伴胞、韧皮薄壁细胞和韧皮纤维,向内产生新的木质部,加在初生木质部外方,称次生木质部,包括导管、管胞、木薄壁细胞和木纤维。由于位于初生韧皮部内方处的形成层分裂速度较快,产生的次生木质部的量比较多,使得形成层环凹入的部位不断向外推移,形成层环逐渐由原来的凹凸不平状变成圆环状。此时的维管束便由初生构造的辐射型变成木质部在内、韧皮部在外的外韧型。次生木质部和次生韧皮部合称为次生维管组织。

形成层活动的结果是使次生结构不断增加,整个维管柱不断扩大,到了一定程度,引起中柱鞘以外的皮层和表皮等组织破裂。在这些外层组织破裂之前,中柱鞘细胞恢复了分裂能力,形成木栓形成层。木栓形成层形成后,主要进行平周分裂,向外分裂产生木栓层,向内分裂产生栓内层,三者共同组成周皮。

10. 答:均由表皮、皮层、维管柱三部分组成;各部分的细胞类型在根、茎中也基本相同;根、茎中初生韧皮部发育顺序均为外始式。

根表皮具根毛、无气孔,茎表皮无根毛而往往具气孔。根中有内皮层,内皮层细胞具凯氏带;大多数双子叶植物茎中无显著的内皮层。根有中柱鞘,茎无。根为辐射维管束,茎为无限外韧维管束。初生木质部的分化成熟方向,根为外始

式,茎为内始式。有些双子叶植物根无髓,茎中央为髓,维管束间具髓射线。

11. 参考第9题。

12. 答:双子叶植物叶片的构造由表皮、叶肉和叶脉3部分组成。

(1) 表皮:可分上表皮(近轴面)和下表皮(远轴面),皆由一层扁平的生活细胞组成。表皮细胞不含叶绿体,外壁较厚,角质化,细胞呈不规则形(顶面观)或方形(横切面观),细胞排列紧密,无细胞间隙。表皮上常具有气孔和毛状体等附属物,下表皮的气孔较上表皮密集。气孔的形状、数目和分布等因植物种类和环境而有异,常是叶或全草类药材鉴定的依据之一。

(2) 叶肉:由上、下表皮之间薄壁细胞组成,含有叶绿体,是植物进行光合作用的主要部分,包括栅栏组织和海绵组织2部分。叶肉组织在上、下表皮的气孔处有较大空隙,称孔下室。有些植物叶片的叶肉组织明显分化为栅栏组织和海绵组织,而且上、下表皮的颜色有明显的差异,称两面叶或异面叶;有些植物叶片多与地表垂直,叶两面受光相等,上、下表皮外观颜色相近,均有栅栏组织,或叶肉组织无分化,称等面叶。

(3) 叶脉:主要为叶片中的维管束,主脉和侧脉的构造不完全相同。主脉和较大侧脉维管束的结构主要由维管束和机械组织构成,木质部位于近轴面,韧皮部位于远轴面,形成层活动有限。主脉维管束的上下表皮内方常有厚壁组织或厚角组织分布,下表皮内方更为发达。随着侧脉越分越细,结构也趋于简化。

第四章

一、单项选择题

1. A   2. A   3. B   4. D
5. B   6. A

二、填空题

1. 藻类植物 菌类植物 地衣类植物
2. 苔藓植物 蕨类植物 种子植物
3. 界 门 纲 目 科 属 种
4. 亚种 变种 变型
5. 双名法
6. 属名 种加词 命名人

三、简答题

1. 答:植物分类等级由大至小主要有:界、门、纲、

目、科、属、种。有时因各等级之间范围大,再分别加入亚级,如亚门、亚纲、亚目、亚科、亚属、亚种。有的在亚科下再分有族和族,亚属下再分组和系。种以下的等级有亚种、变种和变型。

2. 答:根据两界说中广义的植物界概念,通常将植物界分成 16 门和若干类群,如:褐藻门、绿藻门、轮藻门、金藻门、甲藻门、裸藻门、红藻门、蓝藻门(藻类植物)、细菌门、黏菌门、真菌门(菌类植物)、地衣门、苔藓植物门、蕨类植物门、裸子植物门、被子植物门。其中藻类植物、菌类植物、地衣类植物为低等植物,苔藓植物、蕨类植物、裸子植物、被子植物为高等植物。

第五章

一、单项选择题

1. C	2. B	3. C	4. B
5. B	6. C	7. E	8. B
9. B	10. A	11. B	12. D

二、填空题

1. 营养繁殖　无性生殖　有性生殖
2. 海带　昆布
3. 细菌门　黏菌门　真菌门
4. 子囊　担
5. 蝙蝠蛾　子座
6. 菌核
7. 子实体

三、简答题

1. 答:海带属于褐藻门,褐藻均是多细胞植物,是藻类植物中比较高级的一大类群。体形大小差异很大,小的仅由几个细胞组成,大的可达数十至数百米(如巨藻)。藻体呈丝状、叶状或枝状,高级的种类还有类似高等植物根、茎、叶的固着器、柄和"叶片"(叶状片、带片),内部有类似"表皮~皮层"和"髓"的分化。细胞壁分两层,内层坚固,由纤维素构成;外层由褐藻所特有的果胶类化合物褐藻胶构成,能使藻体保持润滑,可减少海水流动造成的摩擦。褐藻有营养繁殖、无性生殖和有性生殖三种方式。常用的药用植物有昆布、海蒿子和羊栖菜等。

2. 答:子囊菌亚门为真菌门中种类最多的一个亚门,其主要的特征是有性生殖过程中产生子囊和子囊孢子。子囊是一个囊状的结构物,子囊内产生子囊孢子。具有子囊的子实体称为子囊果。

子囊菌亚门的菌类除酵母菌类等为单细胞体外,绝大多数为具有多细胞的有横隔的菌丝体。子囊菌的营养繁殖特别发达,能产生大量分生孢子,故繁殖迅速。子囊菌亚门的主要药用种类有酿酒酵母菌、麦角菌、冬虫夏草等。

3. 答:担子菌最主要的特征是有性生殖过程中形成担子,担子上生有 4 个担孢子,是外生的,这与子囊菌的子囊孢子生于子囊内不同。担子菌的菌丝体是由具横隔并有分枝的菌丝所组成。在整个发育过程中,先后出现初生菌丝和次生菌丝,后者为期较长。在双核菌丝阶段,菌丝通过顶端的双核细胞进行锁状连合的方式生长。担子菌的子实体称为担子果,形状随种类不同而各异,有伞状、分枝状、片状、猴头状、球状等。担子菌亚门的主要药用植物有:银耳(白木耳)、猴头菌(猴菇菌)、灵芝、猪苓、云芝、茯苓、雷丸、脱皮马勃、大马勃、香菇等。

4. 答:地衣是植物界一个特殊的类群,是由真菌和藻类高度结合的共生复合体。参与地衣的真菌绝大多数为子囊菌,少数为担子菌;与其共生的藻类是蓝藻和绿藻。地衣复合体的大部分由菌丝交织而成,中部疏松,表层紧密;藻类细胞在复合体内部进行光合作用,为整个地衣植物体制造有机养分;菌类则吸收水分和无机盐,为藻类进行光合作用提供原料,使植物体保持一定的湿度,不致干死。

第六章

一、单项选择题

1. D　　　2. D

二、填空题

1. 苔类　藓类
2. 配子

三、简答题

答:苔藓植物植物体较小,分化程度比较浅,保持叶状体的形状;或植物体只有假根和类似茎、叶的分化。植物体内部构造简单,没有真正的维管束。苔藓植物有精子器和颈卵器,分别产生精子和卵细胞。受精卵在颈卵器内发育成胚,胚吸收配子体的营养,发育成孢子体($2n$)。孢子体通常分为孢蒴、蒴柄和基足三部分。孢子散出后在适宜环境中萌发成原丝体,在原丝体上发育生成新的配子体(n),即常见的植物体。苔藓植物具有明显的世代交替。孢子体不能独立生活,必须寄生在配子体上。

常见的药用植物有地钱、蛇苔、葫芦藓、金发藓等。

第七章

一、单项选择题

1. A　　2. A　　3. C　　4. C
5. A

二、多项选择题

1. AC　　2. BC　　3. DE

三、填空题

1. 槲蕨　根状茎
2. 绵马贯众
3. 蚌壳蕨　蚌壳
4. 干燥地上部分

四、名词解释

1. 孢子叶是指能产生孢子囊和孢子的叶,又称能育叶。

2. 营养叶仅能进行光合作用,不能产生孢子囊和孢子,又称不育叶。

3. 有些蕨类植物的孢子叶和营养叶不分,既能进行光合作用制造有机物,又能产生孢子囊和孢子,叶的形状也相同,称同型叶,如石韦等。

4. 在同一植物体上,具有两种不同形状和功能的叶,即营养叶和孢子叶,称异型叶。如紫萁等。

五、简答题

1. 答:
(1) 孢子体发达,出现了真正根和维管组织。进一步适应陆地生活。
(2) 孢子囊(及孢子叶)常集生成孢子叶穗、孢子囊穗、孢子囊群或孢子果。
(3) 配子体大多数能独立生活。
(4) 配子体还不能完全适应陆生,受精过程还需要水环境。
(5) 产生孢子,不产生种子。
(6) 有明显的世代交替,孢子体阶段占优势。

2. 答:蕨类植物是具有维管组织的最低等的高等植物,因其具有独立生活的配子体和孢子体而不同于其他高等植物。蕨类植物无性生殖产生孢子,有性生殖器官具有精子器和颈卵器。但其孢子体远比配子体发达,并有根、茎、叶的分化和较为原始的维管系统,这些特征又和苔藓植物

不同。

此外,蕨类植物因产生孢子、不产生种子,而不同于种子植物。因此,蕨类植物是介于苔藓植物和种子植物之间的一群植物,它较苔藓植物进化,而较种子植物原始,既是高等的孢子植物,又是原始的维管植物。

第八章

一、单项选择题

1. D　　2. A　　3. B　　4. C
5. C

二、多项选择题

1. ABCDE　2. CD　　3. ABC

三、填空题

1. 榧树　种子　2. 柏子仁　3. 银杏　4. 松香

四、名词解释

1. 裸子植物的胚珠外面没有子房包被,所形成的种子是裸露的,没有果皮包被,故名裸子植物。

2. 裸子植物的雄蕊(小孢子叶)聚生成小孢子叶球,称为雄球花。

3. 裸子植物雌蕊的心皮(大孢子叶)呈叶状而不包卷形成子房,丛生或聚生成大孢子叶球,称为雌球花。

4. 多胚现象是由于1个雌配子体上的几个或多个颈卵器的卵细胞同时受精,形成多胚,或者由于1个受精卵在发育过程中,发育成原胚,再由原胚组织分裂为几个胚而形成多胚。

五、简答题

1. 答:裸子植物的主要特征是孢子体很发达,而且大多为乔木,一部分为灌木或木质藤本,无草本;花单性,无花被,少数高等者仅具假花被;次生木质部中大多具管胞,仅在高级种类中具导管,次生韧皮部中仅具筛胞,无筛管和伴胞;雄配子体后期形成花粉管,直接将精子输送至颈卵器,受精过程摆脱了水的限制;雌、雄配子体均寄生于孢子体上;雌性生殖器官仍为颈卵器,故属于颈卵器植物之列,在高级类型中则颈卵器已消失;胚珠及其在受精后发育成的种子均裸露,外无子房壁包被,不形成果实,故称裸子植物。

2. 答:裸子植物的主要特征是植物体(孢子体)发达;胚珠裸露,产生种子;配子体非常退化,完全寄生在孢子体上;具多胚现象;胚珠及其在受精后发育成的种子均裸露,外无子房壁包被,不

形成果实,故称裸子植物。裸子植物同苔藓植物和蕨类植物,都属于颈卵器植物,又是能产生种子的高等植物,是介于蕨类和被子植物之间的维管植物,裸子植物的胚珠外面没有子房包被,所形成的种子是裸露的,没有果皮包被,故名裸子植物。因能产生种子,故与被子植物合称为种子植物。

第九章

一、单项选择题

1. B	2. C	3. D	4. C
5. D	6. E	7. C	8. E
9. A	10. B	11. D	12. B
13. B	14. A	15. C	16. B
17. D	18. D	19. C	20. B
21. A	22. B	23. A	24. B
25. C	26. A	27. A	

二、B型题

1. A	2. A	3. C	4. B

三、多项选择题

1. ABCDE	2. ACDE	3. ACDE	4. BD
5. BD	6. ACDE	7. ABDE	8. ACD
9. ABCDE	10. ABCDE		

四、名词解释

1. 又叫大戟花序,总苞杯状,顶端 4 裂,腺体 4 个,总苞内面有多数雄花,每雄花仅具 1 枚雄蕊,花丝与花柄间有 1 个关节,花序中央有 1 朵雌花具长柄,伸出总苞外而下垂。

2. 花中所有雄蕊的花丝连合成一束,呈筒状,花药分离。

3. 被子植物的心皮包卷形成子房,胚珠着生于子房内具有包被。

4. 萼片之外的一轮类似萼片状的苞片称副萼。

5. 子房顶端有盘状或短圆锥状花柱基称上位花盘。

6. 有的花托在雌蕊基部或花冠之间形成肉质增厚部分,呈扁平垫状、杯状或裂瓣状,称花盘。

五、填空题

1. 穗状花序　4　白色花瓣状　合生　蒴果

2. 乳汁　单　头状　隐头　单被　同数　对生　肉质　2 心皮　聚花果

3. 桑白皮　桑枝　桑叶　桑椹

4. 心形　两侧对称　管　3 裂　花柱　心皮

5. 多年生草　蒴果浆果状　草质藤本　蒴果

6. 马兜铃　北马兜铃　马兜铃和北马兜铃　马兜铃和北马兜铃

7. 膨大　托叶鞘　穗状　圆锥状　单被　1　瘦果　小坚果　宿存花被

8. 掌叶大黄　药用大黄　唐古特大黄　根状茎

9. 块根　藤茎　何首乌　夜交藤　异型维管束

10. 辐射　两侧　单被花　离生　螺旋状　聚合蓇葖果　聚合瘦果

11. 川乌　附子　温里　草乌头　草乌

12. 白芍　赤芍

13. 环状托叶痕　单　3 基数　螺旋状　聚合蓇葖果　聚合浆果

14. 五味子　北五味子

15. 总状花序　十字形　四强雄蕊　2　合生　侧膜　假隔膜　角果

16. 板蓝根　大青叶　莱菔　地骷髅　莱菔子

17. 雌蕊心皮　子房　果实　绣线菊亚科　蔷薇亚科　梅亚科　苹果亚科

18. 羽状　托叶　壶状　多数　聚合瘦果　聚合小核果

19. 复叶　托叶　2~5　被丝托　下　梨果

20. 1 心皮　上　核果

21. 藤本　托叶　两性　辐射　两侧　二体　单心皮　上　边缘　荚果

22. 含羞草　云实(苏木)　蝶形花

23. 皂角　猪牙皂　皂角刺

24. 透明腺点　羽状　单身　同数　花盘　2~5 心皮　更多　柑果　蒴果　核果　蓇葖果

25. 陈皮　理气　青皮　橘络　橘核

26. 枳壳　枳实　枳实

27. 乳汁　腺体　单　聚伞花序　杯状聚伞花序　无被　分离　连合　3 心皮　蒴果

28. 京大戟　狼毒　种子　续随子　千金子

29. 黏液　韧皮　星状毛　副萼　单体雄蕊　1　刺　蒴果

30. 木槿皮　外用　朝天子　种子　苘麻子　冬葵子

31. 掌状　羽状　头状花序　下　2~15 心皮　浆果

32. 中空　纵棱　鞘　复伞形　贴生　2 心皮　双悬果

33. 兴安白芷　杭白芷　根　北沙参

34. 果实　种子　连翘　连翘心

35. 栲　大叶栲　尖叶栲　宿柱栲

36. 白薇　根及根状茎　白前　鹅管白前　香加皮　北五加皮

37. 种子　牵牛子　种子　菟丝子

38. 特殊　两侧　4~5　二强　2心皮　顶　核果　蒴果状核果

39. 茎梗　紫苏梗　紫苏叶　紫苏子

40. 荆芥　芥穗　果穗

41. 果实　枸杞　地骨皮

42. 浙玄参　北玄参　根或根状茎　块根　生地黄

43. 忍冬　花蕾　茎枝　金银花　忍冬藤

44. 全草　败酱草

45. 瓜蒌皮　瓜蒌　种子　瓜蒌子　块根　天花粉

46. 乳汁　根　南沙参

47. 乳汁　树脂道　头状　冠毛　舌状　管状　聚药雄蕊　2心皮　连萼瘦果

48. 花序　菊花　亳菊　滁菊　杭菊　怀菊

49. 头状花序　旋覆花　幼苗　绵茵陈

50. 外稃　内稃　浆片　雄蕊

51. 莪术　桂郁金　温郁金　绿丝郁金

六、是非题

1. √　2. √　3. ×　4. ×　5. √　6. ×　7. ×　8. √
9. √　10. ×　11. √　12. √　13. ×　14. ×
15. √

七、简答题

1. 答：被子植物的主要特征有，①孢子体高度发达；②具有真正的花；③胚珠被心皮所包被；④具有独特的双受精现象；⑤具有果实；⑥高度发达的输导组织。

2. 答：双子叶植物纲与单子叶植物纲主要有以下区别。

器官	双子叶植物纲	单子叶植物纲
根	直根系	须根系
茎	维管束环列，具形成层	维管束散生，无形成层
叶	具网状脉	具平行脉
花	通常为5或4基数	3基数
	花粉粒具3个萌发孔	花粉粒具单个萌发孔
胚	具2片子叶	具1片子叶

3. 答：木本常含有乳汁。叶多互生。花单性，雌雄同株或异株；常集成头状，穗状，柔荑或隐头等花序；单被花，常4~6片；雄蕊与花被片同数且对生。子房上位。常为聚花果，由瘦果、坚果组成。常见药用植物有薜荔、桑、大麻等。

4. 答：多草本。茎节常膨大。单叶互生，全缘，有明显的托叶鞘。单被花，花被片3~6片，常花瓣状，宿存；雄蕊多3~9枚；子房上位，2~3心皮合生。瘦果或小坚果包于宿存花被内，多有翅。常见药用植物有掌叶大黄、唐古特大黄、药用大黄、何首乌、虎杖等。

5. 答：多草本。花常两性，排成穗状、头状或圆锥状聚伞花序；花被片3~5片，干膜质。每花下常有1枚干膜质苞片和2枚小苞片；雄蕊多为5枚，常与花被片对生；子房上位，2~3心皮合生；胞果。常见药用植物有牛膝、川牛膝、青葙等。

6. 答：草本。节常膨大。单叶对生，全缘，基部稍连合。多聚伞花序；花两性，辐射对称；萼片4~5片；花瓣4~5瓣，常具爪；雄蕊为花瓣的倍数，子房上位，2~5心皮；特立中央胎座。蒴果齿裂或瓣裂。常见药用植物有石竹、瞿麦、孩儿参、麦蓝菜等。

7. 答：草本或藤本。叶互生或基生。单叶或复叶。花多两性，辐射对称或两侧对称；花单生或总状、聚伞、圆锥花序，萼片3至多数，呈花瓣状，花瓣3至多数或缺；雄蕊和心皮常多数，离生，螺旋状排列在多少隆起的花托上，子房上位，聚合蓇葖果或聚合瘦果。常见药用植物有乌头、北乌头、黄连、白头翁、毛茛等。

8. 答：木本，具油细胞，有香气。单叶互生，全缘。节上有环状托叶痕。花常单生，两性，辐射对称；花被片常3基数，排成数轮；雄蕊和雌蕊均多数，分离，螺旋状或轮状排列于伸长或隆起的花托上。聚合蓇葖果或聚合浆果。常见药用植物有厚朴、凹叶厚朴、望春花、玉兰、八角、五味子等。

9. 答：毛茛科和木兰科的雄蕊和雌蕊均多数、离生，螺旋状排列在突起的花托上。毛茛科多草本，无油细胞。木兰科多木本，有油细胞。

10. 答：草本，多含乳汁或有色汁液。花单生；辐射对称或两侧对称；萼片常2片，早落；花瓣4~6瓣，离生；雄蕊多数离生，或6枚成2束；子房上位，2至多数心皮，侧膜胎座，胚珠多数。蒴果孔裂或瓣裂。常见药用植物有罂粟、延胡索、白屈菜等。

11. 答:草本。叶互生。萼片 4 片,2 轮;花瓣 4 瓣,十字形花冠;雄蕊 6 枚,为四强雄蕊,子房上位,2 心皮合生,由假隔膜隔成 2 室,侧膜胎座,每室胚珠 1 至多数。长角果或短角果。常见药用植物有菘蓝、欧菘蓝、白芥、荠菜等。

12. 答:草本、灌木或乔木。单叶或复叶,多互生,有托叶。花两性,辐射对称;单生或排成伞房、圆锥花序,花被与雄蕊常合成杯状、坛状或壶状的托杯(又叫被丝托)萼片、花瓣和雄蕊均着生在花托托杯的边缘。萼片、花瓣常 5 瓣;雄蕊常为多数,心皮 1 至多数,离生或合生;子房上位至下位,每室含 1 至多数胚珠。蓇葖果、瘦果、梨果或核果。分为绣线菊亚科、蔷薇亚科、梅亚科、梨亚科。

绣线菊亚科常见药用植物:绣线菊。

蔷薇亚科常见药用植物:龙牙草、地榆、金樱子、翻白草。

梅亚科常见药用植物:杏、梅、桃。

梨亚科常见药用植物:山里红、贴梗木瓜。

13. 答:草本或木本。叶互生,多为复叶,有托叶。花两性,萼片 5 片,辐射对称或两侧对称;花瓣 5 瓣,多为蝶形花,少数假蝶形或辐射对称;雄蕊一般为 10 枚,多连合成二体,子房上位,1 心皮,1 室。边缘胎座。荚果。分为含羞草亚科、云实亚科和蝶形花亚科。

含羞草亚科常见药用植物:合欢、含羞草。

云实亚科(苏木亚科)常见药用植物:皂荚、苏木、决明。

蝶形花亚科常见药用植物:膜荚黄芪、蒙古黄芪、槐树、甘草、苦参。

14. 答:多木本。含挥发油。叶、花、果常有透明的油腺点。叶常互生,多为复叶或单身复叶。花多两性,辐射对称,萼片 3~5 片,合生;花瓣 3~5 瓣;雄蕊常与花瓣同数或为其倍数,着生在花盘基部;子房上位,心皮 2 至多数,合生或离生。柑果、蒴果、核果、蓇葖果。常见药用植物有橘、酸橙、黄檗、吴茱萸。

15. 答:草本、灌木或乔木。常含有乳汁。叶互生,叶基部常具腺体,有托叶。花辐射对称,常单性,同株或异株,常为聚伞、圆锥花序或杯状聚伞花序;花被常为单层,萼状;雄蕊 1 至多数,雌蕊通常由 3 心皮合生;子房上位,3 室,中轴胎座,

蒴果。常见药用植物有大戟、铁苋菜、地锦草。

16. 答:草本、灌木或乔木。有黏液细胞。韧皮纤维发达。幼枝、叶表面常有星状毛。叶互生,常具掌状脉,有托叶。有副萼;萼片 5 片,宿存;花瓣 5 瓣;单体雄蕊,花药 1 室,花粉具刺;子房上位,中轴胎座。蒴果。如苘麻、木芙蓉、木槿。

17. 答:多木本。茎常有刺。叶多互生,常为单叶、羽状或掌状复叶。花辐射对称;伞形花序或集成头状花序;萼齿 5 片、花瓣 5 瓣、雄蕊 5 枚,着生于花盘的边缘,花盘生于子房顶部,子房下位,浆果或核果。如人参、西洋参、三七、刺五加。

18. 答:草本。常含挥发油而有香气。茎常中空,有纵棱。叶互生,一至多回三出复叶或羽状分裂;叶柄基部膨大成鞘状。花两性,辐射对称,复伞形花序、常有总苞或小总苞;花萼 5 片;花瓣 5 瓣;雄蕊 5 枚,着生于上位花盘(花柱基)的周围;子房下位。双悬果。常见药用植物有当归、柴胡、前胡、防风、白芷、珊瑚菜等。

19. 答:合瓣花亚纲的花瓣多少连合,形成各种形状的花冠,由辐射对称发展到两侧对称。花的轮数趋向减少,由 5 轮减为 4 轮,各轮数目也逐步减少,胚珠只有 1 层胚被。

20. 木犀科的突出特征:木本,叶对生。花 4 基数;雄蕊 2 枚,子房上位,2 室,每室 2 枚胚珠。代表植物有连翘、女贞等。

21. 唇形科的主要特征:茎四棱形,叶对生,唇形花冠,二强雄蕊,子房上位,2 心皮通常 4 深裂形成假 4 室,花柱常着生于 4 裂子房的底部。4 枚小坚果。代表植物有薄荷、益母草、丹参等。

22. 茄科的主要特征:茎具双韧维管束;叶互生;花单生,辐射对称;花萼常 5 裂,宿存,花冠合瓣,子房上位,由 2 心皮合生成 2 室,中轴胎座,胚珠常多数。

23. 玄参科的突出特征:草本,具双韧维管束。唇形花冠;二强雄蕊;子房具 2 纵沟,2 室,胚珠多数。蒴果。代表植物有:宁夏枸杞、白花曼陀罗、酸浆等。

24. 茜草科的主要特征:叶对生、轮生,全缘,具托叶。花辐射对称;雄蕊与花冠裂片同数且互生;子房下位,2 心皮 2 室,胚珠多数。代表植物有:栀子、钩藤、茜草等。

25. 葫芦科的主要特征:草质藤本,具卷须。叶互生;花单性,同株或异株,花药直或折曲呈 S 形;

子房下位,由 3 心皮组成,侧膜胎座。蒴果。代表植物有栝楼、绞股蓝等。

26. 桔梗科的主要特征:草本,常具乳汁。花两性,辐射对称或两侧对称;花冠常呈钟状。子房常下位或半下位。果为蒴果。代表植物有:桔梗、党参等。

27. 菊科植物的主要特征:常为草本,有的种类具乳汁或树脂道。头状花序,花两性,萼片常变成冠毛或缺,花冠常为舌状、管状,雄蕊 5 枚,为聚药雄蕊,雌蕊由 2 心皮合生,子房下位,果为连萼瘦果。代表植物有:菊、红花、白术、蒲公英等。

第十章

一、单项选择题

1. D	2. A	3. C	4. D
5. D	6. E	7. D	8. C
9. B	10. A	11. D	12. D
13. A	14. B	15. D	16. B
17. D	18. D	19. C	20. C

二、多项选择题

1. ABDE	2. ABCDE	3. AB	4. ABCD
5. ABC			

三、名词解释

1. 扦插繁殖　利用植物的根、茎、叶、芽等营养器官的一部分作为扦穗,插入一定基质中使之生根发芽形成新植株的繁殖方式。

2. 嫁接繁殖　用一种植物的枝或芽移接到其他植物的枝、茎或根上,使之愈合生长在一起,形成新的植株。

3. 药用植物采收　指药用植物生长到一定阶段后有效成分含量符合国家法定质量标准及具有相当经济产量时,通过一定技术措施收集药用部位的过程。

4. 仿野生栽培　仿野生栽培是野生抚育的范畴,指在基本没有野生目标药材分布的原生环境或相类似的天然环境中,完全采用人工种植的方式,培育和繁殖目标药材的种群。

5. 绿色食品　指遵循可持续发展原则,按照特定生产方式生产,经专门机构认证,许可使用绿色食品标志的无污染的安全、优质、营养类食品。

6. 有机食品　来自于有机农业生产体系,根据有机认证标准生产、加工并经独立的有机食品认证机构认证的农产品及其加工品等。

7. 无公害食品　指产地生态环境清洁,按照特定的技术操作规程生产,将有害物含量控制在规定标准内,并由授权部门审定批准,允许使用无公害标志的食品。

8. 堆肥　利用各种植物残体为主要原料,混合人畜粪尿堆制发酵而成的,与厩肥相类似,又称人工厩肥。

四、简答题

1. 答:①中药种质资源退化;②中药材有害重金属及农药残留超标;③中药材产地不同引起质量差异;④产地采收加工缺乏统一的规范。

2. 答:中药材 GAP 是《中药材生产质量管理规范(试行)》(Good Agricultural Practice for Chinese Crude Drugs,GAP)的简称,该规范是由国家食品药品监督管理局组织制定、并负责组织实施的行业管理法规;是一项从保证中药材品质出发,控制中药材生产和品质的各种影响因子,规范中药材生产全过程,以保证中药材真实、安全、有效及品质稳定可控的基本准则。中药材 GAP 的制定与发布是政府行为,它为中药材生产提出应当遵循的准则,对各种中药材和生产基地都是统一的。

3. 答:我国药用植物主要栽培区域如下。

(1) 东北地区:本区域位于我国东北部,北有大兴安岭、小兴安岭,东南有长白山,中间为松辽平原,包括黑龙江、吉林及辽宁北部。

(2) 华北地区:本区域包括辽宁南部、河北、北京、天津、山东、河南、山西等地。

(3) 西北地区:本区域包括陕西、宁夏、甘肃、青海、新疆等地。道地药材西药主产于本区域,内有西安市万寿路、兰州黄河等中药材专业市场。

(4) 西南地区:本区域包括四川、云南、西藏、贵州、重庆中西部等地。

(5) 华东地区:本区域包括江苏、浙江、上海、江西、安徽、福建等地。

(6) 华中地区:本区域包括湖北、湖南和重庆东部等地。

(7) 华南地区:本区域包括广东、广西、海南、台湾地区等地。

(8) 内蒙古地区:本区域位于内蒙古自治区。

(9) 海洋区域:我国是一个海洋国家,有漫长的海岸线和众多的海洋岛屿、岛礁。本区位于我国大陆的东部、东南部和南部的全部海域,包括渤海、黄海、东海、南海等。

4. 答:①就近到国内的药材市场考察,掌握药用植物市场动态信息;②了解药用植物品种生物学和生态学特性,考察其是否适合当地的生态环境,遵循生态适应性原则;③考虑种植成本和产新时的市场价格;④选择准确的种源,应为《中国药典》规定的品种。

5. 答:①提高抗性,通过定向培育,提高药用植物对病毒、虫害及气候变化的耐性;②增加或增强功效成分,通过定向培育,提高药用植物有效成分含量;③提高产量,通过定向培育,提高药用植物产量来增加种植的经济效益。

6. 答:①根及根茎类一般在秋冬季地上部枯萎或初春萌芽前采收,即休眠期采收;②皮类根皮一般在秋、冬季地上部枯萎时进行,树皮一般在春、夏季采收;③茎木类一般全年可采收;④叶类一般在其生长最旺盛时或开花前采收;⑤花类一般在含苞待放的花蕾时采收,有的在花初开时采收(如菊花、款冬花、玫瑰花),有的开放后采收(红花、旋覆花);⑥果实种子类一般在果实近成熟或自然成熟时采收;⑦全草类一般在夏季植物生长最旺盛时采收。

7. 答:仿野生栽培具有接近野生药材质量、药材价格较高的优势,具体表现如下。

(1) 合理利用林地资源,提高土地利用率。利用林下空间种植中药材可避免与作物争用耕地,有效节约耕地。

(2) 降低成本,增加经济收入。仿野生种植管理粗放,无需投入太多基础设施和人工管护成本。

(3) 提高药材质量。仿野生栽培的生态环境良好,无农药、重金属超标,具有或接近野生药材的药效。

8. 答:

(1) 生产高效性。设施种植综合应用科技创新技术,按照动植物生长发育的具体要求,构建最佳的人工环境,实现高效生产。

(2) 环境可控性。设施种植采用机械工程技术,为中药材生产提供适宜的光照、温度、水肥等环境条件,摆脱了对自然环境的依赖。

(3) 产业关联性。设施种植生产需要配套的设施材料,如穴盘、基质、微喷灌设施等,带动了相关产业的形成与发展。

9. 答:

(1) 选择洁净生态环境。选择土壤、空气、水没有或不受污染源影响的良好生态环境种植。

(2) 合理用肥。使用农家肥料,如用植物残体、动物排泄物等富含有机物的物料制作而成的肥料。

(3) 合理用药。选用高效、低毒、低残留农药,如乐果;使用矿物源和植物源农药,如高锰酸钾;使用生物农药,如多抗霉素等。

附录　被子植物门分科检索表

1. 子叶 2 片,极稀可为 1 片或较多;茎具中央髓部;在多年生的木本植物有年轮;叶片常有网状脉;花常为 5 出或 4 出数 ⋯⋯⋯⋯⋯⋯⋯⋯⋯⋯⋯⋯⋯⋯⋯⋯⋯⋯⋯ 双子叶植物纲 Dicotyledoneae
　2. 花无真正的花冠(花被片逐渐变化,呈覆瓦状排列成 2~4 层的,也可在此检索);有或无花萼,有时且可类似花冠。
　　3. 花单性,雌雄同株或异株,其中雄花,或雌花和雄花均可成柔荑花序或类似柔荑状的花序。
　　　4. 无花萼,或在雄花中存在。
　　　　5. 雌花以花梗着生于椭圆形膜质苞片的中脉上,心皮 1 个 ⋯⋯⋯⋯⋯ 漆树科 Anacardiaceae
　　　　　　　　　　　　　　　　　　　　　　　　　　　　　　　　　　　　　(九子母属 *Dobinea*)
　　　　5. 雌花情形非如上述;心皮 2 个或更多数。
　　　　　6. 多为木质藤本;叶为全缘单叶,具掌状脉;果实为浆果 ⋯⋯⋯⋯⋯⋯ 胡椒科 Piperaceae
　　　　　6. 乔木或灌木;叶可呈各种型式,但常为羽状脉;果实不为浆果。
　　　　　　7. 旱生性植物,有具节的分枝,和极退化的叶片,后者在每节上且连合成为具齿的鞘状物 ⋯⋯⋯⋯⋯⋯⋯⋯⋯⋯⋯⋯⋯⋯⋯⋯⋯⋯⋯⋯⋯⋯⋯⋯⋯ 木麻黄科 Casuarinaceae
　　　　　　　　　　　　　　　　　　　　　　　　　　　　　　　　　　　　　(木麻黄属 *Casuarina*)
　　　　　　7. 植物体为其他情形者。
　　　　　　　8. 果实为具多数种子的蒴果;种子有丝状毛茸 ⋯⋯⋯⋯⋯⋯⋯⋯ 杨柳科 Salicaceae
　　　　　　　8. 果实为仅具 1 个种子的小坚果、核或核果状的坚果。
　　　　　　　　9. 叶为羽状复叶;雄花有花被 ⋯⋯⋯⋯⋯⋯⋯⋯⋯⋯⋯⋯ 胡桃科 Juglandaceae
　　　　　　　　9. 叶为单叶(有时在杨梅科中可为羽状分裂)。
　　　　　　　　　10. 果实为肉质核果;雄花无花被 ⋯⋯⋯⋯⋯⋯⋯⋯⋯⋯ 杨梅科 Myricaceae
　　　　　　　　　10. 果实为小坚果;雄花有花被 ⋯⋯⋯⋯⋯⋯⋯⋯⋯⋯⋯ 桦木科 Betulaceae
　　4. 有花萼,或在雄花中不存在。
　　　11. 子房下位。
　　　　12. 叶对生,叶柄基部互相连合 ⋯⋯⋯⋯⋯⋯⋯⋯⋯⋯⋯⋯⋯ 金粟兰科 Chloranthaceae
　　　　12. 叶互生。
　　　　　13. 叶为羽状复叶 ⋯⋯⋯⋯⋯⋯⋯⋯⋯⋯⋯⋯⋯⋯⋯⋯⋯⋯ 胡桃科 Juglandaceae
　　　　　13. 叶为单叶。
　　　　　　14. 果实为蒴果 ⋯⋯⋯⋯⋯⋯⋯⋯⋯⋯⋯⋯⋯⋯⋯⋯⋯ 金缕梅科 Hamamelidaceae
　　　　　　14. 果实为坚果。
　　　　　　　15. 坚果封藏于一变大呈叶状的总苞中 ⋯⋯⋯⋯⋯⋯⋯⋯⋯ 桦木科 Betulaceae
　　　　　　　15. 坚果有一壳斗下托,或封藏在一多刺的果壳中 ⋯⋯⋯⋯⋯⋯ 壳斗科 Fagaceae
　　　11. 子房上位。
　　　　16. 植物体中具白色乳汁。
　　　　　17. 子房 1 室;桑椹果 ⋯⋯⋯⋯⋯⋯⋯⋯⋯⋯⋯⋯⋯⋯⋯⋯⋯⋯⋯ 桑科 Moraceae
　　　　　17. 子房 2~3 室;蒴果 ⋯⋯⋯⋯⋯⋯⋯⋯⋯⋯⋯⋯⋯⋯⋯⋯ 大戟科 Euphorbiaceae
　　　　16. 植物体中无乳汁,或在大戟科的重阳木属 *Bischofia* 中具红色液体。

18. 子房为单心皮所成;雄蕊的花丝在花蕾中向内屈曲 ····················· 荨麻科 Urticaceae
18. 子房为 2 枚以上的连合心皮所组成;雄蕊的花丝在花蕾中常直立(在大戟科的重阳木属 *Bischofia* 及巴豆属 *Croton* 中则向前屈曲)。
 19. 果实为 3 个(稀可 2~4 个)离果所成的蒴果;雄蕊 10 个至多数,有时少于 10 个······
  ·· 大戟科 Euphorbiaceae
 19. 果实为其他情形;雄蕊少数至数个(大戟科的黄桐属 *Endospermum* 为 6~10 个),或和花萼裂片同数且对生。
  20. 雌雄同株的乔木或灌木。
   21. 子房 2 室;蒴果 ····················· 金缕梅科 Hamamelidaceae
   21. 子房 1 室;坚果或核果 ····················· 榆科 Ulmaceae
  20. 雌雄异株的植物。
   22. 草本或草质藤木;叶为掌状分裂或为掌状复叶 ··············· 桑科 Moraceae
   22. 乔木或灌木;叶全缘,或在重阳木属为 3 片小叶所成的复叶 ······················
    ·· 大戟科 Euphorbiaceae

3. 花两性或单性,但并不成为柔荑花序。
 23. 子房或子房室内有数个至多数胚珠。
  24. 寄生性草本,无绿色叶片 ····························· 大花草科 Rafflesiaceae
 24. 非寄生性草本,有正常绿色,或叶退化而以绿色茎代行叶的功用。
  25. 子房下位或部分下位。
   26. 雌雄同株或异株,如为两性花时,则成肉质穗状花序。
    27. 草本。
     28. 植物体含多量液汁;单叶常不对称 ·············· 秋海棠科 Begoniaceae
      (秋海棠属 *Begonia*)
     28. 植物体不含多量液汁;羽状复叶··············· 四数木科 Datiscaceae
      (野麻属 *Datisca*)
    27. 木本。
     29. 花两性,成肉质穗状花序;叶全缘 ·············· 金缕梅科 Hamamelidaceae
      (假马蹄荷属 *Chunia*)
     29. 花单性,成穗状、总状或头状花序;叶缘有锯齿或具裂片。
      30. 花成穗状或总状花序;子房 1 室·············· 四数木科 Datiscaceae
       (四数木属 *Teteameles*)
      30. 花成头状花序;子房 2 室·············· 金缕梅科 Hamamelidaceae
       (枫香树亚科 Liquidambaroideae)
   26. 花两性,但不成肉质穗状花序。
    31. 子房 1 室。
     32. 无花被,雄蕊着生在子房上 ·············· 三白草科 Saururaceae
     32. 有花被;雄蕊着生在花被上。
      33. 茎肥厚,绿色,常具棘针;叶常退化;花被片和雄蕊都多数;浆果 ············
       ··· 仙人掌科 Cactaceae
      33. 茎不成上述形状;叶正常;花被片和雄蕊皆为五出或四出数,或雄蕊数······
       为前者的 2 倍;蒴果 ·············· 虎耳草科 Saxifragaceae
    31. 子房 4 室或更多室。
     34. 乔木;雄蕊为不定数 ·············· 海桑科 Sonneratiaceae
     34. 草本或灌木。
      35. 雄蕊 4 个 ····················· 柳叶菜科 Onagraceae
       (丁香蓼属 *Ludwigia*)

        35. 雄蕊 6 个或 12 个 ························· 马兜铃科 Aristolochiaceae

25. 子房上位。

36. 雄蕊或子房 2 个,或更多数。

  37. 草本。

    38. 复叶或多少有些分裂,稀可为单叶(如驴蹄草属 Caltha),全缘或具齿裂;心皮多数至少数 ······························· 毛茛科 Ranunculaceae

    38. 单叶,叶缘有锯齿;心皮和花萼裂片同数 ············ 虎耳草科 Saxifragaceae
                                          (扯根菜属 Penthorum)

  37. 木本。

    39. 花的各部为整齐的三出数 ·············· 木通科 Lardizabalaceae
    39. 花为其他情形。

      40. 雄蕊数个至多数,连合成单体 ············ 梧桐科 Sterculiaceae
                                     (苹婆族 Sterculieae)

      40. 雄蕊多数,离生。

        41. 花两性;无花被 ·············· 昆栏树科 Trochodendraceae
                                   (昆栏树属 Trochodendron)

        41. 花雌雄异株,具 4 个小型萼片 ········ 连香树科 Cercidiphyllaceae
                                   (连香树属 Cercidiphyllum)

36. 雌蕊或子房单独 1 个。

  42. 雄蕊周位,即着生于萼筒或杯状花托上。

    43. 有不育雄蕊,且和 8~12 个能育雄蕊互生 ········ 大风子科 Flacourtiaceae
                                   (山羊角树属 Casearia)

    43. 无不育雄蕊。

      44. 多汁草本植物;花萼裂片呈覆瓦状排列,成花瓣状,宿存;蒴果盖裂 ············· ······················· 番杏科 Aizoaceae
                                   (海马齿属 Sesuvium)

      44. 植物体为其他情形;花萼裂片不成花瓣状。

        45. 叶为双数羽状复叶,互生;花萼裂片呈覆瓦状排列;果实为荚果;常绿乔木 ··· ···················· 豆科 Leguminosae
                             (云实亚科 Caesalpinoideae)

        45. 叶为对生或轮生单叶;花萼裂片呈镊合状排列;非荚果。

          46. 雄蕊为不定数;子房 10 室或更多室;果实浆果状 ······ 海桑科 Sonneratiaceae
          46. 雄蕊 4~12 个(不超过花萼裂片的 2 倍);子房 1 室至数室;果实蒴果状。

            47. 花杂性或雌雄异株,微小,成穗状花序,再成总状或圆锥状排列 ········ ···················· 隐翼科 Crypteroniaceae
                                (隐翼属 Crypteronia)

            47. 花两性,中型,单生至排列成圆锥花序 ········ 千屈菜科 Lythraceae

  42. 雄蕊下位,即着生于扁平或凸起的花托上。

    48. 木本;叶为单叶。

      49. 乔木或灌木;雄蕊常多数,离生;胚胎生于侧膜胎座或隔膜上 ··········· ···················· 大风子科 Flacourtiaceae

      49. 木质藤本;雄蕊 4 个或 5 个,基部连合成杯状或环状;胚珠基生(即位于子房室的基底) ····················· 苋科 Amaranthaceae
                                 (浆果苋属 Deeringia)

    48. 草本或亚灌木。

      50. 植物体沉没水中,常为一具背腹面呈原叶体状的构造,像苔藓 ·············

      …………………………………………………………………… 河苔草科 Podostmaceae

  50. 植物体非如上述情形。

   51. 子房 3~5 室。

    52. 食虫植物;叶互生;雌雄异株 ……………………… 猪笼草科 Nepenthaceae

                    （猪笼草属 *Nepenthe*s）

    52. 非为食虫植物;叶对生或轮生;花两性 ……………… 番杏科 Aizoaceae

                      （粟米草属）

   51. 子房 1~2 室。

    53. 叶为复叶或多少有些分裂 ……………………………… 毛茛科 Renunculaceae

    53. 叶为单叶。

     54. 侧膜胎座。

      55. 花无花被 ……………………………………… 三白草科 Saurunculaceae

      55. 花具 4 离生萼片 ………………………………… 十字花科 Cruciferae

     54. 特立中央胎座。

      56. 花序呈穗状、头状或圆锥状;萼片多少为干膜质 …………………

       …………………………………………………………… 苋科 Amaranthaceae

      56. 花序呈聚伞状;萼片草质 ……………… 石竹科 Caryophyllaceae

23. 子房或其子房室内仅有 1 至数个胚珠。

 57. 叶片中常有透明微点。

  58. 叶为羽状复叶 ……………………………………………………… 芸香科 Rutaceae

  58. 叶为单叶,全缘或有锯齿。

   59. 草本植物或有时在金粟兰科为木本植物;花无花被,常成简单或复合的穗状花序,

    但在胡椒科齐头绒属 *Zippelia* 则成疏松总状花序。

    60. 子房下位,仅 1 室有 1 胚珠;叶对生,叶柄在基部连合 …………………

     …………………………………………………………… 金粟兰科 Chloranthaceae

    60. 子房上位;叶如为对生时,叶柄也不在基部连合。

     61. 雌蕊由 3~6 个近于离生心皮组成,每心皮各有 2~4 个胚珠 …………………

      ……………………………………………………… 三白草科 Saururaceae

                    （三白草属 *Saururus*）

     61. 雌蕊由 1~4 个合生心皮组成,仅 1 室,有 1 个胚珠 ……… 胡椒科 Piperaceae

              （齐头绒属 *Zippelia*,豆瓣绿属 *Peperomia*）

   59. 乔木或灌木;花具一层花被;花序有各种类型,但不为穗状。

    62. 花萼裂片常 3 片,呈镊合状排列;子房为 1 心皮所成,成熟时肉质,常以 2 瓣裂

     开;雌雄异株 ……………………………………… 肉豆蔻科 Myristicaceae

    62. 花萼裂片 4~6 片,呈覆瓦状排列;子房为 2~4 个合生心皮所成。

     63. 花两性;果实仅 1 室,蒴果状,2~3 瓣裂开……… 大风子科 Flacourtiaceae

                    （山羊角树属 *Casearia*）

     63. 花单性,雌雄异株;果实 2~4 室,肉质或革质,很晚才裂开 …………………

      …………………………………………………………… 大戟科 Euphorbiaceae

                    （白树属 *Suregada*）

 57. 叶片中无透明微点。

  64. 雄蕊连为单体,至少在雄花中有这现象。花丝互相连合成筒状或一中柱。

   65. 肉质寄生草本植物,具退化呈磷片的叶片,无叶绿素 ……… 蛇菰科 Balanophoraceae

   65. 植物体非为寄生性,有绿叶。

    66. 雌雄同株,雄花成球状头状花序,雌花以 2 个同生于 1 个有 2 室而具有钩状芒刺

     的果壳中 ……………………………………………………… 菊科 Compositae

（苍耳属 *Xanthium*）

66. 花两性,如为单性时,雄花及雌花也无上述情形。

 67. 草本植物;花两性。

  68. 叶互生 ……………………………………………………… 藜科 Chenopodiaceae

  68. 叶对生。

   69. 花显著,有连合成花萼状的总苞………………… 紫茉莉科 Nyctaginaceae

   69. 花微小,无上述情形的总苞 ……………………… 苋科 Amaranthaceae

 67. 乔木或灌木,稀可为草本;花单性或杂性;叶互生。

  70. 萼片呈覆瓦状排列,至少在雄花中如此 ………… 大戟科 Euphorbiaceae

  70. 萼片呈镊合状排列。

   71. 雌雄异株;花萼常具 3 个裂片;雌蕊为 1 个心皮所成,成熟时肉质,且常以 2 瓣裂开 ………………………………………… 肉豆蔻科 Myristicaceae

   71. 花单性或雄花和两性花同株;花萼具 4~5 个裂片或裂齿;雌蕊为 3~6 个近于离生的心皮所成,各心皮于成熟时为革质或木质,呈蓇葖果状而不裂开 ……………………………………………… 梧桐科 Sterculiaceae

    （苹婆族 Sterculieae）

64. 雌蕊各自分离,有时仅为 1 个,或花丝成为分枝的簇丛(如大戟科的蓖麻属 *Ricinus*)。

 72. 每花有雌蕊 2 个至多数,近于或完全离生;或花的界限不明显时,则雌蕊多数,成 1 个球形头状花序。

  73. 花托下陷,呈杯状或坛状。

   74. 灌木;叶对生;花被片在坛状花托的外侧排列成数层 ……………………… ……………………………………………………… 蜡梅科 Calycanthaceae

   74. 草本或灌木;叶互生;花被片在杯状或坛状花托的边缘排成一轮 ………… ……………………………………………………………… 蔷薇科 Rosaceae

  73. 花托扁平或隆起,有时可延长。

   75. 乔木、灌木或木质藤本。

    76. 花有花被 ………………………………………… 木兰科 Magnoliaceae

    76. 花无花被。

     77. 落叶灌木或小乔木;叶卵形,具羽状脉和锯齿缘;无托叶;花两性或杂性,在叶腋中丛生;翅果无毛,有柄………… 昆栏树科 Trochodendraceae

     （领春木属 *Euptelea*）

     77. 落叶乔木,叶广阔,掌状分裂,叶缘有缺刻或大锯齿;有托叶围茎成鞘,易脱落;花单性,雌雄同株,分别聚成球形头状花序;小坚果,围以长柔毛而无柄 ……………………………………… 悬铃木科 Platanaceae

     （悬铃木属 *Platanus*）

   75. 草本或稀为亚灌木,有时为攀缘性。

    78. 胚珠倒生或直生。

     79. 叶片多少有些分裂或为复叶;无托叶或极微小;有花被(花萼);胚珠倒生;花单生或成各种类型的花序 ………………… 毛茛科 Ranunculaceae

     79. 叶为全缘单叶;有托叶;无花被;胚珠直生;花成穗形总状花序 ………… ……………………………………………………… 三白草科 Saururaceae

    78. 胚珠常弯生;叶为全缘单生。

     80. 直立草本;叶互生,非肉质 …………………… 商陆科 Phytolaccaceae

     80. 平卧草本;叶对生或近轮生,肉质 ………………… 番杏科 Aizoaceae

     （针晶粟草属 *Gisekia*）

 72. 每花仅有 1 个复合或单雌蕊,心皮有时于成熟后各自分离。

81. 子房下位或半下位。

82. 草本。

83. 水生或小型沼泽植物。

84. 花柱 2 个或更多;叶片(尤其沉没水中的)常成羽状细裂或为复叶 ……
…………………………………………… 小二仙草科 Haloragidaceae

84. 花柱 1 个,叶为线形全缘单叶 ………………… 杉叶藻科 Hippuridaceae

83. 陆生草本。

85. 寄生性肉质草本,无绿叶。

86. 花单性,雌花常无花被;无珠被及种皮 ……… 蛇菰科 Balanophoriaceae

86. 花杂性,有一层花被,两性花有 1 个雄蕊;有珠被及种皮 ……………
…………………………………………… 锁阳科 Cynomoriaceae
（锁阳属 *Cynomorium*）

85. 非寄生性植物,或于百蕊草属 *Thesium* 为半寄生性,但均有绿叶。

87. 叶对生,其形宽广而有锯齿缘 ……………… 金粟兰科 Chloranthaceae

87. 叶互生。

88. 平铺草本(限于我国植物),叶片宽,三角形,多少有些肉质 ………
…………………………………………… 番杏科 Aizoaeeae
（番杏属 *Tetragonia*）

88. 直立草本,叶片窄而细长 ………………………… 檀香科 Santalaceae
（百蕊草属 *Thesium*）

82. 灌木或乔木。

89. 子房 3~10 室。

90. 坚果 1~2 个,同生在一个且可裂为 4 瓣的壳斗里 …… 壳斗科 Fagaceae
（水青冈属 *Fagus*）

90. 核果,并不生在壳斗里。

91. 雌雄异株,成顶生的圆锥花序,后者并不为叶状苞片所托 …………
…………………………………………… 山茱萸科 Cornaceae
（鞘柄木属 *Toricellia*）

91. 花杂性,形成球形的头状花序,后者为 2~3 个白色叶状苞片所托……
…………………………………………… 珙桐科 Nyssaceae
（珙桐属 *Davidia*）

89. 子房 1 或 2 室,或在铁青树科的青皮木属 *Schoepfia* 中,子房的基部可为
3 室。

92. 花柱 2 个。

93. 蒴果,2 瓣裂开 ………………………… 金缕梅科 Hamamelidaceae

93. 果实呈核果状,或为蒴果状的瘦果,不裂开 ……… 鼠李科 Rhamnaceae

92. 花柱 1 个或无花柱。

94. 叶片下面多少有些具皮屑状或鳞片状的附属物 …………………………
…………………………………………… 胡颓子科 Elaeagmaceae

94. 叶片下面无皮屑状或鳞片状的附属物。

95. 叶缘有锯齿或圆锯齿,稀可在荨麻科的紫麻属 *Oreocnide* 中有全
缘者。

96. 叶对生,具羽状脉;雌花裸露,有雄蕊 1~3 个 …………………
…………………………………………… 金粟兰科 Chloranthaceae

96. 叶互生,大都于叶基具三出脉;雄花具花被及雄蕊 4 个(稀可 3 或
5 个) ………………………………… 荨麻科 Urticaceae

95. 叶全缘,互生或对生。

  97. 植物体寄生在乔木的树干或枝条上;果实呈浆果状 …………
    ………………………………………… 桑寄生科 Loranthaceae

  97. 植物体大都陆生,或有时可为寄生性;果实呈坚果或核果状,胚珠
    1~5 个。

    98. 花多为单性;胚珠垂悬于基底胎座上……… 檀香科 Santalaceae

    98. 花两性或单性;胚珠垂悬于子房室的顶端或中央胎座的顶端。

      99. 雄蕊 10 个,为花萼裂片的 2 倍数…… 使君子科 Combretaceae

      （诃子属 *Terminalia*）

      99. 雄蕊 4 或 5 个,和花萼裂片同数且对生 …………………
      ………………………………………… 铁青树科 Olacaceae

81. 子房上位,如有花萼时,和它相分离,或在紫茉莉科及胡颓子科中,当果实成熟
时,子房为宿存萼筒所包围。

100. 托叶鞘围抱茎的各节;草本,稀可为灌木 ………………… 蓼科 Polygonaceae

100. 无托叶鞘,在悬铃木科有托叶鞘但易脱落。

 101. 草本,或有时在藜科及紫茉莉科中为亚灌木。

  102. 无花被。

   103. 花两性或单性;子房 1 室,内仅有 1 个基生胚珠。

    104. 叶基生,由 3 片小叶而成;穗状花序在一个细长基生无叶的花梗
    上 ………………………………… 小檗科 Berberidaceae

    （裸花草属 *Achlys*）

    104. 叶茎生,单叶;穗状花序顶生或腋生,但常和叶相对生 …………
    ………………………………………… 胡椒科 Piperaceae

    （胡椒属 *Piper*）

   103. 花单性;子房 3 或 2 室。

    105. 水生或微小的沼泽植物,无乳汁;子房 2 室,每室内含 2 个胚珠 …
    ………………………………………… 水马齿科 Callitrchaceae

    （水马齿属 *Callitriche*）

    105. 陆生植物;有乳汁;子房 3 室,每室内仅含 1 个胚珠 …………
    ………………………………………… 大戟科 Euphorbiaceae

  102. 有花被,当花为单性时,特别是雄花是如此。

   106. 花萼呈花瓣状,且成管状。

    107. 花有总苞,有时这总苞类似花萼 ………… 紫茉莉科 Nyctaginaceae

    107. 花无总苞。

     108. 胚珠 1 个,在子房的近端处 …………… 瑞香科 Thymelaeaceae

     108. 胚珠多数,生在特立中央胎座上 ………… 报春花科 Primulaceae

     （海乳草属 *Glaux*）

   106. 花萼非如上述情形。

    109. 雄蕊周位,即位于花被上。

     110. 叶互生,羽状复叶而有草质的托叶;花无膜质苞片;瘦果 ………
     ………………………………………… 蔷薇科 Rosaceae

     （地榆族 Sanguisorbieae）

     110. 叶对生,或在蓼科的冰岛蓼属 *Koenigia* 为互生,单叶无草质托叶;
     花有膜质苞片。

      111. 花被片和雄蕊各为 5 或 4 个,对生;囊果;托叶膜质 …………
      ………………………………………… 石竹科 Caryophyilaceae

111. 花被片和雄蕊各为 3 个,互生;坚果;无托叶 ……………………
…………………………………… 蓼科 Polygonaceae
（冰岛蓼属 *Koenigia*）

109. 雄蕊下位,即位于子房下。

112. 花柱或其分枝为 2 或数个,内侧常为柱头面。

113. 子房常为数个或多数心皮连合而成 …… 商陆科 Phytolaccaceae

113. 子房常为 2 或 3(或 5)个心皮连合而成。

114. 子房 3 室,稀可 2 或 4 室 …………… 大戟科 Euphorbiaceae

114. 子房 1 或 2 室。

115. 叶为掌状复叶或具掌状脉而有宿存托叶 ………………
…………………………………… 桑科 Moraceae
（大麻亚科 Cannaboideae）

115. 叶具羽状脉,或稀可为掌状脉而无托叶,也可在藜科中叶
退化成鳞片或为肉质而形如圆筒。

116. 花有草质而带绿色或灰绿色的花被及苞片 …………
…………………………………… 藜科 Chenopobiaceae

116. 花有干膜质而常有色泽的花被及苞片 ………………
…………………………………… 苋科 Amaranthaceae

112. 花柱 1 个,常顶端有柱头,也可无花柱。

117. 花两性。

118. 雌蕊为单心皮;花萼有 2 片膜质且宿存的萼片而成;雄蕊
2 个 …………………………… 毛茛科 Ranunculaceae
（星叶草属 *Circaeaster*）

118. 雌蕊由 2 个合生心皮而成。

119. 萼片 2 片,雄蕊多数 ……………… 罂粟科 Papaveraceae
（博落回属 *Macleaya*）

119. 萼片 4 片,雄蕊 2 或 4 个 ………… 十字花科 Cruciferae
（独行菜属 *Lepidium*）

117. 花单性。

120. 沉没于淡水中的水生植物;叶细裂成丝状 ………………
…………………………………… 金鱼藻科 Ceratopyllaceae
（金鱼藻属 *Ceratopyllum*）

120. 陆生植物;叶为其他情形。

121. 叶含多量水分;托叶连接叶柄的基部;雄花的花被 2 片;
雄蕊多数 ………………………… 假牛繁缕科 Theligonaceae
（假牛繁缕属 *Theligonum*）

121. 叶不含多量水分;如有托叶时,也不连接叶柄的基部;雄
花的花被片和雄蕊各为 4 或 5 个,二者相对生 …………
…………………………………… 荨麻科 Urticaceae

101. 木本植物或亚灌木。

122. 耐寒旱性的灌木,或在藜科的梭梭属 *Haloxylon* 为乔木;叶微小,细长或
呈鳞片状,也可有时(如藜科)为肉质而成圆筒形或半圆筒形。

123. 雌雄异株或花杂性;花萼为三出数,萼片微呈花瓣状,和雄蕊同数且
互生;花柱 1 个,极短,常有 6~9 个放射状且有齿裂的柱头;核果;胚
体劲直;常绿而基部偃卧的灌木;叶互生,无托叶 ………………
…………………………………… 岩高兰科 Empetraceae

（岩高兰属 *Empetrum*）

123. 花两性或单性,花萼为五出数,稀可三出或四出数,萼片或花萼裂片草质或革质,和雄蕊同数且对生,或在藜科中雄蕊由于退化而数较小,甚或 1 个;花柱或花柱分枝 2 或 3 个,内侧常为柱头面;胞果或坚果;胚体弯曲如环或弯曲成螺旋形。

 124. 花无膜质苞片;雄蕊下位;叶互生或对生;无托叶;枝条常具关节 …… ……………………………………………………… 藜科 Chenopodiaceae

 124. 花有膜质苞片;雄蕊周位;叶对生,基部常互相连合;有膜质托叶;枝条不具关节 …………………………………… 石竹科 Caryophyllaceae

122. 不是上述的植物;叶片矩圆形或披针形或宽广至圆形。

125. 果实及子房均为 2 至数室,或在大风子科中为不完全的 2 至数室。

 126. 花常为两性。

  127. 萼片 4 或 5 片,稀可 3 片,呈覆瓦状排列。

   128. 雄蕊 4 个,4 室的蒴果 ……………………… 木兰科 Magnoliaceae

（水青树属 *Tetracentron*）

   128. 雄蕊多数,浆果状的核果 …………… 大风子科 Flacocarpaceae

  127. 萼片多 5 片,呈镊合状排列。

   129. 雄蕊为不定数;具刺的蒴果 …………… 杜英科 Elaeocarpaceae

（猴欢喜属 *Sloanea*）

   129. 雄蕊和萼片同数;核果或坚果。

    130. 雄蕊和萼片对生,各为 3~6 片 ……… 铁青树科 Olacacceae

    130. 雄蕊和萼片互生,各为 4 或 5 片 ……… 鼠李科 Rhamnaceae

 126. 花单性(雌雄同株或异株)或杂性。

  131. 果实各种;种子无胚乳或有少量胚乳。

   132. 雄蕊常 8 个;果实坚果状或为有刺的蒴果;羽状复叶或单叶 … …………………………………………………………… 无患子科 Sapindaceae

   132. 雄蕊 5 或 4 个,且和萼片互生;核果有 2~4 个小核;单叶 …… ………………………………………………………… 鼠李科 Rhamnaceae

（鼠李属 *Rhamnus*）

  131. 果实多呈蒴果状,无刺;种子常有胚乳。

   133. 果实为具 2 室的蒴果,有木质或革质的外种皮及角质的内果皮 …………………………………………… 金缕梅科 Hamamelidaceae

   133. 果实纵为蒴果时,也不像上述情形。

    134. 胚珠具腹脊;果实有各种类型,但多为胞间裂开的蒴果 …… …………………………………………………… 大戟科 Euphorbiaceae

    134. 胚珠具背脊;果实为胞背裂开的蒴果,或有时呈核果状 …… ……………………………………………………………… 黄杨科 Buxaceae

125. 果实及子房均为 1 或 2 室,稀可在无患子科的荔枝属 *Litchi* 及韶子属 *Nepneium* 中为 3 室,或在卫矛科的十齿花属 *Dipentodon* 及铁青树科的铁青树属 *Olax* 中,子房的下部为 3 室,而上部为 1 室。

 135. 花萼具显著的萼筒,且常呈花瓣状。

  136. 叶无毛或下面有柔毛;花筒整个脱落 …… 瑞香科 Thymelaeaceae

  136. 叶下面具银白色或棕色的鳞片;萼筒或其下部永久宿存,当果实成熟时,变为肉质而紧密包着子房 …… 胡颓子科 Elaeagnaceae

 135. 花萼不是像上述情形,或无花被。

  137. 花药以 2 或 4 舌瓣裂开 ………………………… 樟科 Lauraceae

137. 花药不以舌瓣裂开。
  138. 叶对生。
    139. 果实为有双翅或呈圆形的翅果 ············ 槭树科 Aceraceae
    139. 果实为有单翅而呈细长形兼矩圆形的翅果 ·················
    ·· 木犀科 Oleaceae
  138. 叶互生。
    140. 叶为羽状复叶。
      141. 叶为二回羽状复叶,或退化仅具叶状柄(特称为叶状叶柄
        phyllodia) ····························· 豆科 Leguminosae
        (金合欢属 *Acacin*)
      141. 叶为一回羽状复叶。
        142. 小叶边缘有锯齿;果实有翅 ·························
        ······················· 马尾树科 Rhoipteleaceae
        (马尾树属 *Rhoiptelea*)
        142. 小叶全缘;果实无翅。
          143. 花两性或杂性 ·············· 无患子科 Sapindaceae
          143. 雌雄异株 ·············· 漆树科 Anacardiaceae
          (黄连木属 *Pistacia*)
    140. 叶为单叶。
      144. 花均无花被。
        145. 多为木质藤本;叶全缘;花两性或杂性,成紧密的穗状
        花序 ························· 胡椒科 Piperaceae
        (胡椒属 *Piper*)
        145. 乔木;叶缘有锯齿或缺刻;花单性。
          146. 叶宽广,具掌状脉及掌状分裂,叶缘具缺刻或大锯
          齿;有托叶,围茎成鞘,但易脱落;雌雄同株,雌花或
          雄花分别成球形的头状花序;雌蕊为单心皮而成;
          小坚果为倒圆锥形而有棱角,无刺也无梗,但围以
          长柔毛 ·················· 悬铃木科 Platanaceae
          (悬铃木属 *Platanus*)
          146. 叶椭圆形至卵形,具羽状脉及锯齿缘;无托叶;雌雄
          异株,雄花聚成疏松有苞片的簇丛,雌花单生于苞片
          的腋内;雌蕊为 2 个心皮而成;小坚果扁平,具翅且
          有柄,但无毛·················· 杜仲科 Eucmminaceae
          (杜仲属 *Eucommia*)
      144. 花常有花萼,尤其在雄花。
        147. 植物体内有乳汁 ·················· 桑科 Moraceae
        147. 植物体内无乳汁。
          148. 花柱或其分枝 2 或数个,但在大戟科的核实树属
          Drypetas 中侧柱头几无柄,呈盾状或肾状形。
            149. 雌雄异株或有时为同株;叶全缘或具波状齿。
              150. 矮小灌木或亚灌木;果实干燥,包藏于具有长柔
              毛而互相联合成双角的 2 片苞片中,胚体弯曲
              如环 ·················· 藜科 Chenopodiaceae
              150. 乔木或灌木;果实呈核果状,常为 1 室含 1 个种
              子,不包藏于苞片内;胚体劲直 ·················

.... 大戟科 Euphorbiaceae

149. 花两性或单性；叶缘多有锯齿或具齿裂，稀可全缘。

151. 雄蕊多数 .... 大风子科 Flacourtaceae

151. 雄蕊 10 个或较少。

152. 子房 2 室，每室有 1 个至数个胚珠；果实为木质蒴果 .... 金缕梅科 Hamamelidaceae

152. 子房 1 室，仅含 1 胚珠；果实不是木质蒴果 .... 榆科 Ulmaceae

148. 花柱 1 个，也可有时（如荨麻属）不存，而柱头呈画笔状。

153. 叶缘有锯齿，子房为 1 心皮而成。

154. 花两性 .... 山龙眼科 Proteaceae

154. 雌雄异株或同株。

155. 花生于当年新枝上；雄蕊多数 .... 蔷薇科 Rosaceae （假稠李属 Maddenia）

155. 花生于老枝上；雄蕊和萼片同数 .... 荨麻科 Urticaceae

153. 叶全缘或边缘有锯齿；子房为 2 个以上连合心皮所成。

156. 果实呈核果状，内有 1 种子；无托叶。

157. 子房具 2 个或 2 个以上胚珠；果实于成熟后由萼筒包围 .... 铁青树科 Olaceceae

157. 子房仅具 1 个胚珠；果实和花萼相分离，或仅果实基部有花萼衬托之 .... 山柚子科 Opiliaceae

156. 果实呈蒴果状或浆果状，内含数个至 1 个种子。

158. 花下位，雌雄异株，稀可杂性，雄蕊多数；果实呈浆果状；无托叶 .... 大风子科 Flacourtiaceae （柞木属 Xylosma）

158. 花周位，两性；雄蕊 5~12 个，果实呈蒴果状；有托叶，但易脱落。

159. 花为腋生的簇丛或头状花序；萼片 4~6 片 .... 大风子科 Flacourtiaceae （山羊角树属 Carrierea）

159. 花为腋生的伞形花序；萼片 10~14 片 .... 卫矛科 Celastraceae （十齿花属 Dipentodon）

2. 花具花萼也具花冠，或有两层以上的花被片，有时花冠可为蜜腺叶所代替。

160. 花冠常为离生的花瓣所组成。

161. 成熟雄蕊（或单体雄蕊的花药）多在 10 个以上，通常多数，或其数超过花瓣的 2 倍。

162. 花萼和 1 个或更多的雌蕊多少有些互相愈合，即子房下位或半下位。

163. 水生草本植物；子房多室 .... 睡莲科 Nymphaeaceae

163. 陆生植物；子房 1 至数室，也可心皮为 1 至数个，或在海桑科中为多室。

164. 植物体具肥厚的肉质茎,多有刺,常无真正的叶 ·················· 仙人掌科 Cactaceae
164. 植物体为普通形态,不呈仙人掌状,有真正的叶片。
　165. 草本植物或稀可为亚灌木。
　　166. 花单性。
　　　167. 雌雄同株;花鲜艳,多呈腋生聚伞花序;子房2~4室····· 秋海棠科 Begoniaceae
　　　　　　　　　　　　　　　　　　　　　　　　　　　　（秋海棠属 Begonia）
　　　167. 雌雄异株;花小而不显著,成腋生穗状或总状花序········ 四数木科 Datiscaceae
　　166. 花常两性。
　　　168. 叶基生或茎生,呈心形,或在阿柏麻属 Apama 为长形;不为肉质;花为三出数 ···
　　　　　　··· 马兜铃科 Aristolochiaceae
　　　　　　　　　　　　　　　　　　　　　　　　　　　　（细辛族 Asareae）
　　　168. 叶茎生,不呈心形,多少有些肉质,或为圆柱形;花不是三出数。
　　　　169. 花萼裂片常为5片,叶状;蒴果5室或更多室,在顶端呈放射状裂开 ·········
　　　　　　··· 番杏科 Aizoaceae
　　　　169. 花萼裂片2片;蒴果1室,盖裂 ················· 马齿苋科 Portulacaceae
　　　　　　　　　　　　　　　　　　　　　　　　　　　　（马齿苋属 Portulaca）
　165. 乔木或灌木(但在虎耳草科的银梅草属 Deinanthe 及草绣球属 Cardiandra 为亚灌木,
　　　黄山梅属 Kitengeshoma 为多年生高大草本),有时以气生小根而攀缘。
　　170. 叶通常对生(虎耳草科的绣球属 Cardiondra 为例外),或在石榴科的石榴属 Puni-
　　　　ca 中有时可互生。
　　　171. 叶缘常有锯齿或全缘;花序(除山梅花族 Philadelpheae 外)常有不孕的边缘花
　　　　　　··· 虎耳草科 Saxifragaceae
　　　171. 叶全缘;花序无不孕花。
　　　　172. 叶为脱落性;花萼呈朱红色 ····················· 石榴科 Punicaceae
　　　　　　　　　　　　　　　　　　　　　　　　　　　　（石榴属 Punica）
　　　　172. 叶为常绿性;花萼不呈朱红色。
　　　　　173. 叶片中有腺体微点;胚珠常多数 ················ 桃金娘科 Myrtaceae
　　　　　173. 叶片中无微点。
　　　　　　174. 胚珠在每子房室中为多数 ·············· 海桑科 Sonneratiaceae
　　　　　　174. 胚珠在每子房室中仅2个,稀可较多·········· 红树科 Rhizophoraceae
　170. 叶互生。
　　175. 花瓣细长形兼长方形,最后向外翻转 ················ 八角枫科 Alangiaceae
　　　　　　　　　　　　　　　　　　　　　　　　　　　　（八角枫属 Alangium）
　　175. 花瓣不成细长形,或纵为细长形时,也不向外翻转。
　　　176. 叶无托叶。
　　　　177. 叶全缘;果实肉质或木质 ···················· 玉蕊科 Lecythidaceae
　　　　　　　　　　　　　　　　　　　　　　　　　　　　（玉蕊属 Barringtonia）
　　　　177. 叶缘多少有些锯齿或齿裂;果实呈核果状,其形歪斜 ·······
　　　　　　··· 山矾科 Symplocaceae
　　　　　　　　　　　　　　　　　　　　　　　　　　　　（山矾属 Symplocos）
　　　176. 叶有托叶。
　　　　178. 花瓣呈旋转状排列;花药隔向上延伸;花萼裂片中2个或更多个在果实上
　　　　　　变大而呈翅状 ································ 龙脑香科 Dipterocarpaceae
　　　　178. 花瓣呈覆瓦状或旋转状排列(如蔷薇科的火棘属 Pyracantha);花药隔并不
　　　　　　向上延伸;花萼裂片也无上述变大情形。
　　　　　179. 子房1室,内具2~6个侧膜胎座,各有1个至多数胚珠;果实为革质蒴

果,顶端以 2~6 瓣裂开 ························· 大风子科 Flacourtiaceae

(天料木属 *Homalium*)

179. 子房 2~5 室,内具中轴胎座,或其心皮在腹面互相分离而具边缘胎座。

180. 花成伞状、圆锥、伞形或总状等花序,稀可单生;子房 2~5 室,或心皮 2~5 个,下位,每室或每心皮有胚珠 1~2 个,稀可有时为 3~10 个或为多数;果实为肉质或木质假果;种子无翅············· 蔷薇科 Rosaceae

(梨亚科 Pomoideae)

180. 花成头状或肉穗花序;子房 2 室,半下位,每室有胚珠 2~6 个;果为木质蒴果;种子有或无翅 ·················· 金缕梅科 Hamamelidaceae

(马蹄荷亚科 Bucklandioideae)

162. 花萼和 1 个或更多的雌蕊互相分离,即子房上位。

181. 花为周位花。

182. 萼片和花瓣相似,覆瓦状排列成数层,着生于坛状花托的外侧 ······ 蜡梅科 Calycanthaceae

(洋蜡梅属 *Calycanthus*)

182. 萼片和花瓣有分化,在萼筒或花托的边缘排列成 2 层。

183. 叶对生或轮生,有时上部者可互生,但均为全缘单叶;花瓣常于蕾中呈皱折状。

184. 花瓣无爪,形小,或细长;浆果 ························· 海桑科 Sonneratiaceae

184. 花瓣有细爪,边缘具腐蚀状的波纹或具流苏;蒴果 ·············· 千屈菜科 Lytraceae

183. 叶互生,单叶或复叶;花瓣不呈皱折状。

185. 花瓣宿存;雄蕊的下部连成一管 ························· 亚麻科 Linaceae

(粘木属 *Ixonanthes*)

185. 花瓣脱落性;雌蕊互相分离。

186. 草本植物,具二出数的花朵;萼片 2 片,早落性;花瓣 4 个 ·························

·················· 罂粟科 Papaveraceae

(花菱草属 *Eschscholzia*)

186. 木本或草本植物,具五出或四出数的花朵。

187. 花瓣镊合状排列;果实为荚果;叶多为二回羽状复叶,有时叶片退化,而叶柄发育为叶状柄;心皮 1 个 ····· 豆科 Leguminosae

(含羞草亚科 Minosoideae)

187. 花瓣覆瓦状排列;果实为核果、蓇葖果或瘦果;叶为单叶或复叶;心皮 1 个至多数 ···················· 蔷薇科 Rosaceae

181. 花为下位花,或至少在果实时花托扁平或隆起。

188. 雌蕊少数至多数,互相分离或微有连合。

189. 水生植物。

190. 叶片呈盾状,全缘 ························· 睡莲科 Nymphaeaceae

190. 叶片不呈盾状,多少有些分裂或为复叶 ····················· 毛茛科 Ranunculaceae

189. 陆生植物。

191. 茎为攀缘性。

192. 草质藤本。

193. 花显著,为两性花 ························· 毛茛科 Ranunculaceae

193. 花小型,为单性,雌雄异株 ·················· 防己科 Menispermaceae

192. 木质藤本或为蔓生灌木。

194. 叶对生,复叶由 3 片小叶所成,或顶端小叶形成卷须 ··· 毛茛科 Ranunculaceae

(锡兰莲属 *Naravelia*)

194. 叶互生,单叶。

195. 花单性。

196. 心皮多数,结果时聚生成一球状的肉质体或散布于极延长的花托上 ……
………………………………………………………… 木兰科 Magnoliaceae
（五味子亚科 Schisandroideae）

196. 心皮 3~6 个,果为核果或核果状 ……………… 防己科 Menispermaceae

195. 花两性或杂性;心皮数个,果为蓇葖果 ………… 五桠果科 Dilleniaceae
（锡叶藤属 *Tetracera*）

191. 茎直立,不为攀缘性。

197. 雄蕊的花丝连成单体 ……………………………………… 锦葵科 Malvaceae

197. 雄蕊的花丝互相分离。

198. 草本植物,稀可为亚灌木;叶片多少有些分裂或为复叶。

199. 叶无托叶;种子无胚乳 ……………… 毛茛科 Ranunculaceae

199. 叶多有托叶;种子有胚乳 ……………… 蔷薇科 Rosaceae

198. 木本植物;叶片全缘或边缘有锯齿,也稀有分裂者。

200. 叶片和花瓣均为镊合状排列;胚乳有嚼痕 …………… 番荔枝科 Annonaceae

200. 叶片和花瓣均为覆瓦状排列;胚乳无嚼痕。

201. 萼片及花瓣相同,三出数,排列成 3 层或多层,均可脱落 ………………
………………………………………………………… 木兰科 Magnoliaceae

201. 萼片及花瓣甚有分化,多有五出数,排列成 2 层,萼片宿存。

202. 心皮 3 个至多数;花柱互相分离胚珠为不定数 …………………
………………………………………………………… 五桠果科 Dilleniaceae

202. 心皮 3 至 10 个;花柱完全合生胚珠单生 ………… 金莲木科 Ochnaceae
（金莲木属 *Ochna*）

188. 雄蕊 1 个,但花柱或柱头为 1 至多数。

203. 叶片中具透明微点。

204. 叶互生,羽状复叶或退化为仅有 1 顶生小叶 ………………… 芸香科 Rutaceae

204. 叶对生,单叶 …………………………………………… 藤黄科 Guttiferae

203. 叶片中无透明微点。

205. 子房单纯,具 1 子房室。

206. 乔木或灌木;花瓣呈镊合状排列;果实为荚果 ……………… 豆科 Leguminosae
（含羞草亚科 Mimosoideae）

206. 草本植物;花瓣呈覆瓦状排列,果实不是荚果。

207. 花为五出数;蓇葖果 ……………… 毛茛科 Ranunculaceae

207. 花为三出数;浆果 ……………… 小檗科 Berberidaceae

205. 子房为复合性。

208. 子房 1 室,或在马齿苋科的土人参属 *Talinum* 中子房基部为 3 室。

209. 特立中央胎座。

210. 草本;叶互生或对生;子房的基部 3 室,有多数胚珠 …………………
………………………………………………………… 马齿苋科 Portulacaceae
（土人参属 *Talinum*）

210. 灌木;叶对生;子房 1 室,内有成为 3 对的 6 个胚珠 …………………
………………………………………………………… 红树科 Rhizophoraceae
（秋茄树属 *Kandelia*）

209. 侧膜胎座。

211. 灌木或小乔木(在半日花科中常为亚灌木或草本植物),子房柄不存在或极
短;果实为蒴果或浆果。

212. 叶对生;萼片不相等,外面 2 片较小,或有时退化,内面 3 片呈旋转状排列

··· 半日花科 Cistaceae

（半日花属 *Helianthemum*）

 212. 叶常互生，萼片相等，呈覆瓦状或镊合状排列。

  213. 植物体内含有色泽的汁液；叶具掌状脉，全缘；萼片 5 片，互相分离，基部有腺体；种皮肉质，红色 ···················· 红木科 Bixaceae

（红木属 *Bixa*）

  213. 植物体内不含有色泽的汁液；叶具羽状脉或掌状脉；叶缘有锯齿或全缘；萼片 3~8 片，离生或合生；种皮坚硬，干燥 ····················

··· 大风子科 Flacourtiaceae

 211. 草本植物，如为木本植物时，则具有显著的子房柄；果实为浆果或核果。

  214. 植物体内含乳汁；萼片 2~3 片 ····················· 罂粟科 Papaveraceae

  214. 植物体内不含乳汁；萼片 4~8 片。

   215. 叶为单叶或掌状复叶；花瓣完整；长角果 ····· 白花菜科 Capparidaceae

   215. 叶为单叶，或为羽状复叶或分裂；花瓣具缺刻或细裂；蒴果仅于顶端裂开 ··· 木犀草科 Resedaceae

208. 子房 2 室至多室，或为不完全的 2 至多室。

 216. 草本植物，具多少有些呈花瓣状的萼片。

  217. 水生植物，花瓣为多数雄蕊或鳞片状的蜜腺叶所代替 ····················

··· 睡莲科 Nymphaeaceae

（萍蓬草属 *Nuphar*）

  217. 陆生植物；花瓣不为蜜腺叶所代替。

   218. 一年生本草植物；叶呈羽状细裂；花两性 ········· 毛茛科 Ranunculaceae

（黑种草属 *Nigella*）

   218. 多年生本草植物；叶全缘而呈掌状分裂；雌雄同株 ····················

··· 大戟科 Euphorbiaceae

（麻风树属 *Jatropha*）

 216. 木本植物，或陆生本草植物，常不具呈花瓣状的萼片。

  219. 萼片于蕾内呈镊合状排列。

   220. 雄蕊互相分离或连成数束。

    221. 花药 1 室或数室；叶为掌状复叶或单叶，全缘，具羽状脉 ·················

··· 木棉科 Bombacaceae

    221. 花药 1 室；叶为单叶，叶缘有锯齿或全缘。

     222. 花药以顶端 2 孔裂开 ····················· 杜英科 Elaeocarpaceae

     222. 花药纵长裂开 ································· 椴树科 Tiliaceae

   220. 雄蕊连为单体，至少内层者如此，并且多少有些连成管状。

    223. 花单性；萼片 2 或 3 片 ····················· 大戟科 Euphorbiaceae

（油桐属 *Aleurites*）

    223. 花常两性；萼片多 5 片，稀可较少。

     224. 花药 2 室或更多室。

      225. 无副萼；多有不育雄蕊；花药 2 室；叶为单叶或掌状分裂 ·············

··· 梧桐科 Sterculiaceae

      225. 有副萼；无不育雄蕊；花药数室；叶为单叶，全缘且具羽状脉 ······

··· 木棉科 Bombacaceae

（榴莲属 *Durio*）

     224. 花药 1 室。

      226. 花粉粒表面平滑；叶为掌状复叶 ············· 木棉科 Bombacaceae

（木棉属 *Gossampinus*）

226. 花粉粒表面有刺；叶有各种情形…………… 锦葵科 Malvaceae

219. 萼片于蕾内呈覆瓦状或旋转状排列，或有时（如大戟科的巴豆属 *Croton*）近于呈镊合状排列。

227. 雌雄同株或稀可异株；果实为蒴果，由 2~4 个各自裂为 2 瓣的离果所成
………………………………………………… 大戟科 Euphorbiaceae

227. 花常两性，或在猕猴桃科的猕猴桃属 *Actinidia* 中为杂性或雌雄异株；果实为其他情形。

228. 萼片在果实时增大且呈翅状；雄蕊具伸长的花药隔…………………
………………………………………… 龙脑香科 Dipterocarpaceae

228. 萼片及雄蕊二者不为上述情况。

229. 雄蕊排列成 2 层，外层 10 个和花瓣对生，内层 5 个和萼片对生……
………………………………………………… 蒺藜科 Zygophyllaceae

（骆驼蓬属 *Pcganum*）

229. 雄蕊的排列为其他情形。

230. 食虫的草本植物；叶基生，呈管状，其上再具有小叶片…………
…………………………………………… 瓶子草科 Sarraceniaceae

230. 不是食虫植物；叶茎生或基生，但不呈管状。

231. 植物体呈耐寒旱状；叶为全缘单叶。

232. 叶对生或上部者互生；萼片 5 片，互不相等，外面 2 片较小或有时退化，内面 3 片较大，成旋转状排列，宿存；花瓣早落……
…………………………………………………… 半日花科 Cistaceae

232. 叶互生；萼片 5 片，大小相等；花瓣宿存；在内侧基部各有 2 个舌状物 ………………………………………… 柽柳科 Tamaricaceae

（琵琶柴属 *Reaumuria*）

231. 植物体不是耐寒旱状；叶常互生；萼片 2~5 片，彼此相等；呈覆瓦状或稀可呈镊合状排列。

233. 草本或木本植物；花为四出数，或切其萼片多为 2 片且早落。

234. 植物体内含乳汁；无或有极短子房柄；种子有丰富胚乳 …
………………………………………………… 罂粟科 Papaveraceae

234. 植物体不内含乳汁；有细长的子房柄；种子无或有少量胚乳
………………………………………… 白花菜科 Capparidaceae

233. 木本植物；花常为五出数，萼片宿存或脱落。

235. 果实为具 5 个棱角的蒴果，分成 5 个骨质各含 1 或 2 个种子的心皮后，再各沿其缝线而 2 瓣裂开 …… 蔷薇科 Rosaceae

（白鹃梅属 *Exochorda*）

235. 果实不为蒴果，如为蒴果时则为胞背裂开。

236. 蔓生或攀缘的灌木；雄蕊互相分离；子房 5 室或更多；浆果，常可食 ………………………… 猕猴桃科 Actinidiaceae

236. 直立乔木或灌木；雄蕊至少在外层者连为单体，或连成 3~5 束而着生于花瓣的基部；子房 3~5 室。

237. 花药能转动，以顶端孔裂开；浆果；胚乳颇丰富………
………………………………………… 猕猴桃科 Actinidiaceae

（水冬哥属 *Saurauia*）

237. 花药能或不能转动，常纵长裂开；果实有各种情形；胚乳通常量微小 …………… 山茶科 Theaceae

161. 成熟雄蕊 10 个或较少,如多于 10 个时,其数并不超过花瓣的 2 倍。

238. 成熟雄蕊和花瓣同数,且和它对生。

239. 雌蕊 3 个至多数,离生。

240. 直立草本或亚灌木;花两性,五出数······················薔薇科 Rosaceae

（地薔薇属 *Chamaerhodos*）

240. 木质或草本藤本;花单性,常为三出数。

241. 叶常为单叶;花小型;核果;心皮 3~6 个,呈星状排列,各含 1 个胚珠·············

·······················防己科 Menispermaceae

241. 叶为掌状复叶或由 3 小叶组成;花中型;浆果;心皮 3 个至多数,轮状或螺旋状排列,各

含 1 个或多数胚珠 ··················木通科 Lardizabalaceae

239. 雌蕊 1 个。

242. 子房 2 至数室。

243. 花萼裂齿不明显或微小;以卷须缠绕他物的灌木或草本植物 ········葡萄科 Vitaceae

243. 花萼具 4~5 裂片;乔木、灌木或草本植物,有时也可为缠绕性,但无卷须。

244. 雄蕊连成单体。

245. 叶为单体;每子房室内含胚珠 2~6 个(或在可可树亚族 Theobromineae 中为多数)

·······················梧桐科 Sterculiaceae

245. 叶为掌状复叶,每子房室内含胚珠多数 ··················木棉科 Bombacaceae

（吉贝属 *Ceiba*）

244. 雄蕊互相分离,或稀可在其下部连成一管。

246. 叶无托叶;萼片各不相等,呈覆瓦状排列;花瓣不相等,在内层的 2 片常很小 ······

·······················清风藤科 Sabiaceae

246. 叶常有托叶;萼片同大,呈镊合状排列;花瓣均大小同形。

247. 叶为单叶 ··················鼠李科 Rhamnaceae

247. 叶为 1~3 回羽状复叶··················葡萄科 Vitaceae

（火筒树属 *Leea*）

242. 子房 1 室(在马齿苋科的土人参属 *Talinum* 及铁青树科的铁青树属 *Olax* 中则子房的下

部多少有些成为 3 室)。

248. 子房下位或半下位。

249. 叶互生,边缘常有锯齿;蒴果 ··················大风子科 Flacourtiaceae

（天料木属 *Homalium*）

249. 叶多对生或轮生,全缘;浆果或核果 ··················桑寄生科 Loranthaceae

248. 子房上位。

250. 花药以舌瓣裂开··················小檗科 Berberidaceae

250. 花药不以舌瓣裂开。

251. 缠绕草本;胚珠 1 个;叶肥厚,肉质 ··················落葵科 Basellaceae

（落葵属 *Basella*）

251. 直立草本,或有时为木本;胚珠 1 个至多数。

252. 雄蕊连成单体;胚珠 2 个··················梧桐科 Sterculiaceae

（蛇婆子属 *Walthenia*）

252. 雄蕊互相分离,胚珠 1 个至多数。

253. 花瓣 6~9 片;雌蕊单纯 ··················小檗科 Berberidaceae

253. 花瓣 4~8 片;雌蕊复合。

254. 常为草本;花萼有 2 个分裂萼片。

255. 花瓣 4 片;侧膜胎座 ··················罂粟科 Papaveraceae

（角茴香属 *Hypecoum*）

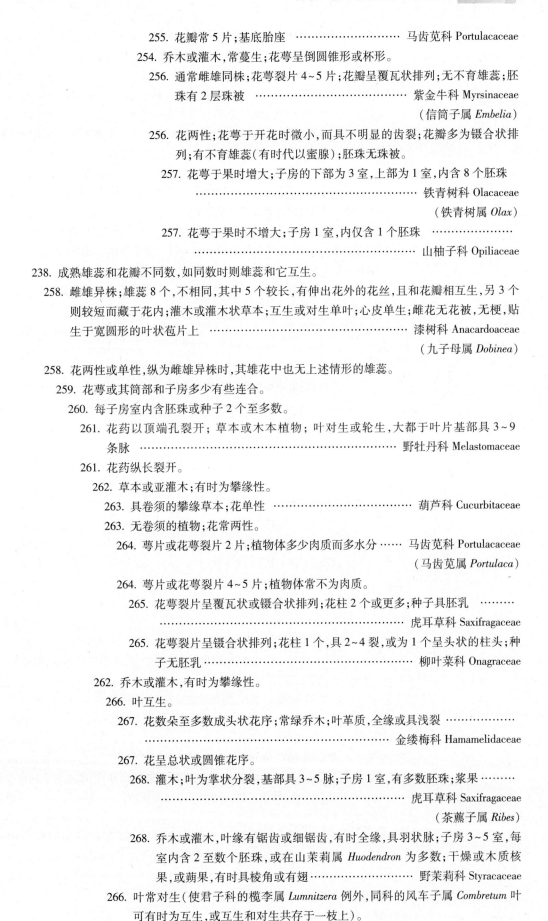

255. 花瓣常 5 片；基底胎座 ……………………… 马齿苋科 Portulacaceae

254. 乔木或灌木，常蔓生；花萼呈倒圆锥形或杯形。

256. 通常雌雄同株；花萼裂片 4~5 片；花瓣呈覆瓦状排列；无不育雄蕊；胚珠有 2 层珠被 ………………………… 紫金牛科 Myrsinaceae

（信筒子属 Embelia）

256. 花两性；花萼于开花时微小，而具不明显的齿裂；花瓣多为镊合状排列；有不育雄蕊（有时代以蜜腺）；胚珠无珠被。

257. 花萼于果时增大；子房的下部为 3 室，上部为 1 室，内含 8 个胚珠 ……………………………………………… 铁青树科 Olacaceae

（铁青树属 Olax）

257. 花萼于果时不增大；子房 1 室，内仅含 1 个胚珠 ……… ……………………………………………… 山柚子科 Opiliaceae

238. 成熟雄蕊和花瓣不同数，如同数时则雄蕊和它互生。

258. 雌雄异株；雄蕊 8 个，不相同，其中 5 个较长，有伸出花外的花丝，且和花瓣相互生，另 3 个则较短而藏于花内；灌木或灌木状草本；互生或对生单叶；心皮单生；雌花无花被，无梗，贴生于宽圆形的叶状苞片上 …………… 漆树科 Anacardoaceae

（九子母属 Dobinea）

258. 花两性或单性，纵为雌雄异株时，其雄花中也无上述情形的雄蕊。

259. 花萼或其筒部和子房多少有些连合。

260. 每子房室内含胚珠或种子 2 个至多数。

261. 花药以顶端孔裂开；草本或木本植物；叶对生或轮生，大都于叶片基部具 3~9 条脉 ………………………………… 野牡丹科 Melastomaceae

261. 花药纵长裂开。

262. 草本或亚灌木；有时为攀缘性。

263. 具卷须的攀缘草本；花单性 ………………… 葫芦科 Cucurbitaceae

263. 无卷须的植物；花常两性。

264. 萼片或花萼裂片 2 片；植物体多少肉质而多水分 …… 马齿苋科 Portulacaceae

（马齿苋属 Portulaca）

264. 萼片或花萼裂片 4~5 片；植物体常不为肉质。

265. 花萼裂片呈覆瓦状或镊合状排列；花柱 2 个或更多；种子具胚乳 ……… ………………………………… 虎耳草科 Saxifragaceae

265. 花萼裂片呈镊合状排列；花柱 1 个，具 2~4 裂，或为 1 个呈头状的柱头；种子无胚乳 ……………………… 柳叶菜科 Onagraceae

262. 乔木或灌木，有时为攀缘性。

266. 叶互生。

267. 花数朵至多数成头状花序；常绿乔木；叶革质，全缘或具浅裂 ………… ………………………………… 金缕梅科 Hamamelidaceae

267. 花呈总状或圆锥花序。

268. 灌木；叶为掌状分裂，基部具 3~5 脉；子房 1 室，有多数胚珠；浆果……… ………………………………… 虎耳草科 Saxifragaceae

（茶藨子属 Ribes）

268. 乔木或灌木，叶缘有锯齿或细锯齿，有时全缘，具羽状脉；子房 3~5 室，每室内含 2 至数个胚珠，或在山茉莉属 Huodendron 为多数；干燥或木质核果，或蒴果，有时具棱角或有翅 ……………… 野茉莉科 Styracaceae

266. 叶常对生（使君子科的榄李属 Lumnitzera 例外，同科的风车子属 Combretum 叶可有时为互生，或互生和对生共存于一枝上）。

269. 胚珠多数,除冠盖藤属 *Pileostegia* 自子房室顶端垂悬外,均位于侧膜或中轴胎座上;浆果或蒴果;叶缘有锯齿或全缘,但均无托叶;种子含胚乳 ……………………………………………………………………………………… 虎耳草科 Saxifragaceae

269. 胚珠 2 个至数个,近于子房顶端垂悬;叶全缘或有圆锯齿;果实多不裂开,内有种子 1 至数个。

270. 乔木或灌木,常为蔓生,无托叶,不为形成海岸林的组成分子(榄李属 *Lumnitzera* 例外);种子无胚乳,落地后始萌芽 ……… 使君子科 Combretaceae

270. 常绿灌木或小乔木,具托叶;多为形成海岸林的主要组成分子,种子常有胚乳,在落地前即萌芽(胎生) …………………… 红树科 Rhizophoraceae

260. 每子房室内仅含胚珠或种子 1 个。

271. 果实裂开为 2 个干燥的离果,并共同悬于一果梗上,花序常为伞形花序(在变豆菜属 *Sanicula* 及鸭儿芹属 *Cryptotaenia* 中为不规则的花序,在刺芫荽属 *Eryngium* 中则为头状花序) …………………………………… 伞形科 Umbelliferae

271. 果实不裂开或裂开而不是上述情形的;花序可为各种型式。

272. 草本植物。

273. 花柱或柱头 2~4 个;种子具胚乳;果实为小坚果或核果,具棱角或有翅……… ………………………………………………………… 小二仙草科 Haloragidaceae

273. 花柱 1 个,具有 1 个头状或呈 2 裂瓣的柱头;种子无胚乳。

274. 陆生草本植物,具对生叶;花为二出数;果实为一具钩状刺毛的坚果 ……… ………………………………………………………………… 柳叶菜科 Onagraceae

（露珠草属 *Circaea*）

274. 水生草本植物,有聚生而漂浮水面的叶片;花为四出数;果实为具 2~4 个刺的坚果(栽培种果实可无显著的刺) ………………………… 菱科 Trapaceae

（菱属 *Trapa*）

272. 木本植物。

275. 果实干燥或为蒴果状。

276. 子房 2 室;花柱 2 个 ………………………………… 金缕梅科 Hamamelidaceae

276. 子房 1 室;花柱 1 个。

277. 花序伞房状或圆锥状 ………………………… 莲叶桐科 Hernandiaceae

277. 花序头状 ……………………………………………… 珙桐科 Nyssaceae

（旱莲木属 *Camptotheca*）

275. 果实核果状或浆果状。

278. 叶互生或对生;花瓣呈镊合状排列;花序有各种型式,但稀为伞形或头状,有时且可生于叶片上。

279. 花瓣 3~5 片,卵形或披针形;花药短 ………………… 山茱萸科 Cornaceae

279. 花瓣 4~10 片,狭窄形并向外翻转;花药细长 ……… 八角枫科 Alangiaceae

（八角枫属 *Alangium*）

278. 叶互生;花瓣呈覆瓦状或镊合状排列;花序常为伞形或呈头状。

280. 子房 1 室;花柱 1 个;花杂性兼雌雄异株,雌花单生或以少数朵至数朵聚生,雌花多数,腋生为有花梗的簇丛 ………………… 珙桐科 Nyssaceae

（蓝果树属 *Nyssa*）

280. 子房 2 室或更多室;花柱 2~5 个;如子房为 1 室而具 1 花柱时(例如马蹄参属 *Diplopanax*)则花两性,形成顶生类似穗状的花序 ………………………… ………………………………………………………………… 五加科 Araliaceae

259. 花萼和子房相分离。

281. 叶片中有透明微点。

　282. 花整齐,稀可两侧对称;果实不为荚果 ······························ 芸香科 Rutaceae

　282. 花整齐或不整齐;果实为荚果 ····································· 豆科 Leguminosae

281. 叶片中无透明微点。

　283. 雌蕊 2 个或更多,互相分离或仅有局部的连合;也可子房分离而花柱连合成 1 个。

　　284. 多水分的草本;具肉质的茎及叶 ······················· 景天科 Crassulaceae

　　284. 植物体为其他情形。

　　　285. 花为周位花。

　　　　286. 花的各部分呈螺旋状排列,萼片逐渐变为花瓣,雄蕊 5 或 6 个,雌蕊多数 ······
　　　　　　··· 蜡梅科 Calycanthaceae
　　　　　　　　　　　　　　　　　　　　　　　　　（蜡梅属 *Chimonanthus*）

　　　　286. 花的各部分呈轮状排列,萼片和花瓣甚有分化。

　　　　　287. 雌蕊 2~4 个,各有多数胚珠;种子有胚乳;无托叶 ···················
　　　　　　　··· 虎耳草科 Saxifragaceae

　　　　　287. 雌蕊 2 个至多数,各有 1 至数个胚珠;种子无胚乳;有或无托叶 ··········
　　　　　　　··· 蔷薇科 Rosaceae

　　　285. 花为下位花,或在悬铃木科中微呈周位。

　　　　288. 草本或亚灌木。

　　　　　289. 各子房的花柱互相分离。

　　　　　　290. 叶常互生或基生,多少有些分裂;花瓣脱落性,较萼片为大,或于天葵属
　　　　　　　　Semiaquilegia 稍小于成花瓣状的萼片 ··········· 毛茛科 Ranunculaceae

　　　　　　290. 叶对生或轮生,为全缘单叶;花瓣宿存性,较萼片小 ·················
　　　　　　　　··· 马桑科 Coriariaceae
　　　　　　　　　　　　　　　　　　　　　　　　　（马桑属 *Coriaria*）

　　　　　289. 各子房合聚 1 共同的花柱或柱头;叶为羽状复叶;花为五出数;花萼宿存;
　　　　　　　花中有和花瓣互生的腺体;雄蕊 10 个 ··········· 牻牛儿苗科 Geraniaceae
　　　　　　　　　　　　　　　　　　　　　　　　　（熏倒牛属 *Biebersteinia*）

　　　　288. 乔木、灌木或木本的攀缘植物。

　　　　　291. 叶为单叶。

　　　　　　292. 叶对生或轮生 ······························· 马桑科 Coriariaceae
　　　　　　　　　　　　　　　　　　　　　　　　　（马桑属 *Coriaria*）

　　　　　　292. 叶互生。

　　　　　　　293. 叶为脱落性,具掌状脉;叶柄基部扩张成帽状以覆盖腋芽 ··········
　　　　　　　　　··· 悬铃木科 Platanaceae
　　　　　　　　　　　　　　　　　　　　　　　　　（悬铃木属 *Platanus*）

　　　　　　　293. 叶为常绿性或脱落性,具羽状脉。

　　　　　　　　294. 雌蕊 7 个至多数(稀可少至 5 个);直立或缠绕性灌木;花两性或单
　　　　　　　　　性 ······································· 木兰科 Magnoliaceae

　　　　　　　　294. 雄蕊 4~6 个;乔木或灌木;花两性。

　　　　　　　　　295. 子房 5 或 6 个,以 1 共同的花柱而连合,各子房均可熟为核果
　　　　　　　　　　··································· 金莲木科 Ochnaceae
　　　　　　　　　　　　　　　　　　　　　　　　（赛金莲木属 *Gomphia*）

　　　　　　　　　295. 子房 4~6 个,各具 1 个花柱,仅有 1 个子房可成熟为核果 ······
　　　　　　　　　　··································· 漆树科 Anacardiaceae
　　　　　　　　　　　　　　　　　　　　　　　　（山榄仔属 *Buchanania*）

　　　　　291. 叶为复叶。

　　　　　　296. 叶对生 ····························· 省沽油科 Staphyleaceae

296. 叶互生。
　297. 木质藤本;叶为掌状复叶或三出复叶　……… 木通科 Lardizabalaceae
　297. 乔木或灌木(有时在牛栓藤科中有缠绕性者);叶为羽状复叶。
　　298. 果实为1含多种子的浆果,状似猫尿　…… 木通科 Lardizabalaceae
　　　　　　　　　　　　　　　　　　　　　　　　(猫儿屎属 Decaisnea)
　　298. 果实为其他情形。
　　　299. 果实为蓇葖果　………………………… 牛栓藤科 Connaraceae
　　　299. 果实为离果,或在臭椿属 Ailanthus 中为翅果 …………………
　　　　　…………………………………………… 苦木科 Simaroubaceae
283. 雌蕊1个,或至少其子房为1个。
　300. 雌蕊或子房确是单纯的,仅1室。
　　301. 果实为核果或浆果。
　　　302. 花为三出数,稀可二出数;花药以舌瓣裂开　………………… 樟科 Lauraceae
　　　302. 花为五出或四处数;花药纵长裂开。
　　　　303. 落叶具翅灌木;雄蕊10个,周位,均可发育……………… 蔷薇科 Rosaceae
　　　　　　　　　　　　　　　　　　　　　　　　(扁核木属 Prinsepia)
　　　　303. 常绿乔木;雄蕊1~5个,下位,常仅其中1或2个可发育…………
　　　　　………………………………………… 漆树科 Anacardiaceae
　　　　　　　　　　　　　　　　　　　　　　　　(杧果属 Mangifera)
　　301. 果实为蓇葖果或荚果。
　　　304. 果实为蓇葖果。
　　　　305. 落叶灌木;叶为单叶;蓇葖果内含2至数个种子………… 蔷薇科 Rosaceae
　　　　　　　　　　　　　　　　　　　　　　(绣线菊亚科 Spiraeoideae)
　　　　305. 常为木质藤本;叶多为单数复叶或具3片小叶,有时因退化而只有1片小
　　　　　叶;蓇葖果内仅含1个种子 ………………… 牛栓藤科 Connaraceae
　　　304. 果实为荚果 …………………………………………… 豆科 Leguminosae
　300. 雌蕊或子房并非单纯者,有个以上的子房室或花柱、柱头、胎座等部分。
　　306. 子房1室或因有1个假隔膜的发育而成2室,有时下部2~5室,上部1室。
　　　307. 花下位,花瓣4片,稀可更多。
　　　　308. 萼片2片 …………………………………………… 罂粟科 Papaveraceae
　　　　308. 萼片4~8片。
　　　　　309. 子房柄常细长,呈线状 ………………… 山柑科 Capparidaceae
　　　　　309. 子房柄极短或不存在。
　　　　　　310. 子房为2个心皮连合组成,常具2子房室及1个假隔膜 ……………
　　　　　　　………………………………………… 十字花科 Cruciferae
　　　　　　310. 子房为3~6个心皮连合组成,仅1子房室。
　　　　　　　311. 叶对生,微小,为耐寒旱性;花为辐射对称;花瓣完整,具瓣爪,其内
　　　　　　　　侧有舌状的鳞片附属物…………… 瓣鳞花科 Frankeniaceae
　　　　　　　　　　　　　　　　　　　　　　　　(瓣鳞花属 Frankenia)
　　　　　　　311. 叶互生,显著,非为耐寒旱性;花为两侧对称;花瓣常分裂,但其内
　　　　　　　　侧并无舌状的鳞片附属物…………… 木犀草科 Resedaceae
　　　307. 花周位或下位,花瓣35片,稀可2片或更多。
　　　　312. 每子房内仅有胚珠1个。
　　　　　313. 乔木,或稀为灌木;叶常为羽状复叶。
　　　　　　314. 叶常为羽状复叶,具托叶及小托叶 ……… 省沽油科 Staphyleaceae
　　　　　　　　　　　　　　　　　　　　　　　　(银鹊树属 Tapiscia)

314. 叶为羽状复叶或单叶,无托叶及小托叶 ……… 漆树科 Anacardiaceae

313. 木本或草本;叶为单叶。

  315. 通常均为木本,稀可在樟科的无根藤属 *Cassytha* 则为缠绕性寄生草本;叶常互生,无膜质托叶。

    316. 乔木或灌木;无托叶;花为三出数或二出数,萼片和花瓣同形,稀可花瓣较大;花药以舌瓣裂开;浆果或核果 ………… 樟科 Lauraceae

    316. 蔓生性的灌木,茎为合轴型,具钩状得分枝;托叶小而早落;花为五出数,萼片和花瓣不同形,前者且于结实时增大成翅状;花药纵长裂开;坚果 ………………………… 钩枝藤科 Ancistrocladaceae

                       （钩枝藤属 *Ancistrocladus*）

  315. 草本或亚灌木;叶互生或对生,具膜质托叶 ……… 蓼科 Polygonaceae

312. 每子房室内有胚珠 2 个至多数。

  317. 乔木、灌木或木质藤本。

    318. 花瓣及雄蕊均着生于花萼上 ………………… 千屈菜科 Lythraceae

    318. 花瓣及雄蕊均着生于花托上(或于西番莲科中雄蕊着生于子房柄上)。

      319. 核果或翅果,仅有 1 个种子。

        320. 花萼具显著的 4 或 5 个裂片或裂齿,微小而不能长大 …………
………………………………………………… 茶茱萸科 Icacinaceae

        320. 花萼呈截平头或具不明显的萼齿,微小,但能在果实上增大 ……
………………………………………………… 铁青树科 Olacaceae

                       （铁青树属 *Olax*）

      319. 蒴果或浆果,内有 2 个至多数种子。

        321. 花两侧对称。

          322. 叶为 2~3 回羽状复叶;雄蕊 5 个………… 辣木科 Moringaceae

                       （辣木属 *Moringa*）

          322. 叶为全缘的单叶;雄蕊 8 个 …………… 远志科 Polygalaceae

        321. 花辐射对称;叶为单叶或掌状分裂。

          323. 花瓣具有直立而常彼此衔接的瓣爪 …………………………
………………………………………………… 海桐花科 Pittosporaceae

                   （海桐花属 *Pittosporum*）

          323. 花瓣不具细长的瓣爪。

            324. 植物体为耐寒旱性,有鳞片状或细长形的叶片;花无小苞片
………………………………………………… 柽柳科 Tamaricaceae

            324. 植物体为非耐寒旱性,具有较关宽大的叶片。

              325. 花两性。

                326. 花萼和花瓣不甚分化,且前者较大 ………………………
………………………………………………… 大风子科 Flacourtiaceae

                     （红子木属 *Erythospermum*）

                326. 花萼和花瓣很有分化,前者很小 …… 堇菜科 Violaceae

                     （雷诺木属 *Rinorea*）

              325. 雌雄异株或花杂性。

                327. 乔木;花的每 1 片花瓣基部各具位于内方的 1 个鳞片;
无子房柄……………………… 大风子科 Flacourtiaceae

                     （大风子属 *Hydnocarpus*）

                327. 多为具卷须而攀缘的灌木;花常具 1 个为 5 鳞片所成的

　　　　　　　　　　副冠,各鳞片和萼片对生;有子房柄 ……………
　　　　　　　　　………………………… 西番莲科 Passifloraceae
　　　　　　　　　　　　　　　　　　　　　（蒴莲属 Adenia）

317. 草本或亚灌木。
　328. 胎座位于子房室的中央或基底。
　　329. 花瓣着生于花萼的喉部 ………………………… 千屈菜科 Lythraceae
　　329. 花瓣着生于花托上。
　　　330. 萼片 2 片;叶互生,稀可对生 …………… 马齿苋科 Portulacaceae
　　　330. 萼片 5 或 4 片;叶对生 ……………… 石竹科 Caryophyllaceae
　328. 胎座为侧膜胎座。
　　331. 食虫植物,具生有腺体刚毛的叶片 ………… 茅膏菜科 Droseraceae
　　331. 非为食虫植物,也无生有腺体毛茸的叶片。
　　　332. 花两侧对称。
　　　　333. 花有一位于前方的距状物;蒴果 3 瓣裂开 ………………
　　　　　……………………………………………… 堇菜科 Violaceae
　　　　333. 花有一位于后方的大型花盘;蒴果仅于顶端裂开 …………
　　　　　…………………………………… 木犀草科 Resedaceae
　　　332. 花整齐或近于整齐。
　　　　334. 植物体为耐寒旱性;花瓣内侧各有 1 个舌状的鳞片 …………
　　　　　……………………………………… 瓣鳞花科 Frankeniaceae
　　　　　　　　　　　　　　　　　　　　　（瓣鳞花属 Frankenia）
　　　　334. 植物体非为耐寒旱性;花瓣内侧无鳞片的舌状附属物。
　　　　　335. 花中有副冠及子房柄 …………… 西番莲科 Passifloraceae
　　　　　　　　　　　　　　　　　　　　　（西番莲属 Passiflora）
　　　　　335. 花中无副冠及子房柄 …………… 虎耳草科 Saxifragaceae
306. 子房 2 室或更多室。
　336. 花瓣形状彼此极不相等。
　　337. 子房室内有数个至多数胚珠。
　　　338. 子房 2 室 ……………………………… 虎耳草科 Saxifragaceae
　　　338. 子房 5 室 ………………………………… 凤仙花科 Balsaminaceae
　　337. 每子房室内仅有 1 个胚珠。
　　　339. 子房 3 室;雄蕊离生;叶盾状,叶缘具棱角或波纹 ………………
　　　　………………………………………… 旱金莲科 Tropaeolaceae
　　　　　　　　　　　　　　　　　　　　　（旱金莲属 Tropaeolum）
　　　339. 子房 2 室(稀可 1 或 3 室);雄蕊连合为一单体;叶不呈盾状,全缘 ……
　　　　………………………………………………… 远志科 Polygalaceae
　336. 花瓣形状彼此相等或微有不等,且有时花也可为两侧对称。
　　340. 雄蕊数和花瓣既不相等,叶不是它的倍数。
　　　341. 叶对生。
　　　　342. 雄蕊 4~10 个,常 8 个。
　　　　　343. 蒴果 …………………………………… 七叶树科 Hippocastanaceae
　　　　　343. 翅果 …………………………………… 槭树科 Aceraceae
　　　　342. 雄蕊 2 或 3 个,也稀可 4 或 5 个。
　　　　　344. 萼片及花瓣均为五出数;雄蕊多为 3 个 ………………
　　　　　………………………………………… 翅子藤科 Hippocrateaceae
　　　　　344. 萼片及花瓣常均为四出数;雄蕊 2 个,稀可 3 个 ………………

································· 木犀科 Oleaceae

341. 叶互生。

345. 叶为单叶,多全缘,或在油桐属 Vernicia 中可具 3~7 个裂片;花单性 ···
································· 大戟科 Euphorbiaceae

345. 叶为单叶或复叶;花两性或杂性。

346. 萼片为镊合状排列;雄蕊连成单体·········· 梧桐科 Sterculiaceae

346. 萼片为覆瓦状排列;雄蕊离生。

347. 子房 4 或 5 室,每子房室内有 8~12 个胚珠;种子具翅··········
································· 楝科 Meliaceae
（香椿属 Toona）

347. 子房常 3 室,每子房室内有 1 至数个胚珠;种子无翅。

348. 花小型或中型,下位,萼片互相分离或微有连合 ··············
································· 无患子科 Sapindaceae

348. 花大型,美丽,周位,萼片互相连合成一钟形的花萼 ··········
································· 钟萼木科 Bretschneideraceae
（钟萼木属 Bretschneidera）

340. 雄蕊数或花瓣数相等,或是它的倍数。

349. 每子房室内有胚珠或种子 3 个至多数。

350. 叶为复叶。

351. 雄蕊连合为单体 ························· 酢浆草科 Oxalidaceae

351. 雄蕊彼此互相分离。

352. 叶互生。

353. 叶为 2~3 回的三出数,或为掌状叶······ 虎耳草科 Saxifragaceae
（落新妇亚族 Astilbinae）

353. 叶为 1 回羽状复叶 ························· 楝科 Meliaceae
（香椿属 Toona）

352. 叶对生。

354. 叶为双数羽状复叶 ·········· 蒺藜科 Zygophyllaceae

354. 叶为单数羽状复叶 ·········· 省沽油科 Staphyieaceae

350. 叶为单叶。

355. 草本或亚灌木。

356. 花周位;花托多少有些中空。

357. 雌蕊着生于杯状花托的边缘 ··········· 虎耳草科 Saxifragaceae

357. 雌蕊着生于杯状或管状花萼（或即花托）的内侧 ··············
································· 千屈菜科 Lythraceae

356. 花下位;花托常扁平。

358. 叶对生或轮生,常全缘。

359. 水生或沼泽草本,有时（例如田繁缕属 Bergia）为亚灌木有
托叶 ··········· 沟繁缕科 Elatinaceae

359. 陆生草本;无托叶 ·········· 石竹科 Caryophllaceae

358. 叶互生或基生;稀可对生,边缘有锯齿,或叶退化为无绿色组
织的鳞片。

360. 草本或亚灌木有托叶;萼片呈镊合状排列,脱落性 ········
································· 椴树科 Tiliaceae
（黄麻属 Corchorus,田麻属 Corchoropsis）

360. 多年生常绿草本,或为死物寄生植物而无绿色组织;无托

叶;萼片呈覆瓦状排列,宿存性 …… 鹿蹄草科 Pyrolaceae
355. 木本植物。
　　361. 花瓣常有彼此衔接或其边缘互相依附的柄状瓣爪 ……………
　　　　………………………………… 海桐花科 Pittosporaceae
　　　　　　　　　　　　　　　　　(海桐花属 *Pittosporum*)
　　361. 花瓣无瓣爪,或仅具互相分离的细长柄状瓣爪。
　　　362. 花托空凹;萼片呈镊合状或覆瓦状排列。
　　　　363. 叶互生,边缘有锯齿,常绿性 ……… 虎耳草科 Saxifragaceae
　　　　　　　　　　　　　　　　　(鼠刺属 *Itea*)
　　　　363. 叶对生或互生,全缘,脱落性。
　　　　　364. 子房 2~6 室,仅具一花柱;胚珠多数,着生于中轴胎座上
　　　　　　………………………………… 千屈菜科 Lythraceae
　　　　　364. 子房 2 室,具 2 个花柱;胚珠数个,垂悬于中轴胎座上 …
　　　　　　………………………… 金缕梅科 Hamamelidaceae
　　　　　　　　　　　　　　　　　(双花木属 *Disanthus*)
　　　362. 花托扁平或微凸起;萼片呈覆瓦状或于杜英科中呈镊合状
　　　　　排列。
　　　　365. 花为四出数;果实呈浆果状或核果状;花药纵长裂开或顶端
　　　　　舌瓣裂开。
　　　　　366. 穗状花序腋生于当年新枝上;花瓣先端具齿裂 …………
　　　　　　………………………………… 杜英科 Elaeocarpaceae
　　　　　　　　　　　　　　　　　(杜英属 *Elaeocarpus*)
　　　　　366. 穗状花序腋生于昔年老枝上;花瓣完整 ………………
　　　　　　………………………………… 旌节花科 Stachyuraceae
　　　　　　　　　　　　　　　　　(旌节花属 *Stachyurus*)
　　　　365. 花为五出数;果实呈蒴果状;花药顶端孔裂。
　　　　　367. 花粉粒单纯;子房 3 室 …………… 山柳科 Clethraceae
　　　　　　　　　　　　　　　　　(山柳属 *Clethra*)
　　　　　367. 花粉粒复合,成为四合体;子房 5 室 ………………
　　　　　　………………………………… 杜鹃花科 Ericaceae
349. 每子房室内有胚珠或种子 1 或 2 个。
　368. 草本植物,有时基部呈灌木状。
　　369. 花单性、杂性,或雌雄异株。
　　　370. 具卷须的藤本;叶为二回三出复叶 ……… 无患子科 Sapindaceae
　　　　　　　　　　　　　　　　　(倒地铃属 *Cardiospermum*)
　　　370. 直立草本或亚灌木;叶为单叶 ………… 大戟科 Euphorbiaceae
　　369. 花两性。
　　　371. 萼片呈镊合状排列;果实有刺 ……………… 椴树科 Tiliaceae
　　　　　　　　　　　　　　　　　(刺蒴麻属 *Triumfetta*)
　　　371. 萼片呈覆瓦状排列;果实无刺。
　　　　372. 雄蕊彼此分离;花柱互相连合 ……… 牻牛儿苗科 Geraniaceae
　　　　372. 雄蕊互相连合;花柱彼此分离 ……………… 亚麻科 Linaceae
　368. 木本植物。
　　373. 叶肉质,通常仅为 1 对小叶所组成的复叶 …………………
　　　　………………………………… 蒺藜科 Zygophyllaceae
　　373. 叶为其他情形。

374. 叶对生,果实为 1、2 或 3 个翅果所组成。

  375. 花瓣细裂或齿裂;每果实有 3 个翅果 ……………………
    …………………………………… 金虎尾科 Malpighiaceae

  375. 花瓣全缘;每果实具 2 个或连合为 1 个的翅果 ……………
    …………………………………… 槭树科 Aceraceae

374. 叶互生,如为对生时,则果实不为翅果。

  376. 叶为复叶,或稀可为单叶而有具翅的果实。

    377. 雄蕊连为单体。

      378. 萼片及花瓣均为三出数;花药 6 个,花丝生于雄蕊管的口
      部 …………………………… 橄榄科 Burseraceae

      378. 萼片及花瓣均为四出数至六出数;花药 8~12 个,无花丝,
      直接着生于雄蕊管的喉部或裂齿之间…… 楝科 Meliaceae

    377. 雄蕊各自分开。

      379. 叶为单叶;果实为一具 3 翅而其内仅有 1 个种子的小坚果
      ………………………………… 卫矛科 Celastraceae
                  （雷公藤属 *Tripterygium*）

      379. 叶为复叶;果实无翅。

        380. 花柱 3~5 个;叶常互生,脱落性 …………………
        ………………………………… 漆树科 Anacardiaceae

        380. 花柱 1 个;叶互生或对生。

          381. 叶为羽状复叶,互生,常绿性或脱落性;果实有各种
          类型 ……………………… 无患子科 Sapindaceae

          381. 叶为掌状复叶,对生,脱落性;果实为蒴果 …………
          ………………………… 七叶树科 Hippocastanaceae

  376. 叶为单叶;果实无翅。

    382. 雄蕊连成单体,或如为 2 轮时,至少其内轮者如此,有时其
    花药无花丝（例如大戟科的三宝木属 *Trigonostemon*）。

      383. 花两性;萼片或花萼裂片 2~6 片,呈镊合状或覆瓦状排列
      ………………………………… 大戟科 Euphorbiaceae

      383. 花两性;萼片 5 片,呈覆瓦状排列。

        384. 果实呈蒴果状;子房 3~5 室,各室均可成熟 …………
        ………………………………… 亚麻科 Linaceae

        384. 果实呈核果状;子房 3 室,大都其中的 2 室为不孕性,仅
        另 1 室可成熟而有 1 或 2 个胚珠 …………………
        ………………………………… 古柯科 Erythroxylaceae
                （古柯属 *Erythroxylum*）

    382. 雄蕊各自分离,有时在毒鼠子科中和花瓣相连合而形成 1
    个管状物。

      385. 果呈蒴果状。

        386. 叶互生或稀可对生;花下位。

          387. 叶脱落性或常绿性;花单性或两性;子房 3 室,稀可 2
          或 4 室,有时可多至 15 室（例如算盘子属 *Glochidion*）
          ………………………………… 大戟科 Euphorbiaceae

          387. 叶常绿性;花两性;子房 5 室 …………………………
          ………………… 五列木科 Pentaphylacaceae
                （五列木属 *Pentaphylax*）

386. 叶对生或互生;花周位 …………… 卫矛科 Celastraceae

385. 果呈核果状,有时木质化,或呈浆果状。

388. 种子无胚乳,胚休肥大而多肉质。

389. 雄蕊 10 个 ……………………… 蒺藜科 Zygophyllaceae

389. 雄蕊 4 或 5 个。

390. 叶互生;花瓣 5 片,各裂或成两部分 ……………

……………………… 毒鼠子科 Dichapetalaceae

（毒鼠子属 *Dichapetalum*）

390. 叶对生;花瓣 4 片,均完整 ………………

……………………… 刺茉莉科 Salvadoraceae

（刺茉莉属 *Azima*）

388. 种子有胚乳,胚乳有时很小。

391. 植物体为耐寒旱性;花单性,三出或二出数 ………

……………………… 岩高兰科 Empetraceae

（岩高兰属 *Empetrum*）

391. 植物体为普通形状;花两性或单性,五出或四出数。

392. 花瓣呈镊合状排列。

393. 雄蕊和花瓣同数 ………… 茶茱萸科 Icacinaceae

393. 雄蕊为花瓣的倍数。

394. 枝条无刺,而有对生的叶片 ………………

……………………… 红树科 Rhizophoraceae

（红树族 Gynotrocheae）

394. 枝条有刺,而有互生的叶片 ………………

……………………… 铁青树科 Olacaceae

（海檀木属 *Ximenia*）

392. 花瓣呈覆瓦状排列,或在大戟科的小束花属 *Micro-desmis* 中为扭转兼覆瓦状排列。

395. 花单性,雌雄异株;花瓣较小于萼片 ………

……………………… 大戟科 Euphorbiaceae

（小盘木属 *Microdesmis*）

395. 花两性或单性,花瓣较大于萼片。

396. 落叶攀缘灌木;雄蕊 10 个;子房 5 室,每室内有胚珠 2 个 ………… 猕猴桃科 Actindiaceae

（藤山柳属 *Clematoclethra*）

396. 多为常绿乔木或灌木;雄蕊 4 或 5 个。

397. 花下位,雌雄异株或杂性,无花盘 ………

……………………… 冬青科 Aquifoliaceae

（冬青属 *Ilex*）

397. 花周位,两性或杂性;有花盘 ……………

……………………… 卫矛科 Celastraceae

（异卫矛亚科 Cassinioideae）

160. 花冠为多小有些连合的花瓣所组成。

398. 成熟雄蕊或单体雄蕊的花药数多于花冠裂片。

399. 心皮 1 个至数个,互相分离或大致分离。

400. 叶为单叶或有时可为羽状分裂,对生,肉质 ……………… 景天科 Crassulaceae

400. 叶为二回羽状复叶,互生,不呈肉质 ……………………………… 豆科 Leguminosae

（含羞草亚科 Mimosoideae）

399. 心皮 2 个或更多,连合成一复合性子房。

　401. 雌雄同株或异株,有时为杂性。

　　402. 子房 1 室;无分枝而呈棕榈状的小乔木　……………………　番木瓜科 Caricaceae

　　　　　　　　　　　　　　　　　　　　　　　　　　　　　（番木瓜属 *Carica*）

　　402. 子房 2 室至多室;具分枝的乔木或灌木。

　　　403. 雄蕊连成单体,或至少内层者如此,蒴果　……………　大戟科 Euphorbiaceae

　　　　　　　　　　　　　　　　　　　　　　　　　　　　　（麻疯树属 *Jatropha*）

　　　403. 雄蕊各自分离;浆果　…………………………………………　柿树科 Ebenaceae

　401. 花两性。

　　404. 花瓣连成一盖状物,或花萼裂片均可合成为 1 或 2 层的盖状物。

　　　405. 叶为单叶,具有透明微点……………………………………　桃金娘科 Myrtaceae

　　　405. 叶为掌状复叶,无透明微点……………………………………　五加科 Araliaceae

　　　　　　　　　　　　　　　　　　　　　　　　　　　　　（多蕊木属 *Tupidanthus*）

　　404. 花瓣及花萼裂片均不连成盖状物。

　　　406. 每子房室中有 3 个至多数胚珠。

　　　　407. 雄蕊 5~10 个或其数不超过花冠裂片的 2 倍,稀可在野茉莉科的银钟花属 *Halesia*
　　　　　　其数可达 16 个,而为花冠裂片的 4 倍。

　　　　　408. 雄蕊连成单体或其花丝于基部互相连合;花药纵裂;花粉粒单生。

　　　　　　409. 叶为复叶;子房上位;花柱 5 个　…………………　酢浆草科 Oxalidaceae

　　　　　　409. 叶为单叶;子房下位或半下位;花柱 1 个;乔木或灌木,常有星状毛 …………
　　　　　　　　　…………………………………………………………　野茉莉科 Styracaceae

　　　　　408. 雄蕊各自分离;花药顶端孔裂;花粉粒四合型　……………　杜鹃花科 Ericaceae

　　　　407. 雄蕊为不定数。

　　　　　410. 萼片和花瓣常各为多数,而无显著的区分;子房下位;植物体肉质,绿色,常具棘
　　　　　　　针。而其叶退化　…………………………………………　仙人掌科 Cactaceae

　　　　　410. 萼片和花瓣常各为 5 片,而有显著的区分,子房上位。

　　　　　　411. 萼片呈镊合状排列;雄蕊连成单体……………………　锦葵科 Malvaceae

　　　　　　411. 萼片呈显著的覆瓦状排列。

　　　　　　　412. 雄蕊连成 5 束,且每束着生于 1 片花瓣的基部;花药顶端孔裂开;浆果 ……
　　　　　　　　　…………………………………………………………　猕猴桃科 Actindiaceae

　　　　　　　　　　　　　　　　　　　　　　　　　　　　　（水冬哥属 *Saurauia*）

　　　　　　　412. 雄蕊的基部连成单体;花药纵长裂开;蒴果……………　山茶科 Theaceae

　　　　　　　　　　　　　　　　　　　　　　　　　　　　　（紫茎木属 *Stewartia*）

　　　406. 每子房室中常仅有 1 或 2 个胚珠。

　　　　413. 花萼中的 2 片或更多片于结实时能长大成翅状　………　龙脑香科 Dipterocarpaceae

　　　　413. 花萼片上无上述变大的情形。

　　　　　414. 植物体常有星状毛茸……………………………………　野茉莉科 Styracaceae

　　　　　414. 植物体无星状毛茸。

　　　　　　415. 子房下位或半下位;果实歪斜　………………………　山矾科 Symplocaceae

　　　　　　　　　　　　　　　　　　　　　　　　　　　　　（山矾属 *Symplocos*）

　　　　　　415. 子房上位。

　　　　　　　416. 雄蕊互相连合为单体;果实成熟时分裂为离果…………　锦葵科 Malvaceae

　　　　　　　416. 雄蕊各自分离;果实不是离果。

　　　　　　　　417. 子房 1 或 2 室;蒴果　……………………………　瑞香科 Thymelaeaceae

　　　　　　　　　　　　　　　　　　　　　　　　　　　　　（沉香属 *Aquilaria*）

417. 子房 6~8 室;浆果 ……………………………………………… 山榄科 Sapotaceae

（紫荆木属 *Madhuca*）

398. 成熟雄蕊并不多于花冠裂片或有时因花丝的分裂则可过之。

418. 雄蕊和花冠裂片为同数且对生。

419. 植物体内有乳汁 ……………………………………………… 山榄科 Sapotaceae

419. 植物体内不含乳汁。

420. 果实内有数个至多数种子。

421. 乔木或灌木;果实呈浆果状或核果状 …………………… 紫金牛科 Myrsinaceae

421. 草本;果实成蒴果状 …………………………………… 报春花科 Primulaceae

420. 果实内仅有 1 个种子。

422. 子房下位或半下位。

423. 乔木或攀缘性灌木;叶互生 …………………………… 铁青树科 Olacaceae

423. 常为半寄生性灌木;叶对生 ………………………… 桑寄生科 Loranthaceae

422. 子房上位。

424. 花两性。

425. 攀缘性草本;萼片 2 片;果为肉质宿存花萼所包围 ………… 落葵科 Basellaceae

（落葵属 *Basella*）

425. 直立草本或亚灌木,有时为攀缘性;萼片或萼裂片 5 片;果为蒴果或瘦果,不为花萼所包围 ……………………………………… 蓝雪科 Plumbaginaceae

424. 花单性,雌雄异株;攀缘性灌木。

426. 雄蕊连合成单体;雌蕊单纯性 ………………………… 防己科 Menispermaceae

（锡生藤亚族 *Cissampelinae*）

426. 雄蕊各自分离;雌蕊复合性 ………………………… 茶茱萸科 Icacinaceae

（微花藤属 *Iodes*）

418. 雄蕊和花冠裂片为同数且互生,或雄蕊数较花冠裂片为小。

427. 子房下位。

428. 植物体常以卷须而攀缘或蔓生;胚珠及种子皆为水平生于侧膜胎座上 ……………………………………………………… 葫芦科 Cucurbitaceae

428. 植物体直立,如为攀缘时也无卷须;胚珠及种子并不为水平生长。

429. 雄蕊互相连合。

430. 花整齐或两侧对称,成头状花序,或在苍耳属 *Xanthium* 中,雌花序为一仅含 2 朵花的果壳,其外生有钩状刺毛;子房 1 室,内仅有 1 个胚珠 ………… 菊科 Compositae

430. 花多两侧对称,单生或成总状或伞房花序;子房 2 或 3 室,内有多数胚珠。

431. 花冠裂片呈镊合状排列;雄蕊 5 个,具分离的花丝及连合的花药 ………………………………………………………… 桔梗科 Campanulaceae

（半边莲亚科 *Lobelioideae*）

431. 花冠裂片呈覆瓦状排列;雄蕊 2 个,具连合的花丝及分离的花药 …………………………………………………………… 花柱草科 Stylidiaceae

（花柱草属 *Stylidium*）

429. 雄蕊各自分离。

432. 雄蕊和花冠相分离或近于分离。

433. 花药顶端孔裂开;花粉粒连合成四合体;灌木和亚灌木 …… 杜鹃花科 Ericaceae

（乌饭树亚科 *Vaccinioideae*）

433. 花药纵长裂开,花粉粒单纯;多为草本。

434. 花冠整齐;子房 2~5 室,内有多数胚珠 ………………… 桔梗科 Campanulaceae

434. 花冠不整齐;子房 1~2 室,每子房内仅有 1 或 2 个胚珠 ………………

·· 草海桐科 Goodeniaceae

432. 雄蕊着生于花冠上。

435. 雄蕊 4 或 5 个,和花冠裂片同数。

436. 叶互生;每子房内有多数胚珠······················· 桔梗科 Campanulaceae

436. 叶对生或轮生;每子房内有 1 个至多数胚珠。

437. 叶轮生,如为对生时,则有托叶存在 ·············· 茜草科 Rubiaceae

437. 叶对生,无托叶或稀可有明显的托叶。

438. 花序多为聚伞花序 ······················· 忍冬科 Caprifoliaceae

438. 花序为头状花序 ························· 川续断科 Dipsacaceae

435. 雄蕊 1~4 个,其数较花冠裂片为小。

439. 子房 1 室。

440. 胚珠多数,生于侧膜胎座上··················· 苦苣苔科 Gesneriaceae

440. 胚珠 1 个,悬生于子房的顶端 ··············· 川续断科 Dipsacaceae

439. 子房 2 室或更多室,具中轴胎座。

441. 子房 2~4 室,所有的子房室均可成熟;水生草本 ········ 胡麻科 Pedaliaceae

（茶菱属 *Trapella*）

441. 子房 3 或 4 室,仅其中 1 或 2 室可成熟。

442. 落叶或常绿的灌木;叶片常全缘或边缘有锯齿 ····· 忍冬科 Caprifoliaceae

442. 陆生草本;叶片常有很多的分裂 ··············· 败酱科 Valerianaceae

427. 子房上位。

443. 子房深裂为 2~4 个部分;花柱或数花柱均自子房裂片之间伸出。

444. 花冠两侧对称或稀可整齐;叶对生 ·························· 唇形科 Labiatae

444. 花冠整齐;叶互生。

445. 花柱 2 个;多年生匍匐性小草本;叶片呈圆肾形 ············· 旋花科 Convolvulaceae

（马蹄金属 *Dichondra*）

445. 花柱 1 个 ··································· 紫草科 Boraginaceae

443. 子房完整或微有分裂,或为 2 个分离的心皮所组成;花柱自子房的顶端伸出。

446. 雄蕊的花丝分裂。

447. 雄蕊 2 个,各分为 3 裂 ······························ 罂粟科 Papaveraceae

（紫堇亚科 Fumarioideae）

447. 雄蕊 5 个,各分为 2 裂································ 五福花科 Adoxaceae

（五福花属 *Adoxa*）

446. 雄蕊的花丝单纯。

448. 花冠不整齐,常多少有些呈二唇状。

449. 成熟雄蕊 5 个。

450. 雄蕊和花冠离生 ······················· 杜鹃花科 Ericaceae

450. 雄蕊着生于花冠上 ····················· 紫草科 Boraginaceae

449. 成熟雄蕊 2 或 4 个,退化雌蕊有时也可存在。

451. 每子房室内仅含 1 或 2 个胚珠(如为后一情形时,也可在次 451 项检索)。

452. 叶对生或轮生;雄蕊 4 个,稀可 2 个;胚珠直立,稀可垂悬。

453. 子房 2~4 室,共有 2 个或更多的胚珠 ············· 马鞭草科 Verbenaceae

453. 子房 1 室,仅含 1 个胚珠 ················· 透骨草科 Phrymaceae

（透骨草属 *Phryma*）

452. 叶互生或基生;雄蕊 2 或 4 个,胚珠悬垂;子房 2 室,每子房室内仅有 1 个胚珠··································· 玄参科 Scrophulariaceae

451. 每子房室内有 2 个至多数胚珠。

454. 子房 1 室具侧膜胎座或中央胎座（有时可因侧膜胎座的深入而为 2 室）。

　　455. 草本或木本植物，不为寄生性，也非食虫性。

　　　　456. 多为乔木或木质藤本；叶为单叶或复叶，对生或轮生，稀可互生，种子有翅，但无胚乳 ……………………………… 紫葳科 Bignoniaceae

　　　　456. 多为草本；叶为单叶，基生或对生；种子无翅，有或无胚乳 ………
　　　　　　…………………………………………… 苦苣苔科 Gesneriaceae

　　455. 草本植物，为寄生性或食虫性。

　　　　457. 植物体寄生于其他植物的根部，而无绿叶存在；雄蕊 4 个；侧膜胎座 …………………………………………… 列当科 Orobanchaceae

　　　　457. 植物体为食虫性，有绿叶存在；雄蕊 2 个；特立中央胎座；多为水生或沼泽植物，且有具距的花冠 ………… 狸藻科 Lentibulariaceae

454. 子房 2~4 室，具中轴胎座，或于角胡麻科中为子房 1 室而具侧膜胎座。

　　458. 植物体常具分泌黏液的腺体毛茸；种子无胚乳或具一薄层胚乳。

　　　　459. 子房最后成为 4 室；蒴果的果皮质薄而不延伸为长喙；油料植物 …………………………………………………… 胡麻科 Padaliaceae
　　　　　　　　　　　　　　　　　　　　　　　　（胡麻属 Sesamum）

　　　　459. 子房 1 室；蒴果的内质皮坚硬而成木质，延伸为钩状长喙；栽培花卉 ……………………………………… 角胡麻科 Martyniaceae
　　　　　　　　　　　　　　　　　　　　　（角胡麻属 Pooboscidea）

　　458. 植物体不具上述的毛茸；子房 2 室。

　　　　460. 叶对生；种子无胚乳，位于胎座的钩状突起上 ………………………
　　　　　　………………………………………………… 爵床科 Acanthaceae

　　　　460. 叶互生或对生；种子有胚乳，位于中轴胎座上。

　　　　　　461. 花冠裂片具深缺刻，成熟雄蕊 2 个 …………… 茄科 Solanaceae
　　　　　　　　　　　　　　　　　　　　　　（蝴蝶花属 Sohizanthus）

　　　　　　461. 花冠裂片全缘或仅其先端具一凹陷；成熟雄蕊 2 或 4 个 ………
　　　　　　………………………………………… 玄参科 Scrophulariaceae

448. 花冠整齐，或近于整齐。

462. 雄蕊数较花冠裂片为少。

　　463. 子房 2~4 室，每室内仅含 1 或 2 个胚珠。

　　　　464. 雄蕊 2 个 …………………………………………… 木犀科 Oleaceae

　　　　464. 雄蕊 4 个。

　　　　　　465. 叶互生，有透明腺体微点存在 ………………… 苦槛蓝科 Myoporaceae

　　　　　　465. 叶对生，无透明微点 ……………………… 马鞭草科 Verbenaceae

　　463. 子房 1 或 2 室，每室内有数个至多数胚珠。

　　　　466. 雄蕊 2 个，每子房室内有 4~10 个胚珠悬挂于室的顶端 …………………
　　　　　　………………………………………………………… 木犀科 Oleaceae
　　　　　　　　　　　　　　　　　　　　　　　　（连翘属 Forsythia）

　　　　466. 雄蕊 4 个或 2 个，每子房室内有多数胚珠着生于中轴或侧膜胎座上。

　　　　　　467. 子房 1 室，内具分歧的侧膜胎座，或因胎座深入而使子房成 2 室 ………
　　　　　　…………………………………………………… 苣苔科 Gesneriaceae

　　　　　　467. 子房为完全的 2 室，内具中轴胎座。

　　　　　　　　468. 花冠于蕾中常折叠；子房 2 心皮的位置偏斜 ………… 茄科 Solanaceae

　　　　　　　　468. 花冠于蕾中不折叠；而呈覆瓦状排列；子房的 2 心皮位于前后方
　　　　　　　　…………………………………………… 玄参科 Scrophulariaceae

462. 雄蕊和花冠裂片同数。

 469. 子房 2 个,或为 1 个而成熟后呈双角状。

  470. 雄蕊各自分离;花粉粒也彼此分离 …………………… 夹竹桃科 Apocynaceae

  470. 雄蕊互相连合;花粉粒连成花粉块 …………………… 萝藦科 Asclepiadaceae

 469. 子房 1 个,不呈双角状。

  471. 子房 1 室或因 2 个侧膜胎座的深入而成 2 室。

   472. 子房为 1 个心皮所成。

    473. 花显著,呈漏斗形而簇生;果实为 1 个瘦果,有棱或有翅 ………………
    ………………………………………… 紫茉莉科 Nyctaginaceae
    （紫茉莉属 *Mirabilis*）

    473. 花小型而形成球形的头状花序;果实为 1 个荚果,成熟后则裂为仅含 1
    个种子的节荚 …………………………… 豆科 Leguminosae
    （含羞草属 *Mimosa*）

   472. 子房为 2 个以上连合心皮所成。

    474. 乔木或攀缘性灌木,稀可为一攀缘性草本,而体内具有乳汁（例如心翼
    果属 *Cardiopteris*）;果实呈核果状（但心翼果属则为干燥的翅果）,内有 1
    个种子 …………………… 茶茱萸科 Icacinaceae

    474. 草本或亚灌木,或于旋花科的麻辣仔藤属 *Erycibe* 中为攀缘灌木;果实呈
    蒴果状（麻辣仔藤属中呈浆果状）内有 2 个或更多的种子。

     475. 花冠裂片呈覆瓦状排列。

      476. 叶茎生,羽状分裂或为羽状复叶（限于我国植物如此）……………
      ……………………………………… 田基麻科 Hydrophyllaceae
      （水叶族 Hydrophylleae）

      476. 叶基生,单叶,边缘具齿裂 ……………… 苦苣苔科 Gesneriaceae
      （苦苣苔属 *Gonandron*,黔苣苔属 *Tengia*）

     475. 花冠裂片常呈旋转状或内折的镊合状排列。

      477. 攀缘性灌木果实呈浆果状,内有少数种子 …………………………
      ………………………………………… 旋花科 Convolvulaceae
      （麻辣仔藤属 *Erycibe*）

      477. 直立陆生或漂浮水面的草本;果实呈蒴果状,内有少数至多数种子
      ……………………………………… 龙胆科 Gentianaceae

  471. 子房 2~10 室。

   478. 无绿叶而为缠绕性的寄生植物 ……………… 旋花科 Convolvulaceae
   （菟丝子亚科 Cuscutoideae）

   478. 不是上述的无叶寄生植物。

    479. 叶常对生,且多在两叶之间具有托叶所成的连接线或附属物 …………
    ……………………………………… 马钱科 Loganiaceae

    479. 叶常互生,或有时基生,如为对生时,其两叶之间也无托叶所成的连系
    物,有时其叶也可轮生。

     480. 雄蕊和花冠离生或近于离生。

      481. 灌木或亚灌木;花药顶端孔裂;花粉粒为四合体;子房常 5 室 ……
      ……………………………………… 杜鹃花科 Ericaceae

      481. 一年或多年生草本,常为缠绕性;花药纵长裂开;花粉粒单纯;子房
      常 3~5 室 …………………… 桔梗科 Campanulaceae

     480. 雄蕊着生于花冠的筒部。

      482. 雄蕊 4 个,稀可在冬青科为 5 个或更多。

483. 无主茎的草本,具有少数至多数花朵所形成的穗状花序生于一基生花葶上 …………………………… 车前科 Plantaginaceae
（车前属 *Plantago*）

483. 乔木、灌木,或具有主茎的草本。

 484. 叶互生,多常绿 ……………………… 冬青科 Aquifoliaceae
（冬青属 *Ilex*）

 484. 叶对生或轮生。

  485. 子房 2 室,每室内有多数胚珠 …… 玄参科 Scrophulariaceae

  485. 子房 2 室至多室,每室内有 1 或 2 个胚珠 …………………
………………………… 马鞭草科 Verbenaceae

482. 雄蕊常 5 个,稀可更多。

 486. 每子房室内仅有 1 或 2 个胚珠。

  487. 子房 2 或 3 室;胚珠自子房室近顶端垂悬;木本植物;叶全缘。

   488. 每花瓣 2 裂或 2 分;花柱 1 个;子房无柄,2 或 3 室,每室内各 2 个胚珠;核果;有托叶 ……… 毒鼠子科 Dichapetalaceae
（毒鼠子属 *Dichapetalum*）

   488. 每花瓣均完整;花柱 2 个;子房具柄,2 室,每室内仅有 1 个胚珠;翅果;无托叶 ……………………… 茶茱萸科 Icacinaceae

  487. 子房 1~4 室胚珠在子房室基底或中轴的基部直立或上举;无托叶;花柱 1 个,稀可 2 个,有时在紫草科的破布木属 *Cordia* 中其先端可成两次的 2 分。

   489. 果实为核果;花冠有明显的裂片,并在蕾中呈覆瓦状或旋转状排列;叶全缘或有锯齿;通常均为直立木本或草本,多粗壮或具刺毛 ……………………… 紫草科 Boraginaceae

   489. 果实为蒴果;花瓣完整或具裂片 叶全缘或具裂片,但无锯齿缘。

    490. 通常为缠绕性稀可为直立草本,或为半木质的攀缘植物至大型木质藤本(例如盾苞藤属 *Neuropeltis*);萼片多互相分离;花冠常完整而几无裂片,于蕾中呈旋转状排列,也可有时深裂而其裂片成内折的镊合状排列(例如盾苞藤属) …………………………………
………………………… 旋花科 Convolvulaceae

    490. 通常均为直立草本;萼片连合成钟形或筒状;花冠有明显的裂片,唯于蕾中也成旋转状排列 …………………
………………………… 花荵科 Polemoniaceae

 486. 每子房室内有多数胚珠,或在花荵科中有时为 1 至数个;多无托叶。

  491. 高山区生长的耐寒旱性低矮多年生草本或丛生亚灌木;叶多小型,常绿,紧密排列成覆瓦状或莲花座式;花无花盘;花单生至聚集成几为头状花序;花冠裂片成覆瓦状排列;子房 3 室;花柱 1 个;柱头 3 裂;蒴果室背开裂…… 岩梅科 Diapensiaceae

  491. 草本或木本,不为耐寒旱性;叶常为大型或中型,脱落性,疏松排列而各自展开;花多有位于子房下方的花盘。

   492. 花冠不于蕾中折迭,其裂片呈旋转状排列,或在田基麻科中为覆瓦状排列。

    493. 叶为单叶,或在花荵属 *Polemonium* 为羽状分裂或为羽状复叶;子房 3 室(稀可 2 室);花柱 1 个;柱头 3 裂;蒴果多室背开裂 ……………………… 花荵科 Polemoniaceae

493. 叶为单叶,且在田基麻属 Hydrolea 为全缘;子房 2 室;花柱 2 个柱头呈头状;蒴果室间开裂 ……………………… ……………………… 田基麻科 Hydrophyllaceae

(田基麻属 Hydrolea)

492. 花冠裂片呈镊合状或覆瓦状排列;或其花冠于蕾中折叠,且呈旋转状排列;花萼常宿存;子房 2 室;或在茄科中为假 3 室至假 5 室;花柱 1 个;柱头完整或 2 裂。

494. 花冠多于蕾中折迭,其裂片呈覆瓦状排列;或在曼陀罗属 Datura 成旋转状排列,稀可在枸杞属 Lycium 和颠茄属 Atropa 等属中,并不于蕾中折迭,而呈覆瓦状排列,雄蕊的花丝无毛;浆果,或为纵裂或横裂的蒴果 ……………… ……………………… 茄 Solanaceae

494. 花冠不于蕾中折迭,其裂片呈覆瓦状排列;雄蕊的花丝具毛茸(尤以后方的 3 个如此)。

495. 室间开裂的蒴果…………… 玄参科 Scrophulariaceae

(毛蕊花属 Verbascum)

495. 浆果,有刺灌木 ……………… 茄科 Solanaceae

(枸杞属 Lycium)

1. 子叶 1 片;茎无髓部,也无呈年轮状的生长;叶多具平行叶脉;花为 3 出数,有时为 4 出数,但极少为 5 出数 ……… …………………………………………………………………… 单子叶植物纲 Monocotyledoneae

496. 木本植物,或其叶于芽中呈折迭状。

497. 灌木或乔木;叶细长或呈剑状,在芽中不呈折迭状 ………………………… 露兜树科 Pandanaceae

497. 木本或草本;叶甚宽,常为羽状或扇形的分裂,在芽中呈折迭状而有强韧的平行脉或射状脉。

498. 植物体多甚高大,呈棕榈状,具简单或分枝少的主干;花为圆锥或穗状花序,托以佛焰状苞片 …………… …………………………………………………………………… 棕榈科 Palmae

498. 植物体常为无主茎的多年生草本,具常深裂为 2 片的叶片;花为紧密的穗状花序…… 环花科 Cyclanthaceae

(巴拿马草属 Carludouica)

496. 草本植物或稀可木质茎,但其叶于芽中从不成折迭状。

499. 无花被或在眼子菜科中很小。

500. 花包藏于或附托以呈覆瓦状排列的壳状鳞片(特称为颖)中,由多花至 1 朵花形成小穗(自形态学观点而言,次小穗实即简单的穗状花序)。

501. 秆多少有些呈三棱形,实心;茎生叶呈三行排列;叶鞘封闭;花药以基底附着花丝;果实为瘦果或囊果 ……………………………………………………………………… 莎草科 Cyperaceae

501. 秆常呈圆筒形;中空;茎生叶呈两行排列;叶鞘常在一侧纵裂开;花药以其中部附着花丝;果实通常为颖果 ………………………………………………………… 禾本科 Gramineae

500. 花虽有时排列为具总苞的头状花序,但并不包藏于呈壳状的鳞片中。

502. 植物体微小,无真正的叶片,仅具无茎而漂浮水面或沉没水中的叶状体 ……………… 浮萍科 Lemnaceae

502. 植物体常具茎,也具叶,其叶有时呈鳞片状。

503. 水生植物,具沉没水中或漂浮水面的叶片。

504. 花单性,不排列成穗状花序。

505. 叶互生;花成球形的头状花序 …………………………………… 黑三棱科 Sparganiaceae

(黑三棱属 Sparganium)

505. 叶多对生或轮生;花单生,或在叶腋间形成聚伞花序。

506. 多年生草本;雌蕊为 1 个或更多而互相分离的心皮所成;胚珠自子房室顶端垂悬 …………

　　　　　　……………………………………………………………………… 眼子菜科 Potamogetonaceae

　　　　　　　　　　　　　　　　　　　　　　　　　　　　　　　（角果藻族 Zannichellieae）

　　506. 一年生草本；雌蕊 1 个，具 2~4 个柱头；胚珠直立于子房室的基底 ………… 茨藻科 Najadaceae

　　　　　　　　　　　　　　　　　　　　　　　　　　　　　　　　　（茨藻属 Najas）

　　504. 花两性或单性，排列成简单或分歧的穗状花序。

　　　507. 花排列于 1 个扁平穗轴的一侧。

　　　　508. 海水植物；穗状花序不分歧，但其雌雄同株或异株的单性花；雄蕊 1 个，具无花丝而为 1 室的花
　　　　　　药；雌蕊 1 个，具 2 个柱头；胚珠 1 个，垂悬与子房室的顶端 ……… 眼子菜科 Potamogetonaceae

　　　　　　　　　　　　　　　　　　　　　　　　　　　　　　　（大叶藻属 Zostera）

　　　　508. 淡水植物；穗状花序常分为二歧而具两性花；雄蕊 6 个或更多，具极细长的花丝和 2 室的花药；
　　　　　　雌蕊为 3~6 个离生心皮所成；胚珠在每室内 2 个或更多，基生 ……… 水蕹科 Aponogetonaceae

　　　　　　　　　　　　　　　　　　　　　　　　　　　　　　　（水蕹属 Aponogeton）

　　　507. 花排列于穗轴的周围，多为两性花；胚珠常仅 1 个 ………………… 眼子菜科 Potamogetonaceae

　　503. 陆生或沼泽植物，常有位于空气中的叶片。

　　　509. 叶有柄，全缘或有各种类型的分裂，具网状脉；花形成一肉穗花序，后者常有一大型而常具色
　　　　　彩的佛焰苞片；花两性……………………………………………………… 天南星科 Araceae

　　　509. 叶无柄，细长形、剑形或退化为鳞片状，其叶片常具平行脉。

　　　　510. 花形成紧密的穗状花序，或在帚灯草科为疏松的圆锥花序。

　　　　　511. 陆生或沼泽植物；花序为有位于苞腋间的小穗所组成的疏散圆锥花序；雌雄异株；叶多
　　　　　　　呈鞘状 ……………………………………………………… 帚灯草科 Restionaceae

　　　　　　　　　　　　　　　　　　　　　　　　　　　　　　（薄果草属 Leptocarpus）

　　　　　511. 水生或沼泽植物；花序为紧密的穗状花序。

　　　　　　512. 穗状花序位于一呈二棱形的基生花葶的一侧，而另一侧则延伸为叶状的佛焰苞片；花
　　　　　　　　两性 …………………………………………………………… 天南星科 Araceae

　　　　　　　　　　　　　　　　　　　　　　　　　　　　　　（石菖蒲属 Acorus）

　　　　　　512. 穗状花序位于一圆柱形花梗的顶端，形如蜡烛而无佛焰苞；雌雄同株 ………………

　　　　　　　　……………………………………………………………………… 香蒲科 Typhaceae

　　　　510. 花序有各种形式。

　　　　　513. 花单性，成头状花序。

　　　　　　514. 头状花序单生于基生无叶的花葶顶端；叶狭窄，呈禾草状，有时叶为膜质 ……………

　　　　　　　　……………………………………………………………… 谷精草科 Eriocaulaceae

　　　　　　　　　　　　　　　　　　　　　　　　　　　　　　（谷精草属 Eriocaulon）

　　　　　　514. 头状花序散生于具叶的主茎或枝条的上部，雄性者在上，雌性者在下；叶细长，呈扁三
　　　　　　　　棱形，直立或漂浮水面，基部呈鞘状 …………………………… 黑三棱科 Sparganiaceae

　　　　　　　　　　　　　　　　　　　　　　　　　　　　　　（黑三棱属 Sparganium）

　　　　　513. 花常两性。

　　　　　　515. 花序呈穗状或头状，包藏于 2 个互生的叶状苞片中；无花被；叶小，细长形或呈丝状；
　　　　　　　　雄蕊 1 或 2 个；子房上位，1~3 室，每子房室内仅有 1 个垂悬胚珠 ………………
　　　　　　　　……………………………………………………………… 刺鳞草科 Centrolepidaceae

　　　　　　515. 花序不包藏于叶状的苞片中；有花被。

　　　　　　　516. 子房 3~6 个，至少在成熟时互相分离 ………………… 水麦冬科 Juncaginaceae

　　　　　　　　　　　　　　　　　　　　　　　　　　　　　　（水麦冬属 Triglochin）

　　　　　　　516. 子房 1 个由 3 个心皮连合所组成 ………………………… 灯心草科 Juncaceae

　499. 有花被，常显著，且呈花瓣状。

　　517. 雄蕊 3 个至多数，互相分离。

　　　518. 死物寄生性植物，具呈鳞片状而无绿色叶片。

519. 花两性,具 2 层花被片;心皮 3 个,各有多数胚珠 ……………………………………… 百合科 Liliaceae
（无叶莲属 *Petrosauia*）

519. 花单性或稀可杂性,具一层花被片;心皮数个,各仅有 1 个胚珠 ……………… 霉草科 Triuridaceae
（喜荫草属 *Sciaphila*）

518. 不是死物寄生性植物,常为水生或沼泽植物,具有发育正常的绿叶。

520. 花被裂片彼此相同;叶细长,基部具鞘 ………………………………… 水麦冬科 Juncaginaceae
（芝菜属 *Scheuchzeria*）

520. 花被裂片分化为萼片和花瓣 2 轮。

521. 叶(限于我国植物)呈细长形,直立;花单生或成伞形花序,蓇葖果 ……………… 花蔺科 Butomaceae
（花蔺属 *Butomus*）

521. 叶呈细长兼披针形至卵圆形,常为箭镞状长柄;花常轮生,成总状或圆锥花序;瘦果 …………………
…………………………………………………………………………………………… 泽泻科 Alismataceae

517. 雌蕊 1 个,复合性或于百合科的岩菖蒲属 *Tofieldia* 中其心皮近于分离。

522. 子房上位,或花被和子房相分离。

523. 花两侧对称;雄蕊 1 个,位于前方,即着生于远轴的 1 个花被片的基部 ………… 田葱科 Philydraceae
（田葱属 *Philydrum*）

523. 花辐射对称;稀可两侧对称;雄蕊 3 个或更多。

524. 花被分化为花萼和花冠 2 轮,后者于百合科的重楼族中,有时为细长形或线形的花瓣所组成,稀可
缺如。

525. 花形成紧密而具鳞片的头状花序;雄蕊 3 个;子房 1 室 ………………… 黄眼草科 Xyridaceae
（黄眼草属 *Xyris*）

525. 花不形成头状花序;雄蕊数在 3 个以上。

526. 叶互生,基部具鞘,平行脉;花为腋生或顶生的聚伞花序;雄蕊 6 个,或因退化而数较少 ………
……………………………………………………………………………… 鸭趾草科 Commelinaceae

526. 叶以 3 个或更多个生于茎的顶端而成一轮,网状脉而于基部具 3~5 脉;花单独顶生;雄蕊 6 个、
8 个或 10 个 ……………………………………………………………… 百合科 Liliaceae
（重楼族 Parideae）

524. 花被裂片彼此相同或近于相同,或于百合科的白丝草属 *Chiographis* 中则极不相同,又在同科的油点
草属 *Tricyrtis* 中其外层 3 个花被裂片的基部呈囊状。

527. 花小型,花被裂片绿色或棕色。

528. 花位于一穗形总状花序上;蒴果自一宿存的中轴上裂为 3~6 瓣,每果瓣内仅有 1 个种子 ……
……………………………………………………………………………… 水麦冬科 Juncaginaceae
（水麦冬属 *Triglochin*）

528. 花位于各种形式的花序上;蒴果室背开裂为 3 瓣,内有多数至 3 个种子 ……… 灯心草科 Juncaceae

527. 花大型或中型,或有时为小型,花被裂片多少有些具鲜明的色彩。

529. 叶(限于我国植物)的顶端变为卷须,并有闭合的叶鞘;胚珠在每室内仅为 1 个;花排列为顶生
的圆锥花序 ……………………………………………………………… 须叶藤科 Flagellariaceae
（须叶藤属 *Flagellaria*）

529. 叶的顶端不变为卷须;胚珠在每子房室内为多数,稀可仅为 1 个或 2 个。

530. 直立或漂浮的水生植物;雄蕊 6 个,彼此不相同,或有时有不育者 ………………………
……………………………………………………………………………… 雨久花科 Pontederiaceae

530. 陆生植物;雄蕊 6 个,4 个或 2 个,彼此相同。

531. 花为四出数,叶（限于我国植物)对生或轮生,具有显著的纵脉及密生的横脉 ……………
……………………………………………………………………………… 百部科 Stemonaceae
（百部属 *Stemona*）

531. 花为三出数或四出数;叶常基生或互生 ………………………………… 百合科 Liliaceae

522. 子房下位,或花被多少有些和子房相愈合。

  532. 花两侧对称或为不对称形。

    533. 花被片均成花瓣状;雄蕊和花柱多少有些互相连合 ·················· 兰科 Orchidaceae

    533. 花被片并不是均成花瓣状;其外层者形如萼片;雄蕊和花柱相分离。

      534. 后方的 1 个雄蕊常为不育性,其余 5 个则均发育而具花药。

        535. 叶和苞片排列成螺旋状;花常因退化而为单性;浆果;花管呈管状,其一侧不久即裂开 ········

        ··· 芭蕉科 Musaceae

        (芭蕉属 *Musa*)

        535. 叶和苞片排列成 2 行;花两性;蒴果。

          536. 萼片互相分离或至多可和花冠相连合;居中的 1 片花瓣并不成为唇瓣 ····· 芭蕉科 Musaceae

          (鹤望兰属 *Strelitzia*)

          536. 萼片互相连合成管状;居中(位于远轴方向)的 1 片花瓣为大型而成唇瓣 ···············

          ·· 芭蕉科 Musaceae

          (兰花蕉属 *Orchidantha*)

      534. 后方的 1 个雄蕊发育而具花药,其余 5 个则退化,或变形为花瓣状。

        537. 花药 2 室;萼片互相连合为一萼筒,有时成佛焰苞状 ··············· 姜科 Zingiberaceae

        537. 花药 1 室;萼片互相分离或至多彼此相衔接。

          538. 子房 3 室,每子房室内有多数胚珠位于中轴胎座上;各不育雄蕊呈花瓣状,互相与基部简短

          连合 ·································· 美人蕉科 Cannaceae

          (美人蕉属 *Canna*)

          538. 子房 3 室或因退化而成 1 室,每子房室内仅含 1 个基生胚珠;各不育雄蕊也呈花瓣状,唯多少

          有些互相连合 ······························· 竹芋科 Marantaceae

  532. 花常辐射对称,也即花整齐或近于整齐。

    539. 水生草本,植物体部分或全部沉没水中 ·················· 水鳖科 Hydrocharitaceae

    539. 陆生草本。

      540. 植物体为攀缘性;叶片宽广,具网状脉(还有数主脉)和叶柄 ··············· 薯蓣科 Dioscoreaceae

      540. 植物体不为攀缘性;叶具平行脉。

        541. 雄蕊 3 个。

          542. 叶 2 行排列,两侧扁平而无背腹面之分,由下向上重叠跨覆;雄蕊和花被的外层裂片相对生

          ·································· 鸢尾科 Iridaceae

          542. 叶不为 2 行排列,茎生叶呈鳞片状;雄蕊和花被的内层裂片相对生 ··············

          ·································· 水玉簪科 Burmanniaceae

        541. 雄蕊 6 个。

          543. 果实为浆果或蒴果。而花被残留物多少和它相合生,或果实为一聚花果;花被的内层裂片各

          于其基部有 2 个舌状物;叶呈带形,边缘有刺齿或全缘 ··············· 凤梨科 Bromeliaceae

          543. 果实为蒴果或浆果,仅为 1 朵花所成;花被裂片无附属物。

            544. 子房 1 室,内有多数胚珠位于侧膜胎座上;花序为伞形,具长丝状的总苞片 ···············

            ································ 蒟蒻薯科 Taccaceae

            544. 子房 3 室,内有多数至少数胚珠位于中轴胎座上。

              545. 子房部分下位 ····························· 百合科 Liliaceae

              (肺筋草属 *Aletris*,沿阶草属 *Ophiopogon*,球子草属 *Peliosanthes*)

              545. 子房完全下位 ····················· 石蒜科 Amaryllidaceae

索　引